U0936516

办公软件应用（Windows平台）

Windows XP,Office 2003 职业技能培训教程

★ 高级操作员级 ★

全国计算机信息高新技术考试教材编写委员会 编写

北京希望电子出版社
Beijing Hope Electronic Press
www.bhp.com.cn

内容简介

由劳动和社会保障部职业技能鉴定中心在全国统一组织实施的全国计算机信息高新技术考试是面向广大社会劳动者举办的计算机职业技能考试。考试采用国际通行的专项职业技能鉴定方式，测定应试者的计算机应用操作能力，以适应社会发展和科技进步的需要。

本书共10章，主要内容有Windows XP的基本操作，Word 2003的基本编辑技术、文档版面的编排、文档的高级编排技术，Excel 2003基本数据编辑、工作表的操作、数据分析与管理，PowerPoint 2003制作演示文稿，办公软件的联合应用，Outlook 2003的应用。此外，每章后都附有练习题，可以帮助读者巩固本章所学知识。

本书供考评员和培训教师在组织培训、操作练习等方面使用，还可供广大读者学习办公软件应用知识和提高办公软件应用技能。

本书配套光盘内容为部分习题所需素材文件。

需要本书或技术支持的读者，请与北京清河6号信箱（邮编：100085）发行部联系，电话：010-62978181（总机）转发行部，010-82702675（邮购），传真：010-82702698，E-mail：zhoujx@bhp.com.cn,wtshi@bhp.com.cn。

图书在版编目（CIP）数据

办公软件应用（Windows平台）Windows XP,Office 2003职业技能培训教程：高级操作员级／全国计算机信息高新技术考试教材编写委员会编写. —北京：科学出版社，2008.10

劳动和社会保障部全国计算机信息高新技术考试指定教材

ISBN 978-7-03-023136-9

Ⅰ. 办…　Ⅱ. 全…　Ⅲ. ①窗口软件，Windows XP—技术培训—教材②办公室—自动化—应用软件，Office 2003—技术培训—教材　Ⅳ. TP316.7 TP317.1

中国版本图书馆CIP数据核字（2008）第153410号

责任编辑：范二朋　　／责任校对：娄　艳

责任印刷：双　青　　／封面设计：刘荣慧

科学出版社 出版

北京东黄城根北街16号

邮政编码：100717

http://www.sciencep.com

双青印刷厂 印刷

科学出版社发行　各地新华书店经销

*

2008年10月第　1　版　　开本：787mm×1092mm 1/16

2008年10月第1次印刷　　印张：18.25

印数：1-3000册　　字数：432 千字

定价：28.00元（配1张光盘）

国家职业技能鉴定专家委员会

计算机专业委员会名单

主 任 委 员：路甬祥

副主任委员：陈　冲　陈　宇　周明陶

委　　　员：（按姓氏笔画排序）

王　林　冯登国　关东明　朱崇君　李　华　李明树

李京申　求伯君　何新华　宋　建　陆卫民　陈　禹

陈　钟　陈　敏　明　宏　罗　军　金志农　金茂忠

赵洪利　钟玉琢　徐广卿　徐建华　鲍岳桥　雷　毅

秘　书　长：赵伯雄

全国计算机信息高新技术考试

教材编写委员会名单

顾　　问：陈　宇　陈李翔

主任委员：刘　康　张亚男　周明陶

副主任委员：袁　芳　吕　莉

委　　员：（按姓氏笔画排序）

丁文花　马　进　王大印　甘登岱　皮阳文

石文涛　刘文军　刘南平　朱厚峰　何新华

张发海　张灵芝　李文昊　李秉真　李顺福

肖松岭　陈　捷　陈　敏　邹炳辉　周宝龙

罗　辑　范二朋　郑　棣　姚建岭　段倚红

段福生　赵　红　徐广卿　徐建华　董亚谋

雷　波　蔡　维

本书执笔人：朱厚峰　肖　进　王　璐　腾文学　宋志坤　周林娥

王泓博　张春丽　纪晓远　孙艳艳　王飞跃　李　娜

姜　丽　刘　鑫　孙艳蕾

全国计算机信息高新技术考试简介

全国计算机信息高新技术考试是劳动和社会保障部为适应社会发展和科技进步的需要，提高劳动力素质和促进就业，加强计算机信息高新技术领域新职业、新工种职业技能鉴定工作，授权劳动和社会保障部职业技能鉴定中心在全国范围内统一组织实施的社会化职业技能考试。根据劳动和社会保障部职业技能开发司、劳动和社会保障部职业技能鉴定中心劳培司字[1997]63 号文件："考试合格者由劳动和社会保障部职业技能鉴定中心统一核发计算机信息高新技术考试合格证书。该证书作为反映计算机操作技能水平的基础性职业资格证书，在要求计算机操作能力并实行岗位准入控制的相应职业作为上岗证；在其他就业和职业评聘领域作为计算机相应操作能力的证明。通过计算机信息高新技术考试，获得操作员、高级操作员资格者，分别视同于中华人民共和国中级、高级技术等级，其使用及待遇参照相应规定执行；获得操作师、高级操作师资格者参加技师、高级技师技术职务评聘时分别作为其专业技能的依据。"

开展这项工作的主要目的，是为了推动高新技术在我国的迅速普及，促使其得到推广应用，提高应用人员的使用水平和高新技术装备的使用效率，促进生产效率的提高；同时，对高新技术应用人员的择业、流动提供一个应用水平与能力的标准证明，以适应劳动力的市场化管理。

根据职业技能鉴定要求和劳动力市场化管理需要，职业技能鉴定必须做到操作直观、项目明确、能力确定、水平相当且可操作性强。因此，全国计算机信息高新技术考试采用了一种新型的、国际通用的专项职业技能鉴定方式。根据计算机不同应用领域的特征，划分模块和系列，各系列按等级分别独立进行考试。

目前划分了五个级别：

序号	级别	与国家职业资格对应关系
1	高级操作师级	中华人民共和国职业资格证书国家职业资格一级
2	操作师级	中华人民共和国职业资格证书国家职业资格二级
3	高级操作员级	中华人民共和国职业资格证书国家职业资格三级
4	操作员级	中华人民共和国职业资格证书国家职业资格四级
5	初级操作员级	中华人民共和国职业资格证书国家职业资格五级

目前划分了 15 个模块，45 个系列，67 个平台：

序号	模块	模块名称	编号	平　台
1		初级操作员	001	Windows/Office
2	00	办公软件应用	002	Windows 平台（MS Office）（中、高级）
			003	Windows 平台（WPS）（中级）
3	01	数据库应用	012	Visual FoxPro 平台（中级）
			013	SQL Server 平台（中级）
			014	Access 平台（中级）
4	02	计算机辅助设计	021	AutoCAD 平台（中、高级）
			022	Protel 平台（中级）
5	03	图形图像处理	032	Photoshop 平台（中、高级）
			034	3D Studio MAX 平台（中、高级）

（续表）

序号	模块	模块名称	编号	平　　台
5	03	图形图像处理	035	CorelDRAW 平台（中、高级）
			036	Illustrator 平台（中级）
6	04	专业排版	042	PageMaker 平台（中级）
			043	Word 平台（中级）
7	05	因特网应用	052	Internet Explorer 平台（中级）
			053	ASP 平台（高级）
			054	电子政务（中级）
8	06	计算机中文速记	061	双文速记平台（初、中、高级）
9	07	微型计算机安装调试维修	071	IBM-PC 兼容机（中级）
10	08	局域网管理	081	Windows NT/2000 平台（中、高级）
			083	信息安全（中、高级）
11	09	多媒体软件制作	091	Director 平台（中级）
			092	Authorware 平台（中、高级）
12	10	应用程序设计编制	101	Visual Basic 平台（中级）
			102	Visual C++平台（中级）
			103	Delphi 平台（中级）
			104	Visual C#平台（中级）
13	11	会计软件应用	111	用友软件系列（中、高级）
			112	金蝶软件系列（中级）
14	12	网页制作	121	Dreamweaver 平台（中级）
			122	Fireworks 平台（中级）
			123	Flash 平台（中级）
			124	FrontPage 平台（中级）
			125	Macromedia 平台（高级）
15	13	视频编辑	131	Premiere 平台（中级）
			132	After Effects 平台（中级）

全国计算机信息高新技术考试密切结合计算机技术迅速发展的实际情况，根据软硬件发展的特点来设计考试内容和考核标准及方法，尽量采用优秀国产软件，采用标准化考试方法，重在考核计算机软件的操作能力，侧重专门软件的应用，培养具有熟练的计算机相关软件操作能力的劳动者。在考试管理上，采用“随培随考”的方法，不搞全国统一时间的考试，以适应考生需要。向社会公开考题和答案，不搞猜题战术，以求公平并提高学习效率。

全国计算机信息高新技术考试特别强调规范性，劳动和社会保障部职业技能鉴定中心根据“统一命题、统一考务管理、统一考评员资格、统一培训考核机构条件标准、统一颁发证书”的原则进行质量管理，每一个考核模块都制订了相应的鉴定标准和考试大纲，各地区进行培训和考试执行统一的标准和大纲，并使用统一教材，以避免“因人而异”的随意性，使证书获得者的水平具有等价性。为适应计算机技术快速发展的现实情况，不断跟踪最新应用技术，还建立了动态的职业鉴定标准体系，并由专家委员会根据技术发展进行拟定、调整和公布。

考试咨询网站：www.citt.org.cn　培训教材咨询电话：010-82702665，82702672

出 版 说 明

全国计算机信息高新技术考试是劳动和社会保障部为适应社会发展和科技进步的需要，提高劳动力素质和促进就业，加强计算机信息高新技术领域新职业、新工种职业技能鉴定工作，授权劳动和社会保障部职业技能鉴定中心在全国范围内统一组织实施的社会化职业技能鉴定考试。

根据职业技能鉴定要求和劳动力市场化管理需要，职业技能鉴定必须达到操作直观、项目明确、能力确定、水平相当且可操作性强的要求，因此，全国计算机信息高新技术考试采用了一种新型的、国际通用的专项职业技能鉴定方式。根据计算机不同应用领域的特征，划分了模块和平台，各平台按等级分别独立进行考试，应试者可根据自己工作岗位的需要，选择考核模块和参加培训。

全国计算机及信息高新技术考试特别强调规范性，劳动和社会保障部职业技能鉴定中心根据“统一命题、统一考务管理、统一考评员资格、统一培训考核机构条件标准、统一颁发证书”的原则进行质量管理。每一个考试模块都制定了相应的鉴定标准和考试大纲，各地区进行培训和考试都执行统一的标准和大纲，并使用统一教材，以避免“因人而异”的随意性，使证书获得者的水平具有等价性。

为保证考试与培训的需要，每个模块的教材由两种指定教材组成。其中一种是汇集了本模块全部试题的《试题汇编》，另一种是用于系统教学使用的《培训教程》。

本书共 10 章，主要内容有 Windows XP 的基本操作，Word 2003 的基本编辑技术、文档版面的编排、文档的高级编排技术，Excel 2003 基本数据编辑、工作表的操作、数据分析与管理，PowerPoint 2003 制作演示文稿，办公软件的联合应用，Outlook 2003 的应用。此外，每章后都附有练习题，可以帮助读者巩固本章所学知识。

本书可作为计算机办公软件应用学习者的自学教程，也可以作为各类计算机培训班和社会相关领域的培训教材。

本书执笔人为朱厚峰、肖进、王璐、腾文学、宋志坤、周林娥、王泓博、张春丽、纪晓远、孙艳艳、王飞跃、李娜、姜丽、刘鑫、孙艳蕾等。

关于本书的不足之处，敬请批评指正。

目　录

第 1 章　操作系统 Windows XP

Windows XP 集成了 Windows 2000 和其他 Windows 早期版本的所有优点，采用了与 Windows Me 类似的界面，并且增加了新的网络单元和安全技术，具有全新的界面、高度集成的功能、更多的软件硬件兼容性、更多的娱乐和更方便的管理工具、强大的网络功能、更好的安全特性和便捷的操作性能等，是微软从 DOS 转向 Windows 之后的又一个里程碑，备受用户的青睐，并且在结构、性能和界面上的变化都让人有耳目一新的感觉。

本章重点：

- Windows XP 的基本操作
- 文件和文件夹的管理
- 设置 Windows XP 的桌面
- 自定义任务栏和“开始”菜单
- 设置日期和时间
- 应用程序的安装和删除
- 磁盘管理

1.1　Windows XP 的基本操作

用户要使用一个系统应首先了解这个系统，掌握其基本的操作，用户只有掌握了这些基本的操作才能自如地使用系统。

1.1.1　Windows XP 的桌面

Windows XP 的外观，以其全新的界面和亮丽色彩的背景给用户以清新、大方的感觉，使用户在视觉上和心理上更容易接受和认可。

1. 桌面风格

用户第一次启动 Windows XP 时进入如图 1-1 所示的桌面，使用过原来版本 Windows 的用户可以发现，以前存在于桌面上的如“我的电脑”、“我的文档”、“网上邻居”、“Internet Explorer”等常见快捷图标不见了，整个桌面上只有“回收站”一个快捷图标。

“我的电脑”、“我的文档”、“网上邻居”、“Internet Explorer”等常见任务被合并到了“开始”菜单中。这正是 Windows XP 的全新桌面风格，这种风格的桌面需要用户每次进行常规的操作时都要通过“开始”菜单来完成。

如果用户习惯了原来版本的 Windows 风格而对这种改变不太适应，可以将这些常见任务以图标的形式显示在桌面上，具体步骤如下：

（1）在桌面上右击，在出现的快捷菜单中选择“属性”命令，打开“显示 属性”对话框。

（2）在对话框中单击“桌面”选项卡，然后在对话框中单击“自定义桌面”按钮，打开“桌面项目”对话框。

（3）在对话框中单击“常规”选项卡，如图 1-2 所示。

（4）用户可以在“桌面图标”选项区域选择在桌面上以图标的方式显示的常规任务。

（5）单击“确定”按钮，此时在桌面上将显示出选中选项的图标。

图 1-1　初次启动 Windows XP 的桌面　　　　图 1-2　“桌面项目”对话框

这几个常见任务的基本功能如下：

- 我的电脑：它是进入计算机内部的核心窗口，用户通过它可以对磁盘、文件、文件夹等进行管理，“我的电脑”是用户使用和管理计算机的最重要工具。
- 我的文档：它是计算机默认保存文件的文件夹，这些文件和文件夹都是由一些临时文件、没有指定路径的保存文件、下载的 Web 页等组成。在默认情况下，“我的文档”文件夹的路径为“C:\Documents and Settings\用户名\My Documents”。
- 回收站：用来保存没有被用户永久删除的文件或文件夹，用户可以把回收站中的文件恢复到原来的位置或移动到其他的位置，回收站的存在降低了错误操作的风险。
- Internet Explorer：它可以启动 Internet Explorer 浏览器，访问 Internet 资源。

2. “开始”菜单

Windows XP 提供了一个增强的开始菜单，它将经常使用的文件和应用程序组织在一起，以便用户方便快速地进行访问。单击“开始”按钮或者按下键盘上的 Windows 键，则可以打开 Windows XP 的开始菜单，如图 1-3 所示。

在“开始”菜单的顶部显示的是当前登录用户的账户名称，通过该账户按钮用户可以方便地对本地账户进行管理。在账户区下面是主要的工作区，在这里集成了包括“我的电脑”、“我的文档”等常见任务，同时为用户提供了更多的如“我的音乐”、“图片收藏”、Windows Media Player 等功能选项，使操作更加简单快捷。用户可以方便地启动计算机上的某些软件程序，或者进行系统方面的某些设置。

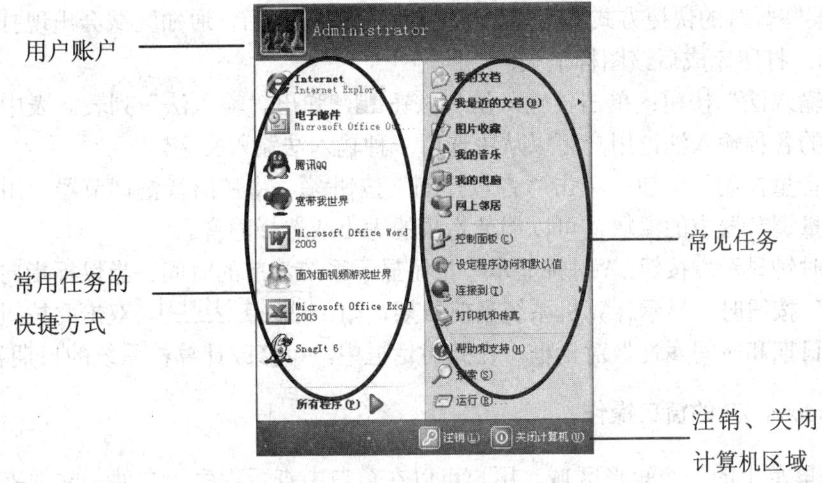

图 1-3　“开始”菜单

在使用计算机时总有一些程序是经常被用户使用的，为了方便用户的使用，在开始菜单主要工作区的左侧 Windows XP 为用户设计了一个常用任务快速启动区，在该区域列出了用户经常使用任务的快捷方式，通过它们用户可以快速启动常用任务。

3. 任务栏

初始的任务栏在屏幕的底端，在任务栏的最左边是带有 Windows XP 标志的“开始”按钮，在任务栏的最右边有时间和 Windows Messenger 等图标。这些图标程序在不活动时会自动隐藏，使任务栏显得简洁。

任务栏为用户提供了快速启动应用程序、打开文档及显示其他已打开的窗口的方法。在 Windows XP 中采用了工作组的方式扩充了任务栏，从而也使得管理上更为方便、简洁。工作组方案就是同一类型的程序放在一起，例如把 Word 文件组合在一起，Internet Explorer 视窗又组合在一起，Windows XP 会以卷动式功能表来收藏它们。对打开的每个应用程序，任务栏上都出现一个图标按钮，单击任务栏上的图标按钮即可切换到相应的应用程序。如果要切换的应用程序存在于组中，单击任务栏中组的下拉箭头将会显示出该组中所有程序的列表，单击相应的图标即可切换到相应的应用程序，如图 1-4 所示。

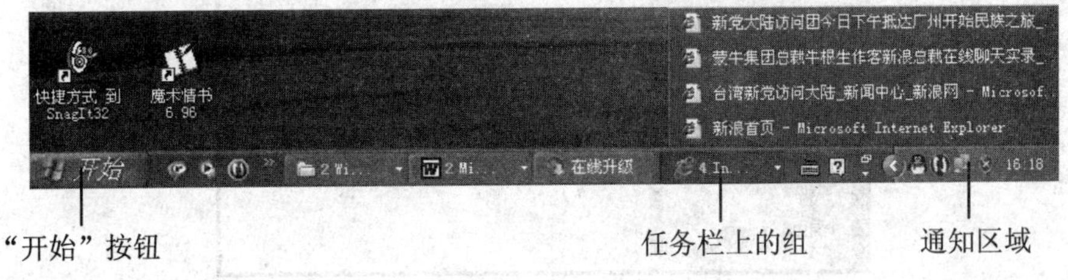

图 1-4　任务栏

4. 通知区域

通知区域位于任务栏的右端，它显示发生的一定事件。例如收到电子邮件或打开“任务管理器”的通知图标；还显示快速访问程序的快捷方式，例如，“音量控制”和“本地连接”，以及某些暂时的快捷方式，例如，将文档发送打印机后，通知区域会出现打印机的快捷方式图标，打印完成后该图标消失。

- “输入法”按钮：单击“输入法”按钮CH，弹出“输入法”列表。表中列出已安装的各种输入法，用户可以从中选用一种输入法输入文字。
- “音量控制”按钮：单击“音量控制”按钮，将弹出音量调节器。用鼠标移动音量调节器中的滑块，可以调节音量的大小或选择静音。
- “时钟显示”按钮：“时钟显示”按钮显示系统当前的时间。当鼠标指向“时钟显示”按钮时，显示计算机系统当前日期，如：2008年7月8日。双击此按钮，则激活“日期和时间属性”对话框。在此对话框中，可修改计算机系统的日期和时间。

1.1.2 Windows XP 的窗口操作

窗口是屏幕上的一个矩形区域，用户可以在窗口中查看程序、文件、文件夹、图标或者在应用程序窗口中建立自己的文件。例如在开始菜单中选择“我的电脑”命令就可以打开如图 1-5 所示的“我的电脑”窗口（在桌面上双击“我的电脑”图标也可打开“我的电脑”窗口）。在 Windows XP 中所有的窗口都具有基本相同的构造，对它们的操作也是一样的，这样用户可以方便地管理自己的工作。

1. 窗口的构成

“我的电脑”窗口主要由标题栏、菜单栏、标准按钮栏、地址栏、系统工作区等几部分组成。

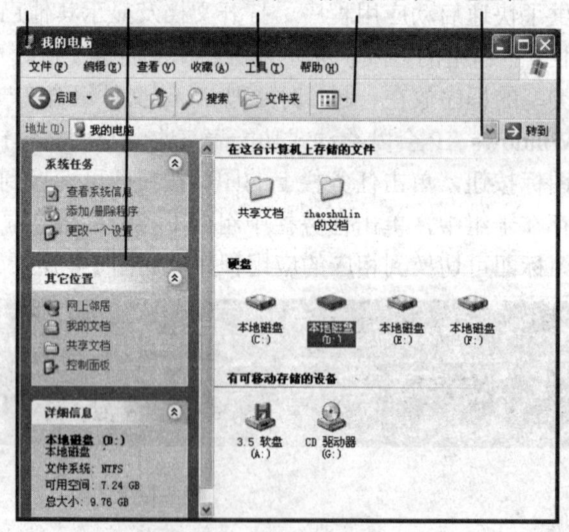

图 1-5 “我的电脑”窗口

- 标题栏：窗口的标题栏位于窗口的顶端，在标题栏的左端标明了窗口的名称，例如“我的电脑”，如图 1-5 的显示。在标题栏的右面有最小化按钮、最大化按钮以及关闭按钮。在 Windows 中可以同时打开多个窗口，但只存在唯一的活动窗口，只有活动窗口才能接收鼠标和键盘的输入，活动窗口的标题栏将会以醒目的蓝颜色表示，如果标题栏呈灰色，则说明该窗口是非活动窗口。

- 菜单栏：在 Windows 环境下，通常每一个窗口都有一个菜单栏，当用户将鼠标指向某一菜单并单击该菜单项时通常会出现一个下拉菜单。
- 标准按钮栏：标准按钮位于菜单栏的下面，在这里放置了一些最常用的工具按钮。单击这些按钮可以快速地执行某一操作，例如在某一文件夹中单击“后退”按钮可以退回到上一步操作。使用这些按钮，用户工作起来更快捷、方便。
- 地址栏：在地址栏中显示了当前窗口所处的位置，如图 1-5 显示的“我的电脑”。在地址栏中输入一个地址然后单击“转到”按钮，窗口将转到该地址所指的位置。
- 系统工作区：该区域又被分为三个小的区域，即系统任务区、其他位置区和详细信息区。在系统任务区中显示的是一个智能化的链接菜单。系统会很“聪明”地将用户在某种状态下可能用到的链接式命令菜单显示出来，即不同的情况下会显示不同的链接菜单。例如，当用户打开一个文件夹时，用户选中或未选中文件夹中的文件时，系统任务区的链接菜单将会显示为不同的内容，如图 1-6 所示。在其他位置区则为用户提供了从当前位置迅速进入其他位置的链接命令。在详细信息区中则显示的是当前主窗口被选中文件或文件夹的相关信息。“我的电脑”窗口这种人性化的设计，更加符合用户日常的操作和对计算机的管理。
- 状态栏：状态栏在整个窗口的底部，在状态栏中提示了当前窗口的有关信息。

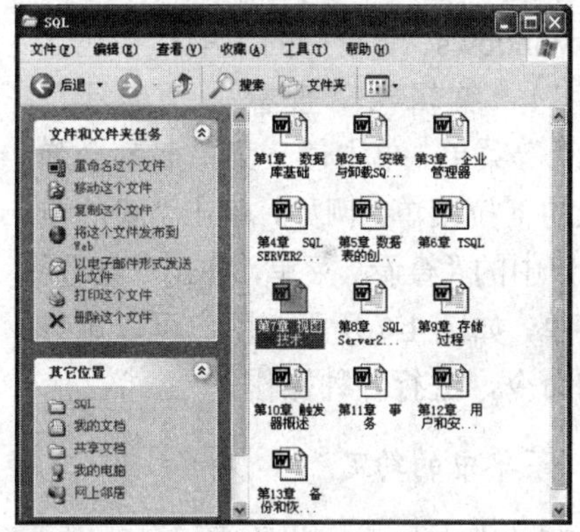

图 1-6 系统工作区在不同情况下显示为不同的菜单

2. 调整窗口的大小

单击窗口右上角的“最小化”按钮，该窗口将缩小成图标显示于任务栏中。窗口缩小为图标后，该程序并未关闭，单击任务栏中程序图标，该图标又展开为窗口。

单击窗口右上角的“最大化”按钮，该窗口将充满整个屏幕，同时“最大化”按钮变成了“还原”按钮。单击“还原”按钮，窗口又恢复到原来的大小，此时“还原”按钮又变成了“最大化”按钮。双击标题栏可使窗口在最大化与还原两种状态之间切换。

在窗口没有被最大化的情况下，用户还可以根据情况调整窗口的大小，用鼠标指向窗口的任一边，当鼠标变为双向箭头形状时，按住鼠标左键不放，拖动该边，即可改变窗口的宽度或高度。用鼠标指向窗口的任一个边角，当鼠标变为双向箭头形状时，按下鼠标左键不放，拖动鼠标，窗口的高度和宽度将同时改变。用户也可以在标题栏上右击，在弹出的快捷菜单中选择“大小”命令，当屏幕上出现十字箭头标志，并且在窗口的四周出现虚线时，使用键盘上的方向键可以改变窗口的大小。调整完毕后，单击鼠标或按回车键结束操作。

3. 移动窗口

用户在窗口中进行操作时，可以根据需要来移动窗口在屏幕上的位置。

移动窗口的方法很简单，用户只需将鼠标置于该窗口的标题栏上，按住鼠标左键不放拖动窗口，移动到合适的位置时松开鼠标即可。如果用户需要精确地移动窗口，可以在标题栏上右击，在弹出的快捷菜单中选择“移动”命令，当屏幕上出现十字箭头标志，并且在窗口的四周出现虚线时，使用键盘上的方向键可以移动窗口，到达合适的位置后，单击鼠标或按回车键结束操作。

1.1.3 菜单操作

Windows XP 的菜单主要有下拉菜单和快捷菜单两种。下拉菜单是鼠标单击某菜单名而弹出的菜单，快捷菜单是鼠标右击某对象而弹出的菜单。

菜单是一组同一主题的相关命令的集合。Windows XP 窗口的菜单栏中包含“文件”、“编辑”、“查看”、“工具”、“帮助”等菜单，单击任一菜单名都会弹出相应的下拉菜单。例如，单击“我的电脑”窗口中的“查看”菜单，弹出“查看”下拉菜单，如图 1-7 所示。用户可以选择其中的命令，进行各种操作。

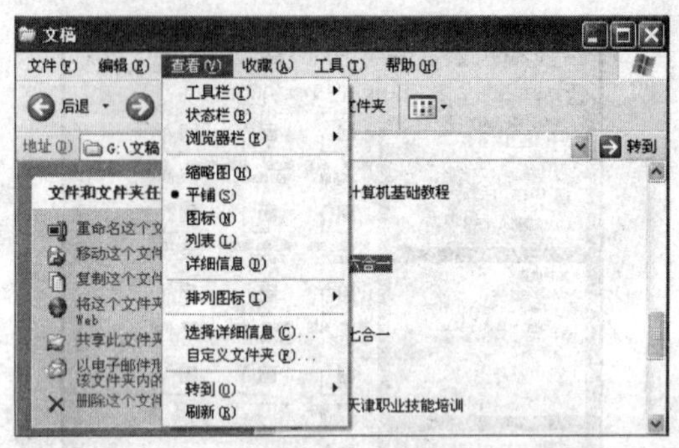

图 1-7 “查看”下拉菜单

1. 菜单中的约定

在菜单中有如下一些约定：

- 暗淡显示的命令：有时下拉菜单中某些命令呈暗淡显示，它表示在当前情况下，该命令无法使用。当满足一定的条件后，暗淡显示的命令变为正常显示。例如，当没有选定对象时，“编辑”菜单中的“剪切”和“复制”命令呈暗淡显示。一旦选定对象后，“剪切”和“复制”命令就变成了正常显示。
- 带省略号的命令：如果某命令后紧跟着一个省略号“...”，则表示选择该命令后，将弹出一个与该命令相关的对话框，用户需要在对话框中作进一步的选择和设置。
- 带选中标志的命令：有些命令类似电子开关。单击该命令，则显示选中标志“√”或“•”，表明该命令处于有效状态。其中有“√”标志的是复选项，有“•”标志的是单选项。
- 带级联标志的命令：这类命令的右边有一个实心三角形“▸”。鼠标指针指向该命令时，将弹出该命令的下一级子菜单。例如，在“我的电脑”窗口中，当鼠标指针指向“查看”下拉菜单中的“排列图标”命令时，弹出“排列图标”命令的子菜单。

2. 下拉菜单的操作

在使用下拉菜单中的命令时首先要激活下拉菜单，激活下拉菜单常用以下两种方法。

➢ 用鼠标单击菜单栏中的菜单名。
➢ 菜单名后的括号中有一个带下划线的字母，该字母称作“命令字”。按 Alt+“命令字”也可以激活下拉菜单。

在执行下拉菜单中的命令时有以下三种方法。

➢ 用鼠标直接单击要选取的命令。
➢ 用键盘上的方向键选择命令，然后按回车键执行。
➢ 直接键入命令后括号中带下划线的“命令字”。

在激活下拉菜单后，如不想选取命令而撤消菜单，有如下两种方法。

➢ 用鼠标单击下拉菜单之外的任意空白处。
➢ 按 ESC 键。

1.1.4 对话框的操作

按照约定，当在菜单中选择带有后缀“…”的命令时会出现一个对话框，它提供了更多的选项、提示信息，用户可以在对话框中进行更加详细的设置。

对话框通常包含标题栏、选项卡、复选框、单选按钮、文本框、列表框等。对话框中的标题栏同窗口中的标题栏相似，给出了对话框的名字和关闭按钮。拖动标题栏可以在屏幕上移动对话框的位置。对话框中的选项呈黑色表示为可用选项，呈灰色时表示为不可用选项。下面以图 1-8 所示的“字体”对话框为例简单介绍一下对话框的组成。

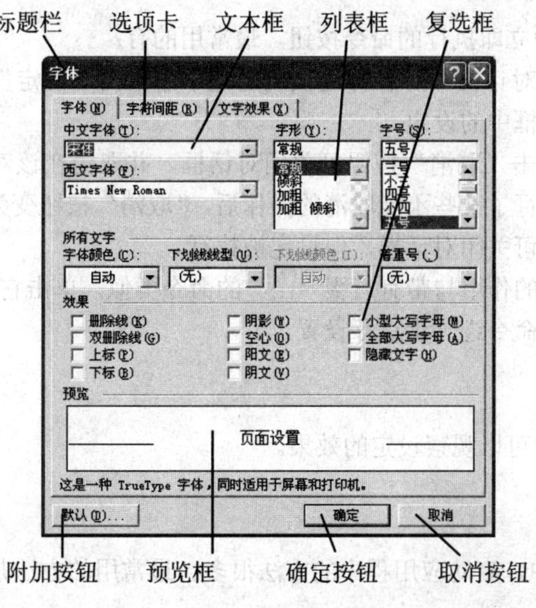

图 1-8 对话框示例

1. 选项卡

对话框中的选项设置可能会很多，选项卡则是对对话框中的功能进一步详细分类，它将对话框中的选项设置分为不同的子功能放在一个选项卡页面。这样，如果用户希望设置不同的子功能，可以单击该类别的选项卡进入相应的页面进行设置。

2. 文本框

文本框可以接受输入的信息，有的文本框含有下拉箭头▼，用户可以单击下拉箭头在弹出的下拉列表中选择可用的文本信息，当然也可在文本框中直接输入文本信息；有的文本框含有微调按钮，用户可以单击微调按钮改变文本框中的数值，或直接在文本框中输入数值；有的文本框是一个空白的方框，用户可直接在框中输入文本信息。

3. 列表框

列表框同文本框类似，但是用户不能在列表框中输入信息。列表框将所有的选项显示在列表中，用户可以选择自己所需的选项。

4. 选项按钮

对话框中的选项按钮分为单选按钮和复选按钮两种类型。

- 复选框：复选框一般成组出现，在选取时用户可以一次选中多个复选框，被选中的复选框中将出现对号，再单击一次可取消选择。
- 单选按钮：单选按钮一般情况下也成组出现，在选取时用户一次只能选中一个单选按钮，当一个单选按钮被选中后，同组的其他单选按钮将自动被取消选择，被选中的单选按钮中出现一个圆点，再单击一次可取消选择。

5. 一般按钮和附加按钮

一般按钮包括各种立即执行的命令按钮，最常用的有：

- 确定按钮：在对话框中对各种选项设定完毕后单击“确定”按钮可关闭对话框，并执行在对话框中的设定。
- 取消按钮：单击“取消”按钮可关闭对话框，并取消在该对话框中的设定。在有些情况下当执行了某些不能取消的操作后，“取消”按钮变为“关闭”按钮。单击“关闭”按钮可关闭对话框，但设定被执行。
- 附加按钮：它的作用与带有后缀“...”的命令类似，单击它将打开另一个对话框，用户可以对该命令进一步进行设置。

6. 预览框

利用预览框，用户可以观察设定的效果。

1.1.5 运行应用程序

在 Windows XP 中，启动应用程序的方法很多。最常用的方法是从“开始”菜单中启动应用程序。

1. 在开始菜单中启动

通常情况下，当用户需要使用某个应用程序时要先把它安装在计算机上。安装后的程序都会在“开始”菜单中列出，所以用户在“开始”菜单中找到程序的名称单击即可将其启动。

在“开始”菜单中启动应用程序的具体步骤如下：

（1）单击“开始”菜单，将鼠标指向“所有程序”命令，打开一个子菜单。

（2）在子菜单中列出了程序项和其他的子菜单，里面包含了大部分已安装的软件和应用程序的快捷方式。

（3）找到要运行程序的快捷方式，单击即可启动该应用程序。

2. 使用桌面图标启动

有一些应用程序在安装时会自动在桌面生成该程序的快捷方式，使用鼠标直接双击快捷方式也可启动相应的程序。

并不是所有的应用程序在安装时都会在桌面上创建快捷方式，对于一些常用的程序用户可以在桌面上为其添加快捷方式以方便程序的启动。

例如，要创建应用程序 Microsoft Office Word 2003 的桌面快捷方式，具体步骤如下：

（1）单击“开始”菜单，在“开始”菜单的“所有程序”子菜单中找到 Microsoft Office Word 2003 程序项。

（2）在该程序项上右击，打开一个快捷菜单，如图 1-9 所示。

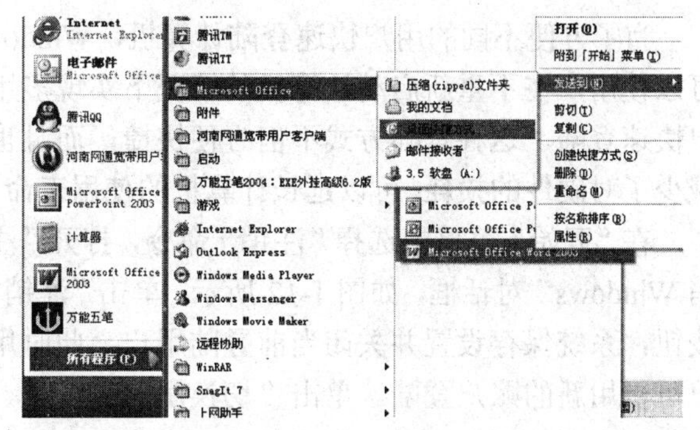

图 1-9　创建桌面快捷方式

（3）在快捷菜单中单击“发送到”|“桌面快捷方式”命令，即可在桌面上创建一个 Microsoft Office Word 2003 的快捷方式图标。

3. 使用“运行”命令

对于“开始”菜单中没有列入的程序，用户可以使用“开始”菜单中的“运行”命令启动，具体的操作步骤如下：

（1）单击“开始”菜单中的“运行”命令，打开“运行”对话框，如图 1-10 所示。

（2）在“打开”文本框中，输入文件的全名（包括盘符、路径和文件名）。“运行”对话框具有记忆性输入功能，它能自动存储用户曾经输入过的文件名。当用户再次使用时，只要在“打开”文本框中输入文件名开头的一个字母，其下拉列表中即显示以该字母开头的所有文件的全名，用户可从中选择一个文件名。

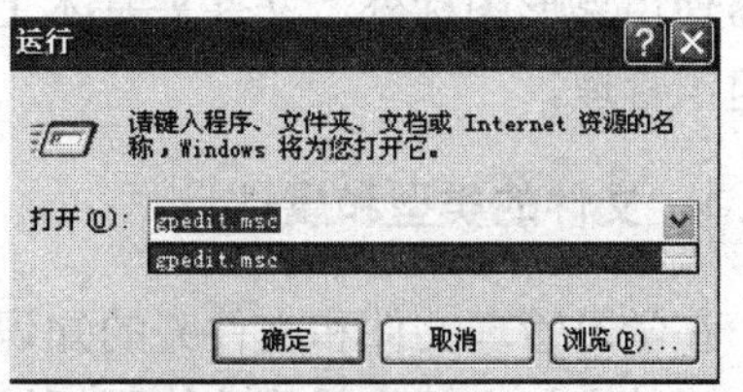

图 1-10　“运行”对话框

（3）单击“确定”按钮，即执行该程序文件。

1.1.6 退出 Windows XP

当用户使用完计算机后，应正确地将其关闭。在“开始”菜单中选择“关闭计算机”命令，打开如图 1-11 所示的对话框。

在对话框中用户可以对计算机进行如下操作。

- 单击“待机”按钮，显示器和硬盘将关闭，但用户正在处理的信息存储在内存中，这样用户很快就可以恢复处理这些信息。
- 单击“关闭”按钮，系统将停止运行，保存当前的设置并自动关闭电源。
- 单击“重新启动”按钮，计算机将关闭并重新启动。

图 1-11 “关闭计算机”对话框

1.1.7 注销用户

为了方便不同的用户快速登陆计算机，Windows XP 提供了注销功能。使用注销功能，可以使用户在不重新启动计算机的情况下实现多用户快速登陆，这种登陆方式不但方便快捷，而且也减少了对硬件的损耗，可以延长计算机的使用寿命。

在“开始”菜单中选择“注销”命令，打开“注销 Windows”对话框，如图 1-12 所示。单击“注销”按钮，系统保存设置并关闭当前登陆用户，此时用户可以用新的账户登陆。单击“切换用户”按钮，当前用户不关闭，可以切换到另外一个账户下进行工作。

图 1-12 “注销 Windows”对话框

1.2 文件和文件夹的管理

文件是指储存在磁盘上的一组相关信息的集合。为了区分不同信息的文件，每个文件都有各自的名字，叫文件名。文件的命名一般由主名和扩展名组成，主名表示文件名的内容，扩展名表示文件的类型。为了方便文件的管理，又出现了文件夹的概念。文件夹是存放其他文件夹和各种类型文件的容器，除桌面、回收站、我的电脑、网上邻居以及各个驱动器使用象形图标外，文件夹基本上具有统一的图标，主要用于对文件和文件夹的分层分类组织管理。

1.2.1 文件的类型和属性

在学习管理文件和文件夹的知识之前，用户应首先了解一下有关文件和文件夹的概念，只有清楚它们之间的关系才能更好地进行文件的管理。

1. 文件

文件是计算机存储数据、程序或文字资料的基本单位，是一组相关信息的集合。文件在计算机中是采用“文件名”来进行识别的。

文件名一般由文件名称和扩展名两部份组成，这两部分由一个点隔开。在 Windows 图形方式的操作系统下，文件名称由 1~255 个字符组成（即支持长文件名），而扩展名由 1~3 个字符组成。在文件名中禁止使用一些特殊字符，见表 1-1 所示，如果在文件名中使用了这些特殊符号将会使系统不能正确辨别文件而导致错误。在 Windows 操作系统下扩展名也表示文件类型，表 1-2 列出了常见的扩展名对应的文件类型。另外 Windows 操作系统也用文件图标来区分不同类型的文件。

从大的方面来说，文件可以分为两种：程序文件和非程序文件。当用户选中程序文件，用鼠标双击或按下回车键后，计算机就会打开程序文件，而打开程序文件的方式就是运行它。当用户选中非程序文件，用鼠标双击或按下回车键后，计算机也会试图打开它，而这个打开方式就是用特定的程序去打开它。用什么特定程序来打开，则决定于这个文件的类型。

表 1-1　在文件名中不能使用的特殊符号

点（.）	引号（“、‘）
斜线（/）	冒号（：）
反斜杠（\）	逗号（，）
垂直线（|）	星号（*）
等号（=）	分号（；）

表 1-2　常见的扩展名对应的文件类型

扩展名	文件类型	扩展名	文件类型
COM	命令程序文件	BAK	备份文件
EXE	可执行文件	DOC	Word 文档
BAT	批处理文件	BMP	图像文件
SYS	系统文件	HLP	帮助文件
TXT	文本文件	INF	安装信息文件
DBF	数据库文件	XLS	电子表格文件

2. 文件夹

文件夹是 Windows 下的名称，而在 DOS 方式下叫做目录。树状结构的文件夹是目前微型计算机操作系统的流行文件管理模式。由于它的结构层次分明，容易被人们理解，只要用户明白它的基本概念，就可以熟练使用它。文件夹又可以分为根文件夹和子文件夹。

当准备开始向磁盘或软盘中存储文件时，一个被称为根文件夹的文件夹便被自动建立起来。在软盘上，由于软盘的容量很小而储存的信息比较少，所以软盘上的根文件夹往往是用户需要的仅有的文件夹。在硬盘驱动器上，由于硬盘的容量比较大、储存的信息也比较多，所以只建立根文件夹使之容纳所有存储在该磁盘上的文件是不够的。根目录能容纳的文件数是有限的，当文件数目增多时，把它们放置在一个平行的文件夹结构内也是不可能的。正因为如此，系统允许用户创建层次文件夹结构，允许用户在系统中的每一个磁盘或磁盘分区建立一个层次文件夹。

从根文件夹中建立的文件夹称为子文件夹，子文件夹中也可以再包含下一级子文件夹。如果在结构上加了许多子文件夹，它便成为一个倒过来的树的形状，这种结构称为目录树，也叫做多级文件夹结构。文件可以建立在该多级文件夹结构的任何地方。

3. 驱动器

在所有的微型计算机上，磁盘是通过相对应的通道或“驱动器”进行存取的。在用户的计算机范围内，驱动器由字母和后续的冒号来标定。

一般情况下，第一个驱动器和第二个驱动器都是软盘驱动器，分别用 A：和 B：表示。主硬盘通常被称为 C：驱动器。

如果用户有多个硬盘分区，每个驱动器的编号由其固有的编号顺序给出，从而使它可以像一个单独的驱动器那样被访问。

一般情况下，光盘驱动器应由最后一个硬盘驱动器之后的第一个字母给出，如 G:。

1.2.2 选定文件或文件夹

在对文件或文件夹进行重命名、移动、删除等操作时首先应选定文件或文件夹。

如果选定单个文件或文件夹，在该文件或文件夹上单击鼠标即可将其选定，如果要选定多个文件或文件夹可在空白处按住鼠标左键不放，拖动鼠标，这时会出现一个虚线框，被虚线框圈定的文件则被全部选中，如图 1-13 所示，不过是用这种方法只能选择相邻的多个文件或文件夹。

还可以使用鼠标和键盘相结合的方法来选定多个文件或文件夹，尤其适合想选中多个不相邻的文件或文件夹的情况。

- 用鼠标选定一个文件（1），按住 Shift 键，单击另一个文件（5），这样从文件（1）到文件（5）之间的所有文件将都被选中。
- 用鼠标选定多个相邻的文件或文件夹，按住 Ctrl 键，单击另外的文件或文件夹，所有被单击的文件或文件夹将被同时选定。

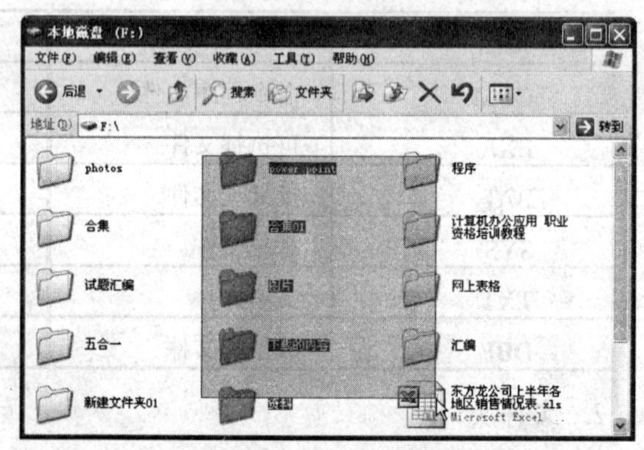

图 1-13 拖动鼠标选中相邻的文件和文件夹

- 如果要选择窗口中所有的文件，执行“编辑”|“全部选定”命令或者使用快捷健 Ctrl+A，就可以把窗口中的文件或文件夹全部选中。

1.2.3　重命名文件或文件夹

对文件或文件夹进行重命名主要有以下几种方法。

1. 使用鼠标重新命名文件或文件夹

使用鼠标对文件或文件夹进行重命名的方法如下：

（1）在“我的电脑”窗口中，选定要改名的文件或文件夹。

（2）单击文件或文件夹的名称（不是图标），该名称即处于可编辑状态。

（3）键入新名，然后单击窗口空白处或按 Enter 键。

2. 使用热键重新命名文件或文件夹

使用热键对文件或文件夹进行重命名的方法如下：

（1）在“我的电脑”窗口中，选定要改名的文件或文件夹。

（2）按 F2 键，该名称即处于可编辑状态。

（3）键入新名，然后单击窗口空白处或按 Enter 键。

3. 使用菜单重新命名文件或文件夹

使用菜单对文件或文件夹进行重命名的方法如下：

（1）在“我的电脑”窗口中，选定要改名的文件或文件夹。

（2）选择“文件”菜单中的“重命名”命令，该名称即处于可编辑状态。

（3）键入新名，然后单击窗口空白处或按 Enter 键。

4. 使用快捷菜单重新命名文件或文件夹

使用快捷菜单对文件或文件夹进行重命名的方法如下：

（1）在“我的电脑”窗口中，用鼠标右击要改名的文件或文件夹，在弹出的快捷菜单中选择“重命名”命令，该名称即处于可编辑状态。

（2）键入新名，然后单击窗口空白处或按 Enter 键。

如果新文件名与当前文件夹中的某个文件同名，将出现重命名警告对话框，如图 1-14 所示。此时必须更换文件名。

图 1-14　重命名警告对话框

提示：

不要将系统文件（如：*.SYS）改名，否则，系统可能无法启动或发生执行错误。文件名的后缀不要随意改动，否则在打开程序时会出现错误。一般情况下，也不要轻易更改网络上供多个用户共享的文件或文件夹的名字，以免别人找不到改名的共享文件。

1.2.4 创建文件夹

文件夹通过为创建和存储的文件提供逻辑位置，提供了组织磁盘上文件的有效方法。将创建的文件夹分类然后将文件保存在最合适的文件夹中，用户可以将文件从其他位置移动到新建的文件夹中，甚至可以在文件夹中创建文件夹。

用户几乎可以从 Windows XP 的任何地方创建文件夹，Windows XP 将新建的文件夹放在当前位置。创建新文件夹的具体步骤如下：

（1）在“我的电脑”窗口打开要在其中创建新文件夹的文件夹。

（2）选择“文件”菜单“新建”子菜单中的“文件夹”命令，这时在窗口中会出现一个新的文件夹并标有“新建文件夹”字样，名称框呈亮蓝色，用户可以对它的名字进行更改，如图 1-15 所示。

（3）输入新文件夹的名字，然后按回车键或在空白处单击鼠标。

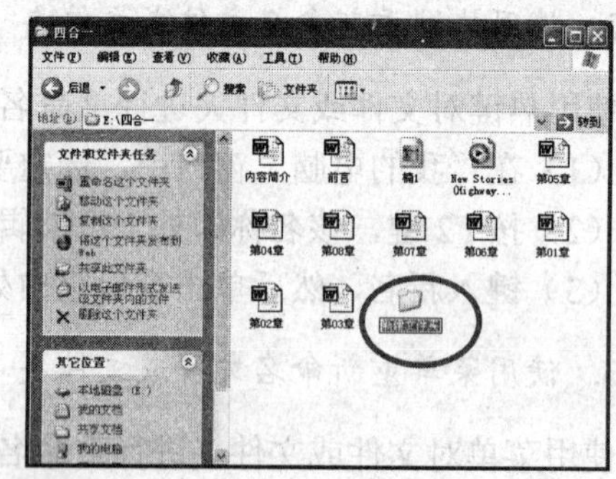

图 1-15　创建新文件夹

另外用户也可以在窗口的空白处单击鼠标右健，然后在快捷菜单中单击“新建”子菜单中的“文件夹”命令创建文件夹。

有些文件夹是在安装程序时自动创建的。例如，在安装 Office XP 中文版时，安装程序会在磁盘驱动器上建立一个文件夹，并将 Office XP 中文版文件放在该文件夹中。

如果在创建新文件夹的位置存在名字为“新建文件夹”的文件夹，则新建文件夹默认的名称为“新建文件夹（1)”，依此类推。

1.2.5 移动和复制文件与文件夹

每个文件和文件夹都有它们的存放位置。复制指的是在不删除当前文件的前提下，做一个原文件的备份，放在另外一个位置。而移动文件，则是将当前的文件放到另外一个目录下，当前目录下则不再有该文件。

当要执行复制操作时，先选定要复制的文件或文件夹，然后单击该文件或文件夹所在窗口的“编辑”菜单，在菜单中选择“复制”命令，将该文件或文件夹暂时存在剪贴板上，接着切换到想存储此文件或文件夹的位置窗口，打开“编辑”菜单，选择“粘贴”命令，该文件或文件夹便被复制到新的位置。如果要移动文件或文件夹，可单击“编辑”菜单中的“剪切”命令，然后再执行粘贴操作即可。

在“编辑”菜单中如果选择“移动到文件夹”命令，则打开如图 1-16 所示的“移动项目”对话框。可在对话框中选择文件将要移至的文件夹，单击“确定”按钮，被选定的文件将被移至新的文件夹中。

选择“复制到文件夹”命令，打开类似图 1-16 所示的对话框，不过这种操作是将文件复制到新的文件夹中。

如果在复制或移动的过程中弹出“确认文件替换”对话框，如图 1-17 所示，那么说明在复制或移动的目标文件夹中已经有了与用户正在复制或移动的文件或文件夹同名的文件或文件夹，这时就需要小心地选择是否继续。单击“是”按钮，就会用新的文件覆盖原来的文件；单击“否”将放弃复制或移动。如果一次移动或复制了多个文件并要全部替换目标文件夹中的文件可以单击“全部”按钮。

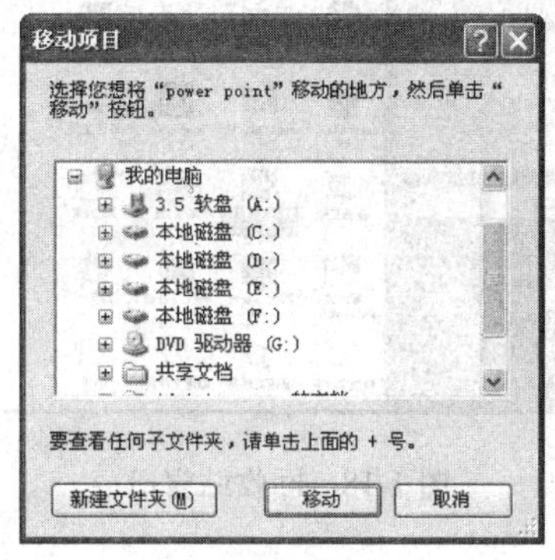

图 1-16　“移动项目”对话框

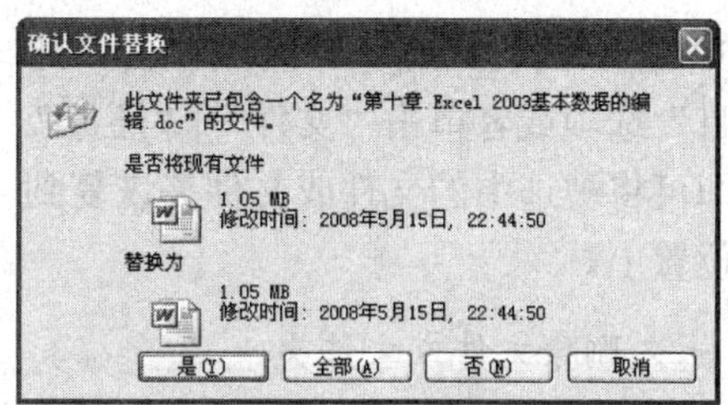

图 1-17　“确认文件替换”对话框

提示：

用户也可用快捷键复制文件。选定要复制的文件，按 Ctrl+C 键，然后打开文件将要复制到的文件夹，按 Ctrl+V 键，文件将被复制到打开的文件夹中。使用快捷菜单也可快速复制，在文件上右击，在快捷菜单中选择“复制”命令，然后打开文件将要复制到的文件夹，在空白处右击，在快捷菜单中选择“粘贴”命令。

1.2.6　删除文件或文件夹

在管理文件或文件夹时为了节省磁盘空间，用户可以将不再使用的文件或文件夹删除。删除文件或文件夹的具体步骤如下：

（1）选定要删除的一个或一组文件。

（2）单击“文件”|“删除”命令或直接按键盘上的 Delete 键，出现“确认文件删除”的消息询问框。

（3）如果要删除单击“是”按钮，如果不打算删除单击“否”按钮，取消操作。

提示：

在 Windows XP 中的这种删除并不是将文件真正的删除，只是将它们放到了回收站中。另外，不要随意删除系统文件或其他重要程序中的主文件，一旦删除了这些重要文件可能会导致程序无法运行或系统出故障。

1.2.7　利用回收站管理文件和文件夹

用户在执行一般的删除操作时只是逻辑上删除了文件或文件夹，物理上这些文件或文件夹仍保留在回收站中。用户可以使用回收站对被逻辑删除的文件进行管理。

1. 恢复文件或文件夹

被放入到回收站中的项目可以被恢复到原来的位置，这样当用户在执行了错误的删除后还有改正的机会，避免给自己的工作造成损失。

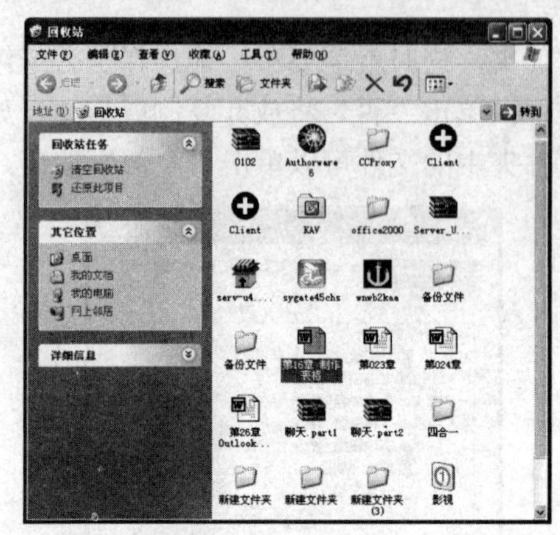

图 1-18 回收站窗口

恢复被删除文件或文件夹的具体步骤如下：

（1）在桌面上双击“回收站”图标，打开如图 1-18 所示的窗口。

（2）在窗口中选中要恢复的文件或文件夹。

（3）在“回收站任务”区域单击“还原此项目”选项或者单击“文件”|“还原”命令，即可将被选中的文件或文件夹恢复到原来的位置上。

2. 永久删除文件或文件夹

为了释放回收站的空间，便于回收站的管理，用户可以将一些确实无用的项目从回收站中永久删除，永久删除文件或文件夹的具体步骤如下：

（1）在回收站中选中要永久删除的文件或文件夹。

（2）单击“文件”|“删除”命令或直接按 Delete 键，则选中文件被永久删除。

如果要把回收站中的所有项目都删除，可以在“回收站”窗口中单击“文件”|“清空回收站”命令，则回收站中的所有项目均被删除。

提示：

在资源管理器或“我的电脑”窗口中，如果在执行删除操作命令的同时按住 Shift 键，则被删除的项目不会被放到回收站中，而是被永久删除。

1.2.8 查找文件或文件夹

有时用户需要在计算机磁盘中查找某个文件或文件夹，却不知道它在计算机中的具体位置，此时最好的方法就是利用计算机操作系统中的查找功能，找到需要的文件或文件夹。

查找文件的具体步骤如下：

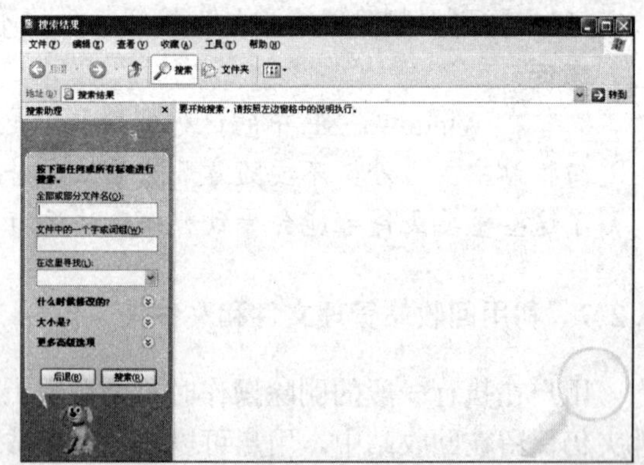

图 1-19 搜索“所有文件和文件夹”

（1）在“开始”菜单中选择“搜索”命令，将会打开“搜索结果”窗口，在窗口的左侧给出了搜索提示。

（2）单击“所有文件和文件夹”，进入下一个提示窗口，如图 1-19 所示。

（3）在“全部或部分文件名”文本框中输入要查找的文件或者文件夹的名称，如果用户不知道文件的全名可以输入文件名的一部分，计算机会根据用户提供的字符查找具有相同字符串的文件名，比如输入字符串“xp”，那么系统将查找文件名或者文件夹名中含有“xp”的所有对象。如果用户要查找某一种类型的所有文件，比如用户要查找所有的后缀名称为“xls”的电子表格文件，可以输入“*.xls”，这里的符号“*”用来代替任意长的字符串。

（4）如果用户不知道文件的名称，但是知道文件里面含有的字符或词组，则可以在“文件中的一个字或词组”框中填入文件中包含的字符，但是这种方法将耗费大量的搜索时间。

（5）用户可以在“在这里寻找”的下拉列表框中选择要查找文件所在的大致区域。当然用户给出的区域应尽量详细。

（6）提示中系统还提供了“什么时候修改的”、“大小是”和“更多的高级选项”，在这些选项中用户还可以设置一些关于搜索的具体信息。

（7）单击“搜索”按钮，系统将开始搜索。

当搜索完成之后，将在右侧的窗口中列出查找到的符合搜索条件的文件和文件夹，用户再找出自己真正需要的文件即可，如图 1-20 所示。

图 1-20　搜索到的文件

1.2.9　Windows 剪贴板

在介绍“移动和复制文件与文件夹”操作时已涉及到“剪贴板”，“剪贴板”实际上是 Windows XP 在计算机内存中开辟的一个临时存储区，作为信息交换的中间站。

“剪切”、“复制”和“屏幕复制”操作是把选定对象的信息读入剪贴板。“粘贴”操作是将剪贴板上的信息写到指定位置。如果没有新的信息存入剪贴板，那么剪贴板中的信息将一直保留，并随时可将其粘贴到指定位置。Windows XP 剪贴板中的信息还可以粘贴到 Office XP 应用程序中去。

在 Windows XP 中用户可以对屏幕进行复制。

- 复制整个屏幕：在进行 Windows XP 的操作过程中，任何时候按下 Print Screen 键，则将整个屏幕的信息复制到剪贴板中。
- 复制活动窗口：在进行 Windows XP 的操作过程中，按下 Alt+Print Screen 键，则仅将活动窗口的信息复制到剪贴板中。

1.3　设置 Windows XP 的桌面

在进入 Windows XP 操作系统后，用户首先看到的是桌面，如果用户认为系统默认的风格没有新意，可以自己定义“个性化”的桌面，如用户可以更改桌面背景，调整桌面图标设置屏幕保护程序等。

1.3.1 自定义桌面背景

进入 Windows XP 操作系统后，用户首先看到的自然是桌面，用户所有的操作也是从桌面开始的，新颖的桌面背景和整齐的图标排列方式总能够让赏心悦目。

为了摆脱桌面的单一模式，用户可以选择一幅自己喜爱的图案作为桌面背景。改变桌面背景的具体步骤如下：

（1）在桌面的空白处右击，在弹出的快捷菜单中单击“属性”命令，打开“显示属性”对话框。

（2）在对话框中单击“桌面”选项卡，如图 1-21 所示。

（3）在“背景”列表中选择一个背景图片，在上方可以预览到该背景图片的效果。

（4）如果用户选择的背景图片不在列表中，可以单击“浏览”按钮，打开“浏览”对话框，选择自己喜欢的背景图片。

（5）在“位置”下拉列表中选择背景图片在桌面的显示位置：平铺、居中或拉伸。

图 1-21 设置桌面背景

- 平铺：用多个原始大小的墙纸图片平铺排满整个屏幕。
- 拉伸：将单个原始大小的墙纸图片横向和纵向拉伸，以排满整个屏幕。
- 居中：将单个原始大小的墙纸图片置于屏幕中心位置。

（6）单击“确定”按钮，在桌面上可看到背景效果的改变。

提示：

如果所选背景图片的尺寸刚好与桌面尺寸相同，那么在“位置”下拉列表中选择的选项将毫无意义，只有在背景图片的尺寸大于或小于桌面尺寸时，在“位置”下拉列表中的选项才能体现出具体的效果。

1.3.2 排列桌面图标

如果桌面上的图标较多，用户可以合理地安排它们的排列顺序，使桌面看起来更加整洁美观且方便操作。

在桌面上的空白处右击，出现一个快捷菜单，选择“排列图标”命令，出现一个子菜单，如图 1-22 所示。

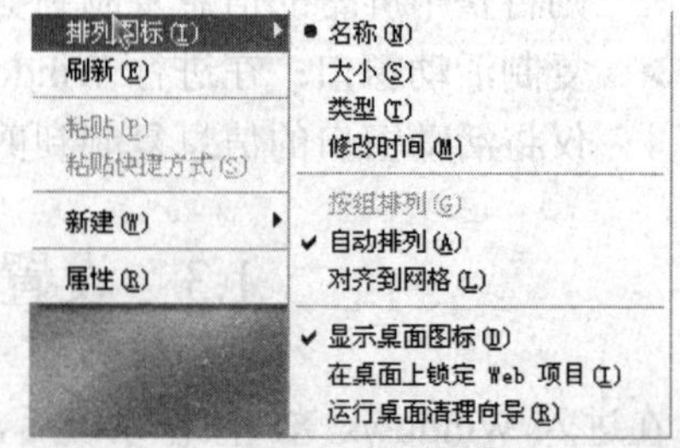

图 1-22 桌面右键快捷菜单

在菜单中如果取消“显示桌面图标”命令的选中状态，则桌面的图标会消失。如果用户取消“自动排列”命令的选中状态，则可以使用鼠标拖动图标将图标放在桌面的任意位置。在选中“自动排列”命令后用户可以选择排列图标的具体方式，可以按名称、大小、类型或修改时间进行排列。

1.3.3　设置屏幕保护

在用户不想关闭运行的程序同时又不想让其他人看到正在进行的工作情况下，可以使用屏幕保护程序。此外，屏幕保护程序另一大优点是可以使显示器由长时间的静态状态变为动态状态，保护显示器，延长显示器的使用寿命。设置屏幕保护程序的具体步骤如下：

（1）在桌面上右击，在快捷菜单中单击“属性”命令，在打开的“显示属性”对话框中单击“屏幕保护程序”选项卡，如图 1-23 所示。

（2）在“屏幕保护程序”下拉列表框中，用户可以选择一个屏幕保护程序，并可以对它的动态效果参数进行设置。例如在“屏幕保护程序”的下拉列表框中选择“贝塞尔曲线”屏幕保护，单击“设置”按钮打开“贝塞尔曲线屏幕保护程序设置”对话框，如图 1-24 所示。用户可以在对话框中对该保护程序运行速度的快慢及长度、宽度等属性进行设置，设置完毕单击“确定”按钮，回到“屏幕保护程序”选项卡对话框。

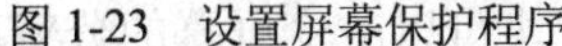
图 1-23　设置屏幕保护程序

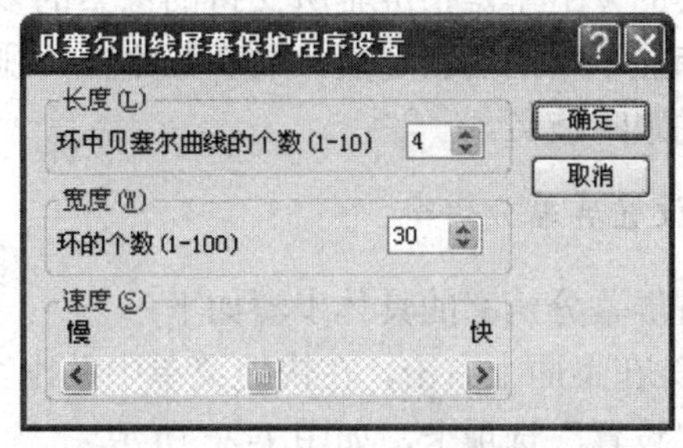

图 1-24　“贝塞尔曲线”对话框

（3）在“等待”文本框中用户可以选择或输入具体的数值，如果在设定的时间内没有对计算机进行任何操作，屏幕保护程序就会运行起来。

（4）如果选中“在恢复时使用密码保护”复选框，则在返回原来的屏幕时会打开“解除计算机锁定”对话框，在对话框中只有输入用户的密码才能返回原来的屏幕。

（5）单击“预览”按钮，可以看到屏幕保护程序的预览效果。随便动一动鼠标，即可消除屏幕保护，返回到“屏幕保护程序”选项卡对话框。

（6）单击“确定”按钮。

屏幕保护开始运行之后，如果没有设置密码，按键盘上的任意键或者动一下鼠标就可返回原来的屏幕。如果要按下键盘上的按键，Ctrl 键是最安全的，按下 Enter、Esc 或者 Alt 键有可能触发某些应用程序误操作，Ctrl 键不会影响任何应用程序，是按键的首选。

1.3.4　改变外观

在 Windows XP 中，桌面和窗口的外观都是可以改变的，设置桌面外观的具体步骤如下：

（1）在桌面上右击，在弹出的快捷菜单中选择“属性”命令，在打开的“显示属性”对话框中单击“外观”选项卡，如图 1-25 所示。

（2）在“色彩方案”下拉列表框中有多种外观方案，如：Windows 经典、紫色、绿色等方案。选中一种方案后，在预览窗口将显示所选方案的情况，用户可根据爱好选择方案。

（3）单击“高级”按钮，在“项目”下拉列表框中列出了一些项目的外观，如：桌面、图标、消息框、窗口等。在选定了一种方案后，则所有的项目都有该方案给定的颜色或大小。如对方案给出的设置不满意，可以对项目的外观重新设置。在“项目”下拉列表中选择要更改的项目，然后在右侧对它的颜色或大小进行设置。

（4）对于一些存在字体的项目，还可以对字体的“大小”、“字体”、“颜色”、“效果”等进行设置。

（5）设置完毕单击“确定”按钮。

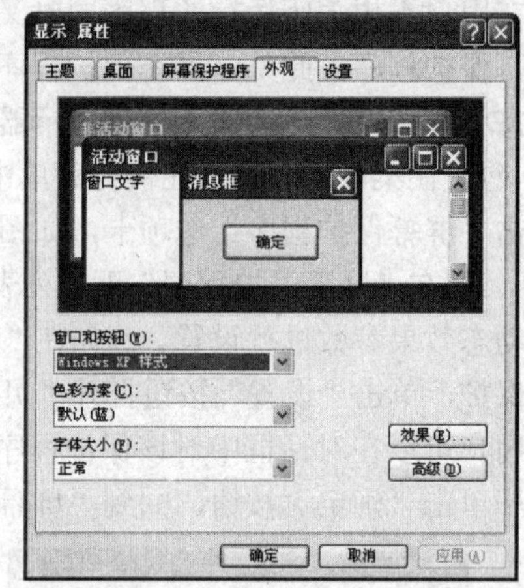

图 1-25　改变桌面和窗口外观

1.3.5　设置屏幕分辨率和刷新频率

屏幕的分辨率是指屏幕所支持的像素的多少，它决定了屏幕上显示内容的多少。刷新频率是指显示器的刷新速度，刷新频率低，刷新速度会较慢，这会使屏幕产生闪烁感，容易使人的眼睛疲劳。

1. 设置屏幕分辨率

设置屏幕分辨率的具体步骤如下：

（1）在桌面上右击，在快捷菜单中单击“属性”命令，在打开的“显示属性”对话框中单击“设置”选项卡，如图 1-26 所示。

（2）在“屏幕分辨率”选项区域中使用鼠标拖动滑块可以改变屏幕的分辨率。

（3）在“颜色”下拉列表中用户可以选择所需要的颜色数目。

（4）设置完毕单击“确定”按钮，此时打开“监视器设置”对话框，如图 1-27 所示。

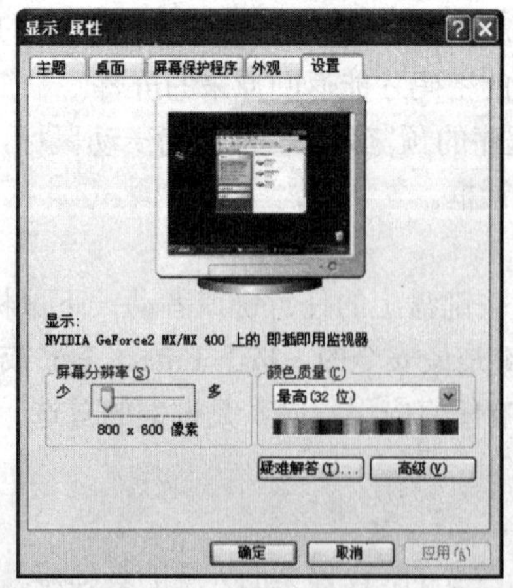

图 1-26　设置屏幕分辨率

图 1-27　“监视器设置”对话框

（5）在对话框中如果单击“是”按钮则保留用户所作的设置，单击“否”按钮则取消用户所作的设置。

提示：

屏幕分辨率和颜色质量与显示器的尺寸和质量有着密切的关系，如果调整屏幕分辨率和颜色位数不成功，表示显示器本身不支持某一颜色位数和屏幕分辨率。

2. 设置刷新频率

如果用户在观看屏幕时，感到有闪烁的现象，这可能是由于屏幕的刷新频率太低造成的，此时用户可以调整屏幕的刷新频率。调整刷新频率的具体步骤如下：

（1）在“显示属性”对话框中的“设置”选项卡中单击“高级”按钮，打开默认监视器对话框。

（2）在对话框中单击“监视器”选项卡，如图 1-28 所示。

（3）在“屏幕刷新频率”的下拉列表中选择合适的刷新频率。

（4）单击“确定”按钮，打开“监视器设置”对话框。

（5）单击“是”按钮，返回“显示属性”对话框，单击“确定”按钮。

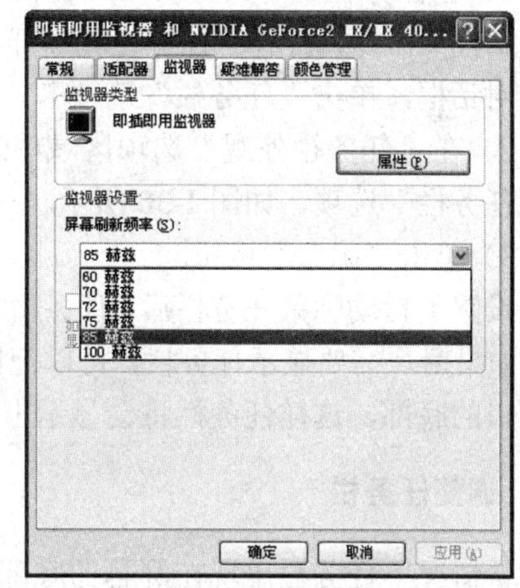

图 1-28　设置刷新频率

1.4　自定义任务栏和“开始”菜单

任务栏的存在充分显示了 Windows 操作系统界面的易用性，Windows 允许一次运行多个程序，任务栏可以让用户在不同的程序间方便地切换。“开始”菜单的存在大大方便了用户对计算机的操作，使用“开始”按钮可以启动大多数的应用程序。为了方便操作可在“开始”菜单中添加一些项目，也可删除一些没用的项目。

1.4.1　添加工具栏

在 Windows XP 中用户可以向任务栏添加各种工具栏以方便任务的管理，向任务栏中添加工具栏的具体步骤如下：

（1）在任务栏的空白处右击，在快捷菜单中选择“工具栏”菜单项，出现一个子菜单，如图 1-29 所示。

（2）在子菜单中选中需要添加的工具栏就可将它添加到任务栏中。

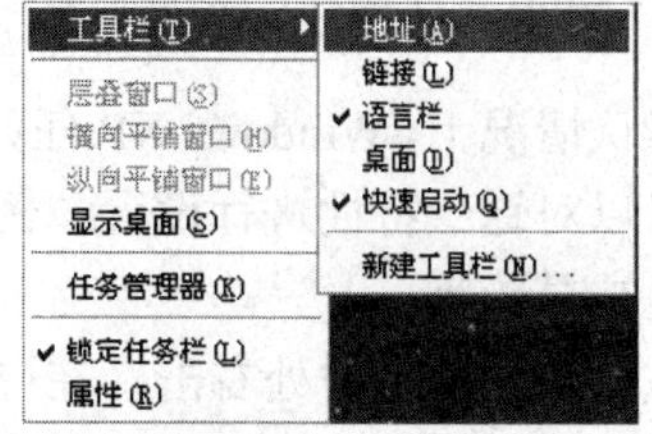

图 1-29　添加工具栏

用户可以向任务栏中添加四种常见的工具栏，

在“快速启动”工具栏中可以包含表示程序或 Windows 任务的图标，只需单击就可以启动；在“地址”工具栏中显示一个文本框，和“转到”按钮，它的功能和“我的电脑”中的地址栏的功能是相同的；“桌面”工具栏则可以把图标从桌面上放到工具栏中；在“链接”工具栏可以添加各种网页链接。

1.4.2 隐藏任务栏

由于屏幕的显示空间有限，用户可以将任务栏隐藏起来获得更多的显示空间。隐藏任务栏的具体步骤如下：

（1）在任务栏的空白处右击，在快捷菜单中单击“属性”命令，打开“任务栏和「开始」菜单属性”对话框，单击“任务栏”选项卡。

（2）在“任务栏外观”选项区域中选中“自动隐藏任务栏”选项，如图 1-30 所示。

（3）单击“确定”按钮。

在设置了自动隐藏任务栏后，任务栏将会隐藏起来，如果用户需要显示任务栏，可以把鼠标指针指向窗口的底部，这样任务栏将会显示出来。

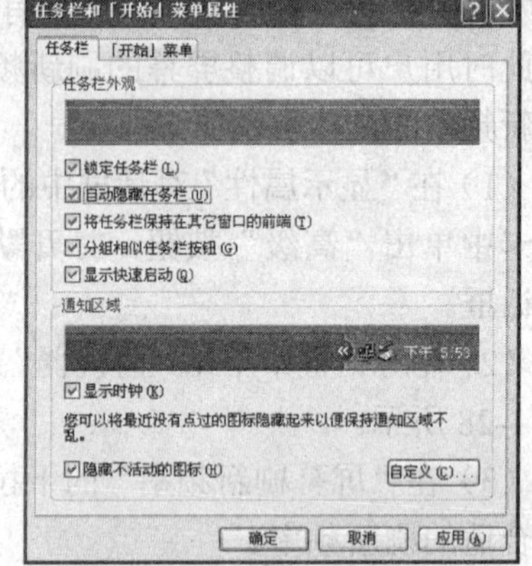

图 1-30　自动隐藏任务栏

1.4.3 调整任务栏

默认情况下任务栏出现在屏幕的底部，用户可以根据需要将它进行适当的移动，并且还可以改变它的宽度。

在任务栏的空白处右击，在出现的快捷菜单中取消“锁定任务栏”命令的选中状态。

将鼠标指针指向任务栏的空白处，按住鼠标左键不放，拖动鼠标可以将任务栏移到屏幕的左边界、右边界或者顶部。

将鼠标指针指向任务栏的边界，当鼠标指针变为双向箭头状时按住鼠标左键不放拖动鼠标可以改变任务栏的宽度。

图 1-31 所示的就是改变了宽度和位置的任务栏。

图 1-31　改变了宽度和位置的任务栏

1.4.4 自定义任务栏

默认情况下，Windows XP 任务栏右侧“通知区域”的图标在不活动时是被自动隐藏的，用户可以对这一特性进行设置，例如可以设置某些图标在活动和不活动时总是被隐藏，或者总是被显示等。

在任务栏的空白处右击，在快捷菜单中选择“属性”命令，打开“任务栏和「开始」菜单属性”对话框，单击“任务栏”选项卡。

在该对话框的“通知区域”有一个“隐藏不活动的图标”复选框，如果取消该复选框的选中状态则通知区域的所有图标无论在隐藏或不隐藏的状态下均被显示。

选中“隐藏不活动的图标”复选框，单击“自定义”按钮，打开“自定义通知”对话框，如图 1-32 所示。在对话框的当前项目和过去的项目区域列出了可以显示在通知区域的全部图标，在列表中选中一个图标选项，然后通过下拉列表设置该图标的隐藏或显示属性。

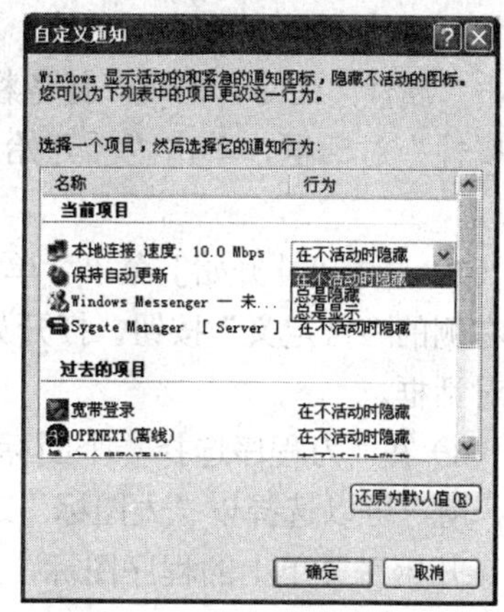

图 1-32　“自定义通知”对话框

1.4.5　设置开始菜单

Windows XP 对“开始”菜单作了较大的改进，但有些用户可能习惯了传统的 Windows 菜单，面对 Windows XP 的新颖菜单不知所措。Windows XP 充分尊重用户的意愿，它允许用户选择使用经典的 Windows 开始菜单，还可以对开始菜单进行自定义。

1. 选择开始菜单样式

在任务栏的空白处右击，在快捷菜单中选择“属性”命令，出现“任务栏和「开始」菜单属性”对话框，选择“「开始」菜单”选项卡，如图 1-33 所示。

在对话框中如果选中“经典「开始」菜单”单选按钮，然后单击“确定”按钮，则开始菜单就变为 Windows 98/2000 中开始菜单的样式，如图 1-34 所示。

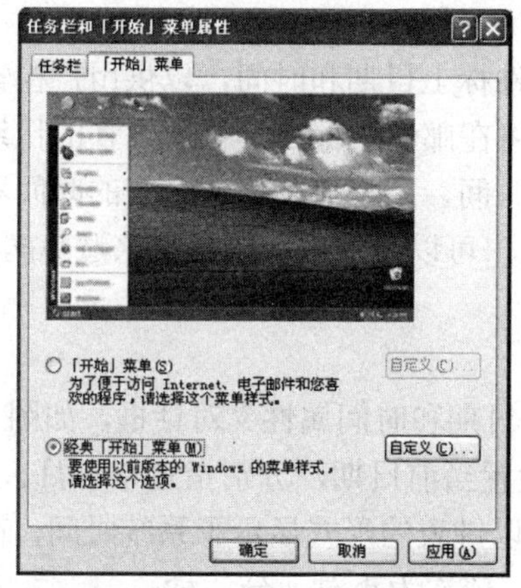

图 1-33　设置开始菜单界面

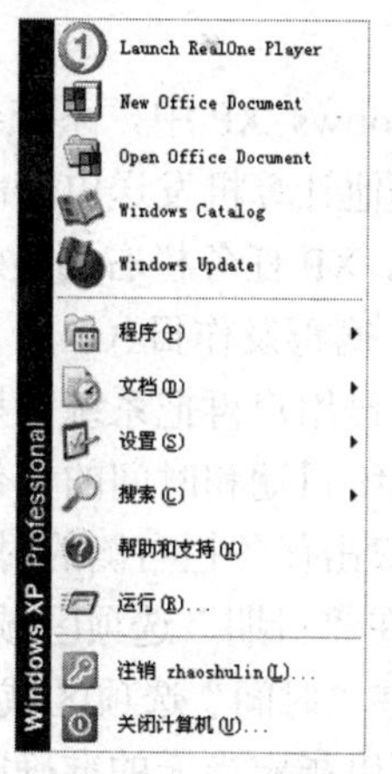

图 1-34　经典开始菜单

2. 自定义“开始”菜单

无论是经典的开始菜单还是 Windows XP 增强的“开始”菜单，用户都可以对它们进行自定义，以满足自己的使用要求。

对经典“开始”菜单的自定义这里就不再详细介绍，自定义“开始”菜单的具体步骤如下：

（1）在任务栏的空白处右击，在快捷菜单中单击“属性”命令，出现“任务栏和「开始」菜单属性”对话框，单击“「开始」菜单”选项卡。

（2）选中“「开始」菜单”单选按钮然后单击右侧的“自定义”按钮，打开如图 1-35 所示的对话框。

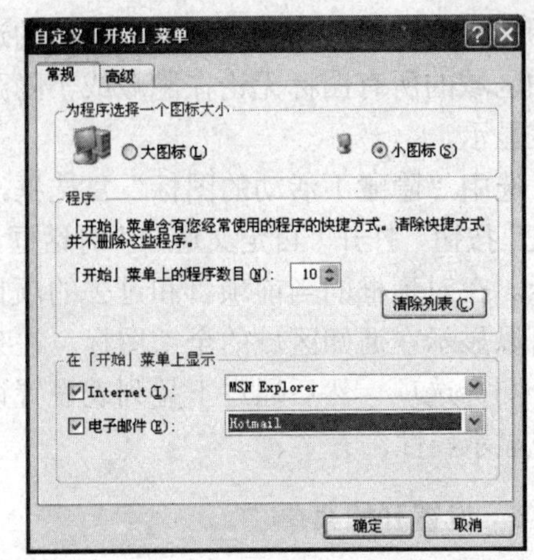

图 1-35　自定义开始菜单

（3）在“为程序选择一个图标大小”选项区域，用户可以选择以“大图标”或“小图标”显示“开始”菜单上的程序图标，这里选择的是“小图标”。

（4）在“程序”选项区域中用户可以设置“开始”菜单中常用任务快速启动区的快捷方式的数目，系统默认的是 6 个，例如设置程序数目为 10 个。

（5）在“在「开始」菜单上显示”区域用户可以设置是否显示 Internet 工具和电子邮件工具的快捷方式，同时通过下拉列表可以选择显示哪一种系统已安装的 Internet 工具和电子邮件工具。例如选择显示 MSN Explorer 和 Hotmail。

（6）设置完毕，单击“确定”按钮。

1.5　设置日期和时间

在 Windows XP 中，系统会自动为存档文件标上日期和时间，以供用户检索和查询。在用户向其他计算机发送电子邮件时，系统也将在邮件中标上本机所设置的日期和时间。在 Windows XP 任务栏右侧显示了当前系统的时间，用户可以更改系统的时间和日期，例如，在 CIH 病毒发作日（4 月 26 日）这一天用户可以改变系统的日期来避免病毒的发作，等过了危险日用户再把系统日期调正确。

设置系统日期和时间的具体步骤如下：

（1）双击任务栏右侧的时钟图标，打开“日期和时间属性”对话框，如图 1-36 所示。

（2）在“日期”选项区域中，用户可以设置当前日期，分别指定年、月、日。

（3）在“时间”选项区域中，非常形象地以钟表的形式显示了系统时间，在其下的输入框中，可以指定当天的准确时间，从左至右，依次为小时、分、秒。

（4）如果用户所在的时区与系统默认的时区不一致，可在“日期和时间属性”对话框中单击“时区”选项卡，如图 1-37 所示。

（5）在对话框中，用户可以根据所在的具体位置在“时区”下拉列表框中选择本地区所属的时区，中国用户应选择“北京，重庆，香港特别行政区，乌鲁木齐”选项。

（6）设置完毕，单击“确定”按钮。

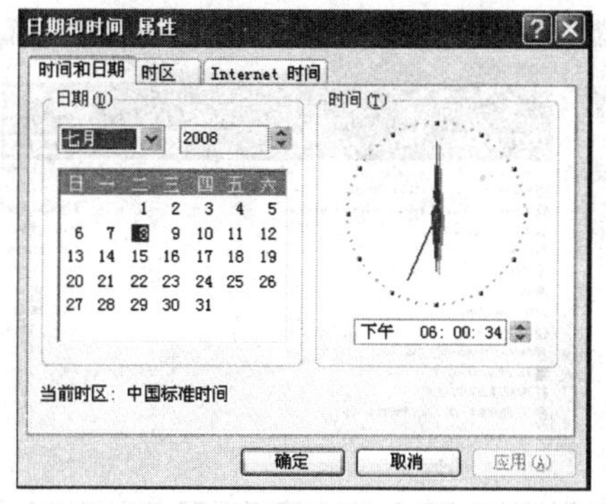

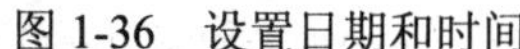
图 1-36　设置日期和时间

图 1-37　设置时区

1.6　应用程序的安装和删除

Windows XP 的功能非常强大，但实际上它只是为应用程序提供了一个操作平台，用户要使用某个软件需要首先在操作系统中安装它，所以用户在使用计算机的过程中不可避免地要安装一些必需的软件。在计算机的存储空间不大的情况下，用户可以删除一些无用的程序以释放磁盘空间。

1.6.1　应用程序的安装

一般情况下，大部分应用软件的安装过程都是大致相同的。有些较大型的软件如 Delphi，Visual C++等，它们的安装过程需要较多的步骤，用户应该清楚每一步的作用和注意事项，相对来说会比较繁琐；而很多中小型软件，如办公软件、Windows 管理软件等，它们的安装过程就相对简单得多。

一般情况下，应用软件的安装有两种方式：一种是从光盘直接安装，当把某个应用程序的安装盘放到光驱中后系统会自动启动安装程序；另一种是通过双击相应的安装图标，一般名称为 Setup 或者 Installation，双击这样的安装图标可以启动安装程序。另外，还有一些程序通过双击本应用软件的图标就可启动安装程序。

一般情况下在启动安装程序后，会出现安装向导，用户可以按照向导提示一步一步操作。在安装过程中用户只要能够理解向导中每一步骤的安装作用，正确设置其中的选项，那么一定可以顺利地将所需要的应用软件安装成功。在安装成功后计算机会给出提示，表示安装成功，有些软件在安装成功后需要重启计算机才能生效。如果安装不成功，计算机也会给出提示，用户可以根据提示重新安装。

1.6.2　应用程序的删除

对于那些无用的应用程序，用户可以将其删除，释放磁盘空间。删除应用程序的具体步骤如下：

（1）在“控制面板”窗口中用鼠标单击“添加 / 删除程序”图标，打开“添加或删除程序”窗口，如图 1-38 所示。

（2）在对话框的应用程序列表框中选择想要删除的应用程序后，单击“更改/删除”

按钮，系统会给出相应的提示，例如关于删除该应用程序的警告提示框，在该提示框中选择“确定”按钮即可删除该应用程序。

提示：

有些应用程序在“开始”菜单中的快捷方式中有一个卸载程序，一般名称为“uninstall ***”，用鼠标单击这个图标，就可启动该应用软件的卸载程序。

图 1-38 “添加或删除程序”窗口

1.6.3 添加或删除 Windows 组件

通常情况下，用户在安装 Windows XP 过程中，都使用 Windows 默认的典型安装模式。在该安装模式下，只有一些最为常用和重要的组件被安装到用户计算机上。在使用过程中，用户可能需要使用 Windows 另外的一些特殊用途的组件或卸载一些不需要的组件。在这种情况下，就需要使用到 Windows 组件的安装和卸载功能。

添加或删除 Windows 的某些组件的具体步骤如下：

（1）在“控制面板”窗口中用鼠标单击“添加 / 删除程序”图标，打开“添加或删除程序”窗口。

（2）单击窗口左侧的“添加/删除 Windows 组件”，打开如图 1-39 所示的“Windows 组件向导”对话框。在“组件”列表框中列出了 Windows 组件的安装信息，复选框被选定的组件表示该组件已经在安装 Windows 时被安装。

（3）在列表中选择要安装的 Windows 组件，然后单击“下一步”按钮，打开“Windows 组件向导”对话框，该向导显示了组件的安装进程，如图 1-40 所示。

（4）组件安装完毕后，打开 Windows 组件向导完成提示对话框，单击“确定”按钮完成组件的安装。

提示：

如果在图 1-39 所示的对话框中选中的是已安装的组件，单击“下一步”按钮将执行对该组件的删除操作。

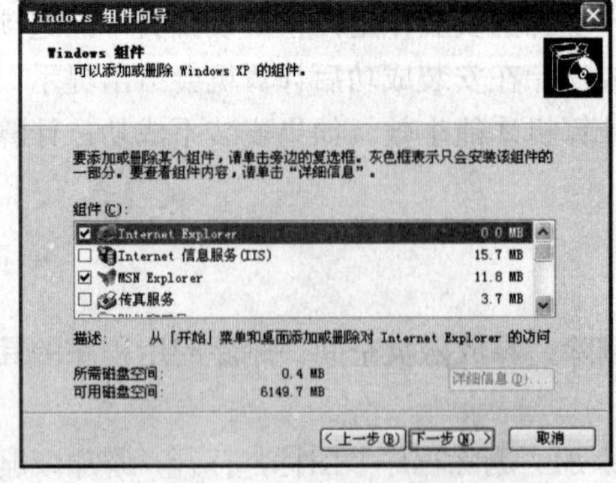

图 1-39 Windows 组件安装情况

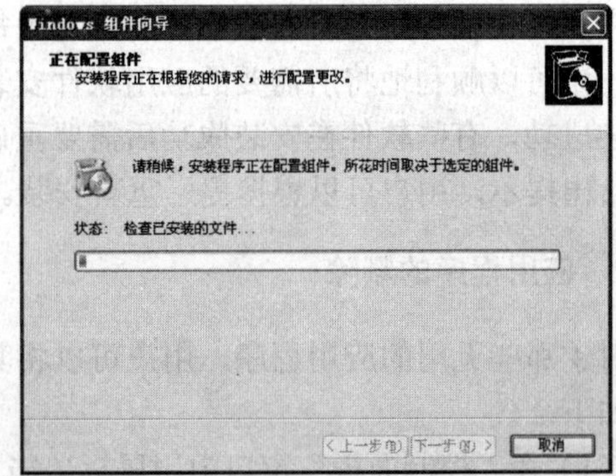

图 1-40 组件安装进程

1.7 磁 盘 管 理

在计算机中，磁盘是存储数据信息的载体，是用户重要的数据中心。只有维护与管理好磁盘才可以提高系统性能、保护数据的安全。磁盘管理是使用计算机时的一项常规任务，Windows XP 提供了强大的磁盘管理功能，用户能够更加快捷、方便、有效地管理计算机磁盘，提高计算机的运行速度。

1.7.1 磁盘检查

用户可以使用错误检查工具来检查文件系统错误和硬盘上的坏扇区，具体步骤如下：

（1）打开“我的电脑”窗口，在要检查的磁盘上右击，在快捷菜单中单击“属性”命令，打开“属性”对话框，单击“工具”选项卡，如图 1-41 所示。

（2）在“查错”区域单击“开始检查”按钮，打开如图 1-42 所示的对话框。

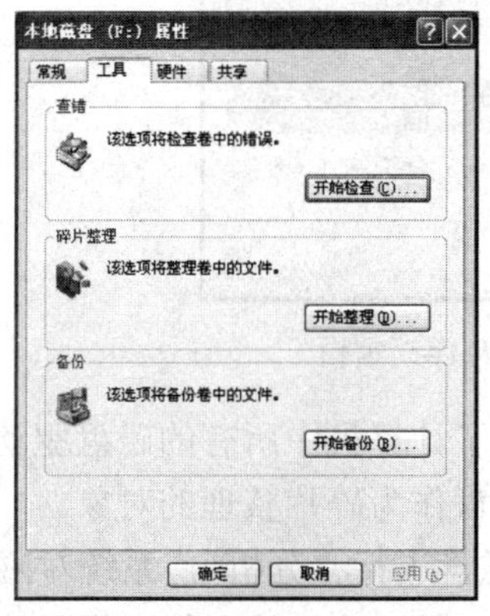

图 1-41 “磁盘属性”对话框

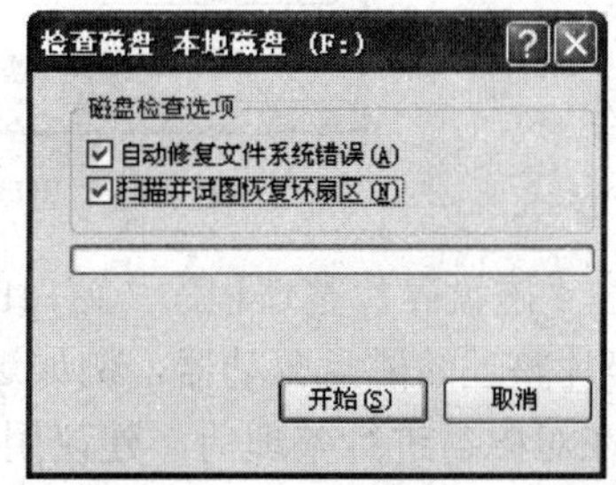

图 1-42 “检查磁盘”对话框

（3）在对话框中，如果选中“自动修复文件系统错误”和“扫描并试图修复坏扇区”复选框，则在进行磁盘检查过程中系统将自动修复文件系统的错误并尝试恢复坏扇区。

（4）单击“开始”按钮，系统开始对磁盘进行检查。

提示：

执行磁盘检查过程之前必须关闭所有文件。如果磁盘目前正在使用，则会出现消息框提示用户选择是否要在下次重新启动系统时重新安排磁盘检查。

1.7.2 磁盘碎片整理

当用户创建和删除文件和文件夹、安装新软件时，磁盘会形成碎片。通常情况下，计算机会在对文件来说足够大的第一个连续可用空间上存储文件。如果没有足够大的可用空间，计算机将会尽可能多地把文件保存在最大的可用空间上，然后将剩余数据保存在下一个可用空间上，并依此类推。当磁盘中的大部分空间都被用作存储文件和文件夹后，大部分新的文件则被存储在磁盘的碎片中。删除文件后，在存储新文件时剩余的空间将随机填充。磁盘中的碎片越多，计算机的文件输入/输出系统性能就越低。

使用磁盘碎片整理程序可以分析本地磁盘和合并磁盘碎片，以便每个文件或文件夹都可以占用磁盘上单独而连续的磁盘空间。这样，系统就可以更有效地访问文件和文件夹，以及更有效地保存新的文件和文件夹。通过合并文件和文件夹，磁盘碎片整理程序还将合并磁盘上的可用空间，以减少新文件出现碎片的可能性。合并文件和文件夹碎片的过程称为碎片整理。

对计算机磁盘进行碎片整理的具体步骤如下：

（1）在“开始”菜单中单击“所有程序”|“附件”|“系统工具”|“磁盘碎片整理程序”命令，打开“磁盘碎片整理程序”窗口，如图 1-43 所示。

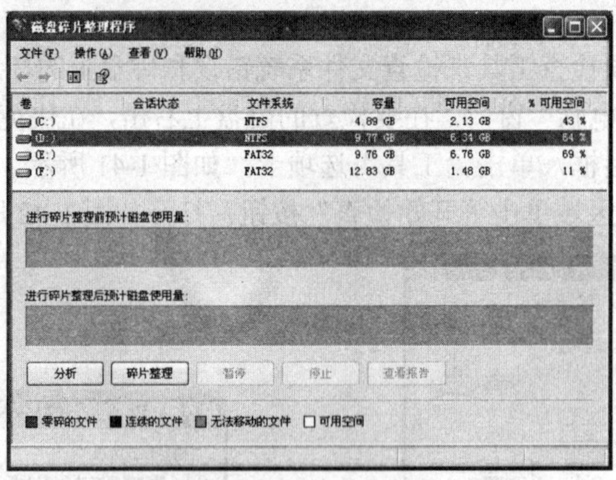

图 1-43 “磁盘碎片整理程序”窗口

（2）在“磁盘碎片整理程序”窗口的上部列出了计算机中所有的磁盘驱动器，单击选定要进行碎片整理的磁盘驱动器，例如这里选择 D 盘作为碎片整理的对象。

（3）在对磁盘进行整理前，建议用户首先对磁盘进行“分析”，系统对磁盘进行分析后会建议是否对磁盘进行碎片整理。单击“分析”按钮，碎片整理程序便开始对选定的驱动器进行分析，分析完毕后打开如图 1-44 所示的对话框。

（4）在该对话框中，系统建议用户是否需要对磁盘进行碎片整理。单击“查看报告”按钮打开“分析报告”对话框，如图 1-45 所示。在对话框中，用户可以查看到选定的磁盘上文件碎片所占的比例、磁盘的可用空间的百分比以及都有哪些文件存在碎片等情况。

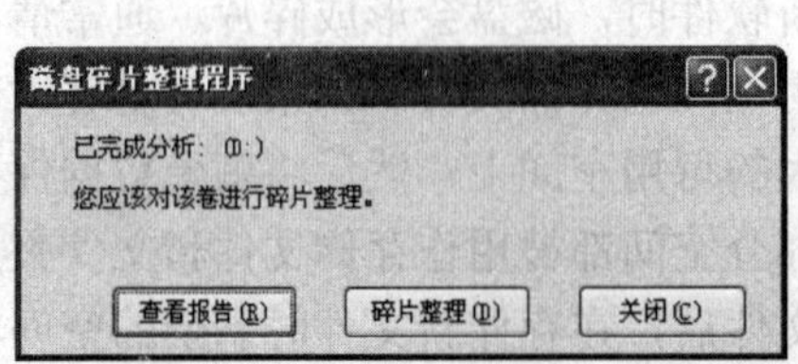

图 1-44 分析结果

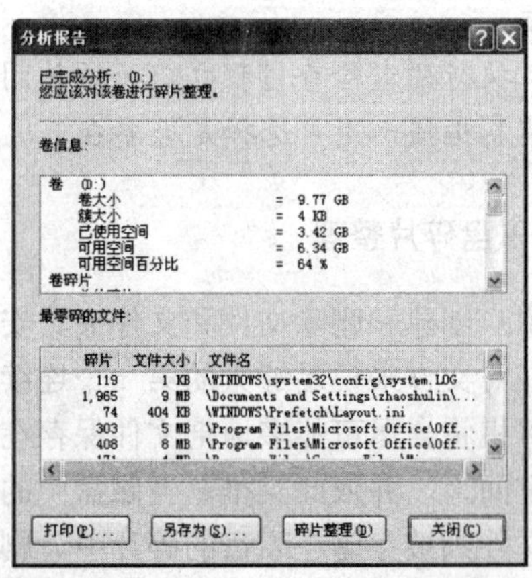

图 1-45 “分析报告”对话框

（5）如果经过系统分析，系统建议用户进行碎片整理，单击“碎片整理”按钮系统将自动进行碎片的整理，用户可以从“磁盘碎片整理程序”窗口的状态栏和进度条中浏览到碎片整理的进度，如图 1-46 所示。

（6）在磁盘碎片整理过程中，用户可单击“停止”按钮，终止当前的碎片整理操作，也可以单击“暂停”按钮暂时中断当前的碎片整理，在暂停整理后如果要继续以前的碎片整理操作，可单击“恢复”按钮。

（7）磁盘碎片整理结束之后，系统打开如图 1-47 所示的对话框。用户可单击“查看报告”按钮，查看碎片整理后的碎片文件是否已被清除，单击“关闭”按钮结束碎片整理操作。

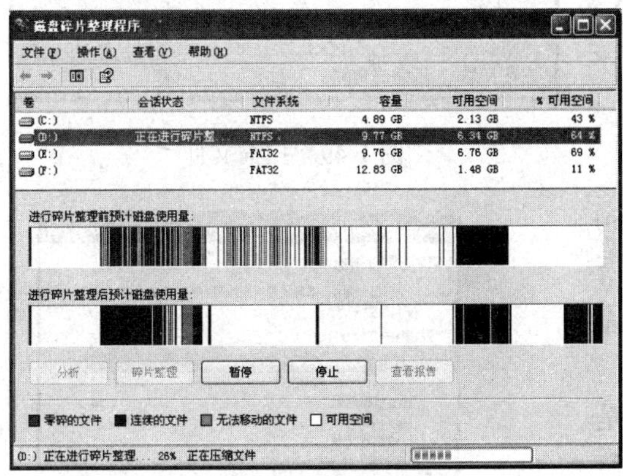

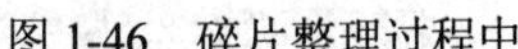
图 1-46　碎片整理过程中

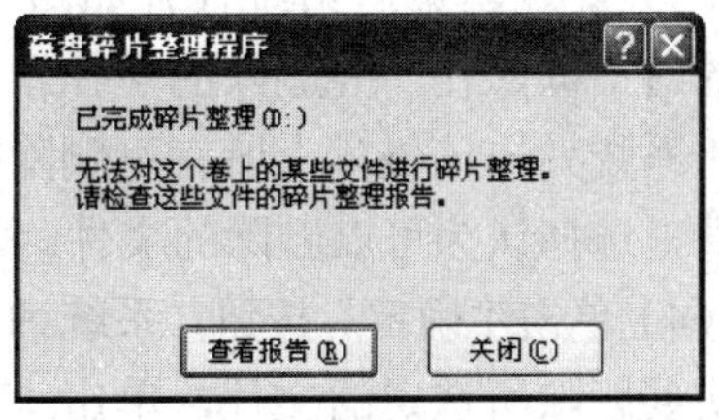

图 1-47　完成碎片整理

在进行磁盘碎片整理时用户应遵循以下原则。

- ➢ 在整理碎片之前对磁盘进行分析，对磁盘进行分析后，系统会告诉用户该磁盘中碎片文件和文件夹的百分比，以及建议是否进行碎片整理。应定期对磁盘进行分析（每月或每周分析一次），而只有在磁盘碎片整理程序建议时才整理碎片。
- ➢ 添加大量文件后进行分析，当用户添加大量的文件或文件夹后，磁盘上可能有过多的碎片，这种情况下一定要对磁盘进行分析。
- ➢ 磁盘至少有 15%的可用空间，磁盘碎片整理程序才能进行完全充分的碎片整理。磁盘碎片整理程序使用该空间作为文件碎片的排序区域。如果磁盘的可用空间小于 15%，那么磁盘碎片整理程序只能部分地对其进行整理。

在安装软件升级或全新安装 Windows 后对磁盘进行碎片整理。安装软件之后磁盘上会形成许多碎片，所以运行磁盘碎片整理程序可以帮用户获得最佳的文件系统性能。

1.7.3　清理磁盘

在计算机上运行像 Windows 这样复杂的操作系统时，有时 Windows 会使用用于特定目的的临时文件，然后将这些文件保留在为临时文件指派的文件夹中。用户在遨游 Internet 时也会产生许多 Internet 缓存文件。这些残留文件不但占用磁盘空间，而且会影响系统的整体性能。使用磁盘清理程序可以释放这些无用文件占用的硬盘空间。磁盘清理程序搜索用户的磁盘驱动器，然后列出临时文件、Internet 缓存文件和可以安全删除的、不需要的程序文件。用户可以使用磁盘清理程序删除这些文件的部分或全部。进行磁盘清理的具体步骤如下：

（1）在“开始”菜单中单击“所有程序”|“附件”|“系统工具”|“磁盘清理”命令，打开“选择驱动器”对话框，如图 1-48 所示。

（2）在对话框中选择需要清理的驱动器，单击“确定”按钮，打开如图 1-49 所示的对话框，计算机开始扫描文件，计算可以在清理的磁盘上释放多少空间。

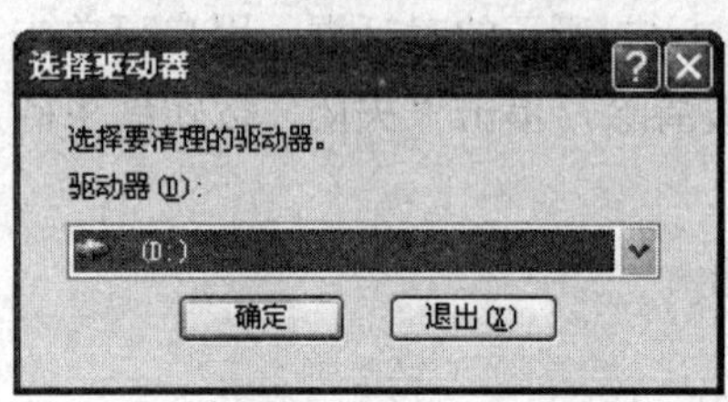

图 1-48 选择要清理的驱动器

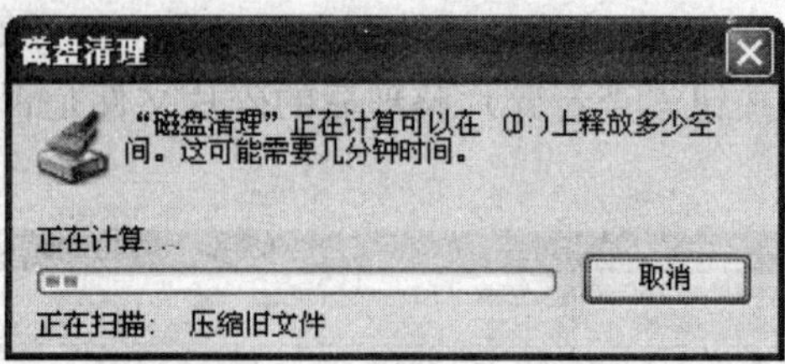

图 1-49 扫描文件

（3）计算结束后系统打开如图 1-50 所示的对话框，在“要删除的文件”列表框中，系统列出该磁盘上所有可删除的无用文件，选择认为可以删除的文件。

（4）单击“确定”按钮，系统询问是否确实要删除所选定的文件，单击“是”按钮，删除选定的文件。

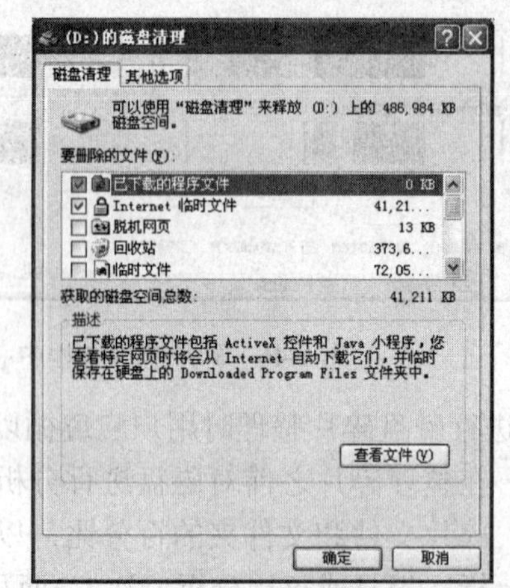

图 1-50 选择要删除的文件

1.8 Windows XP 多媒体功能

Windows XP 进一步加强了多媒体功能，使之成为了真正意义上的家庭多媒体系统。改进的 Media Player 8.0 的功能更多、与 Internet 的结合越来越完善，使用它，用户可以播放影视文件，可以播放 CD 音乐，还可以收听在线广播。Windows XP 还增加了一个制作小电影的工具 Windows Movie Maker，使用它，用户可以轻松制作自己的视频文件。

1.8.1 控制音量

通常在装有声卡的计算机上，在 Windows XP 任务栏右端会显示一个“音量控制”图标，看上去有点像一个小喇叭。

若要调整音量，可以单击任务栏的“音量控制”图标，弹出“快速音量控制”窗口，如图 1-51 所示。在窗口中可以拖动滑块控制音量，也可以选择“静音”复选框，设置系统的声音为静音。设置完成之后，在“快速音量控制”区域外的任意位置单击即可关闭“快速音量控制”窗口。

如果在任务栏上没有出现“音量控制”图标，调节音量的操作步骤如下：

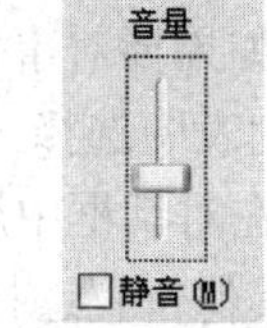

图 1-51　快速音量控制

（1）首先打开“控制面板”窗口，单击“声音、语言和音频设备”选项，在出现的“声音、语言和音频设备”窗口中单击“声音和音频设备”图标，打开“声音和音频设备属性”对话框，单击“音量”选项卡，如图 1-52 所示。

（2）在“设备音量”选项区域中，用户可以通过音量调节滑块来设置声音输出设备的音量大小。如果用户不希望声音输出设备发出声音，可选中“静音”复选框。

（3）选中“将音量图标放入任务栏”复选框，系统会在任务栏上显示音量的图标，这可以方便用户调节音量。

（4）设置完毕，单击“确定”按钮。

在图 1-52 所示的对话框中单击“设备音量”区域的“高级”按钮，打开“主音量”窗口，如图 1-53 所示。在该窗口中，用户可以方便地对各种声音媒体的音量进行调节和控制，例如，可以调节 CD 唱机的音量、PC 扬声器的音量等。另外，如果双击任务栏上的“音量控制”图标也可以打开“音量控制”窗口。

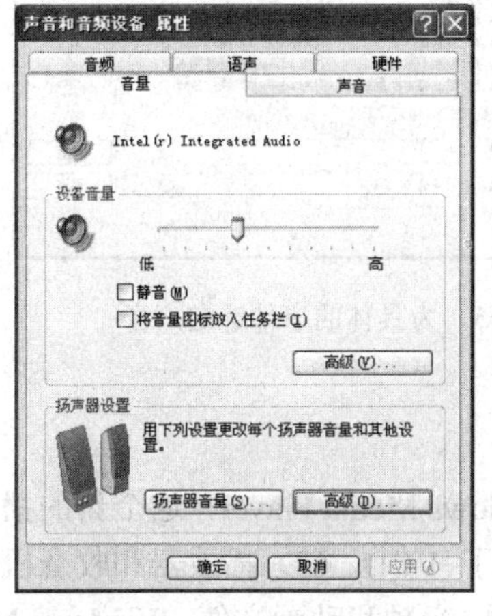

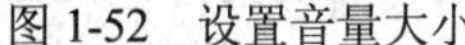
图 1-52　设置音量大小

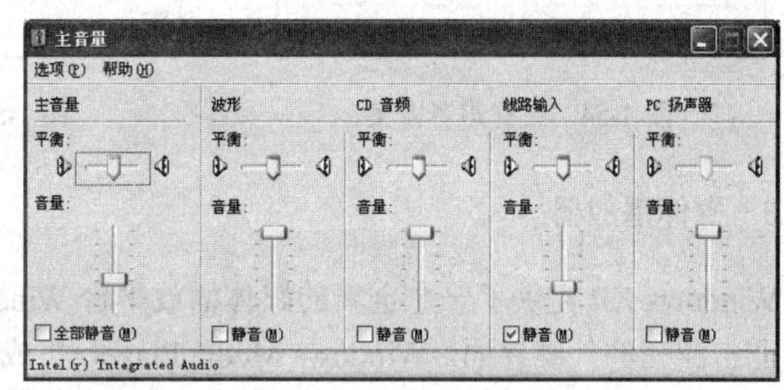

图 1-53　高级音量设置

1.8.2　改变 Windows 声音

声音方案是应用于 Windows 和程序事件中的一组声音，如果启用了声音方案，在用户进行某一个系统事件时，系统会自动发出对应的声音事件，例如在启动 Windows XP 时的背景音乐。

设置声音方案的具体步骤如下：

（1）在“声音和音频设备属性”对话框中单击“声音”选项卡，如图 1-54 所示。

（2）在“声音方案”下拉列表框中选择一种方案，在程序事件列表中的一些程序事件就被指定了声音，程序事件前带喇叭图标的表示已经被指定了声音。选中一个指定声音的事件，在“声音”下拉列表框中将会显示出此声音事件的文件名，单击其右侧的“播放”按钮▶，可以预听事件声音。

（3）如果要对事件的声音进行更改或者为没有指定声音的事件指定声音，可先在“程序事件”列表中选择一个事件，单击“浏览”按钮，打开如图 1-55 所示的对话框。

（4）在对话框中用户可以在系统提供的声音文件中为该事件选定一个声音，也可以在计算机的其他位置选择声音文件，单击“确定”按钮即可将选定的声音应用到该事件中。

（5）如果更改了声音方案中的设置，可以单击“另存为”按钮，在打开的“将方案存为”对话框中为定义的方案命名。新的名称将出现在方案列表中，在需要的时候，用户可以从列表中选择。

（6）完成所有的声音设置后，单击“确定”按钮。

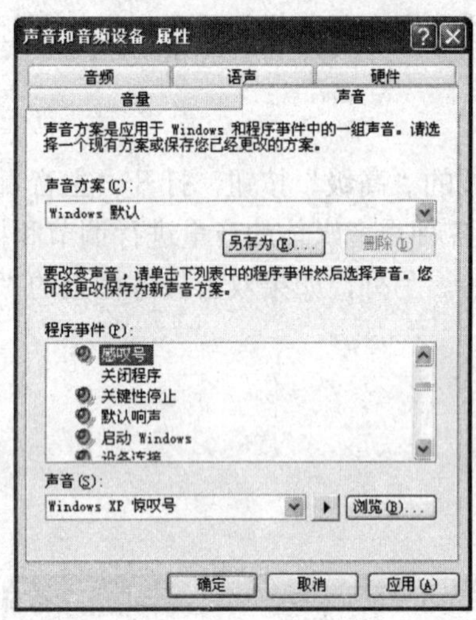

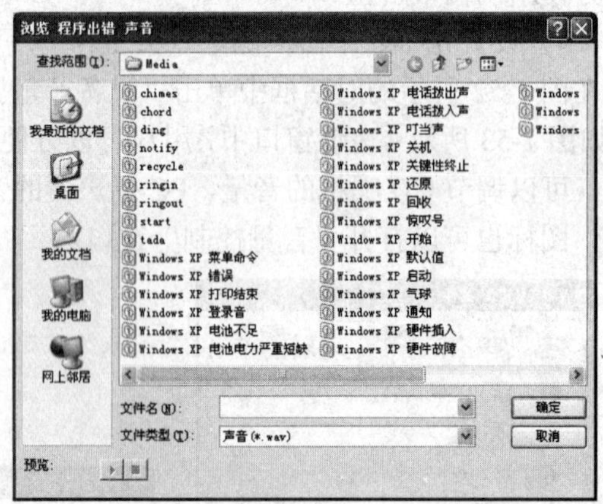

图 1-54　设置声音方案

图 1-55　为具体的事件选定声音

1.8.3　媒体播放器

Windows XP 提供了一个全新的媒体播放平台 Windows Media Player，这个新的播放器有着非常漂亮的外观界面。Windows Media Player 集成了 VCD、CD 播放器和收音机的功能，使用它可以播放、编辑和嵌入多媒体文件，包括视频、音频和动画文件。Windows Media Player 不仅可以播放本地的多媒体文件，而且可以播放来自 Internet 的媒体文件。

1. 播放多媒体文件

使用 Windows Media Player 播放多媒体文件的具体步骤如下：

（1）在“开始”菜单中选择“所有程序”|“附件”|“娱乐”|“Windows Media Player”命令，打开 Windows Media Player。

（2）如果要打开本地磁盘上的多媒体文件，选择“文件”菜单中的“打开”命令，打开如图 1-56 所示的对话框，在对话框中选择要播放的多媒体文件，单击“打开”按钮即可播放。

（3）需要从网络中播放指定的媒体文件时，可选择“文件”菜单的“打开 URL”命令，打开如图 1-57 所示的对话框，在“打开”文本框中输入媒体文件的 URL 或路径，单击“确定”按钮即可播放。

图 1-56　播放本地多媒体文件

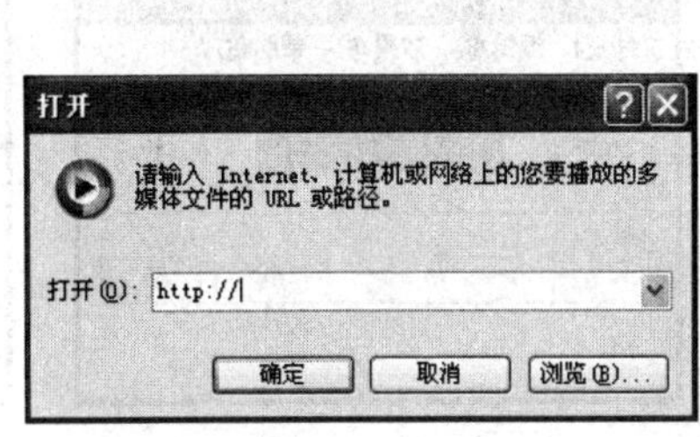

图 1-57　播放网络多媒体文件

2. 播放音频 CD

在以前版本的 Windows 中有专门的 CD 播放机来播放 CD 音乐，在 Windows XP 中系统将播放 CD 的功能集成到了 Windows Media Player 中。

使用 Windows Media Player 播放 CD 音乐非常简单，首先打开 Media Player，然后将 CD 唱片放入 CD-ROM 驱动器中，在“播放”菜单中选择“CD 音频”命令，单击“播放”按钮即可。

如果用户没有启动 Media Player，而是先将 CD 唱片放入到 CD-ROM 驱动器中，系统将会自动辨别出光盘中的 CD 音乐文件，并自动打开如图 1-58 所示的对话框。在对话框中的“您想让 Windows 做什么”列表框中选择“播放音频 CD”选项，单击“确定”按钮，系统将自动启动 Media Player 播放 CD 曲目。

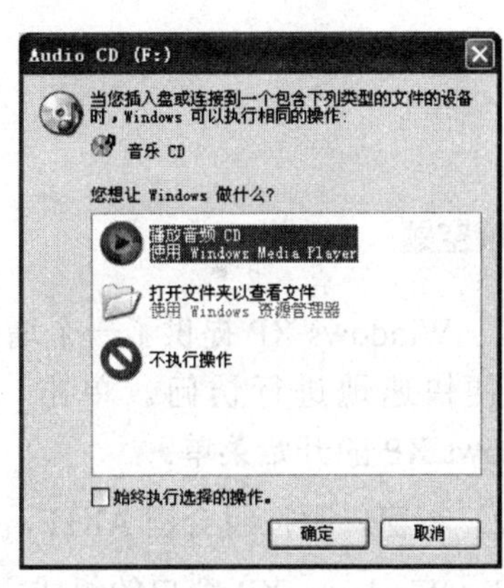

图 1-58　自动播放音频 CD

1.8.4　使用录音机录制声音

如果要使用录音机录音，首先要确保音频输入设备已连接到计算机。音频设备是指能记录进入计算机的音乐和语音的设备，例如麦克风。

使用录音机录制声音的具体步骤如下：

（1）在“开始”菜单中选择“所有程序”|“附件”|“娱乐”|“录音机”命令，打开录音机软件，如图 1-59 所示。

（2）单击录制按钮开始录音，此时不要有嘈杂的声音以保证录音效果。

（3）录制完成后，单击停止按钮停止录音。此时语音信息已经记录在录音机程序里。用户可以通过选择“播放”按钮来试听录制的效果。

（4）单击“文件”菜单中的“保存”命令，打开“另存为”对话框，如图 1-60 所示。

（5）在对话框“文件名”文本框中输入文件名，单击“保存”按钮。

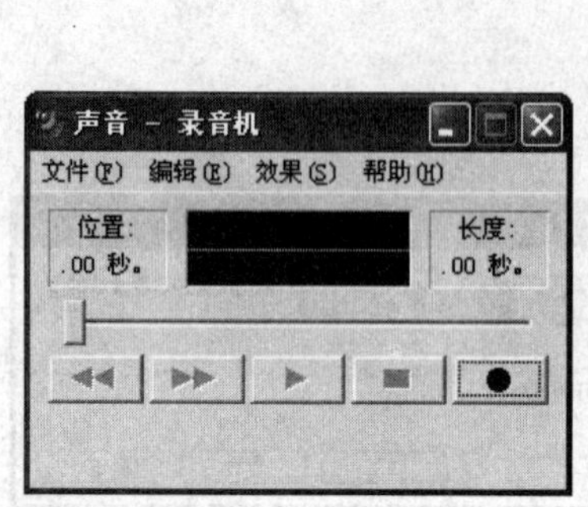

图 1-59 录音机

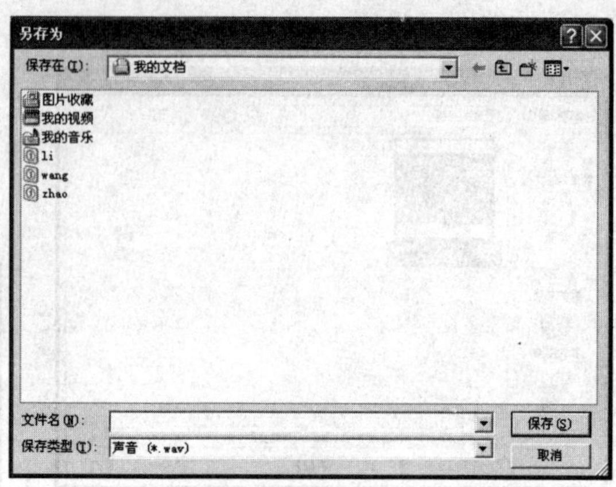

图 1-60 保存录制的声音

在录制的过程中，用户会看到“位置”和“长度”显示框之间的黑色窗口当中，有一条绿色的线条上面不时出现绿色的跳动波纹，显示出当前声音文件的波形。用户如果发现在自己的机器上并没有显示出相应的声音波形，并且录制结束以后，单击“播放”按钮，也没有声音，这证明录音失败。

1.9 本章练习

一、填空题

1．Windows XP 提供了一个增强的开始菜单，它将__________组织在一起，以便用户方便快速地进行访问。单击________或者按下键盘上的________，则可以打开 Windows XP 的开始菜单。

2．在窗口中按组合键 Alt+F，可以打开________菜单。

3．Windows XP 窗口的组成主要有：________、________、________、________、________、________。

4．按照约定，当在菜单中选择________的命令时会出现一个对话框，它提供了更多的选项、提示信息，用户可以在对话框中进行更加详细的设置。

5．如果用户在操作时，感到屏幕有闪烁的现象，这可能是由于屏幕的________造成的，此时用户可以对显示属性进行设置。

6．在“我的电脑”窗口中选取若干个不连续的文件夹或文件可以借助________键。

7．如要把屏幕上显示的内容复制到剪贴板中，则可按快捷键________。

8．在删除文件或文件夹时按________键可以永久地删除，而不会将它们放入回收站。

二、问答题

1．为什么在有的桌面上看不到任务栏？如何显示它？

2．如何让几个常规任务的图标显示在桌面？

3．如何重命名文件或文件夹？

4．如何设置屏幕保护？

三、操作题

考生按如下要求进行操作。

1．开机，进入 Windows。

2．在 C 盘建立一个新文件夹 Win2008GJW，并在其中建立一个以用户本人名字命名的文件夹。

3．将随书光盘素材 KSML2 文件夹内的 KS2-1.doc、KS3-1.doc、KS4-1.xls、KS5-1.xls、KS6-1.ppt、KS7-1.doc、KS8-1.pst 分别复制到所创建的用户本人文件夹之中。将文件分别重命名为 A2、A3、A4、A5、A6、A7、A8，扩展名不变。

4．系统设置与优化。

- 查找 C 驱动器中所有扩展名为“.exe”的文件，查找完毕，将包含查找结果的当前屏幕以图片的形式保存到用户文件夹中，文件命名为 A1a。
- 设置当前日期为 2008 年 8 月 8 日，时间为上午 8：00 点，并将设置后的“时间和日期”对话框界面以图片的形式以 A1b 为文件名，保存至用户文件夹。图片保存之后，恢复原设置。
- 将桌面背景设置为光盘素材 KSML3 文件夹下的 BEIJING1-2.JPG，将设置后的桌面以图片的形式保存到用户文件夹中，文件命名为 A1c，图片保存之后，恢复原设置。

第 2 章　Word 2003 文档基本编辑技术

Word 2003 是 Office 2003 的组件之一，它是一款优秀的文字处理软件。Word 2003 在原有版本的基础上又做了相应的改进，它具有更加友好的用户界面，并且真正引入了 XML 的概念。Word 2003 加强了协同工作的能力，使用它用户可以轻松、高效地完成工作。Word 2003 适用于制作各种文档，比如信件、传真、公文、报纸、书刊和简历等。

本章重点：

- Word 2003 的基础知识
- 文档的基本编辑方法
- 设置字符格式
- 设置段落格式
- 设置项目符号和编号
- 设置边框和底纹

2.1　Word 2003 的基础知识

要想熟练掌握 Word 2003 的操作，首先应掌握 Word 2003 正确的启动方法并熟悉 Word 2003 的工作环境。

2.1.1　启动 Word 2003 的方法

在使用 Word 2003 之前就要先启动它，下面为用户介绍几种常用的启动方法：通过“开始”菜单启动、通过桌面上的快捷方式启动、通过打开现有文件启动。

1. 常规启动

启动 Word 2003 最常用的方法就是在“开始”菜单中启动。在 Windows XP 操作系统中单击“开始”按钮，弹出“开始”菜单，在菜单中单击“所有程序”|“Microsoft Office”命令打开一个子菜单，在子菜单中单击 Microsoft Office Word 2003 程序即可，如图 2-1 所示。

图 2-1　在“开始”菜单中启动 Word 2003

2. 创建快捷方式启动

如果在桌面上有 Word 2003 应用程序图标，用户可以直接双击图标来启动相应的 Word 2003 应用程序，这是启动 Word 2003 应用程序最快捷的方法。

默认情况下，在安装 Word 2003 时，系统并不自动在桌面上创建相应的快捷方式图标，为了方便 Word 2003 的启动，用户可以在桌面上创建 Word 2003 的快捷方式图标。具体的创建方法在前面一章已经作了介绍，这里不再赘述。

3. 通过现有文件启动

用户还可以通过已经创建的 Word 文件来启动 Word 2003，在“我的电脑”或资源管理器中找到已经创建的 Word 文件，直接双击该文件即可启动 Word 2003 程序。

2.1.2　Word 2003 的窗口组成

启动 Word 2003 后进入 Word 2003 的工作界面，如图 2-2 所示。由该图可以看出，其中包括了标题栏、菜单栏、工具栏、视图切换按钮、任务窗格、编辑区、标尺、滚动条、状态栏等部分。

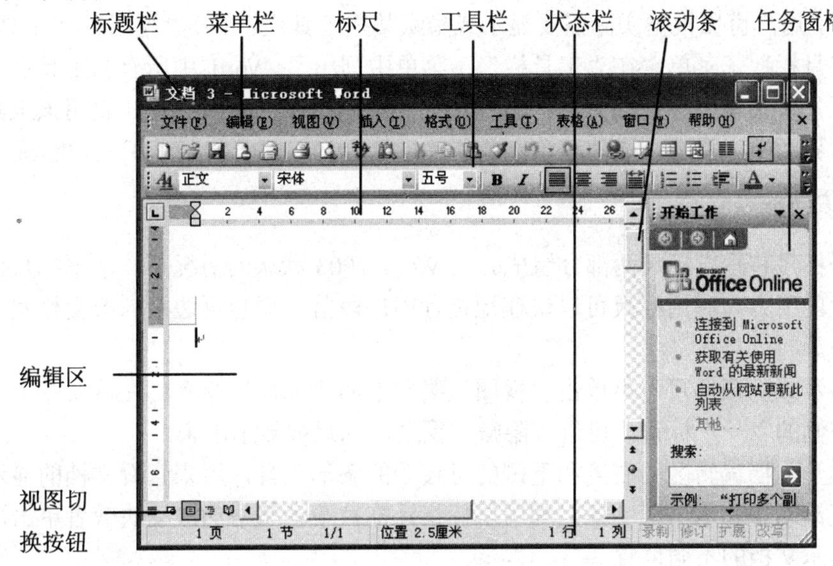

图 2-2　Word 2003 的工作界面

1. 标题栏

标题栏位于窗口的最顶端，它包含了控制菜单图标、正在编辑的文档名称、程序名称、最小化按钮、还原按钮和关闭按钮。单击标题栏右端的“最大化”按钮 可以将窗口最大化，双击标题栏也可最大化窗口。当窗口处于最大化状态时，“最大化”按钮变为“还原”按钮 ，单击该按钮窗口被还原为原来的大小。如果单击标题栏中的“最小化”按钮 ，窗口则缩小为一个图标显示在任务栏中，单击该图标，又可以恢复为原窗口的大小。单击标题栏中的“关闭”按钮 可以退出 Word。

2. 菜单栏

在 Word 2003 文档窗口标题栏的下方是菜单栏，它给出了“文件”、“编辑”、“视图”、“插入”等 9 个不同的菜单。在菜单栏的各个下拉菜单中，又分别给出了用于不同目的的多条命令和选项。用户对文档的所有操作几乎都可以通过菜单命令完成。另外，Word 2003 还具有自动记录功能，也就是说 Word 2003 能记录用户的常用操作习惯，在菜单中只显示最近常用的命令，这为用户选择常用命令提供了很大的方便。如果某些命令在一段时间内没有被使用，就会自动隐藏。在隐藏命令后，在菜单底部会显示一个展开按钮 ¥，要显示全部的菜单命令，单击展开按钮即可。

3. 工具栏

工具栏位于菜单栏下方，Word 将一些常用的命令制作成按钮，按照不同的功能列于不同的工具栏中。用户只要用鼠标单击某个按钮，就可以快速执行此命令。例如，单击“打开”按钮就等于执行了“文件”|“打开”命令，原来需要好几步才能完成的操作，现在只要用鼠标在对应的命令按钮上单击就可以了。

Word 2003 提供了多个工具栏，默认情况下，只显示“常用”和“格式”工具栏。在操作复杂文本时，用户可以根据实际需要显示或隐藏某些工具栏。单击“视图”|“工具栏”命令，打开“工具栏”子菜单，在“工具栏”子菜单中列出了 Word 中所有的工具栏。只要单击“工具栏”子菜单中相应的工具栏名称，让其左侧出现“√”标记，表明该工具栏已经显示在操作界面中。反之，取消菜单左侧的“√”标记，即可将某个工具栏隐藏。

4. 标尺和滚动条

标尺由水平标尺和垂直标尺两部分组成。在 Word 2003 默认的情况下，水平标尺位于“格式”工具栏的下方。利用标尺可以快速地进行缩进段落、调整页边距、改变栏宽及设置制表位等操作。

如果想要显示或隐藏标尺，可单击“视图”菜单中的“标尺”命令，在该命令上用鼠标单击，消除左侧的“√”标记，可进行隐藏。反之，标尺被显示出来。

滚动条是位于文档编辑区的右侧和下侧的可移动的条形工具，用来查看文档的显示位置。它包括垂直滚动条和水平滚动条。利用鼠标指针拖拉滚动条中的滚动块或者单击滚动箭头，就可以显示文档的不同位置。

滚动条同样可以进行显示或隐藏，单击“工具”菜单中的“选项”命令，在弹出的对话框中单击“视图”选项卡，在“显示”区域中选中或取消“水平滚动条”和“垂直滚动条”前的复选框即可。

5. 编辑区

在水平标尺的下方是 Word 2003 文档窗口的编辑区，在编辑区中，用户可以输入文字、图形和表格等，也可以对文档进行各种编辑工作。在编辑区中，用户可以看到有一个不停闪烁的竖条，这称为插入符，又叫插入点，Word 2003 将在插入点的位置插入新的文档内容。插入点之后的灰色折线是文档的结束符。

另外在页面视图中，编辑区中可能会出现灰色的网格线，这些网格线是帮助用户进行文档编辑的，在打印时不会被打印出来。如果用户想要隐藏网格线，可单击“视图”菜单中“网格线”命令，消除左侧的“ √ ”标记，这样网格线就被隐藏起来了。

6. 状态栏

状态栏位于窗口最下端，它显示了当前文档编辑的状态。在状态栏中，从左至右分别指示了当前光标所处的页数、节数及在当前页面中的位置（包括行数、列数等），是否处于录制宏状态、是否处于修订状态、是否处于扩展选定范围状态、是否处于改写状态和所使用的语言等一系列的状态信息。通过双击某些状态栏中的状态指示可以快速完成一些操作，例如，如果双击了“修订”指示则快速进入了修订状态中。

7. 视图切换按钮

视图切换按钮位于水平滚动条的最左侧，有 5 个按钮，它们被称为视图切换按钮，从左到右依次是：普通视图、Web 版式视图、页面视图、大纲视图、阅读版式，选择它们可以改变文档的视图方式。这 5 个按钮分别对应于“视图”菜单中的相应的命令。

8. 任务窗格

任务窗格是 Word 2003 的一个重要功能，它可以简化操作步骤，提高工作效率。在任务窗格中，每个任务都以超级链接的形式给出，单击相应的超级链接即可执行相应的操作。任务窗格给用户的编辑提供了方便，用户可以在任务窗格中快捷地选择所要进行的操作，从而摆脱了单一的从菜单栏中进行操作的模式。任务窗格主要有以下一些优点：

- 显而易见的选项使用户保持较高的工作效率，用户不需要再通过菜单遍寻所需的选项，最常用的项都位于工作区右侧的任务窗格中，触手可及。
- 在大多数任务窗格中，都存在 Microsoft Office Online 选项，只需单击一下鼠标，用户就可以转到 Office Online 网站，从而能够浏览更多的剪贴画、模板和帮助。
- 利用任务窗格可以快速创建或定位文档，在“开始工作”任务窗格中，用户可以选择需要开始工作或继续处理的文档。
- 利用任务窗格可以快速设置文档格式，通过使用“样式和格式”任务窗格，可以查看打开的文档中所使用的样式，添加、修改或删除样式以及自定义样式的视图，以便只显示所需的样式。
- 剪切和粘贴变得更简单，剪贴板任务窗格最多可收集 24 个项目，并且能够查看被剪切或复制的任何项目（如文本和图形）的缩略图。当用户准备粘贴时，可以一次全部粘贴，也可以一次粘贴一个项目，如果改变主意，还可以删除全部内容。
- 利用任务窗格可以有条不紊地集中处理邮件。比如，如果用户有上百封信函要发送，可以使用“邮件合并”任务窗格可以创建套用信函、邮件标签、信封，然后集中处理电子邮件或传真分发。

Word 2003 的任务窗格显示在编辑区的右侧，包括“开始工作”、“帮助”、“新建文档”、“剪贴画”、“剪贴板”、“信息检索”、“搜索结果”、“共享工作区”、“文档更新”、“保护文档”、“样式和格式”、“显示格式”、“邮件合并”、“XML 结构”等 14 个任务窗格选项。

默认情况下，第一次启动 Word 2003 时打开的是“开始工作”任务窗格。如果在启动

Word 2003 时没有打开任务窗格，可以单击“视图”|“任务窗格”命令将其调出。在创建文档的过程中，如果因为任务窗格的存在影响对文档的编辑或查看，可以单击任务窗格中的退出按钮 ☒ 暂时关闭任务窗格。如果要切换到其他的任务窗格，可以单击任务窗格右上角的下三角箭头，打开如图 2-3 所示的菜单。选项前面有对号标记的表明是当前的任务窗格，要选择其他选项只需单击相应的选项即可。用户还可以通过单击“返回”按钮 或“向前”按钮 在已经打开的功能选项之间切换，如果单击“开始”按钮 则可回到“开始工作”任务窗格。

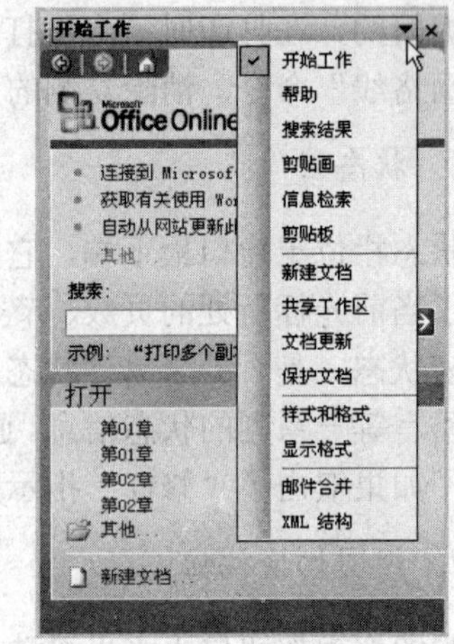

图 2-3　Word 2003 的任务窗格

2.1.3　Word 2003 的视图方式

Word 2003 提供了多种视图方式，用户可以选择最适合自己的工作方式来显示文档。例如，可以使用普通视图来输入、编辑和排版文本；使用大纲视图来查看文档结构；使用页面视图来查看与打印效果相同的页等。

1. 页面视图

页面视图是系统默认的视图方式，在页面视图中，所显示的文档与打印出来的结果几乎是完全一样的，页面视图是一种“所见即所得”的方式。文档中的页眉、页脚、脚注、分栏等项目都显示在实际的位置处。在页面视图中，不以一条虚线表示分页符，而是直接显示页边距，如图 2-4 所示。用户可以单击“视图”|“页面”命令，或者单击水平滚动条左侧的“页面视图”按钮 换到页面视图。

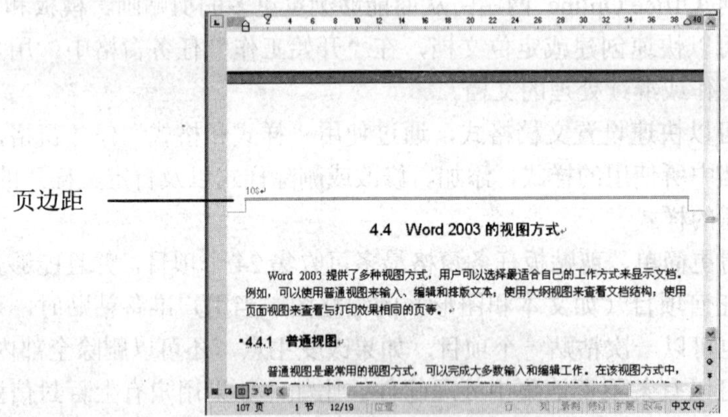

图 2-4　页面视图方式

2. 普通视图

普通视图是最常用的视图方式，可以完成大多数输入和编辑工作。在该视图方式中，可以显示字体、字号、字形、段落缩进以及行距等格式，但是只能将多栏显示成单栏格式，而且不显示页眉和页脚、页号及页边距等。

在该视图方式中，Word 2003 能够连续显示正文，页与页之间用一条虚线表示分页符，节与节之间用双行虚线表示分节符，使文档阅读起来比较连贯，如图 2-5 所示。用户可以单击“视图”|“普通”命令，或者单击水平滚动条左侧的“普通视图”按钮 ▤ 切换到普通视图方式。

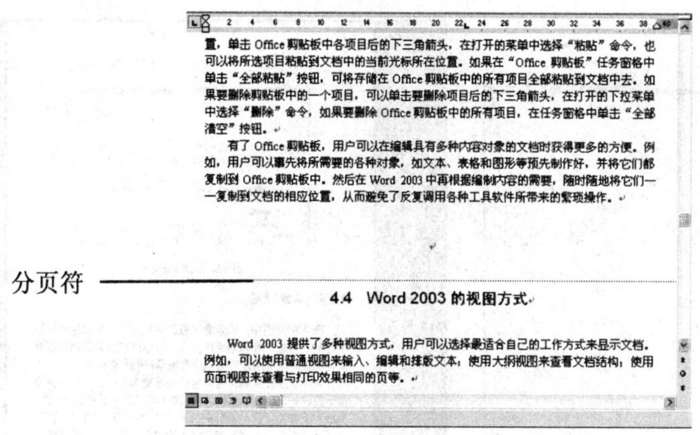

图 2-5　普通视图方式

3. Web 版式视图

Web 版式视图用于创作 Web 页，它能够仿真 Web 浏览器来显示文档。在 Web 版式视图下，文本将自动折行以适应窗口的大小，并且可以看到给 Web 文档添加的背景，如图 2-6 所示。用户可以单击“视图”|“Web 版式”命令，或者单击水平滚动条左侧的“Web 版式视图”按钮 ▣ 切换到 Web 版式视图方式。

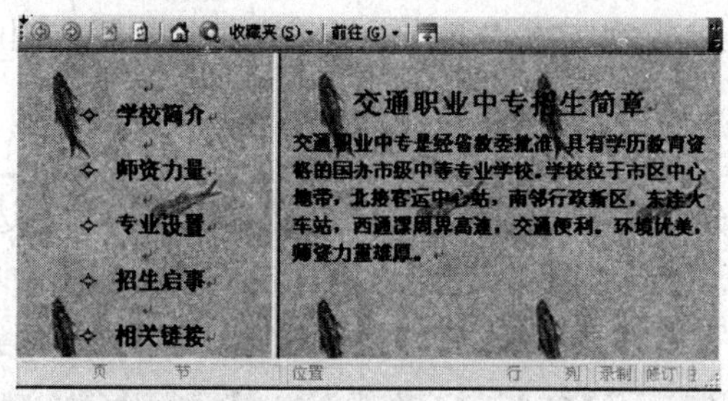

图 2-6　Web 版式视图方式

4. 大纲视图

在大纲视图中，能查看文档的结构，可以通过拖动标题来移动、复制和重新组织文本；可以通过折叠文档来查看主要标题，或者展开文档以查看所有标题乃至正文。

大纲视图还使得主控文档的处理更为方便。主控文档有助于对较长文档的组织和维护。在大纲视图中不显示页边距、页眉、页脚和背景，如图 2-7 所示。用户可以单击“视图”|“大纲”命令，或者单击水平滚动条左侧的“大纲视图”按钮 ▤ 换到大纲视图。

5. 阅读版式视图

在阅读版式视图中可以把整篇文档分屏显示，文档中的文本为了适应屏幕自动换行，

在该视图中不显示页眉和页脚，在屏幕的顶部显示了当前文档所在的屏数和总屏数，如图 2-8 所示。总屏数会随着窗口大小的变化而变化，用户将文档窗口调大，则总屏数会自动减少；将文档窗口缩小，则总屏数会自动增加。用户可以单击“视图”|“阅读版式”命令，或者单击水平滚动条左侧的“阅读版式视图”按钮 切换至“阅读版式”视图。

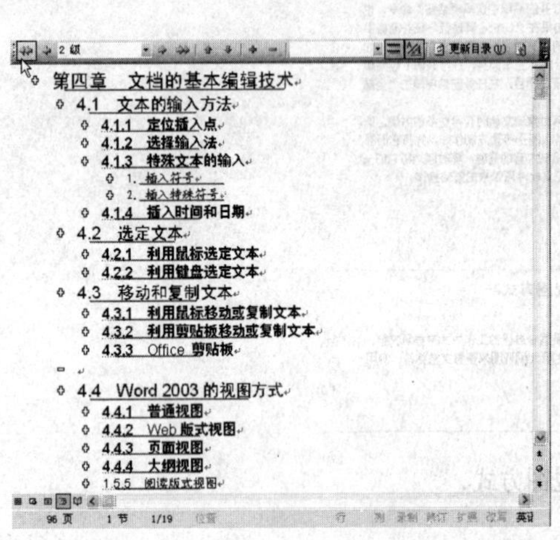

图 2-7 大纲视图方式

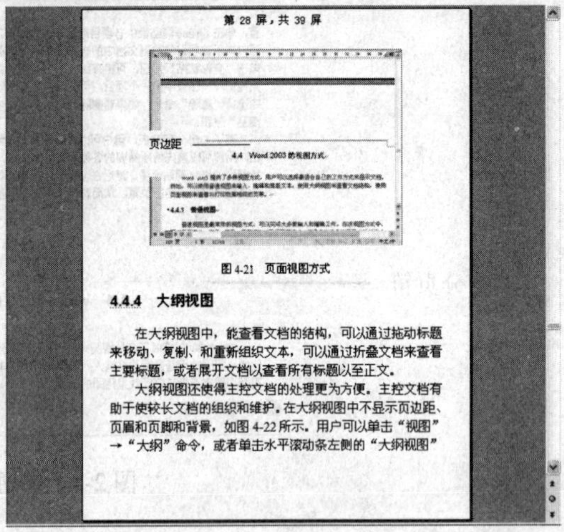

图 2-8 阅读版式视图

6. 文档结构图

可以通过文档结构图在整个文档中快速浏览并追踪特定的文档内容位置。它的用法类似于 Windows 的资源管理器，在文档结构图中单击某个标题，Word 会在编辑框中显示该标题下的内容。Word 在 Web 视图方式下自动显示文档结构图，同时也可以在其他视图中加以显示。

文档结构图在一个单独的窗口中显示文档标题，单击“视图”|“文档结构图”命令，就可以将 Word 文档窗口分为两部分，左边显示文档标题结构，右边显示文档的内容。

在文档结构图中，可以控制显示标题的级别，在文档结构图中单击鼠标右键，出现如图 2-9 所示的快捷菜单，可以在菜单上选择要显示的级别。

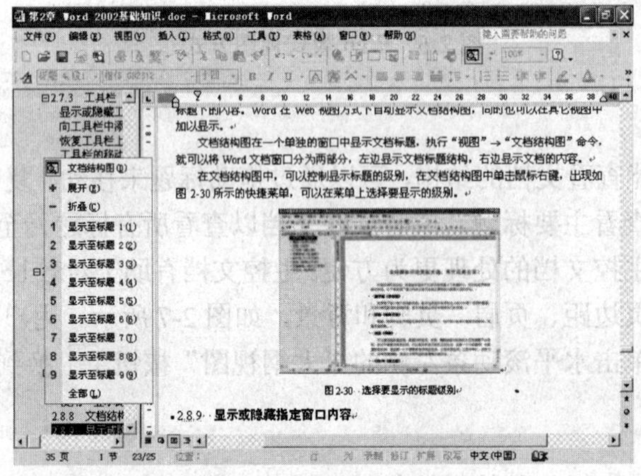

图 2-9 选择要显示的标题级别

7. 改变显示比例

在 Word 窗口中查看文档时，可以按照某种比例来放大或者缩小显示的比例。放大显示时，当然可以看到比较清楚的文档内容，但是相对看到的内容就少了许多，这种显示通常用于修改细节数据或编辑较小的字体。相反，如果缩小显示比例时，可以观察到的内容数量很多，但是文档的内容就看得不清晰，这通常是用于整页快速地浏览或者排版时观察整个页面。

单击“常用”工具栏中“显示比例”框右边的下拉箭头，出现一个下拉列表框。在该列表框中用户可以选择不同的显示比例，如图 2-10 所示。

此外，用户还可以在“显示比例”对话框中对显示比例进行更加详细的设置，具体操作方法如下：

（1）单击“视图”|“显示比例”命令，打开“显示比例”对话框，如图 2-11 所示。

（2）在“显示比例”区域选择一种合适的显示比例。

（3）单击“确定”按钮。

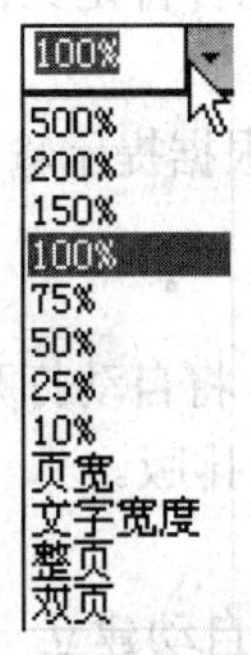

图 2-10　“显示比例”下拉列表框

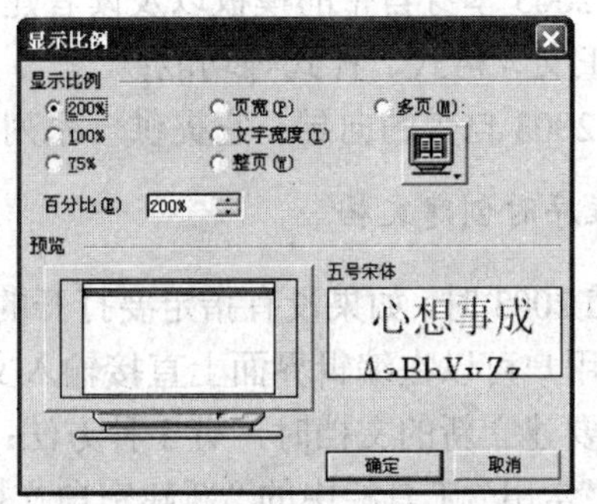

图 2-11　“显示比例”对话框

2.1.4　退出 Word 2003

Word 提供的退出方法很多，主要有下面几种：

- 选择“文件”菜单中“退出”命令。
- 按 Alt＋F4 组合键。
- 单击 Word 程序右上角的“关闭”按钮。
- 双击 Word 程序左上角的“控制菜单”按钮。

退出时如果对文档进行了修改，Word 会自动弹出一个消息框询问是否保存修改后的文档。单击“是”按钮，保存对文档进行的修改；单击“否”按钮，放弃此次对文档进行的修改，如图 2-12 所示。

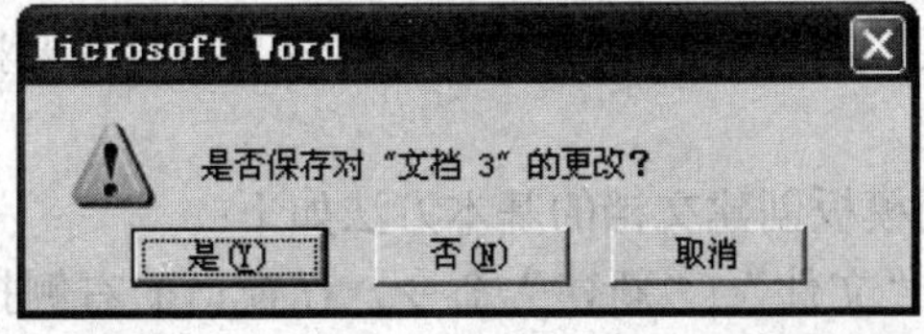

图 2-12　是否保存对文档修改的询问框

2.2 文档的基本编辑方法

利用 Word 2003 建立的文件叫做文档。文档中可包含文字、表格、图形，也可以包含声音、视频等媒体对象。

编辑一个新文档的操作流程如下：

创建新文档→输入文档内容→编排文档→保存文档→打印文档

编辑一个已有文档的操作流程如下：

打开已有文档→修改文档→重新编排文档→保存文档→打印文档

2.2.1 创建新文档

Word 2003 提供了 3 种建立新文档的方式：

- 标准文档（Normal 模板）：Word 2003 的默认文档；
- Word 2003 本身自带的模板以及读者建立的模板：其中包含特定文档所需要的预定义的正文、格式、样式等功能；
- Word 2003 自带的向导：它提供一系列的对话框，只要根据提示输入或选择即可。

1. 启动程序时创建文档

启动 Word 2003 时，如果没有指定要打开的文档，Word 2003 将自动打开名为“文档 1”的空白文档，用户可以在编辑界面上直接输入文字，进行编辑、排版。

在文档中要建立新的文档时，有 3 种方法：

- 单击“常用”工具栏中的“新建空白文档”按钮，系统会自动建立一个基于 Normal 模板的空文档。
- 按快捷键 Ctrl +N，系统会自动建立一个基于 Normal 模板的空文档。
- 单击“文件”|“新建”命令，出现“新建文档”任务窗格。在“新建”区域中，选择“空白文档”项。

Word 2003 在建立第一个文档时，在标题栏中将显示“文档 1”的名称，以后建立的其他文档名称的序号依次递增，如“文档 2”、“文档 3”等。

2. 根据模板或向导创建文档

通常情况下，启动程序时创建的文档仅包括最基本的格式设置。因此，在很多情况下，这类文档并不能满足用户的要求。为了提高用户的工作效率，系统提供了大量模板和向导，使用它们可以创建出格式比较复杂的文档、工作簿或演示文稿。

模板是一类特殊的文档，在模板中定义了标题格式、背景图案、表项，甚至某些通用文字。向导是一类特殊的模板，由一系列对话框组成，用户只要按步骤逐一完成，就可以得到符合自己要求的文档。

在 Word 2003 中使用模板创建文档的基本方法如下：

（1）在文档中单击“文件”|“新建”命令，在窗口的右侧打开“新建文档”任务窗格，如图 2-13 所示。

（2）在“模板”区域单击“本机上的模板…”选项，打开“模板”对话框，如图 2-14 所示。

（3）在对话框中选定所要使用的模板，然后单击“确定”按钮即可创建一个文档雏形。

（4）对创建的文档进行编辑修改即可快速制作出满足自己要求的文档。

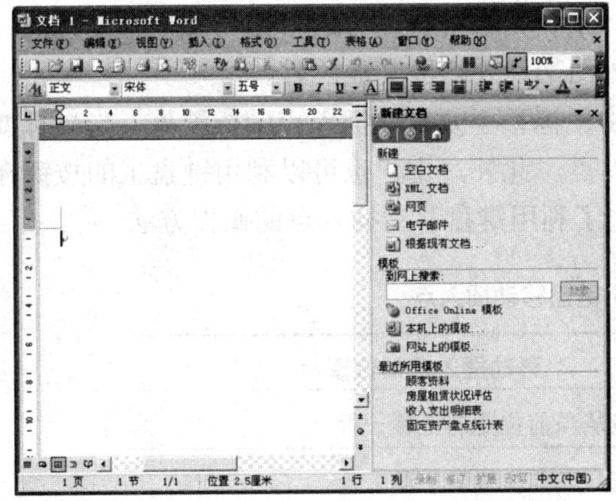

图 2-13　“新建文档”任务窗格

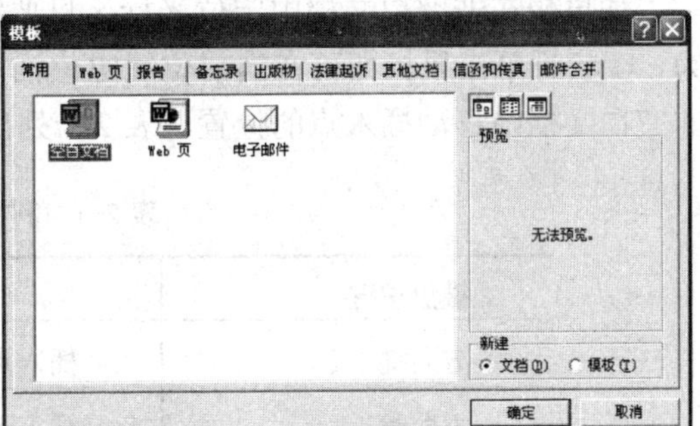

图 2-14　“模板”对话框

提示：

Office 2003 加强了联机的功能，在计算机与因特网相连时，用户可以非常方便地到微软网站上去下载他人在网页上发布的模板。在“模板”区域单击“Office Online 模板”选项，打开 Microsoft Office 模板主页，如图 2-15 所示，在网页中选择需要的模板即可。

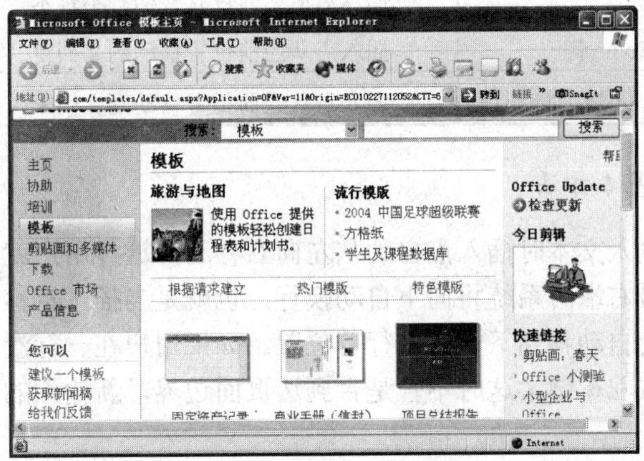

图 2-15　Microsoft Office 模板主页

2.2.2　文本的输入方法

输入文本是 Word 2003 中最基本的操作之一，文本是文字、符号等内容的总称。在创建文档后，如果想进行文本的输入，应首先选择一种熟悉的输入法，然后进行文本的输入操作。此外，Word 2003 还提供了一些辅助功能以方便用户的输入，如用户可以插入特殊符号，插入日期和时间等。

1. 定位插入点

用户创建了一个新的空白文档后，在空白文档的起始处有一个不断闪烁的竖线，这就是插入点，它表示键入文本时的起始位置。当鼠标在文档中自由移动时鼠标呈现为 I 状，这和插入点处呈现的 | 状光标是不同的。

即点即输是 Word 2003 的重要功能之一，所谓“即点即输”就是用户可以在文档的任意位置定位插入点并在此位置输入文本、插入图形、表格或其他内容。

如果想在非空白文档中定位光标，只要将鼠标移至要定位插入点的位置处，当鼠标变为 I 状时单击鼠标即可在当前位置定位插入点。此外，用户也可以利用键盘上的按键在非空白文档中移动插入点的位置。表 2-1 列出了利用键盘移动插入点的操作方法。

表 2-1 利用键盘移动插入点

键盘按键	移动插入点的位置
方向键↑	插入点从当前位置向上移一行
方向键↓	插入点从当前位置向下移一行
方向键←	插入点从当前位置向左移动一个字符
方向键→	插入点从当前位置向右移动一个字符
Page Up 键	插入点从当前位置向上移动一页
Page Down 键	插入点从当前位置向下移动一页
Home 键	插入点从当前位置移动到本行首
End 键	插入点从当前位置移动到本行末
Ctrl+Home 键	插入点从当前位置移动到文档首
Ctrl+End 键	插入点从当前位置移动到文档末

2. 输入文本的基本方法

在空白文档中输入文本时插入点自动从左向右移动，这样用户就可以连续不断地输入文本。当到一行的最右端时系统将向下自动换行，也就是当插入点移到页面右边界时，再输入字符，插入点会自动移到下一行的行首位置。如果用户在一行没有输完时想换一个段落继续输入，可以按回车键，这时不管是否到达页面边界，新输入的文本都会从新的段落开始。

在输入文本过程中，难免会出现输入错误，用户可以通过如下操作来删除错误的输入：

- 按 BackSpace 键可以删除插入点之前的字符。
- 按 Delete 键可以删除插入点之后的字符。
- 按 Ctrl+BackSpace 键可以删除插入点之前的字（词）。
- 按 Ctrl+Delete 键可以删除插入点之后的字（词）。

在某些情况下（如输入地址时），用户可能想为了保持地址的完整性而在到达页边距之前开始一个新的空行，按回车键可以开始一个新行，但同时也开始了一个新的段落，为了使新行仍保留在一个段落里面而不是开始一个新的段落，用户可以按下 Shift+Enter 键，Word 就会插入一个换行符并把插入点自动移到下一行的开始处。

3. 输入符号

用户在文档中输入文本时有些符号是不能从键盘上直接输入的，由于它们平时很少用到，所以没有定义在键盘上，用户可以采用不同的方法将其输入。

用户可以使用“插入”菜单中的“符号”命令来输入各种各样的图形符号、数学符号、版权符、注册符等。具体方法如下：

（1）单击“插入”|“符号”命令，打开“符号”对话框，如图 2-16 所示。

（2）在对话框中选中要插入的符号，利用右面的滚动条可进行查寻，然后单击“插入”按钮，便可以将该符号插入文档中的光标当前所在位置。

（3）如果当前列表中没有用户所需要的符号，可单击“字体”列表框和“子集”列表框，选择其他字体和子集的符号。选择完毕之后，单击选中所需要的符号，然后单击“插入”按钮，便可以将该符号插入文档中的光标当前所在位置。

（4）如果用户需要一些特殊的符号，如小节符号、段落符号等，可选择“符号”对话框中的“特殊字符”选项卡，如图 2-17 所示，从中选择所需的符号即可。

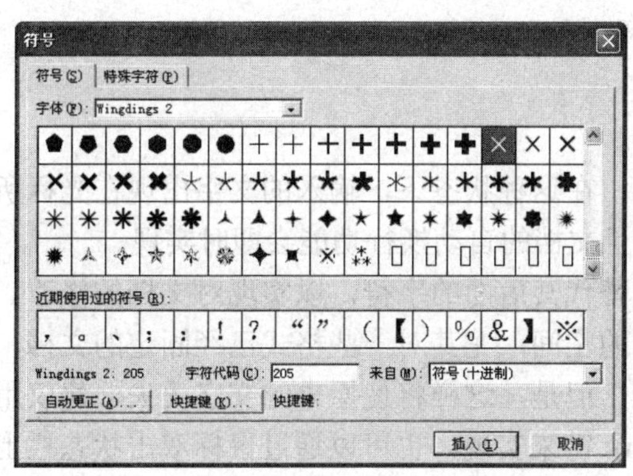

图 2-16 “符号”对话框

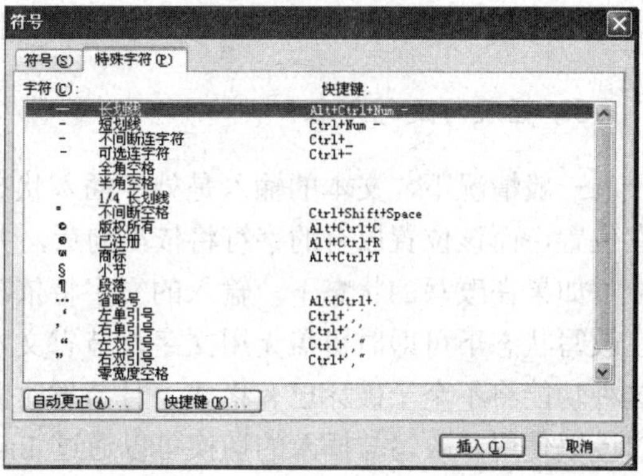

图 2-17 “特殊字符”选项卡

用户可以使用中文输入法软键盘输入一些常用的符号，右击输入法状态条上的“软键盘”按钮，弹出“软键盘”菜单，该菜单中提供了 13 种软键盘，如图 2-18 所示。单击菜单中某一种格式的软键盘，相应的软键盘即显示于屏幕的右下方。当某一种软键盘被激活后，从键盘上输入的符号将转换为该软键盘上对应的符号。用户也可以用鼠标单击软键盘上的按键来输入符号。再次单击输入法状态框上的“软键盘”按钮，将隐藏或显示当前的软键盘。

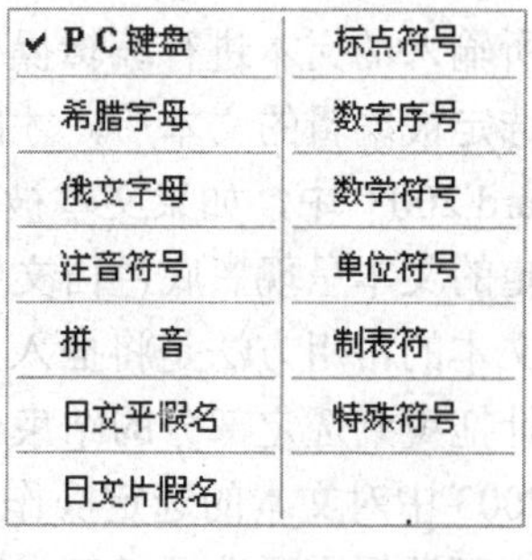

✔ PC 键盘	标点符号
希腊字母	数字序号
俄文字母	数学符号
注音符号	单位符号
拼　音	制表符
日文平假名	特殊符号
日文片假名	

图 2-18 “软键盘”菜单

4. 插入特殊符号

Word 2003 还提供了插入特殊符号的功能，利用该功能用户可以非常方便地将“单位符号”、“数字序号”等一些特殊符号插入到文档中，具体步骤如下：

（1）将插入点定位在要输入特殊符号的位置处。

（2）单击“插入”|“特殊符号”命令，打开“插入特殊符号”对话框，如图 2-19 所示。

（3）在对话框中单击特殊符号所在的选项卡，在对话框中选择一种特殊符号。

（4）单击“确定”按钮，即可将选中的特殊符号插入到文档中。

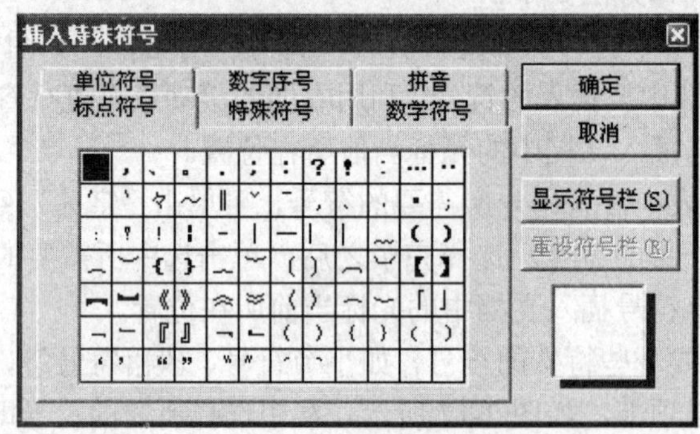

图 2-19 “插入特殊符号”对话框

5. 插入与改写文本

一般情况下，文本的输入是处于插入状态，在这种状态下，输入的文字出现在光标所在位置，而该位置原有的字符将依次向后，并且文档的自动换行功能会即时实现。

如果在改写的状态下，输入的文字将依次替代其后面的字符，以实现对文档的修改。在改写状态下可即时覆盖无用文字，节省文本的空间，尤其对一些格式已经固定的文档，这种功能将不至于破坏已有格式，且节省时间。但是，这样将使原来的文字丢失，建议用户谨慎使用。改写与插入的切换可以通过 Insert 键来实现，也可以通过鼠标双击状态栏上的“改写”按钮实现。

2.2.3 选定文本

在对所输入的文本进行编辑操作前，用户首先要做的工作就是选定所要编辑的文本对象，只有选定被编辑的文本后，才能对其进行删除、修改等操作。

在 Word 2003 中，如果文本被选定，则会以反白样式显示在屏幕上，比如在白底色黑文字中选定的文本呈现黑底色白文字。

选定文本的常用方法是将插入点定位在待选定部分的起始位置，然后按住鼠标左键，将鼠标指针拖曳到选定部分的结束位置，然后再释放鼠标，此时所选定的文本呈反白显示。在 Word 2003 中对文本的选定操作，主要有以下几种方法，不同的操作方法可用于不同的文本，用户可根据需要选用任何一种方法。

- 选定一个单词：只需用鼠标双击该单词即可。
- 选定任意数量的文本：把 I 型的鼠标指针指向要选定的文本开始处，按住左键并扫过要选定的文本，当拖动到选定文本的末尾时，松开鼠标左键即可。

- 选定一句：这里的一句是以句号为标记的。按住 Ctrl 键，再单击句中的任意位置。
- 选定大块文本：先将插入点移到要选定文本的开始处，按住 Shift 键，再单击要选定文本的末尾。这种方法的好处是适合于那些跨页内容的选定。
- 选定一行文本：将鼠标指针移到该行左侧选择条内，当鼠标指针变成向右倾斜的箭头↗时，单击。
- 选定多行文本：将鼠标指针移到起始行左侧选择条内，当鼠标指针变成向右倾斜的箭头↗时，单击并拖动至终止行。
- 选定一段：将鼠标指针移到该段左侧选择条内，当鼠标指针变成向右倾斜的箭头↗时，单击并拖动至终止行，也可连续 3 次单击该段中的任意部分。
- 选定多段：将鼠标指针移到起始段左侧选择条内，当鼠标指针变成向右倾斜的箭头↗时，双击并拖动至终止段。
- 选定整篇文档：按住 Ctrl 键，将鼠标指针移到文档左侧选择条内，当鼠标指针变成向右倾斜的箭头↗时，单击。也可以选择“编辑”菜单中的“全选”命令或者按组合键 Ctrl + A。
- 选定矩形文本区域：按下 Alt 键的同时，在要选择的文本上拖动鼠标，可以选定一个文本区域。

2.2.4　移动和复制文本

移动和复制是在编辑文档中最常用的编辑操作之一，例如，对于重复出现的文本不必一次次地重复输入，可以采用复制的方法快速输入；对于放置不当的文本，可以快速移动到满意的位置。

1. 利用鼠标移动或复制文本

如果要在当前文档中短距离地移动文本，用户可以用鼠标拖放的方法快速移动，具体步骤如下：

（1）选定要移动的文本。

（2）将鼠标指针指向选定的文本，当鼠标指针呈现箭头状时按住鼠标左键，拖动鼠标时指针将变成 状，同时还会出现一条虚线插入点。

（3）移动虚线插入点到要移到的目标位置，松开鼠标左键，选定的文本就从原来的位置移动到了新的位置。

如果在拖动鼠标的同时按住 Ctrl 键，则将执行复制文本的操作。

提示：

用户还可以通过按住鼠标右键拖动进行移动或复制文本的操作，使用鼠标右键拖动选定的内容，到达目的位置后松开鼠标右键会弹出一个菜单，如图 2-20 所示，在菜单中用户可选择具体的操作方式。

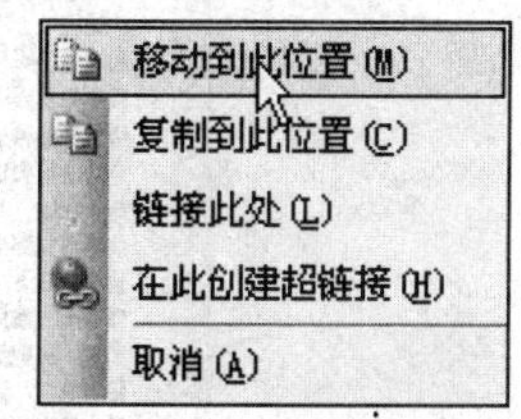

图 2-20　鼠标右键的移动快捷菜单

2. 利用剪贴板移动或复制文本

如果要长距离地移动文本，例如，将文本从当前页移动到另一页，或将当前文档中的部分内容移动到另一篇文档中，此时如果再用鼠标拖放的办法就显得很不方便，在这种情况下，用户可以利用剪贴板来移动文本，具体步骤如下：

（1）选定要移动的文本。

（2）单击“编辑”|“剪切”命令，或单击“常用”工具栏上的“剪切”按钮，或按快捷键 Ctrl + X，此时剪切的内容被暂时放在剪贴板上。

（3）将插入点定位在新的位置，单击“粘贴”按钮，或按 Ctrl+V 组合键，或单击“编辑”|“粘贴”命令，选中的文本被移到了新的位置。

如果要进行复制操作，选择“复制”命令即可。

提示：

在执行复制或移动文本的操作后总会出现一个标记，这就是“粘贴选项”按钮，把鼠标指向它并单击，出现一个下拉菜单，如图 2-21 所示。默认情况下，在 Word 2003 中，当用户移动或复制文本时，也同时移动和复制了该文本的格式，如果用户不想移动或复制文本的格式，可在“粘贴选项”菜单中选择如何保留复制或移动后的格式。

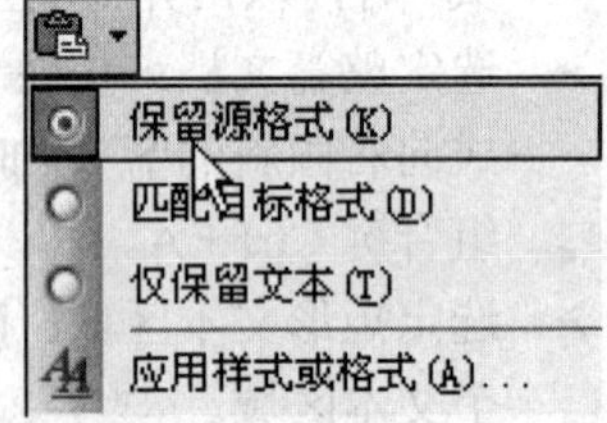

图 2-21 粘贴选项按钮菜单

3. Office 剪贴板

前面介绍的使用剪贴板复制和移动文本的操作使用的是系统剪贴板，使用系统剪贴板一次只能移动或复制一个项目，当再次执行移动或复制操作时，新的项目将会覆盖剪贴板中原有的项目。Office 剪贴板独立于系统剪贴板，它由 Office 创建，使用户可以在 Office 的应用程序，如 Word、Excel 中共享一个剪贴板。Office 剪贴板的最大优点是一次可以复制多个项目并且用户可以将剪贴板中的项目进行多次粘贴。单击“编辑”|“Office 剪贴板”命令，打开“剪贴板”任务窗格，如图 2-22 所示。

在使用 Office 剪贴板时应首先打开“剪贴板”任务窗格，然后单击“编辑”菜单命令，在菜单中选择“剪切”或“复制”命令就可以向 Office 剪贴板中复制项目，剪贴板中可存放包括文本、表格、图形等在内的 24 个项目对象，如果超出了这个数目，最旧的对象将自动从剪贴板上删除。

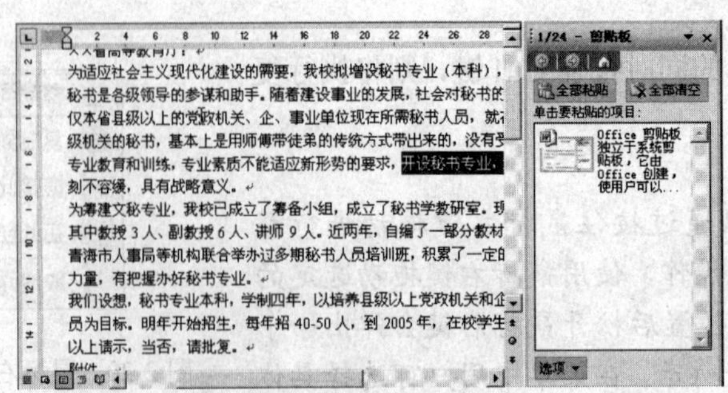

图 2-22 “剪贴板”任务窗格

在 Office 剪贴板中单击一个项目，即可将该项目粘贴到当前文档中当前光标所在的位置。单击 Office 剪贴板中各项目后的下三角箭头，在打开的菜单中选择“粘贴”命令，也可以将所选项目粘贴到文档中的当前光标所在位置。如果在“Office 剪贴板”任务窗格中单击“全部粘贴”按钮，可将存储在 Office 剪贴板中的所有项目全部粘贴到文档中去。如果要删除剪贴板中的一个项目，可以单击要删除项目后的下三角箭头，在打开的下拉菜单中选择“删除”命令；如果要删除 Office 剪贴板中的所有项目，在任务窗格中单击“全部清空”按钮即可。

有了 Office 剪贴板，使用户在编辑具有多种内容对象的文档时更为方便。例如，用户可以事先将所需要的各种对象，如文本、表格和图形等预先制作好，并将它们都复制到 Office 剪贴板中。然后在 Word 2003 中再根据编制内容的需要，随时随地将它们一一复制到文档的相应位置，从而避免了反复调用各种工具软件所带来的繁琐操作。

2.2.5　保存文档

当用户编辑完文档后，一项很重要的操作就是保存文档。因为在编辑过程中，文档是保存在计算机内存中的，只有执行了保存的操作，所编辑的内容才会以文件的形式出现在硬盘或软盘中。如果不及时保存文档，一旦遇到断电或程序出错，所做的各种努力就会付诸东流。

1．保存新建的文档

对于新创建的文件，如果用户是第一次保存可以按照以下步骤进行：

（1）单击“文件”|“保存”命令，或者单击“常用”工具栏中的“保存”按钮，或者按快捷键 Ctrl + S，打开“另存为”对话框，如图 2-23 所示。

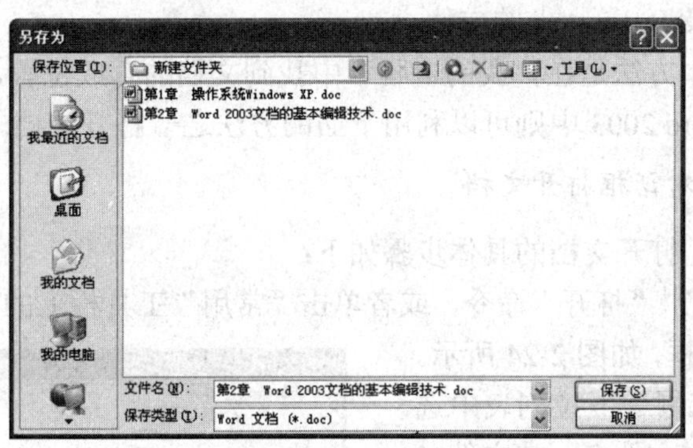

图 2-23　“另存为”对话框

（2）在“保存位置”列表框中，指定文档要保存的磁盘与文件夹。

（3）在“文件名”列表框中，指定文档的名称。存盘时，Word 2003 通常将文档内容的前面几个词作为默认文件名而显示于“文件名”列表框中，用户若不满意，则可输入自己命名的文件名。

（4）在“保存类型”下拉列表框中，选择保存文档的类型。Word 默认的文档类型是（*.doc），也可以用其他类型保存，例如，以纯文本（*.txt）保存。

（5）确认文档保存的位置、类型和名称，然后单击“保存”按钮将文档存盘。

文档存盘后，文档的内容仍然在活动窗口上，可以继续编辑。

2. 保存已有文档

当用户对保存过的文档进行编辑修改后，若要保存修改的结果，则可选择“文件”菜单中的“保存”命令，或者单击“常用”工具栏中的“保存”按钮，或者按快捷键 Ctrl+S，当前文档将以原有的文件名存入原来的位置，而不再打开“另存为”对话框。

3. 另存文档

用户打开已存在的文档，编辑修改后，选择“文件”菜单中的“另存为”命令，打开“另存为”对话框，如图 2-23 所示。此时，在“文件名”列表框中显示当前文档的原有名称。如果用户输入一个新的文件名，并单击“保存”按钮，则当前文档将以新文件名保存。这样用户可利用原有的文档创建了另一个内容相似的新文档。改名另存后，新文档成为当前文档。

4. 保存所有打开的文档

有时用户需要同时打开多个文档进行编辑。如果要通过一次操作同时保存所有已打开的文档，则可以按住 Shift 键，并单击“文件”菜单，此时“文件”下拉菜单中原有的“保存”命令变成了“全部保存”命令，单击“全部保存”命令，所有被打开的文档都将以原名保存。

2.2.6 打开文档

打开文档是在 Word 2003 中经常遇到的操作之一。用户经常需要打开某个文件，以便对其进行编辑、排版或打印。在 Word 2003 中可以打开任何位置上的文件，其中包括本地硬盘、网络驱动器以及 Internet 上的文件。

打开文档的最基本方法是在“我的电脑”中找到文档的存放位置，然后直接双击将其打开。如果用户在 Word 2003 中则可以利用下面的方法之一打开文档。

1. 利用“打开”对话框打开文档

在 Word 2003 中，打开文档的具体步骤如下：

（1）单击“文件”|“打开”命令，或者单击“常用”工具栏上的“打开”按钮 都可以打开“打开”对话框，如图 2-24 所示。

（2）在“查找范围”下拉列表中选择文件所在的驱动器或文件夹，在文件名列表中选择所需的文件。如果文件在某个文件夹中，双击该文件夹打开文件夹的下一级列表进行选择。

（3）单击“打开”按钮，或者在文件列表中双击要打开的文件名，即可将文档打开。

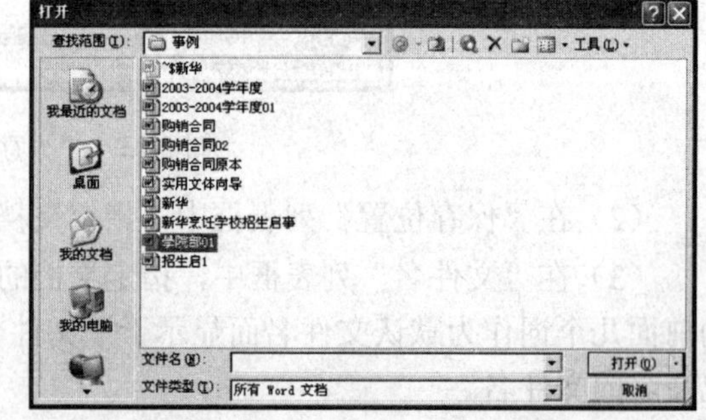

图 2-24 “打开”对话框

提示：

在“打开”对话框中只列出扩展名为“.DOC”的 Word 文档。如果要打开扩展名不是“.DOC”的文件，必须在“文件类型”列表框中选择需要的文件类型。

2. 以只读或副本方式打开文档

默认情况下，文档都是以读写方式打开的。不过用户为了保护文档内容不会被错误操作而更改，可以自定义文档的打开方式。例如，以只读方式或以副本方式打开文档。

当以只读方式打开文档时，可以保护原文档不被修改，即使对原文档进行了修改，Word 也不允许以原来的文件名保存。要想以原来的文件名保存就不能保存在原先的位置。

当以副本方式打开文档时，系统默认是在原文档所在的文件夹中创建并打开原文档的一个副本，因此，用户必须对该文档所在的文件夹具有读写权。对副本的任何修改都不会影响原文档，所以以副本方式打开文档，同样可以起到保护原文档的作用。以副本方式打开时，程序会自动在文档原名称后加上序号。例如，以副本方式打开名为“Word 2003 的基本操作”的文档，那么，Word 会以“Word 2003 的基本操作（2）”的名称标识此文档的第一个副本。若再次以副本的方式打开此文档，第二个副本的名称就是“Word 2003 的基本操作（3）”，依此类推。

以只读或副本方式打开文档的具体步骤如下：

（1）单击“文件”|“打开”命令或者单击“常用”工具栏中的“打开”按钮，打开“打开”对话框。

（2）在“查找范围”下拉列表中找到要打开的文档所在位置，在文件列表中选中要打开的文档。

（3）单击“打开”按钮后的下三角箭头，打开一下拉菜单，在菜单中选择“以只读方式打开”或“以副本方式打开”。

3. 打开最近操作过的文档

Word 2003 具有自动记忆功能，它可以记忆最近几次打开的文档。在“文件”菜单的底部列出了最近打开的文档，如图 2-25 所示，用户可以直接单击其中的文档将它打开。

另外，在 Word 2003 的“开始工作”任务窗格中也可以快速打开已有文档，“开始工作”任务窗格如图 2-26 所示。在任务窗格的“打开”区域，列出了最近使用过的文档，单击其中的一个即可将其打开，如果单击“其他”选项将会打开“打开”对话框。

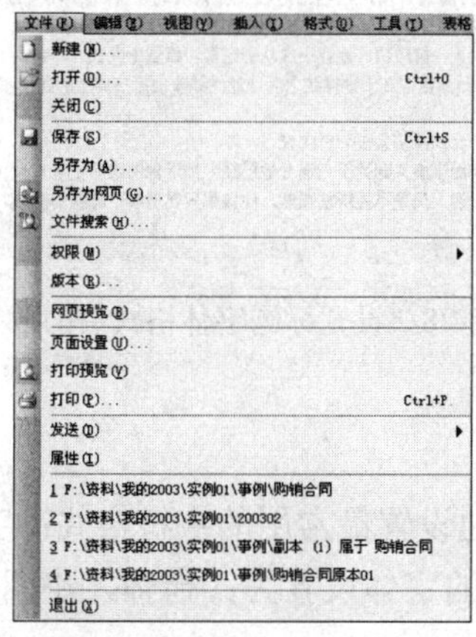

图 2-25　在“文件”菜单中打开文档

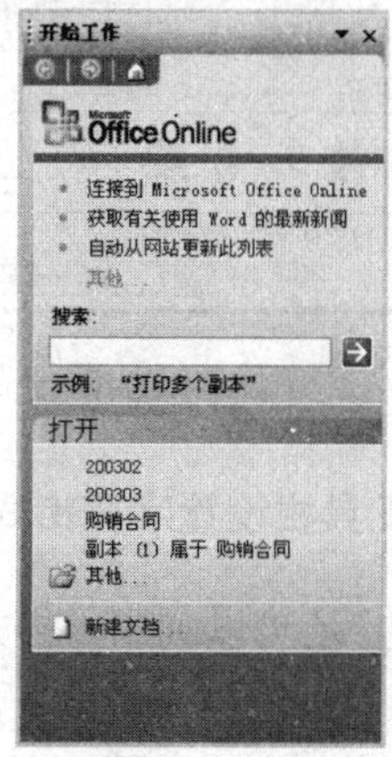

图 2-26　“开始工作”任务窗格

2.3　设置字符格式

在 Word 2003 中，字符是指作为文本输入的汉字、字母、数字、标点符号及特殊符号等。字符是文档格式化的最小单位，对字符格式的设置决定了字符在屏幕上或打印时的形式。字符格式包括字体、字号、字形、颜色及特殊的阴影、阴文、阳文、动态等修饰效果。

默认情况下，在新建的文档中输入文本时文字以正文文本的格式输入，即宋体五号字。通过设置字体格式可以使文字的效果更加突出。

在默认情况下，输入文本的字体格式过于单一，为了使读者能够更加方便地阅读它，用户可以为文档的标题和部分内容设置字体格式，使标题更加醒目，使文档更具有吸引力。

2.3.1　利用对话框设置字符格式

用户可以利用“字体”对话框对字符的格式进行详细设置。例如，利用“字体”对话框将文档的标题“习惯与自然”设置为：华文行楷、加粗、一号，具体步骤如下：

（1）选中文档的标题文本“习惯与自然”。

（2）单击“格式”|“字体”命令，打开“字体”对话框，单击“字体”选项卡，如图 2-27 所示。

（3）在“中文字体”下拉列表中选择“华文行楷”。

（4）在“字形”下拉列表中选择“加粗”。

（5）在“字号”下拉列表中选择“一号”。

（6）单击“确定”按钮，设置标题字体格式后的效果，如图 2-28 所示。

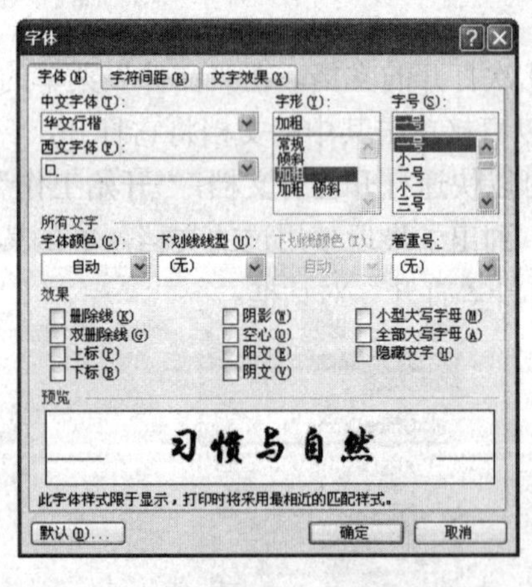

图 2-27　“字体”对话框

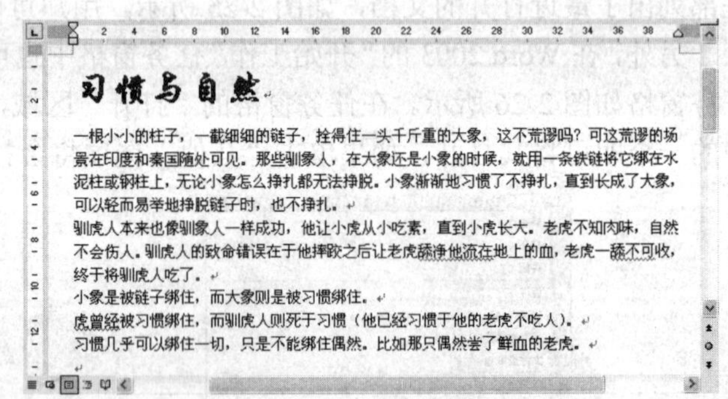

图 2-28　设置标题字体格式后的效果

2.3.2　利用工具栏设置字符格式

另外，用户还可以利用“格式”工具栏，快速地设置最常用的字符格式：字体、字号、粗体、斜体和下划线等。例如，将文档正文第一段的字体设置为：楷体，小四，加粗，颜色为蓝色的格式，具体步骤如下：

（1）选中要设置字体格式的文本。

（2）单击“格式”工具栏中的“字体”组合框右侧的下三角箭头，打开“字体”下拉列表框，如图 2-29 所示。

（3）在“字体”下拉列表中选择“楷体_GB2312”，选定的文本就被设置为楷体。

（4）单击“格式”工具栏中的“字号”组合框右侧的下三角箭头，打开“字号”下拉列表框，如图 2-30 所示。

（5）在“字号”下拉列表中选择“小四”，选定的文本便被设置为小四号字。

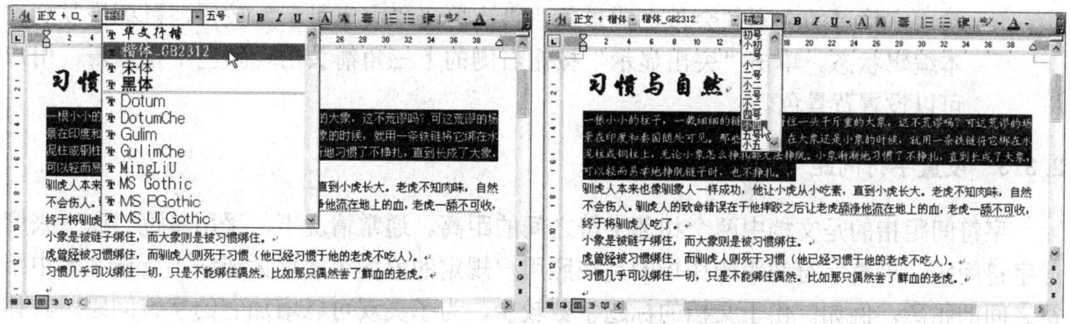

图 2-29　设置字体　　　　图 2-30　设置字号

（6）在工具栏上单击“加粗”按钮，则字体被加粗。

（7）单击“格式”工具栏中的“颜色”按钮右侧的下三角箭头，打开“颜色”下拉列表，如图 2-31 所示。

（8）在颜色列表中选择“蓝色”，选定的文本被设置为蓝色。

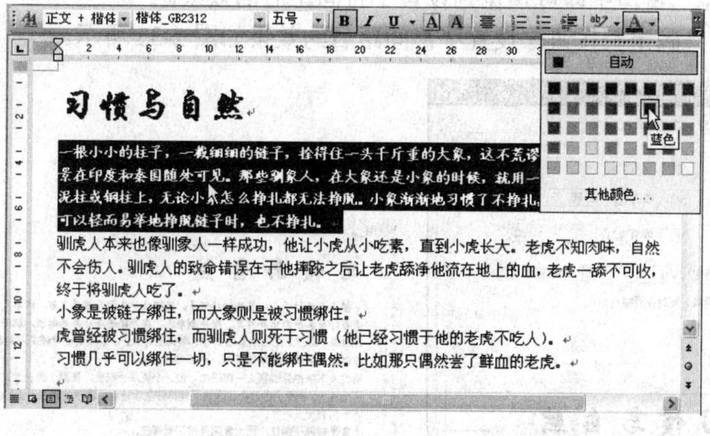

图 2-31　设置颜色

“格式”工具栏中设置字形和效果的按钮主要有以下几个。

- 加粗 **B**：单击“加粗”按钮使它呈凹入状，可以使选中文本出现加粗效果，再次单击凹入状的“加粗”按钮可取消加粗效果。
- 倾斜 *I*：单击“倾斜”按钮使它呈凹入状，可以使选中文本出现倾斜效果，再次单击凹入状的“倾斜”按钮可取消倾斜效果。
- 下划线 U：单击“下划线”按钮，可以为选中文本自动添加下划线，单击按钮右侧的下三角箭头可以选择下划线的线型和颜色，再次单击凹入状的“下划线”按钮取消下划线效果。

➢ 字体颜色 ：单击“字体颜色”按钮使它呈凹入状，可以改变选中文本字体颜色，单击按钮右侧的下三角箭头选择不同的颜色，选择的颜色显示在该符号下面的粗线上。

➢ 突出显示按钮 ：单击“突出显示”按钮，选定的文本将变成带有背景色的文本。如果没有选定文本单击“突出显示”按钮则鼠标变为 状，这时按住鼠标左键用它拖过的文本都会带上背景色，再次单击“突出显示”按钮，鼠标恢复到文本编辑状态。单击“突出显示”按钮右侧的下三角箭头出现颜色下拉列表，用户可以设置背景色。

2.3.3 设置字符间距

字符间距指的是文档中两个相邻字符之间的距离。通常情况下，采用单位“磅”来度量字符间距。调整字符间距操作指的是按照用户规定的值均等地增大或缩小所选文本中字符之间的距离，例如，由于文档的标题字数较少，为了美观可以增加它的字符间距，具体步骤如下：

（1）选中要设置字符间距的标题文本。

（2）单击“格式”|“字体”命令，打开“字体”对话框，单击“字符间距”选项卡，如图 2-32 所示。

（3）在“间距”下拉列表中选择“加宽”并在其后的文本框中选择或输入“3 磅”，在下面的“预览”窗口中即可预览到设置字符间距后的效果。

（4）单击“确定”按钮，设置字符间距后的效果如图 2-33 所示。

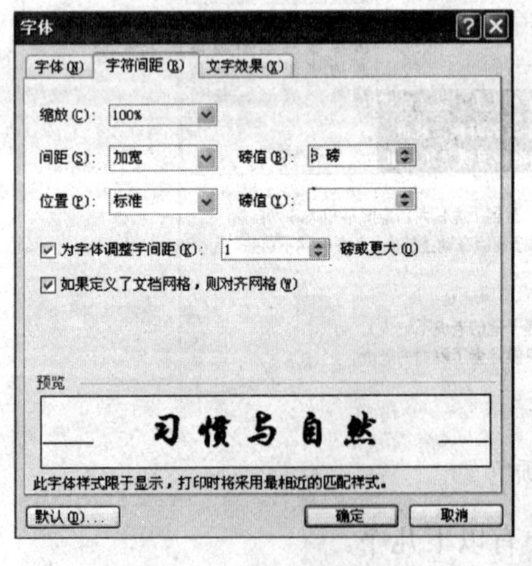

图 2-32 设置字符间距

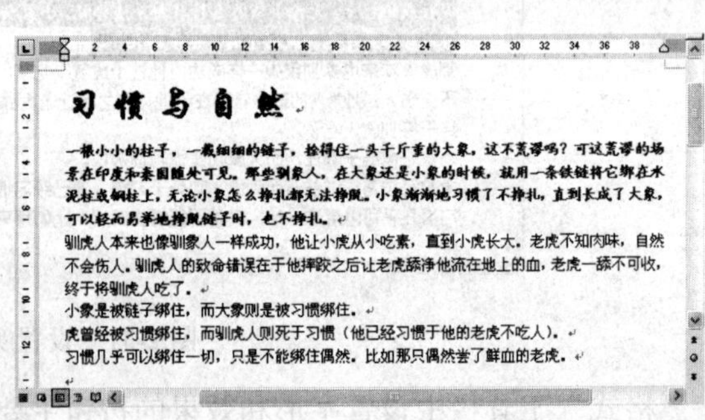

图 2-33 设置字符间距后的效果

在“字符间距”选项卡中用户还可以通过“缩放”文本框扩展或压缩文本，它和工具栏中“字符缩放”按钮 的功能相同。用户既可以在下拉列表框中选择 Word 中已经设定的比例，也可以通过直接单击文本框输入自己所需的百分比。需要注意的是，如果用户通过键盘输入一个字体缩放的百分比（如 70%），后又要将文本尺寸改回 100%，必须同样通过键盘输入。缩放字符只能在水平方向上进行缩小或放大，一般情况下，字符以行基线为中心，处于标准位置。用户可以根据需要在“位置”文本框中选择字符位置的类型是“标准”、“提升”还是“降低”；如果为字符间距设置了“提升”或“降低”选项，可以在右侧的“磅值”文本框中设置“提升”或“降低”的数值。

2.4 设置段落格式

段落就是以回车键结束的一段文字，它是独立的信息单位。字符格式表示的是文档中局部文本的格式化效果，而段落格式的设置则将帮助用户设计文档的整体外观。

在设置段落格式时，用户可以将鼠标定位在要设置格式的段落中，然后再进行设置。当然，如果要同时对多个段落进行设置，则应先选定这些段落。

2.4.1 设置段落对齐格式

段落的对齐直接影响文档的版面效果，段落的对齐方式分为水平对齐和垂直对齐。水平对齐方式控制了段落在页面水平方向上的排列方式，垂直对齐方式则可以控制文档中未满页的排布情况。

1. 水平对齐方式

段落的水平对齐方式控制了段落中文本行的排列方式，段落的水平对齐方式有“两端对齐”、“左对齐”、“右对齐”、“居中对齐”和“分散对齐”五种。

- 两端对齐：段落中除了最后一行文本外，其余行的文本的左右两端分别以文档的左右边界为基准向两端对齐。这种对齐方式是文档中最常用的，也是系统默认的对齐方式，平时用户看到的书籍的正文都采用该对齐方式。
- 左对齐：段落中每行文本一律以文档的左边界为基准向左对齐。对于中文文本来说，左对齐方式和两端对齐方式没有什么区别。但是如果文档中有英文单词，左对齐将会使文档右边缘参差不齐，此时如果使用“两端对齐”的方式，右边缘就可以对齐了。
- 右对齐：文本在文档右边界被对齐，而左边界是不规则的，一般文章的落款多采用该对齐方式。
- 居中对齐：文本位于文档上左右边界的中间，一般文章的标题都采用该对齐方式。
- 分散对齐：段落的所有行的文本的左右两端分别沿文档的左右两边界对齐。

在“格式”工具栏上设置了相应的对齐方式按键，不过在“格式”工具栏只有四种对齐方式，如图 2-34 所示。

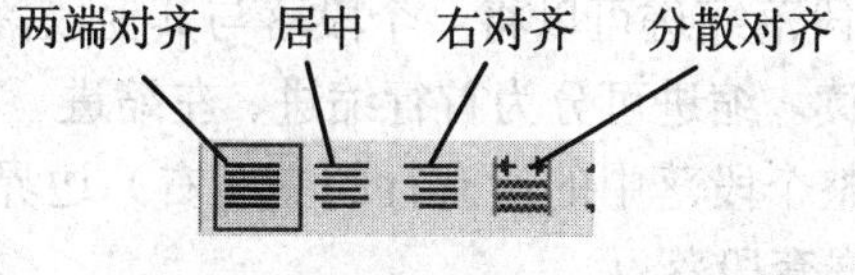

图 2-34 对齐方式工具按钮

当工具栏上某一对齐方式按钮呈按下的状态时，表示目前的段落编辑状态是相应的对齐方式。例如，要将文档的标题“习惯与自然”设置为居中对齐，首先选中要设置对齐格式的标题段落或将鼠标定位在标题段落中，然后直接单击居中按钮即可。

在 Word 2003 中，用户还可以利用“段落”对话框设置段落的水平对齐方式，方法如下：

（1）选中要设置对齐格式的标题段落或将鼠标定位在标题段落中。

（2）单击“格式”|“段落”命令，打开“段落”对话框，单击“缩进和间距”选项卡，如图 2-35 所示。

（3）在“常规”区域的“对齐方式”下拉列表中选择一种对齐方式。

（4）单击“确定”按钮。

2. 垂直对齐方式

如果一篇文档的字数较少，为了能够使打印效果更加美观，用户还可以将其设置为垂直居中的对齐方式，具体操作步骤如下：

（1）将插入点定位在文档中的任意位置。

（2）单击“文件”|“页面设置”命令，打开“页面设置”对话框，单击“版式”选项卡，如图 2-36 所示。

（3）在“垂直对齐方式”的下拉列表中选择一种对齐方式。

（4）单击“确定”按钮。

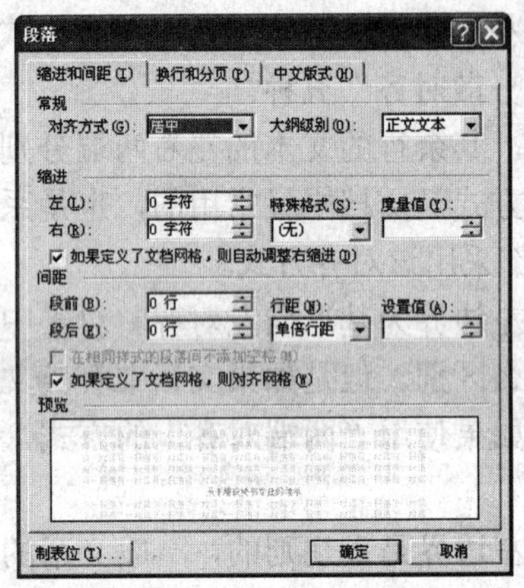

图 2-35 “段落”对话框

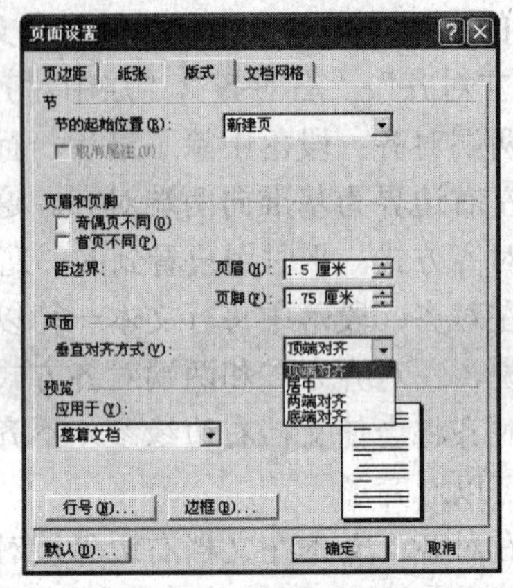

图 2-36 设置段落的垂直对齐方式

2.4.2 设置段落缩进

文本的方向有横排和竖排两种。默认情况下是横排的，段落中的文字从左边距一直排到右边距；竖排时，段落中的文字从上边距一直排到下边距。段落缩进可以调整一个段落与边距之间的距离。设置段落缩进可以将一个段落与其他段落分开，或显示出条理更加清晰的段落层次，以方便阅读。缩进可分为首行缩进、左缩进、右缩进和悬挂缩进四种方式：

- 左（右）缩进：整个段落中的所有行的左（右）边界向右（左）缩进，左缩进和右缩进通常用于嵌套段落。
- 首行缩进：段落的首行向右缩进，使之与其他的段落区分开。

➢ 悬挂缩进：段落中除首行以外的所有行的左边界向右缩进。

利用“格式”工具栏中的按钮、标尺或“段落”对话框都可以设置段落缩进。

1. 利用标尺设置段落缩进

在标尺上拖动缩进滑块可以快速灵活地设置段落的缩进，水平标尺上有四个缩进滑块，如图 2-37 所示。把鼠标放在缩进滑块上，鼠标变成箭头状，稍停片刻将会显示该滑块的名称。在使用鼠标拖动滑块时可以根据标尺上的尺寸确定缩进的位置。

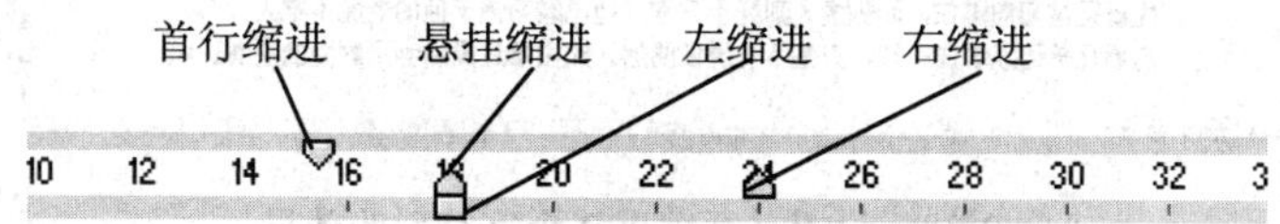

图 2-37　标尺上的缩进滑块

标尺上各滑块功能如下：

➢ 首行缩进滑块：拖动该滑块，段落的第一行缩进，其他部分不动。

➢ 悬挂缩进滑块：拖动该滑块，段落除第一行外的各行缩进，第一行不动。

➢ 左缩进滑块：拖动该滑块，整个段落的左部跟随滑块移动缩进。

➢ 右缩进滑块：拖动该滑块，整个段落的右部跟随滑块移动缩进。

2. 利用对话框设置段落缩进

虽然可以拖动标尺上的缩进滑块设置段落的缩进，但是不够精确。如果要精确地设置段落的缩进量，可以在“段落”对话框中的“缩进和间距”选项卡中设置：

➢ 在“左”文本框中设置段落从文档左边界缩进的距离，正值代表向右缩进，负值代表向左缩进。

➢ 在“右”文本框中设置段落从文档右边界缩进的距离，正值代表向左缩进，负值代表向右缩进。

➢ 在“特殊格式”下拉列表框中可以选择“首行缩进”或“悬挂缩进”中的一项，选好后在“度量值”文本框中输入缩进量。

例如，将正文段落都设置为首行缩进 2 个字符，具体步骤如下：

（1）选中要设置首行缩进两个字符的所有段落。

（2）单击“格式”|“段落”命令，打开“段落”对话框，单击“缩进和间距”选项卡。

（3）在“缩进”区域的“特殊格式”下拉列表中选择“首行缩进”，然后在“度量值”文本框中选择或输入“2 个字符”。

（4）单击“确定”按钮，设置首行缩进 2 个字符后的效果，如图 2-38 所示。

提示：

用户还可以利用工具栏中的按钮快速设置段落的缩进。将鼠标定位在要设置段落缩进的段落中或选中该段落，单击“格式”工具栏上的“减少缩进量”按钮 ▣ 或“增加缩进量”按钮 ▣ 一次，选中段落的所有行将减少或增加一个汉字的缩进量。

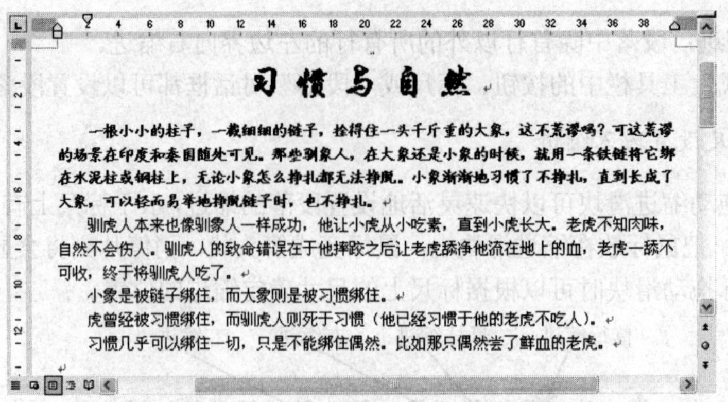

图 2-38　设置首行缩进 2 个字符后的效果

2.4.3　设置行间距和段落间距

段落间距是指两个段落之间的间隔，设置合适的段落之间的距离，可以增强文档的可读性。行间距是一个段落中行与行之间的距离，行间距和段落间距的大小将影响到整个版面的排版效果。

1. 设置段落间距

调整段落间距可以有效地改善版面的外观效果，例如，文档标题与后面文本之间的距离常常要大于正文的段落间距。设置段落间距最简单的方法是在一段的末尾按回车键来增加空行，但是这种方法的缺点是不够精确。为了能够精确设置段落间距并将它作为一种段落格式保存起来，用户可以在“段落”对话框中进行设置。

例如，在文档中设置第二、第三、第四、第五段段前、段后各空 0.5 行，具体步骤如下：

（1）选定所有要设置段落间距的段落。

（2）单击“格式”|“段落”命令，打开“段落”对话框，单击“缩进和间距”选项卡。

（3）分别在“间距”区域的“段前”和“段后”文本框中选择或输入“0.5 行”。

（4）单击“确定”按钮，设置标题段落间距的效果如图 2-39 所示。

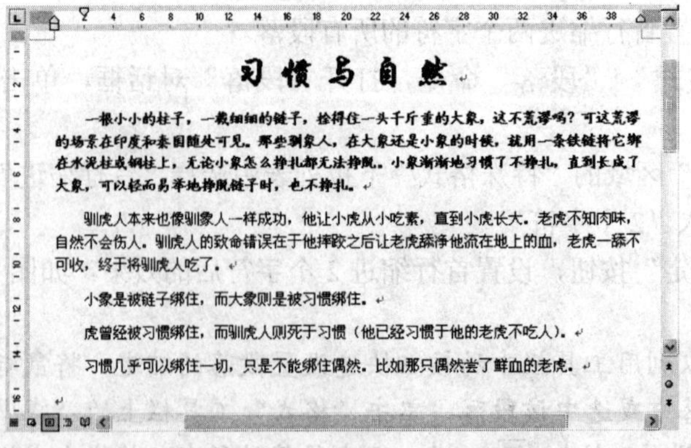

图 2-39　设置段落间距后的效果

2. 设置行间距

行距是指段落内部行与行之间的距离。如果想在较小的页面上打印文档，使用单倍行距会使正文行与行之间很紧凑。如果要打印出来让别人校对文档，应该用较宽的行距，以便给修改者提供书写批注的空间。

例如，在文档中设置第二、第三、第四、第五段行距为固定值 18 磅，具体步骤如下：

（1）选中要设置行距的段落。

（2）单击"格式" | "段落"命令，打开"段落"对话框，单击"缩进和间距"选项卡。

（3）在"间距"区域的"行距"下拉列表中选择"固定值"，然后在"设置值"文本框中选择或者输入 18 磅。

（4）单击"确定"按钮，设置固定值 18 磅的效果如图 2-40 所示。

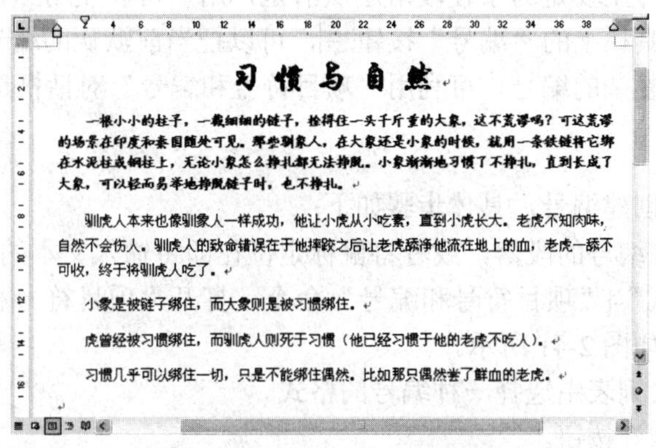
习惯与自然

一根小小的柱子，一截细细的链子，拴得住一头千斤重的大象，这不荒谬吗？可这荒谬的场景在印度和泰国随处可见。那些驯象人，在大象还是小象的时候，就用一条铁链将它绑在水泥柱或钢柱上，无论小象怎么挣扎都无法挣脱。小象渐渐地习惯了不挣扎，直到长成了大象，可以轻而易举地挣脱链子时，也不挣扎。

驯虎人本来也像驯象人一样成功，他让小虎从小吃素，直到小虎长大。老虎不知肉味，自然不会伤人。驯虎人的致命错误在于他摔跤之后让老虎舔净他流在地上的血，老虎一舔不可收，终于将驯虎人吃了。

小象是被链子绑住，而大象则是被习惯绑住。

虎曾经被习惯绑住，而驯虎人则死于习惯（他已经习惯于他的老虎不吃人）。

习惯几乎可以绑住一切，只是不能绑住偶然。比如那只偶然尝了鲜血的老虎。

图 2-40　设置固定值 18 磅后的效果

提示：

用户也可以利用"格式"工具栏快速设置行距，将插入点定位在要设置行距的段落中或选中段落，单击"格式"工具栏上的"行距"按钮，然后在下拉菜单中选择需要的行距。

2.4.4　格式刷的应用

Word 2003 提供了格式刷的功能，格式刷可以复制文本或段落的格式，利用它可以快速地设置文本或段落的格式。

利用格式刷快速复制段落格式的具体步骤如下：

（1）将插入点定位在样本段落或选中样本段落。

（2）单击工具栏上的格式刷按钮 ，此时鼠标光标变成刷子状 。

（3）移动鼠标到需要复制格式的目标段落，单击鼠标左键，则将样本段落的格式应用到目标段落。

提示：

在使用格式刷时双击格式刷按钮，则格式刷可以多次应用，如果要结束使用，可再次单击格式刷按钮。

2.5 设置项目符号和编号

在制作文档的过程中，为了增强文档的可读性，使段落条理更加清楚，用户可在文档各段落前添加一些有序的编号或项目符号。Word 2003 提供了添加段落编号、项目符号的功能。

在 Word 2003 中添加项目符号和编号的方式有两种：一种是用户在文档中首先输入正文，然后在正文上应用列表；另一种是在一个空行中设置插入点，先对该行应用列表格式，然后输入正文。

2.5.1 设置编号

在文档中使用编号主要是为了使段落层次清楚，用户可以使用“格式”工具栏创建编号。单击“格式”工具栏上的“编号”按钮，可以把当前默认的编号格式应用于所选中的段落。如果要设置复杂的编号，可利用“项目符号和编号”对话框进行设置。

1. 应用编号

为文档中的内容创建编号，具体步骤如下：

（1）选中要设置编号的段落，或者将鼠标定位在即将输入文本的段落开始处。

（2）单击“格式”|“项目符号和编号”命令，打开“项目符号和编号”对话框，单击“编号”选项卡，如图 2-41 所示。

（3）在“编号”列表中选择一种编号的格式。

（4）单击“确定”按钮。

2. 自定义编号

如果系统提供的编号不能满足用户需要，用户可以自定义编号样式，具体步骤如下：

（1）首先在“项目符号和编号”对话框中的“编号”选项卡中选中一种编号样式，此时对话框中的“自定义”按钮变为可用。

（2）在对话框中单击“自定义”按钮，打开“自定义编号列表”对话框，如图 2-42 所示。

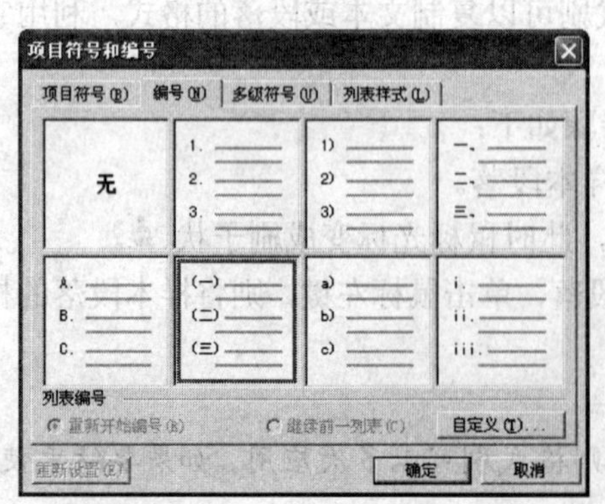

图 2-41 设置段落编号

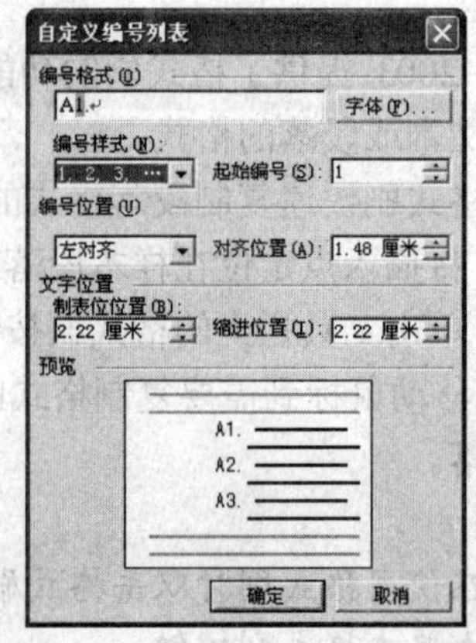

图 2-42 “自定义编号列表”对话框

（3）在“编号格式”文本框中输入一种自定义的格式，在“编号样式”下拉列表中选择一种编号样式。

（4）在“编号位置”区域设置编号的位置，在“文字位置”区域设置文字的位置。

（5）单击“确定”按钮，返回到“项目符号和编号”对话框，在编号列表中即可出现用户自定义的编号列表格式。

（6）单击“确定”按钮。

提示：

在文档中创建编号时，如果前面已存在用户设置的编号列表格式，则“项目符号和编号”对话框中“重新开始编号”和“继续前一列表”两个单选按钮呈可用状态。这时如果选择“继续前一列表”单选按钮，列表编号将继续文档中前面部分的列表编号；如果选择“重新开始编号”单选按钮，列表编号将重新开始。

2.5.2　设置项目符号

设置项目符号最简单的方法是利用“格式”工具栏上的“项目符号”按钮来格式化段落。单击“格式”工具栏上的“项目符号”按钮，可以把当前默认的项目符号格式应用于所选中的段落。

用户还可以在“项目符号和编号”对话框中选择更多的项目符号来格式化段落，具体步骤如下：

（1）选中要创建项目符号的段落或者将鼠标定位在即将输入文本的段落开始处。

（2）单击“格式”|“项目符号和编号”命令，打开“项目符号和编号”对话框，单击“项目符号”选项卡，如图 2-43 所示。

（3）在对话框中显示了 8 种不同的项目符号，这些项目符号是 Word 已经设置好的。用户选择除“无”以外的其余 7 个选项中的一个，就可以用选定的项目符号格式化当前段落。

（4）单击“确定”按钮。

提示：

和创建编号类似，如果系统自带的项目符号不能满足用户的要求，用户也可以在文档中创建符合要求的项目符号样式，例如，可以设置以图片为项目符号的格式。在“项目符号和编号”对话框中的“项目符号”选项卡中选中一种项目符号后，单击“自定义”按钮，打开“自定义项目符号列表”对话框，如图 2-44 所示。在对话框中用户可以设置符合要求的项目符号样式。

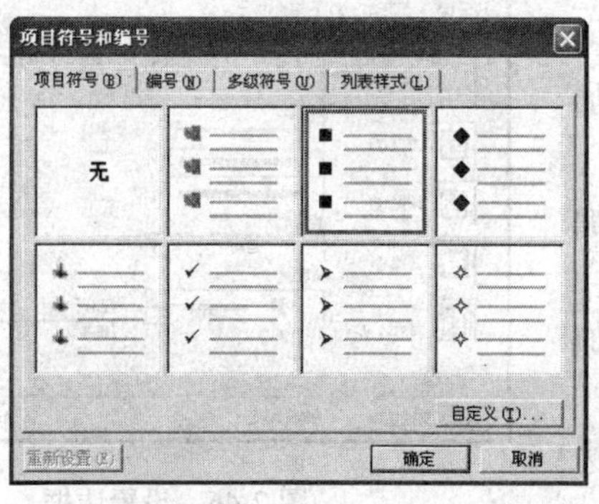

图 2-43　设置项目符号

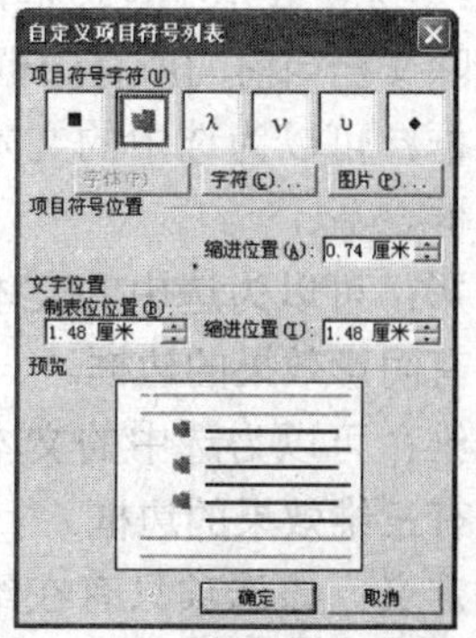

图 2-44　“自定义项目符号列表”对话框

2.5.3 创建多级符号

在文档中创建编号的段落是并列的，为了区分各段落的级别可以在文档中使用多级符号编号，在文档中为段落创建多级符号的具体步骤如下：

（1）选中要创建项目符号的段落或者将鼠标定位在即将输入文本的段落开始处。

（2）单击“格式”|“项目符号和编号”命令，打开“项目符号和编号”对话框，单击“多级符号”选项卡，如图 2-45 所示。

（3）用户选择除“无”以外的其余 7 个选项中的一个，就可以用选定的多级符号对当前段落进行格式化。

（4）单击“确定”按钮。

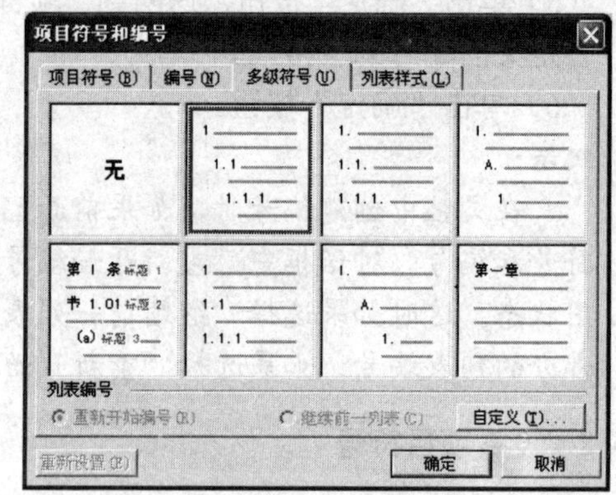

图 2-45 设置多级符号

提示：

如果用户需要将文档中的项目符号、编号、多级符号删除，首先选中要删除项目符号、编号、多级符号的段落，然后在“项目符号和编号”对话框中的列表中选中“无”选项即可取消添加的列表样式。

2.6 设置边框和底纹

在文档中往往有一些比较重点或特殊的文本，可以为这些特殊的文本添加边框和底纹，用来突出这些文本的显示效果。

2.6.1 添加边框

利用“格式”工具栏中的“字符边框”按钮 A ，可以方便地为选定的一个或多个字符添加默认边框。如果用户要设置复杂的边框，可以利用“边框和底纹”对话框为段落或选中的文本设置不同效果的边框，在“边框和底纹”对话框的“边框”选项卡（如图 2-46 所示）中的设置区域用户可以设置边框的类型。

- 无：“无”表示不设边框，它可以用来消除文档当前的所有边框设置。
- 方框：可以为选中的文本或段落添加边框。
- 阴影：可以为选中的文本或段落添加具有阴影效果的边框。
- 三维：可以为选中的文本或段落添加具有三维效果的边框。
- 自定义：该选项只有在给段落添加边框时才有效，利用它可以为段落的一

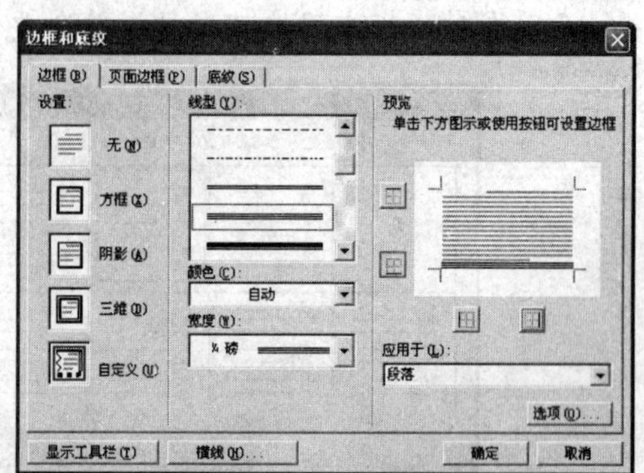

图 2-46 设置边框

条或几条边添加边框。选中自定义选项后，可以在“预览”区内示意图中自由选择要添加的边框。

为文档的段落或文本添加边框的具体步骤如下：

（1）选中要添加边框的段落或文本。

（2）单击“格式”|“边框和底纹”命令，打开“边框和底纹”对话框，单击“边框”选项卡。

（3）在“设置”选项区域中选择一种方框样式，在“线型”列表框中选择一种边框线的类型，在“颜色”下拉列表中选择边框的颜色。

（4）在“宽度”下拉列表中选择边框线的宽度，用户选择的线型不同，则在宽度下拉列表中供选择的宽度值也不同。

（5）在“应用于”文本框中选择边框的应用范围。

（6）设置完毕单击“确定”按钮。

提示：

在为文本设置边框时，选择的应用范围不同将会得到不同的效果。如果在应用范围中选择“文字”，则为选中的文本添加的边框是以行为单位添加的，即选中的文本的每一行都添加边框。如果在应用范围中选中“段落”，则为整个段落添加边框。

2.6.2　添加底纹

利用“格式”工具栏中的“字符底纹”按钮 A ，可以方便地为选定的一个或多个字符添加默认底纹。如果要为段落或选定的文本添加更多样式的底纹，则可在“边框和底纹”对话框中进行设置，具体步骤如下：

（1）选中要添加边框的文本或段落。

（2）单击“格式”|“边框和底纹”命令，打开“边框和底纹”对话框，单击“底纹”选项卡，如图 2-47 所示。

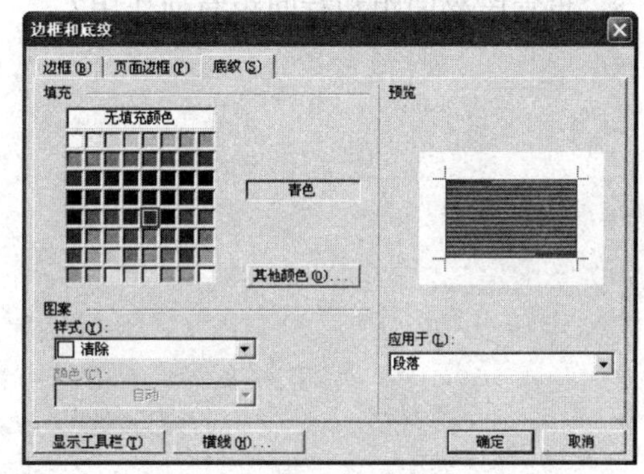

图 2-47　设置底纹

（3）在“填充”区域的颜色列表中选择所需的底纹填充颜色，如果选择“无填充颜色”将取消所有的底纹填充。

（4）在“图案”区域中，用户可以设置应用于底纹的样式。在“样式”下拉列表中，用户可以选择一种自己满意的底纹样式。如果选择“清除”选项，Word 2003 将只在文档中填充前面设置的颜色而不使用任何底纹样式。

（5）在“颜色”文本框中设置底纹样式的颜色，如果在“样式”文本框中选择“清除”项，则该文本框呈灰色不可用状态。

（6）在“应用于”文本框中选择所设底纹是应用于文字还是段落。

（7）单击“确定”按钮。

2.7 本 章 练 习

一、填空题

1．按＿＿＿＿＿＿键可以删除插入点之前的字符，按＿＿＿＿＿＿键可以删除插入点之后的字符，按＿＿＿＿＿＿键可以删除插入点之前的字（词），按＿＿＿＿＿＿键可以删除插入点之后的字（词）。

2．字符间距指的是文档中＿＿＿＿＿＿之间的距离，通常情况下，采用单位＿＿＿＿＿＿来度量字符间距。

3．段落的水平对齐方式控制了段落中文本行的排列方式，段落的水平对齐方式有＿＿＿＿＿、＿＿＿＿＿、＿＿＿＿＿、＿＿＿＿＿和＿＿＿＿＿五种。

4．段落的缩进可分为＿＿＿＿＿、＿＿＿＿＿、＿＿＿＿＿和＿＿＿＿＿四种方式。

5．在 Word 2003 中添加项目符号和编号的方式有两种：一种是＿＿＿＿＿＿＿＿＿＿＿＿；另一种是＿＿＿＿＿＿＿＿＿＿＿＿。

6．段落的垂直对齐方式应在＿＿＿＿对话框中进行设置。

二、简答题

1．选定文本有哪些常用方法？

2．简单介绍一下 Office 剪贴板的功能。

3．打开文件有哪些方法？

4．应用项目符号和编号的作用是什么？

5．设置段落间距和行间距有何作用？

第 3 章　文档版面编排

在编辑需要打印或有特殊格式要求的文档时，用户应首先对文档的页面进行设置，然后再对文档的版面进行编排，最后执行打印的操作。

这种操作流程可以避免在打印时打印的效果与页面编排不一致造成版面混乱，可以避免一些不必要的重复操作，提高工作效率。

本章重点：

- 文档的页面设置
- 图文混合排版
- 特殊版面的设置
- 在文档中应用表格
- 添加页眉和页脚
- 为文档添加注释
- 文档的打印

3.1　文档的页面设置

在基于模板创建一篇文档后，系统将会默认给出纸张大小、页面边距、纸张的方向等。如果用户制作的文档对页面有特殊的要求或者需要打印，这时用户就需要对页面进行设置。

3.1.1　设置纸张大小

Word 2003 提供了多种预定义的纸张，系统默认的是 A4 纸，用户可以根据自己的需要选择纸张大小，还可以自定义纸张的大小。

设置纸张大小的具体步骤如下：

（1）单击“文件”|“页面设置”命令，打开“页面设置”对话框，单击“纸张”选项卡，如图 3-1 所示。

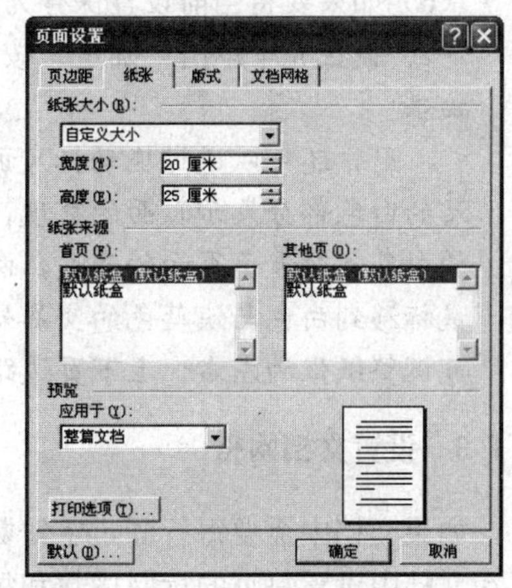

图 3-1　设置文档纸张大小

（2）在“纸张大小”的下拉列表框中选择打印纸型，如果选择了 A4、B4、16 开等标准纸型，在“高度”和“宽度”文本框中会显示纸张的大小；如果选择了“自定义大小”，自己可以在“高度”和“宽度”文本框中设置纸张大小。

（3）在“纸张来源”区域内定制打印机的送纸方式。在“首页”列表框中为第一页选择一种送纸方式，在“其他页”列表框中为其他页设置送纸方式。例如，第一页打印文档封面，以后打印的是内容，可能需要打印机采取不同的送纸方式。

（4）在“应用于”文本框中设置纸张设置的应用范围。

（5）设置完毕，单击“确定”按钮。

3.1.2 设置页面边距

页边距是正文与页面边界之间的距离，在页边距中存在页眉、页脚和页码等图形或文字，为文档设置合适的页边距可以使打印出的文档更加美观。只有在页面视图中才可以见到页边距的效果，因此在设置页边距时应在页面视图中进行。

设置页边距的具体步骤如下：

（1）单击“文件”|“页面设置”命令，打开“页面设置”对话框，单击“页边距”选项卡，如图 3-2 所示。

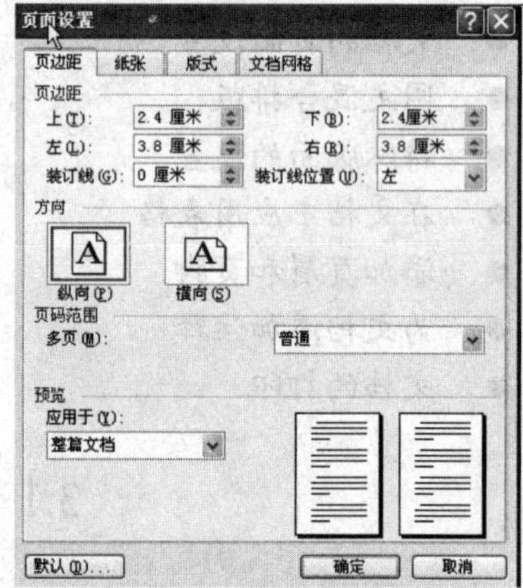

图 3-2　设置页边距

（2）在“页边距”区域的“上”、“下”、“左”、“右”文本框中分别输入页边距的数值。

（3）在“方向”区域选择“纵向”或“横向”可以决定文档页面的方向。

（4）如果打印后需要装订，在“装订线”文本框中输入装订线的宽度，在“装订线位置”文本框中选择装订线的位置。

（5）在“应用于”文本框中选择该设置的应用范围：

- 选择“整篇文档”，表示整篇文档采用相同的页边距。
- 选择“所选文字”，Word 会在所选文字的前后各加一个分节符，将所选文本放在一个独立的节中，该节应用设置的页边距。
- 选择“插入符之后”，Word 自动在插入点处插入一个分节符，并将页边距应用在插入点后面的一节中。

（6）如果要将当前设置保存为默认的设置，单击“默认”按钮。

（7）设置完毕单击“确定”按钮。

提示：

用户还可以通过拖动标尺调整页边距，这种方法比较直观但不精确。水平标尺的白色部分表示页面的宽度，两端的淡蓝色部分表示左右的页边距。垂直标尺的白色部分表示页面的高度，两端的淡蓝色部分表示上下的页边距。用户只要将鼠标移到白色与淡蓝色的交界处，当鼠标变成 ↔ 状或 ↕ 状时按住左键拖动即可调整纸张的左右、上下页边距。

3.1.3 设置文档网格

如果文档中需要每行固定字符数或是每页固定行数，可以使用文档网格实现。用户可以在文档中设置每页的行网格数和每行的字符网格数，具体步骤如下：

（1）单击“文件”|“页面设置”命令，打开“页面设置”对话框，单击“文档网格”

选项卡，如图 3-3 所示。

(2) 在“网格”区域中用户可以进行以下选择：

➢ 选中“只指定行网格”单选按钮，可以在“每页”文本框中输入行数，或在它右面的“跨度”栏中输入跨度的值，来设定每页中的行数。

➢ 选中“指定行和字符网格”单选按钮，那么，除了可以设定每页的行数外，还可以在“每行”文本框中输入每行的字符数。

➢ 选中“文字对齐字符网格”单选按钮，则输入每页的行数和每行的字符数后，Word 会严格按照输入的数值设定页面。

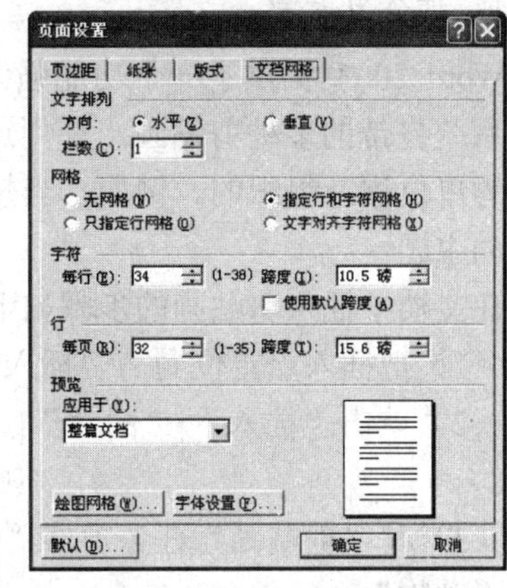

图 3-3 设置文档网格

(3) 在“文字排列”区域中可以选择文字的排列方向。

(4) 在“应用于”下拉列表中可以选择应用的范围。

(5) 单击“确定”按钮。

3.1.4 设置页眉页脚位置

文档的页眉和页脚一般出现在文档页面的顶端或底端，为了使页面整体美观，用户可以对页眉和页脚的位置进行调整，具体方法如下：

(1) 单击“文件”|“页面设置”命令，打开“页面设置”对话框，单击“版式”选项卡，如图 3-4 所示。

(2) 在“页眉和页脚”区域“距边界”的“页眉”文本框中可以选择或者输入页眉距边界的距离。

(3) 在“页眉和页脚”区域“距边界”的“页脚”文本框中可以选择或者输入页脚距边界的距离。

(4) 设置完毕，单击“确定”按钮。

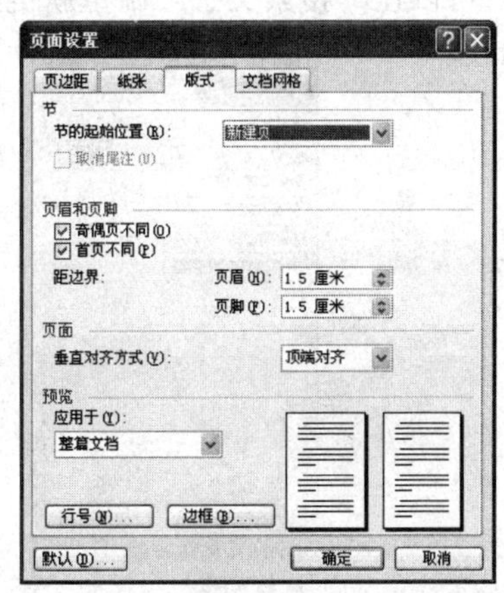

图 3-4 设置页眉和页脚的位置

3.2 图文混合排版

Word 2003 是一套图文并茂、功能强大的图文混排系统。Word 2003 允许用户在文档中导入多种格式的图形文件，并且可以对图形进行编辑和格式化。在文档中使用图文混排能增强文章的说服力，并且使整个文档的版面显得美观大方。

3.2.1 在文档中插入图片

用户可以很方便地在 Word 中插入图片，图片可以是一个剪贴画、一张照片或一幅图画。Word 提供了一个巨大的、含有大量现成图片（.wmf 格式）的剪贴画库，也可以使用在互联网中找到的、电子邮件中夹带的或使用扫描仪得到的图片。

1. 插入剪贴画

Word 2003 提供了一个功能强大的剪辑管理器，在剪辑管理器中的 Office 收藏集中收藏了系统自带的多种剪贴画，使用这些剪贴画可以活跃文档版面。收藏集中的剪贴画是以主题为单位进行组织的。例如，当想使用 Word 2003 提供的与运动有关的剪贴画时可以选择运动主题。

在文档中插入剪贴画的步骤如下：

（1）把插入点定位到需要插入剪贴画的位置。

（2）单击“插入”|“图片”|“剪贴画”命令，出现“剪贴画”任务窗格，如图 3-5 所示。

（3）在“剪贴画”任务窗格“搜索文字”文本框中输入要插入剪贴画的主题，例如，输入“动物”。

（4）在“搜索范围”下拉列表中选择要搜索的剪贴画的范围。

（5）在“结果类型”下拉列表中选择所要搜索的剪贴画的媒体类型。

（6）单击“搜索”按钮，出现如图 3-6 所示的任务窗格。如果用户对选择的剪贴画主题感到不满意的话，可以单击“修改”按钮，这时会重新回到图 3-5 所示的任务窗格中，用户可以在“搜索文字”中重新键入新的剪贴画主题。

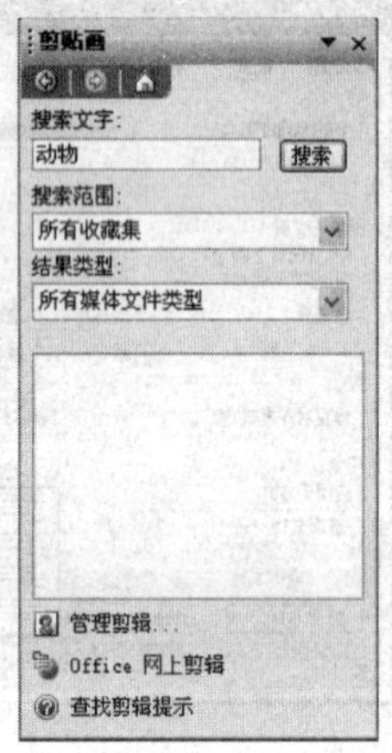

图 3-5 “剪贴画”任务窗格

图 3-6 搜索到剪贴画的结果

（7）单击需要插入的剪贴画，即可将剪贴画插入到文档中。

如果在“剪贴画”任务窗格选择“管理剪辑”选项，则会出现“剪辑管理器”窗口，如图 3-7 所示。收藏集列表是一个树状目录，在树状目录中单击需要的主题类型，在右边的窗口中将出现该类型中的全部剪贴画。将鼠标指向要插入的剪贴画，此时在剪贴画的右侧将出现一个下三角箭头。单击该箭头，在出现的菜单中选

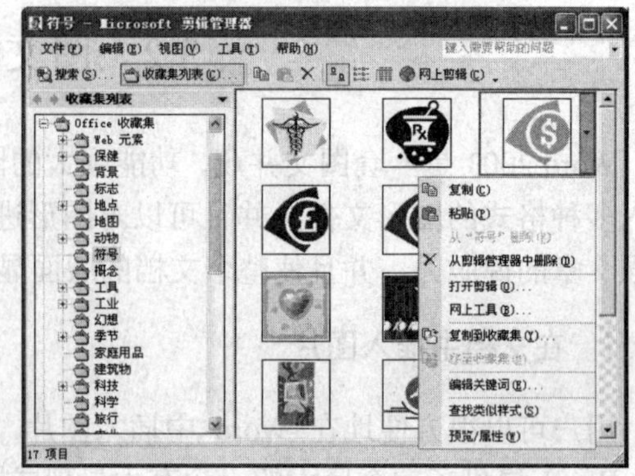

图 3-7 “剪辑管理器”窗口

择“复制”命令，然后切换到文档中，单击工具栏上的“粘贴”按钮，则剪贴画被插入到文档中。

2. 插入图片文件

Word 2003 不但可以在文档中插入剪辑库中的图片文件，同时也可以插入多种格式的外部图片，比如*.bmp、*.pcx、*.tif 和*.pic 等。

在文档中插入来自文件中图片的具体步骤如下：

（1）将插入点定位在文档中要插入图片的位置。

（2）单击“插入”|“图片”|“来自文件”命令，打开“插入图片”对话框，如图 3-8 所示。

（3）在“查找范围”列表中选中要插入的图片所在的位置，在文件列表中选择需要插入的图片。

（4）单击“插入”按钮。在文档中插入图片后的效果如图 3-9 所示。

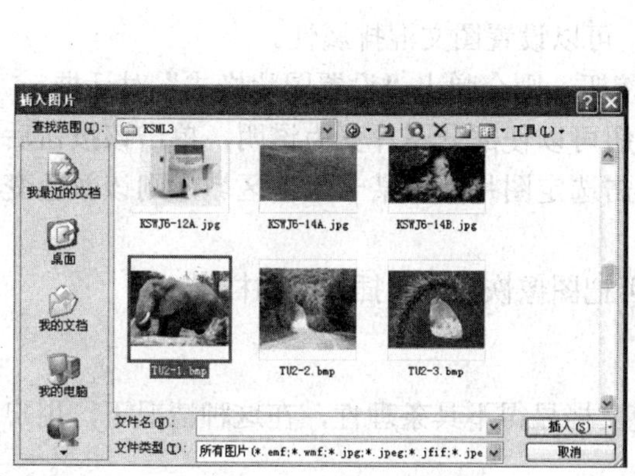

图 3-8 “插入图片”对话框

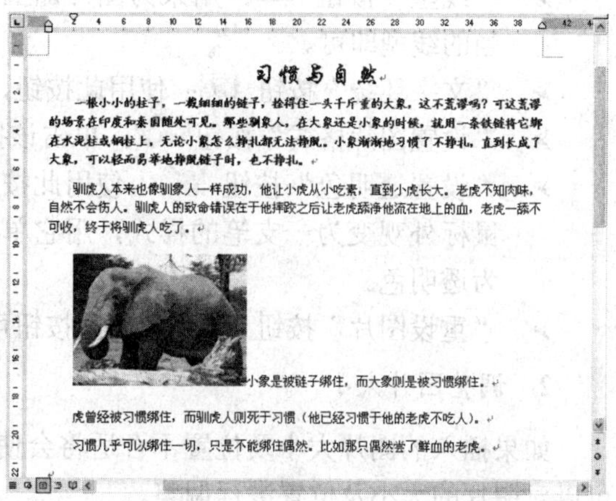

图 3-9 在文档中插入图片的效果

3.2.2 编辑图片

图片插入文档后，可以根据排版的需要进行编辑修改，如改变图片的大小、对图片进行剪裁等。编辑图片要用到如图 3-10 所示“图片”工具栏。

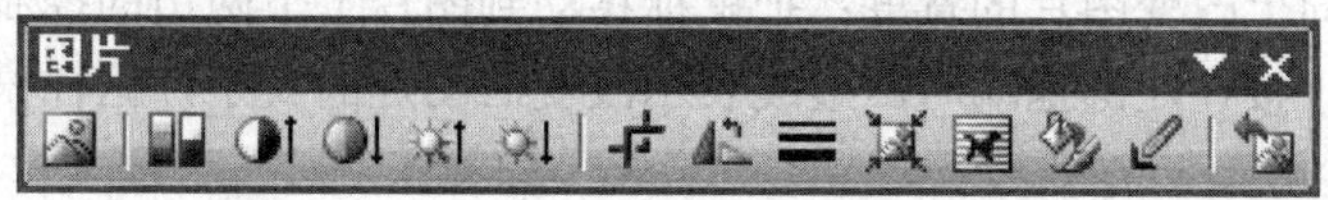

图 3-10 “图片”工具栏

1. “图片”工具栏

在文档中插入图片后会自动显示“图片”工具栏，如果“图片”工具栏没有显示出来，选择“视图”|“工具栏”|“图片”命令可以将它显示出来。使用“图片”工具栏，用户可以对文档中的图片进行诸如裁剪、增加对比度、设置线型以及文字环绕方式等编辑操作。

在“图片”工具栏中，Word 2003 提供了供用户编辑图片使用的多个命令按钮，移动鼠标到各按钮上，此时将显示按钮的名称。使用这些命令按钮，用户可以方便地对文档中的图片进行编辑操作。工具栏中各按钮的意义如下：

- “插入图片”按钮：用来向文档中插入一幅来自文件的图片，单击它将出现“插入图片”对话框。
- “颜色”按钮：控制图像颜色，单击该按钮，在弹出的菜单中可以选择“自动”、“灰度”、“黑白”或“冲蚀”效果。
- “增加对比度”按钮、“降低对比度”按钮、“增加亮度”按钮、“降低亮度”按钮：用来设置图片的图像属性。选定图片后，单击“增加对比度”等四个按钮可以调整图片的对比度和亮度。
- “裁剪”按钮：用来裁剪图片。
- “向左旋转 90°”按钮：单击该按钮图片将向左旋转 90°。
- “线型”按钮：用来为图片加上边框。单击该按钮，在弹出的菜单中选择适当的线型即可。
- “文字环绕”按钮：使用此按钮，可以设置图文混排属性。
- “设置图片格式”按钮：单击该按钮，则会弹出“设置图片格式”对话框。
- “设置透明色”按钮：使用此按钮可以使部分图片变为透明，单击该按钮后鼠标外观变为一支笔的样式，用它单击选定图片上的某一颜色区域，则该颜色变为透明色。
- “重设图片”按钮：使用此按钮可把图像恢复成刚插入时的样子。

2. 调整图片大小

如果插入的图片大小及位置不合适将会使文档显得不具条理性，在这种情况下，用户可以对图片的大小及位置进行调整。

利用鼠标可以方便快速地调整图片的大小，方法是：首先单击图片选中它，把鼠标指针移动到图片四个角的控制点上，这时指针变成斜向的双向箭头，按住左键拖动，虚线表示改变后图片的大小，这样可以保持原有图形的长宽比。

还可以从水平方向或垂直方向调整图片的大小。把鼠标移动到图片左右两侧的控制点上，指针变成横向的双向箭头，按住左键拖动时，出现的虚线表示改变后图片的大小，这样只能在水平方向上改变图片的宽度；把鼠标移动到图片上下两边的控制点上，指针变成竖向的双向箭头，按住左键拖动时，虚线表示改变后图片的大小，这样只能在垂直方向上改变图片的高度。

如果要精确地调整图片的大小可以在“设置图片格式”对话框中进行调整。双击图片或者在“图片”工具栏上单击“设置图片格式”按钮，在“设置图片格式”对话框中选择“大小”选项卡，如图 3-11 所示。

在对话框中更改文档中所选图片的大小有两种方法。一种方法是在“尺寸和旋转”选项区域中直接键入所选图片的高度和宽度的确切数值；另外一种方法是在“缩放”区域中键入欲设置高度和宽度相对于原始尺寸的百分比。

在对话框中对所选图片高度和宽度的设置只针对未旋转的图片有效。如果对选中的图片设置了旋转格式，则对所选图片高度和宽度的设置将是无效的，但在对话框中可以设置旋转的角度。

如果选中了“锁定纵横比”复选框，则 Word 2003 将限制所选图片的高与宽的比，以便其相互保持原始的比例。此时，如果更改对象的高度，则对象的宽度也会根据相应的比例进行调整，反之亦然。如果选中了“相对原始图片大小”复选框，则 Word 2003 将根据图片的原始尺寸计算“缩放”选项区域中的百分比。该选项只对图片类型的对象有效。

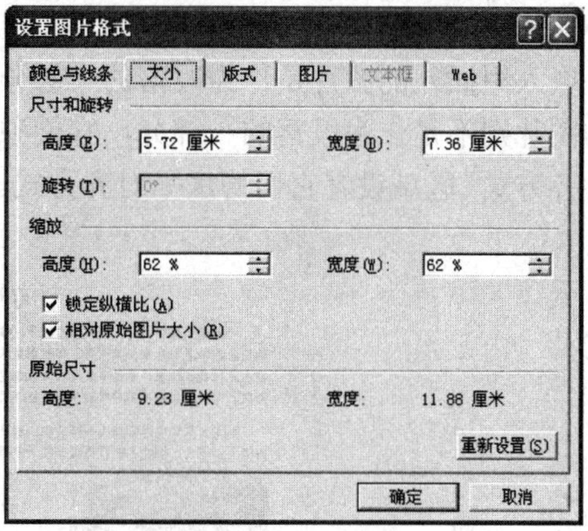

图 3-11　“大小”选项卡

3. 设置图片的版式

用户可以通过使用 Word 2003 的版式设置功能，将图片置于文字中的任何位置，并可以通过设置不同的环绕方式得到各种环绕效果。具体步骤如下：

（1）选定要设置版式的图片。

（2）在“图片”工具栏上单击“设置图片格式”按钮 或者双击图片，在出现的“设置图片格式”对话框中选择“版式”选项卡，如图 3-12 所示。

（3）在“环绕方式”区域选择系统提供的版式。各版式的功能如下：

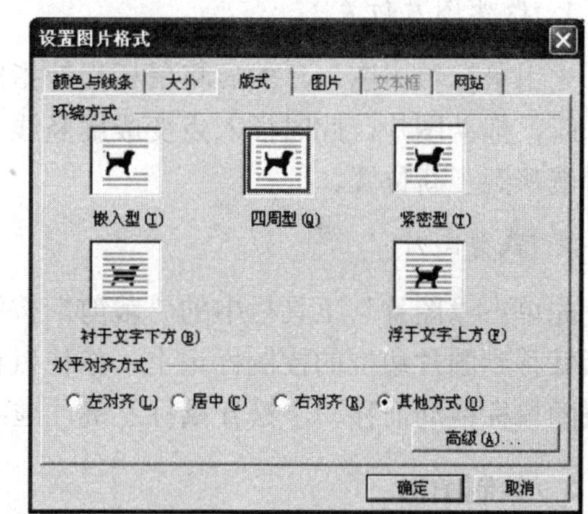

图 3-12　“版式”选项卡

- ➢ 嵌入型：此方式是图片的默认插入方式，把图片嵌入在文本中，此时可将图片作为普通文字处理。
- ➢ 四周型：文本排列在图片的四周，如果图片的边界是不规则的，则文字会按一个规则的矩形边界排列在图片的四周。此时把鼠标放到图片上，鼠标呈现指向四个方向的箭头状，按住鼠标左键不放，拖动鼠标可以把图片放到任何位置。
- ➢ 浮于文字上方：图片浮在文本上方，此时被图片覆盖的文字是不可视的，用鼠标拖动图片可以把图片放在任意位置。
- ➢ 衬于文字下方：图片衬于文本的下方，此时把鼠标放在文本空白处，显示图片的地方也可拖动鼠标移动图片位置。
- ➢ 紧密型：和四周型类似，但如果图片的边界是不规则的，则文字会紧密地排列在图片的周围。

（4）如果单击“高级”按钮，系统将打开“高级版式”对话框。在该对话框中包括了

“图片位置”和“文字环绕”两个选项卡，利用这两个选项卡可以对图片位置和环绕方式进行更多的设置。

（5）设置完毕，单击“确定”按钮。

嵌入型插入的图片是作为段落的一部分，它跟随段落格式的变化而变化。其他几种版式的图片则不是作为段落的一部分，它们独立于段落格式之外，用户可以在对话框的“水平对齐方式”区域设置它们的水平对齐方式。图 3-13 所示就是将图片设置为紧密型的效果。

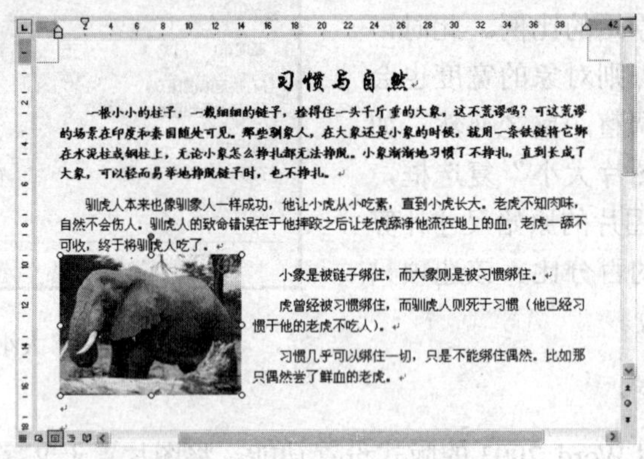

图 3-13　设置图片版式后的效果

4. 改变图片位置

先用鼠标单击图片，然后将鼠标指针指向图片并按下鼠标左键，待鼠标指针旁出现虚线框时，拖动图片。此时插入点变成虚竖线，将插入点移到目标位置后，松开鼠标左键，图片就移到了新位置。

5. 裁剪图片

先单击“图片”工具栏中的“裁剪”按钮，鼠标指针旁出现一个裁剪标记，然后将鼠标指针移到图片边框的控制标记上，按住鼠标左键拖动，此时图片周边出现一条虚线，此虚线随鼠标拖动而移动，松开鼠标左键，虚线之外的部分已被裁剪掉。

3.2.3 绘制图形

使用“绘图”工具栏可以方便、快速地绘制出各种外观专业、效果生动的图形。选择“视图”|“工具栏”|“绘图”命令，即可显示绘图工具栏，如图 3-14 所示。

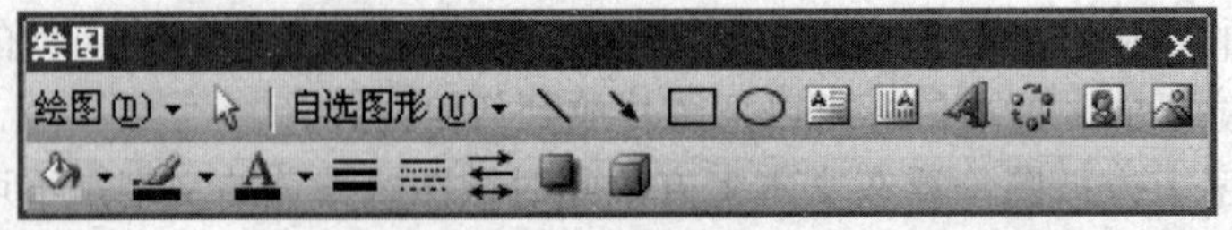

图 3-14　“绘图”工具栏

使用“绘图”工具栏中的“直线”、“箭头”、“矩形”和“椭圆”按钮，可以绘制出这四种基本图形。方法很简单：单击相应的按钮后，文档中会出现一个标明“在此处创建图形”的绘图画布，在需要绘制图形的开始位置单击鼠标左键并拖动到结束位置，松开鼠标左键即可绘制出上述基本图形。

在文档中绘制图形时，若需要绘制对称图形可以在拖动鼠标绘制的同时按住 Shift 键。例如在绘制矩形时，如果按住 Shift 键则绘制出的是正方形。

单击“绘图”工具栏中的“自选图形”按钮，在弹出的菜单中可以选择包括“线条”、“连接符”、“基本形状”、“箭头总汇”、“流程图”、“星与旗帜”和“标注”在内的多种自选图形。绘制自选图形的操作步骤如下：

（1）单击“绘图”工具栏中的“自选图形”按钮，出现如图 3-15 所示的“自选图形”菜单。

（2）在“自选图形”菜单中选择需要的类型，文档中会出现一个标明“在此处创建图形”的绘图画布。

（3）如果要插入一个预定义尺寸的图形，用户可以直接单击文档中插入图形的位置；如果要插入一个自定义尺寸的图形，用户可以按住鼠标左键拖动绘制一个自定义尺寸的图形，若要使图形的高度与宽度成比例，在拖动鼠标的同时按住 Shift 键即可。

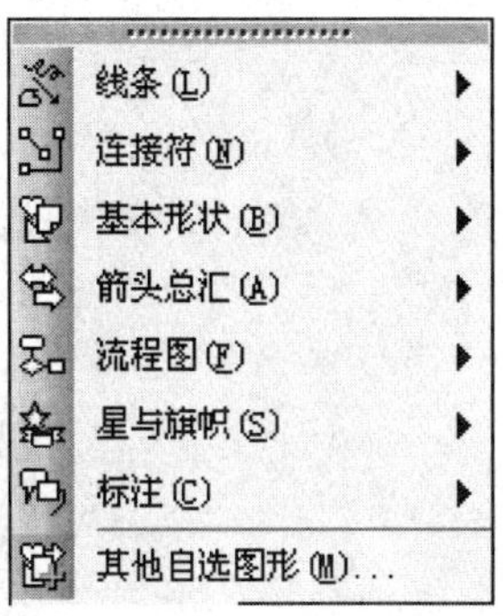

图 3-15　自选图形菜单

3.2.4　在文档中应用艺术字

通过字体的格式化可将字符设置为多种字体，但这远远不能满足文字处理工作中对字形的特殊设计要求。为了使文档内容更加丰富多彩，可以应用 Word 提供的艺术字功能来绘制特殊的文字。由于文档中的艺术字是作为图形对象来插入的，所以，可以像编辑图形那样来编辑艺术字，如可以给艺术字加边框、底纹、纹理、填充颜色、阴影和三维效果等。

1. 插入艺术字

在文档中插入艺术字的具体步骤如下：

（1）把插入点定位到要插入艺术字的位置。

（2）单击“绘图”工具栏中的“插入艺术字”按钮，也可以单击“插入”|“图片”|“艺术字”命令，打开“‘艺术字’库”对话框，如图 3-16 所示。

（3）从对话框中选择一种艺术字样式，例如，这里选择第 3 行、第 4 列，单击“确定”按钮，弹出“编辑‘艺术字’文字”对话框，如图 3-17 所示。

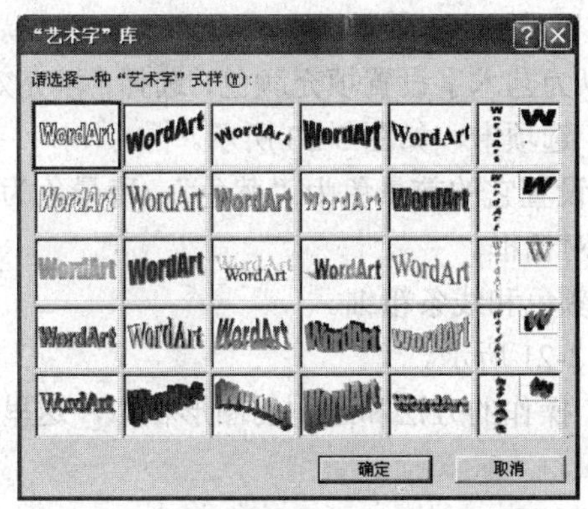

图 3-16　“‘艺术字’库”对话框

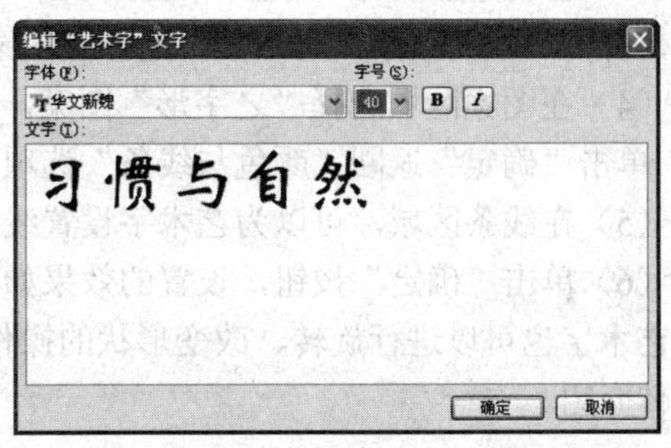

图 3-17　“编辑‘艺术字’文字”对话框

（4）在“文字”文本框中输入要编辑的艺术字文字，如输入“习惯与自然”在“字体”列表框中设置艺术字的字体，如选择“华文新魏”；在“字号”列表框中设置艺术字的字号，如选择“40”。

（5）单击“确定”按钮，艺术字将被插入到文档中，效果如图 3-18 所示。

图 3-18　插入的艺术字效果

2. 编辑艺术字

插入艺术字后，如果发现插入的艺术字和自己的要求相差甚远，此时可以对艺术字进行编辑。对艺术字的编辑可以使用“艺术字”工具栏，也可在艺术字上单击鼠标右键，在弹出的快捷菜单上选择命令。如果“艺术字”工具栏没有显示在文档中，单击“视图”|“工具栏”|“艺术字”命令可弹出“艺术字”工具栏。

用户可以对艺术字的线条进行设置，还可以对艺术字设置填充效果，实现艺术字的字中画效果。

下面就来设置一下上面插入的艺术字“习惯与自然”的颜色和线条，具体步骤如下：

（1）选中要设置的艺术字“习惯与自然”。

（2）在“艺术字”工具栏上单击“设置艺术字格式”按钮 ，或在艺术字上单击鼠标右键，在弹出的快捷菜单中选择“设置艺术字格式”命令，打开“设置艺术字格式”对话框，在对话框中选择“颜色与线条”选项卡，如图 3-19 所示。

（3）在填充区域的“颜色”下拉列表中可以为艺术字设置填充颜色，选择“填充效果”命令，打开“填充效果”对话框，选择“图案”选项卡，如图 3-20 所示。

（4）在图案区域选择“之字形”图案，并设置它的前景色为“蓝色”，背景色为“天蓝”，单击“确定”返回“颜色与线条”选项卡对话框。

（5）在线条区域，可以为艺术字设置线条颜色和线条粗细。

（6）单击“确定”按钮，设置的效果如图 3-21 所示。

艺术字也可以进行旋转、改变形状的操作，操作的方法和绘制的图形相似，这里就不再具体介绍。

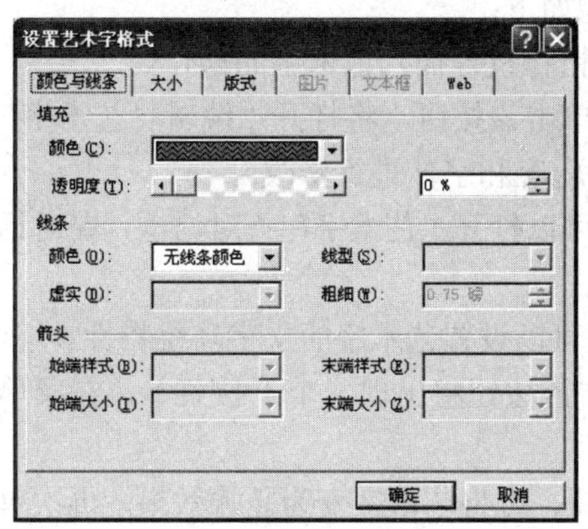

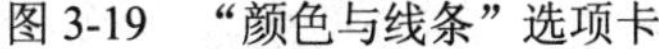
图 3-19　“颜色与线条”选项卡

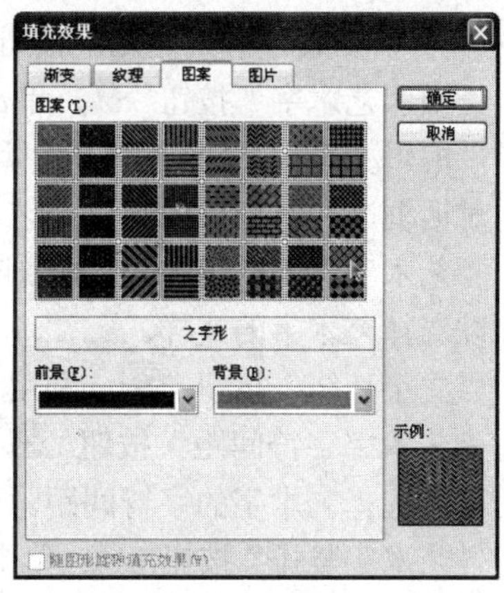

图 3-20　设置填充效果

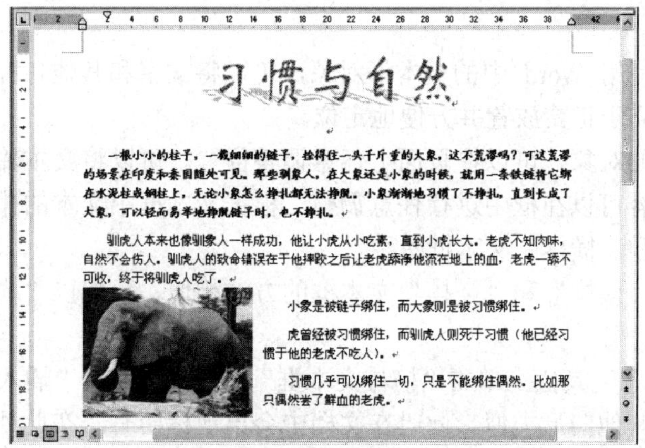

图 3-21　设置填充效果的艺术字

在文档中可以为艺术字设置不同的形状以达到一些特殊的效果。单击“艺术字”工具栏上的“艺术字形状”按钮 Abc，打开“艺术字形状”列表，如图 3-22 所示。在列表中可选择需要的艺术字形状，例如，选择“双波形 1”，结果如图 3-22 所示。

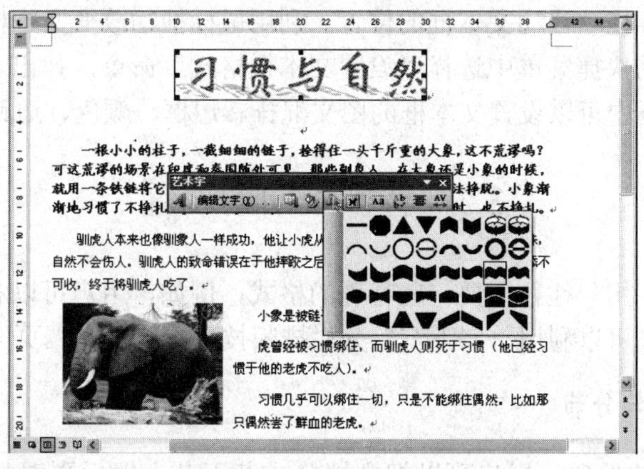

图 3-22　改变艺术字形状

"艺术字"工具栏中其他几个按钮的功能如下：

- "插入艺术字"按钮：单击该按钮将执行插入艺术字的操作。
- "编辑文字"按钮 编辑文字(X)...：单击该按钮，将打开"编辑'艺术字'文字"对话框，在对话框中可以对艺术字的内容和字体进行修改。
- "艺术字库"按钮：单击该按钮可以打开"艺术字库"对话框，在对话框中可以选择艺术字的式样。
- "文字环绕"按钮：利用该按钮可以设置艺术字的文字环绕特性。
- "艺术字字符间距"按钮：单击该按钮将出现一个下拉菜单，在菜单中用户可以选择艺术字的字符间距。
- "艺术字竖排"按钮：单击该按钮，可将艺术字变为竖排效果，再次单击该按钮可将艺术字由竖排恢复为原来的样子。

3.2.5 应用文本框

在文档中灵活使用 Word 中的文本框对象，可以将文字和其他各种图形、图片、表格等对象在页面中独立于正文放置并方便地定位。

文本框是独立的对象，可以在页面上任意调整位置。可以将文本输入或复制到文本框中，文本框中的内容可以在框中进行任意调整。根据文本框中文本的排列方向，可将其分为"竖排"文本框和"横排"文本框两种。

在文档中创建"横排"和"竖排"文本框的方法相似，我们以"横排"文本框为例介绍如何创建文本框：

（1）在"绘图"工具栏上单击"横排文本框"按钮，或单击"插入"|"文本框"|"横排"命令，同插入其他图形类似，此时在文档中会出现标明有"在此处创建图形"的绘图布，在其中按住左键拖动鼠标，即可绘制出文本框。

（2）在文本框中单击鼠标，文本框处于编辑状态，用户可以在其中输入文本或插入图片、图形、艺术字等对象，并可以利用前文所述的各种方法设置字符格式和图片、图形、艺术字格式，编辑和格式化的方法与文档正文相同。

在文档中创建文本框后，用户还需对它进行设置，其设置方法和其他图形对象相似，例如，可以利用鼠标拖动移动文本框的位置，利用鼠标拖动改变文本框的大小等。右键单击文本框，在弹出的快捷菜单中选择"设置文本框格式"命令，弹出"设置文本框格式"对话框，在此对话框中可以设置文本框的图文混排、边框、颜色、边距等多种属性。

3.3 特殊版面的设置

在编辑文档时，用户往往需要一些特殊的格式，例如，用户可以利用分页和分节技术来调整文档的页面；可以利用首字下沉、分栏排版技术来美化文档页面等。

3.3.1 文档的分页与分节

为了方便文档的处理，用户可以把文档分成若干节，然后再对每节进行单独设置。用户对当前节的设置不会影响其他节。为了保证版面的美观，用户还可以对文档进行强制性分页。

1. 文档的分页

在文档输入文本或其他对象满一页时，Word 会自动进行换页，并在文档中插入一个分页符，在普通视图方式下看到的是一条水平的虚线。

在有些情况下用户可以对文档进行强行分页，例如，为了使文档的页面更加整洁用户可以在文档中插入一个分页符将某些段落移至下一页中。

插入的分页符在普通视图和页面视图方式下以一条水平的虚线存在，并在中间标有“分页符”字样。在页面视图方式下，Word 把分页符前后的内容分别放置在不同的页面中。另外，系统自动插入的分页符不能人为地删除，而强行插入的分页符可以像分节符一样被任意删除。

插入分页符最简单的方法是使用快捷键 Ctrl+Enter 键，另外用户也可以利用“分隔符”对话框插入分页符。

利用“分隔符”对话框插入分页符的具体步骤如下：

（1）将插入点定位在要插入分页符的位置处。

（2）单击“插入”|“分隔符”命令，打开“分隔符”对话框，如图 3-23 所示。

（3）在“分隔符类型”区域选中“分页符”单选按钮。

（4）单击“确定”按钮。

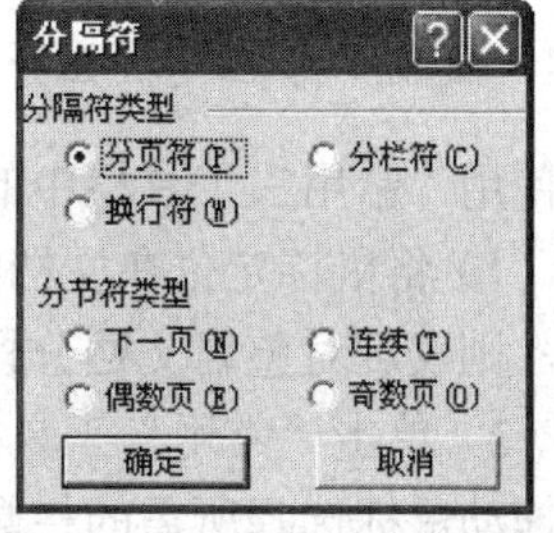

图 3-23　“分隔符”对话框

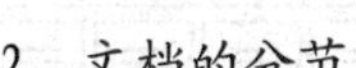
2. 文档的分节

用户可以把一篇长文档分成任意多个节，每节都可以按照不同的需要设置为不同的格式。在不同的节中用户可以对页边距、纸张的方向、页眉（页脚）的位置格式等进行详细的设置。

节通常用“分节符”来标识，在普通视图方式下，分节符是两条水平平行的虚线。Word 2003 会自动把当前节的页边距、页眉和页脚等被格式化了的信息保存在分节符中。

用户可以利用“分隔符”对话框在文档中插入分节符，在如图 3-23 所示的“分隔符”对话框的“分节符类型”区域提供了四种分节符类型：

- 下一页：表示在当前插入点处插入一个分节符，新的一节从下一页开始。
- 连续：表示在当前插入点处插入一个分节符，新的一节从下一行开始。
- 偶数页：表示在当前插入点插入一个分节符，新的一节从偶数页开始。如果这个分节符已经在偶数页上，那么，下面的奇数页是一个空页。
- 奇数页：表示在当前插入点插入一个分节符，新的一节从奇数页开始，如果这个分节符已经在奇数页上，那么，下面的偶数页是一个空页。

插入分节符的具体步骤如下：

（1）将插入点定位在要创建新节的开始处。

（2）单击“插入”|“分隔符”命令，打开“分隔符”对话框。

（3）在“分节符类型”对话框中选中一种分节符。

（4）单击“确定”按钮。

提示：

在普通视图或页面视图中将插入点定位在分节符的前面，按 Delete 键，分节符将被删。删除分节符时，这个分节符以上的文本所应用的格式也将同时被删除。

3.3.2 设置分栏版面

设置分栏，就是将整篇文档或文档的某一部分设置成具有相同栏宽或不同栏宽的多个栏。Word 2003 为用户提供了控制栏数、栏宽和栏间距的多种分栏方式，用户可以使用“分栏”按钮和“分栏”对话框设置栏数。

如果用户要对文档中的某一部分文本进行分栏，在进行分栏时用户应首先选中要设置分栏的文本，这样在进行分栏时系统将自动为选中的文本添加分节符。如果要对文档中的某一节进行分栏，则在进行分栏时应将插入点定位在文档的当前节中；如果要对没有分节的整篇文档进行分栏则可以将鼠标定位在文档的任意位置。

1. 使用“分栏”按钮分栏

使用“常用”工具栏中的“分栏”按钮可以快速建立宽度相同的栏，具体步骤如下：

（1）将鼠标定位在文档中，如果文档进行了分节；表示对当前节进行分栏；如果没有分节，则表示对整篇文档分栏。用户也可以选中要分栏的文本。

（2）单击“常用”工具栏上的“分栏”按钮 ▤，该按钮下方显示出分栏窗口，在窗口中拖动鼠标选择所需的栏数。

（3）如果分栏窗口中显示的栏数不能满足要求，可在窗口中继续拖动鼠标直至栏数符合要求，如图 3-24 所示。

（4）选中符合要求的栏数后松开鼠标即可完成分栏的操作。

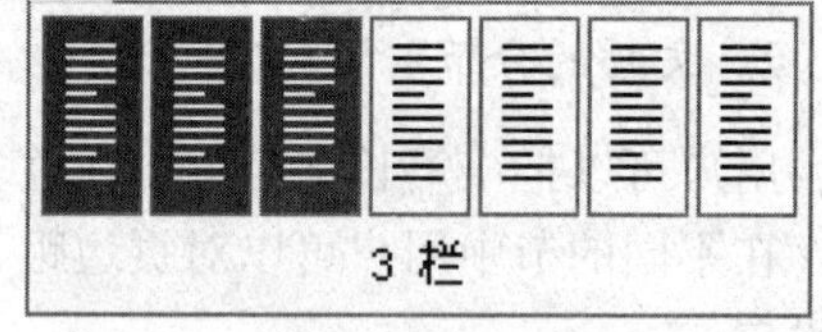

图 3-24 选定栏数

2. 使用“分栏”对话框分栏

使用“分栏”按钮可以快速创建等宽的栏，为了能够创建比较复杂的分栏可以在“分栏”对话框中进行设置，具体步骤如下：

（1）将鼠标定位在文档中，或者选中要分栏的文本。

（2）单击“格式”|“分栏”命令，打开“分栏”对话框，如图 3-25 所示。

（3）用户可以在“预设”区域选择 Word 给出的 5 种分栏方式中的一种，如果选定了一种方式，则在下面的“栏数”、“宽度和间距”区域自动给出预设的值。

（4）用户可以在“栏数”文本框中自定义要分的栏数，输入栏数后，在“宽度和间距”

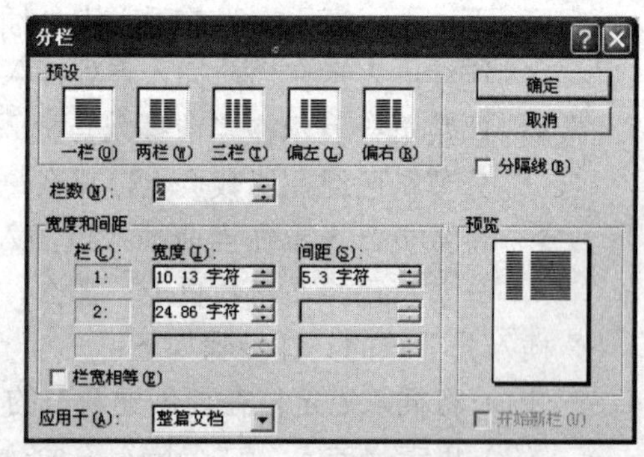

图 3-25 “分栏”对话框

区域会显示出各栏的宽度和栏间距。如果给出的值不满意，用户可以对各栏的栏宽和栏间距进行调整。

（5）如果选中“栏宽相等”复选框则会使所有的栏宽都相等，在进行设置不等宽的栏时应取消该复选框的选中状态。

（6）在“应用于”下拉列表框中选择应用的范围。如果选择“整篇文档（当前节）”则为整篇文档（当前节）进行分栏；如果选择“插入点之后”，系统自动在插入点处插入一个连续分节符，并为插入点后面的一节进行分栏。

（7）如果选中“分隔线”复选框，则可以在各栏间显示分隔线。

（8）单击“确定”按钮。

图 3-26 中的第一段就是在“预设”区域选择“两栏”选项，设置栏宽相等，并添加分隔线的分栏效果。

图 3-26　分栏的效果

3. 取消分栏排版

如果要取消文档的分栏，在“分栏”对话框的“预设”区域选择“一栏”即可。在取消分栏时，用户还可以取消分栏文档中的部分文档的分栏。在分栏文档中选中要取消分栏的部分文本，然后在“分栏”对话框的“预设”区域选择“一栏”，单击“确定”按钮后，系统将自动为文档分节，所选中的文本被分在同一节中，该节的分栏版式被取消。

4. 平衡栏宽

在对整篇文档或某一节文档进行分栏时，往往会出现文档的最后一栏的正文不能排满、出现一大片空白的情况，这样就影响了文档的整体美观。此时，用户需建立长度相等的栏，具体步骤如下：

（1）将插入点定位在分栏的结尾处。

（2）单击“插入”|“分隔符”命令，打开“分隔符”对话框。

（3）在“分节符类型”区域选中“连续”单选按钮。

（4）单击“确定”按钮，就可平均每栏内容。

5. 控制栏中断

如果希望某段文字处于下一栏的开始处，可以采用在文档中插入分栏符的方法，使当前插入点以后的文字移至下一栏。

在文档中插入分栏符的具体步骤如下：

（1）将插入点定位在要移至下一栏的段落开始处。

（2）单击“插入”|“分隔符”命令，打开“分隔符”对话框。

（3）在“分隔符类型”区域选中“分栏符”单选按钮。

（4）单击“确定”按钮。

3.3.3 设置首字下沉

首字下沉是文档中常用到的一种排版方式。所谓首字下沉就是将段落开头的第一个或若干个字母、文字变为大号字，从而使文档的版面出现跌宕起伏的变化使文档更美观。用户可以为段落开头的一个文字或多个字符设置首字下沉的效果。例如，这里将文档中第一段的第一个字“一”设置成首字下沉效果，具体步骤如下：

（1）将鼠标定位在文档第一段中。

（2）单击“格式”|“首字下沉”命令，打开“首字下沉”对话框，如图 3-27 所示。

（3）在“位置”区域选中一种样式，如选择“下沉”样式。

（4）在“字体”下拉列表中选择下沉文字的字体，如选择“华文行楷”。

（5）在“下沉行数”文本框中选择或输入下沉的行数，如选择“2”。

（6）单击“确定”按钮，设置首字下沉的效果如图 3-28 所示。

提示：

如果要为段落开头的多个字符设置首字下沉的效果，用户应首先选中段落开始的几个字符。

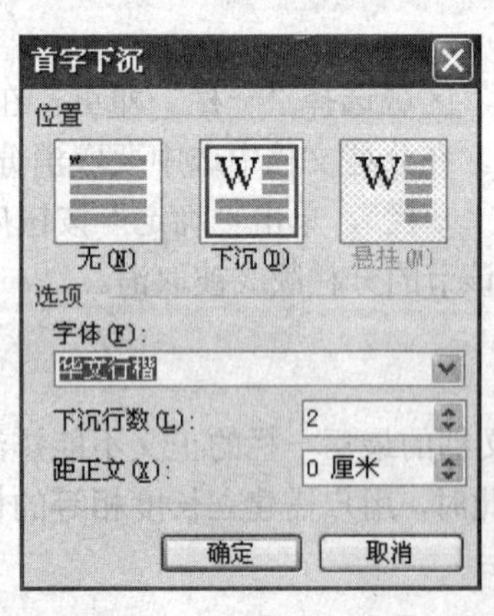

图 3-27 “首字下沉”对话框

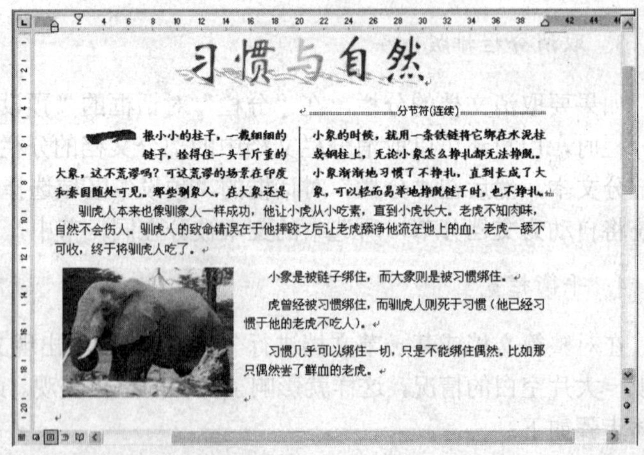

图 3-28 设置首字下沉的效果

3.4　在文档中应用表格

制表是字处理软件的主要功能之一。Word 的表格一般是指由若干行和列组成的二维表格。表格中一行和一列相交的方框称为“单元格”，单元格是表格编辑的基本单位。

每个单元格都有一个“格尾标记”（形态与“段落标记”相同），“格尾标记”位于单元格内容的末尾。对表格编辑时，可利用“格尾标记”选择单元格。

每个表格行的末尾有一个“行尾标记”（形态与“格尾标记”相同），“行尾标记”位于表的右端线右侧。

3.4.1　创建表格

用户可以使用以下几种方法中的任意一种创建表格。

1. 使用“常用”工具栏创建表格

若使用“常用”工具栏中的“插入表格”按钮创建表格，则不能设置列宽和行高，也不能设置套用格式，表格创建后需要重新调整。

利用“插入表格”按钮创建表格的具体步骤如下：

（1）将插入点定位在文档中需要插入表格的位置。

（2）在“常用”工具栏中单击“插入表格”按钮，此时，在屏幕上出现一个网格。按住鼠标左键沿网格左上角向右拖动指定表格的列数，向下拖动指定表格的行数。图 3-29 所示即为准备绘制 3 行 4 列的表格。

（3）松开鼠标，即可在插入点处绘制一个平均分布各行、平均分布各列的规则的表格。

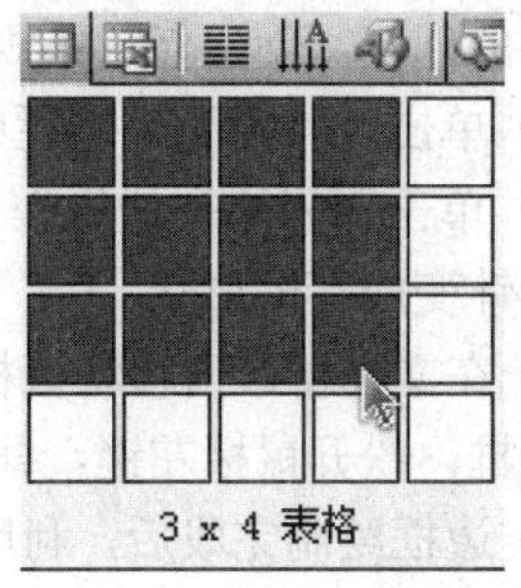

图 3-29　利用“插入表格”按钮创建表格

2. 使用“表格”菜单创建表格

由于使用“常用”工具栏中的“插入表格”按钮创建表格具有局限性，创建多行和多列的表格时，一般使用“表格”菜单中的“插入表格”命令。

利用“插入表格”对话框创建表格的具体步骤如下：

（1）将插入点移到文档中要创建表格的位置。

（2）选择“表格”菜单中的“插入”命令，打开“插入表格”对话框，如图 3-30 所示。

（3）在“列数”和“行数”文本框中选择或输入表格的列数值和行数值，在“自动调整”操作选项区域中可以选择操作内容：

- 选择“固定列宽”，可以在数值框中输入或选择列的宽度，也可以使用默认的“自动”选项把列的宽度在页面的宽度之内平均分布。
- 选择“根据窗口调整表格”，可以使表格的宽度与窗口的宽度相适应，当窗口的宽度改变时，表格的宽度也跟随变化。

➢ 选择“根据内容调整表格”单选按钮，可以使列宽自动适应内容的宽度。

（4）单击“自动套用格式”按钮，在出现的“表格自动套用格式”对话框中可以按预定义的格式创建表格。

（5）选中“为新表格记忆此尺寸”复选框，可以把“插入表格”对话框中的设置变成以后创建新表格时的默认值。

（6）单击“确定”按钮完成表格的创建。

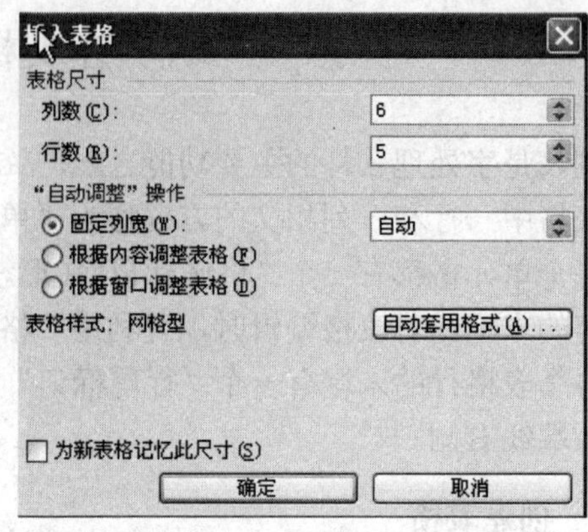

图 3-30 “插入表格”对话框

3. 自由绘制表格

Word 提供了用鼠标绘制任意不规则的自由表格的强大功能，单击“常用”工具栏中的“表格和边框”按钮，可打开“表格和边框”工具栏。利用“表格和边框”工具栏上的按钮可以灵活、方便地绘制或修改表格，它适用于不规则表格的创建和带有斜线表头的复杂表格的创建。创建任意不规则的自由表格的具体步骤如下：

（1）单击“常用”工具栏中的“表格和边框”按钮，打开“表格和边框”工具栏。

（2）单击“表格和边框”工具栏中的“绘制表格”按钮，使之呈现按下状态。此时鼠标指针变成铅笔形状。

（3）在文档窗口内移动鼠标到要绘制表格的位置，按住鼠标左键不放拖动鼠标，出现可变虚线框，松开鼠标左键，即可画出表格的矩形边框，如图 3-31 所示。

（4）边框绘制完成后，利用笔形指针可以在边框内任意绘制横线、竖线和斜线，创建出不规则的表格。

（5）如果需要擦除单元格框线，单击“表格和边框”工具栏中的“擦除”按钮，这时鼠标指针变成橡皮状。按住鼠标左键并拖动经过要删除的线，就可以删除表格的框线，如图 3-32 所示。

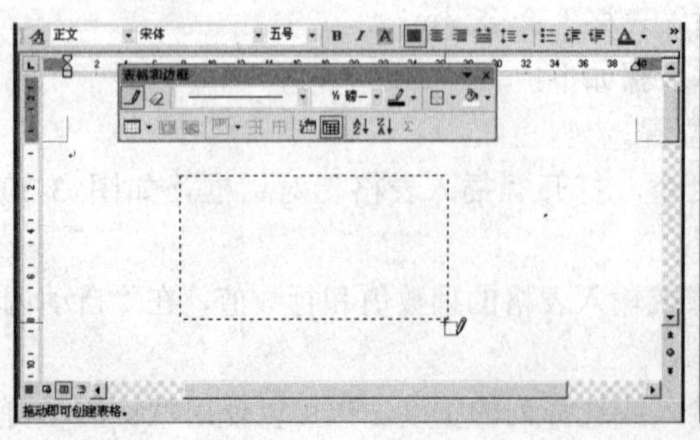

图 3-31 绘制表格边框

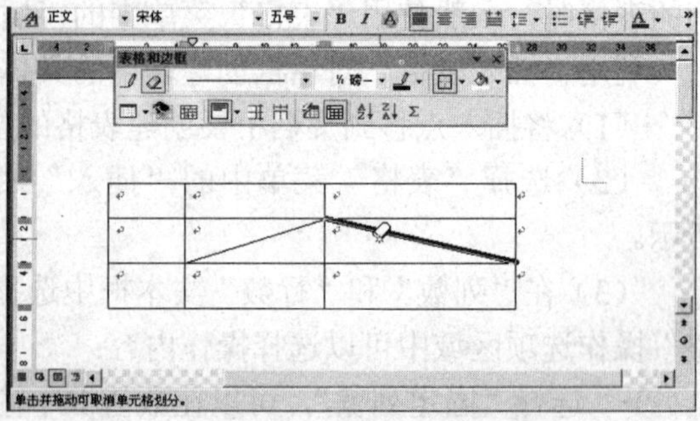

图 3-32 擦除表格框线

4. 绘制斜线单元格

斜线单元格是一种比较特殊的单元格，斜线单元格的种类有多种，使用“表格和边框”工具栏中的“绘制表格”按钮可以绘制出比较简单的斜线单元格。复杂的斜线单元格需要在“插入斜线表头”对话框中进行设置。斜线单元格中的斜线把单元格划分成不同的区域，在不同的区域可以输入不同的文本。绘制斜线单元格的步骤如下：

（1）将鼠标定位在要创建斜线单元格的单元格中。

（2）选择“表格”菜单中的“绘制斜线表头”命令，打开“插入斜线表头”对话框，如图 3-33 所示。

（3）在“表头样式”下拉列表框中选择一种表头的样式。

（4）在“字体大小”下拉列表框中选择一种字体的大小。

（5）根据选择表头样式的不同，在“预览”的右侧输入表头各区域的文字。

（6）单击“确定”按钮。

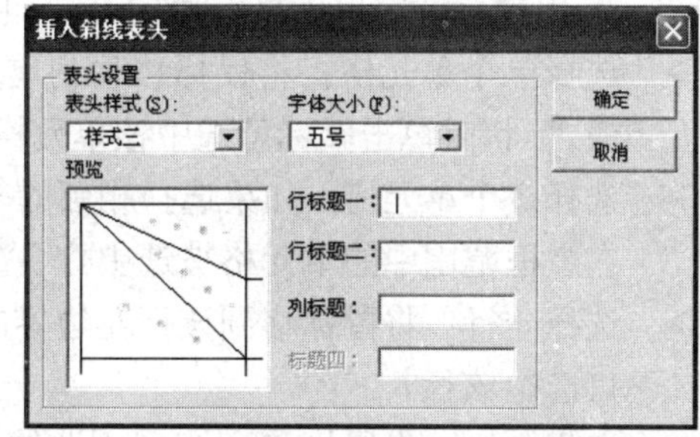

图 3-33　“插入斜线表头”对话框

3.4.2　表格基本操作

在表格中用户可以输入文本，插入图形。

1. 输入文本

用鼠标单击某单元格，插入点即移入该单元格，此时就可以在该单元格中输入文本。

每个单元格都是一个独立的编辑区域，在单元格中输入文本的方法与在表格外的编辑区中输入文本的方法一样。当输入的内容超过单元格的右边界时会自动换行；当输入的内容超过单元格的行数时会自动增加表格行的高度；按 Enter 键，在单元格中开始一个新的段落。

一个单元格的内容输入完毕后，按 Tab 键，插入点将移到下一个（右边的）单元格内；按 Shift+Tab 键，插入点将移到上一个（左边的）单元格内。

2. 插入图形

在表格中插入和粘贴图形的方法与在文本中的操作相似，不同的是行的高度会自动增大与图形匹配，而列宽不会自动调整。使用图形四周的句柄可以调整其大小，使用“图片”工具栏中的“文字环绕”按钮，可以设置单元格中文字与图形的环绕方式。

3. 选定单元格

选定单元格是编辑表格的最基本操作之一。在对表格的单元格、行或者列进行操作时必须先选定它们。可以选定表格中相邻的或不相邻的多个单元格，可以选择表格的整行或整列，也可以选定整个表格。在设置表格的属性时应选定整个表格，但有一点要注意，选定表格和选定表格中的所有单元格性质是不同的。

对于计算机操作并不十分熟练的用户，利用“表格”菜单中的“选择”命令来选中表格中的内容是比较容易的。把插入点定位在表格中，单击“表格”|“选择”命令，出现一

个子菜单，如图 3-34 所示。

用户可以在该子菜单中进行选择：

➢ 选择“单元格”则插入点所在的单元格被选中。
➢ 选择“行”（或“列”）则光标所在单元格的整行（整列）被选中。
➢ 选择“表格”则整个表格被选中。

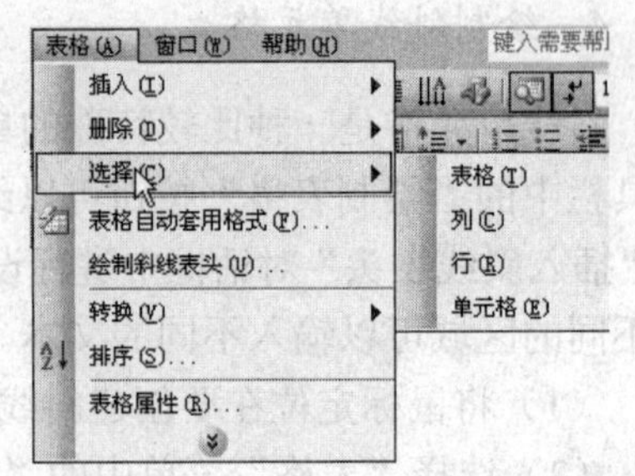

图 3-34 “选择”子菜单

Word 2003 还提供了利用鼠标直接选中单元格的方法，利用鼠标选定单元格常用的方法如下：

➢ 选择单个单元格：将鼠标移动到单元格左边界与第一个字符之间，当鼠标指针变成 ↗ 状时单击鼠标可选中该单元格，双击则可选中整行。
➢ 选择多个单元格：如果选择相邻的多个单元格，在表格中按下鼠标左键拖动鼠标，在虚框范围中的单元格被选中。
➢ 选择一行：将鼠标移到该行左边界的外侧，当鼠标变成箭头状时 ↗，单击鼠标则可选中该行。
➢ 选择一列：将鼠标移到该列顶端的边框上，当鼠标变成一个向下的黑色实心箭头⬇时，单击鼠标。如果按住 Alt 键的同时单击该列中的任意位置，则整个列被选中。
➢ 选择多行或多列：先选定一行或一列，按住 Shift 键单击另外一行或一列，则两行或两列之间的所有行或列被选中。
➢ 选择整个表格：单击表格左上角的⊞ 标记可以选中整个表格，如果按住 Alt 键的同时双击该表格中的任意位置也可选中整个表格。

3.4.3 编辑表格

表格创建后，通常还需要做一些局部的修改。

1. 缩放表格

Word 2003 可以像处理图形对象一样缩放表格。当鼠标指针指向表格时，其右下角就会出现一个缩放标记（空心的小正方形）□。用鼠标左键拖动表格缩放标记，即可按比例调整表格的大小。

2. 插入行或列

如果表格的行（列）不符合要求，用户可以在表格中插入行或列。

在表格中插入行（列）的步骤如下：

（1）在表格中要插入新行（列）的位置选定与插入的行（列）数目相等的行（列）。

（2）选择“表格”菜单中的“插入”命令，出现子菜单，如图 3-35 所示。

图 3-35 “插入”子菜单

（3）根据用户的需要，在该子菜单中可选择具体的选项。

- 列（在左侧）：在选定列的左侧插入和选定的列相同数目的列。
- 列（在右侧）：在选定列的右侧插入和选定的列相同数目的列。
- 行（在上方）：在选定行的上方插入和选定的行相同数目的行。
- 行（在下方）：在选定行的下方插入和选定的行相同数目的行。
- 单元格：弹出“插入单元格”对话框。

若插入点在表格最后一行的最后一个单元格内，按 Tab 键，则在表格末添加一个空行。若插入点在非最后一行的最后一个单元格内，按 Tab 键，则插入点移到下一行的第一个单元格。

3. 调整行高与列宽

操作行（列）的一个重要方面是更改列的宽度和行的高度以适应放在表格单元格中的信息。在 Word 中，不同的行可以有不同的高度，但同一行中的所有单元格必须具备相同的高度；列则有点特殊，同一列中的单元格列宽可以不同。改变行高和列宽的工作可以用鼠标来完成，也利用菜单命令进行调整。

用户可以利用“自动调整”方便地调整表格的行高和列宽。将插入点定位到表格中，选择“表格”菜单中“自动调整”命令将出现一个子菜单，如图 3-36 所示。在菜单中用户可以选择合适的命令调整表格。

- 根据内容调整表格：表格按照每一列的文本内容重新调整列宽，使每一列正好能够容纳该列文本的内容。
- 根据窗口调整表格：表格中每一列的宽度将按照相同的比例扩大，调整后的表格宽度与正文区宽度相同。
- 固定列宽：按默认值给出表格的具体宽度值。
- 平均分布各行（各列）：将整个表格都设置成相同的高度（宽度）。

图 3-36 “自动调整”子菜单

用户也可以利用鼠标灵活地调整行高和列宽，使用鼠标改变行高和列宽的步骤如下：

（1）将鼠标指针移到要调整列宽的列边框线上，当出现一个改变大小的列尺寸工具 时按住鼠标左键拖动鼠标，此时出现一条垂直的虚线，显示列改变后的大小，如图 3-37 所示。

（2）移到合适位置释放鼠标，列的大小被改变。这种方法改变的是相邻两个列的大小且两个列的总宽度不变，整个表格的大小也不变动。如果在拖动鼠标时，按住 Shift 键，则将改变边框左侧一列的宽度，并且整个表格的宽度也将发生变化，但是其他各列的宽度不变。如果在拖动鼠标时按住 Ctrl 键，则边框右侧的各列宽度发生均匀变化，整个表格宽度不变。如果在拖动鼠标时，按住 Alt 键，可以在标尺上显示列宽。

北京站列车时刻表

车次	始发站	终到时间	终止站	开出时间	附注
1487		当日 20:20	郑州	8:10	经京九线
T79		当日 22:12	武昌	9:20	
2567		次日 14:02	汉中	8:40	经漯宝线
T525		当日 21:00	郑州	10:00	
T79		次日 13:10	九龙	10:06	
K307		次日 19:20	厦门	9:00	经京九线

图 3-37　使用鼠标改变列宽

（3）将鼠标指针移到要调整行高的行边框线上，当出现一个改变大小的行尺寸工具时按住鼠标左键拖动鼠标，此时出现一条水平的虚线，显示行改变后的大小，如图 3-38 所示。

北京站列车时刻表

车次	始发站	终到时间	终止站	开出时间	附注
1487		当日 20:20	郑州	8:10	经京九线
T79		当日 22:12	武昌	9:20	
2567		次日 14:02	汉中	8:40	经漯宝线
T525		当日 21:00	郑州	10:00	
T79		次日 13:10	九龙	10:06	
K307		次日 19:20	厦门	9:00	经京九线

图 3-38　使用鼠标改变行高

（4）移到合适位置释放鼠标，行的高度将被改变。这种方法在改变当前行高的同时，整个表格的高度也随之改变。

使用鼠标不但可以调整整列的宽度，还可以调整单元格的宽度。首先选中要调整宽度的单元格，然后将鼠标指针移到单元格的左侧或右侧边框线上，当鼠标指针变为状时，按住鼠标左键拖动鼠标即可调整单元格的宽度，如图 3-39 所示。

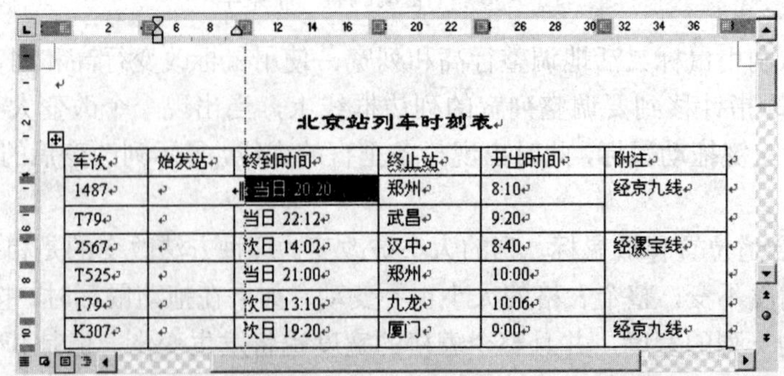

北京站列车时刻表

车次	始发站	终到时间	终止站	开出时间	附注
1487		当日 20:20	郑州	8:10	经京九线
T79		当日 22:12	武昌	9:20	
2567		次日 14:02	汉中	8:40	经漯宝线
T525		当日 21:00	郑州	10:00	
T79		次日 13:10	九龙	10:06	
K307		次日 19:20	厦门	9:00	经京九线

图 3-39　调整单元格的宽度

4. 插入单元格

在表格中用户还可以插入单元格，操作步骤如下：

（1）在要插入单元格的位置选定与插入的单元格相同数目的单元格，包括单元格结束符。

（2）单击“表格”|“插入”|“单元格”命令，打开“插入单元格”对话框，如图 3-40 所示。

（3）在“插入单元格”对话框中，可以选择下列选项。

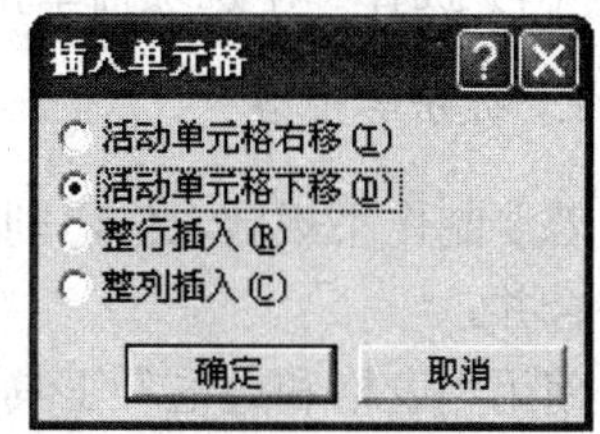

图 3-40　“插入单元格”对话框

- 活动单元格右移：可以在选定单元格的左边插入新的单元格，原单元格向右移动，此时表格的列不增加，这将使表格变得参差不齐。
- 活动单元格下移：可以在选定单元格的上方插入新单元格，原单元格向下移动，此时表格将增加新的行。
- 整行插入：可以在选定单元格的位置插入新行，原单元格所在的行下移。
- 整列插入：可以在选定单元格的位置插入新列，原单元格所在的列右移。

（4）单击“确定”按钮完成插入操作。

5. 删除行和列

如果在插入表格时，对表格的行或列控制得不好出现多余的行或列，可以根据需要删除多余的行或列。在删除行或列时，行或列中的内容也将同时被删除。

删除行和列的步骤如下：

（1）选中要删除的行或列所在的一个或多个单元格。

（2）选择“表格”菜单中“删除”命令，出现一个子菜单，如图 3-41 所示。

（3）根据用户的需要在子菜单中选择具体的选项。

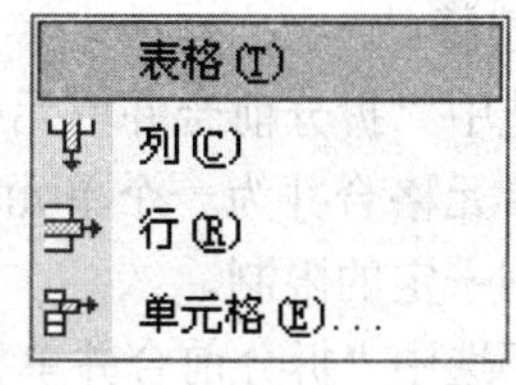

图 3-41　“删除”子菜单

- 表格：选中则整个表格被删除。
- 行：选中则单元格所在的行被删除。
- 列：选中则单元格所在的列被删除。

6. 删除单元格

（1）选中要删除的一个或多个单元格，选择“表格”菜单中的“删除”命令，出现一个子菜单，如图 3-41 所示。

（2）在子菜单中选择“单元格”命令，出现“删除单元格”对话框，如图 3-42 所示。对话框中各单选按钮的功能如下：

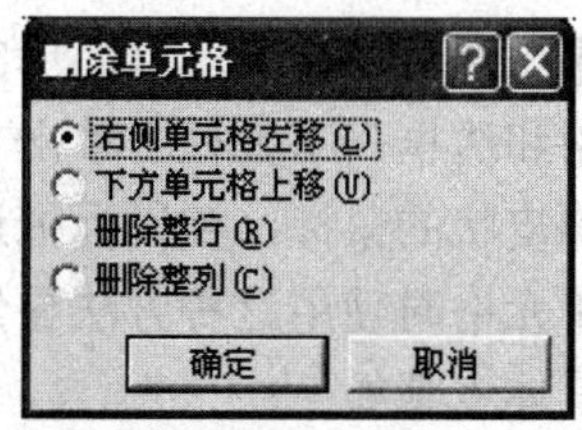

图 3-42　“删除单元格”对话框

- 右侧单元格左移：删除选中的单元格并且被删除的单元格右侧的单元格将向左移动填充被删除单元格的位置。
- 下方单元格上移：删除选中的单元格并且被删除的单元格下方的单元格将上移动填充被删除单元格的位置。
- 删除整行：删除选中单元格所在的行。
- 删除整列：删除选中单元格所在的列。

（3）选择一个选项后单击“确定”按钮即可完成删除操作。

7. 拆分单元格

若要制作不规则表格，则一般先创建一个规则表格，然后对其中的个别单元格进行拆分与合并。

使用“表格和边框”工具栏中的“绘制表格”按钮在单元格中画出边线，是拆分单元格最简单的方法。单击“表格和边框”工具栏中的“绘制表格”按钮，鼠标将变成铅笔状，在单元格中拖动铅笔状的鼠标，被鼠标拖过的地方将出现边线。

在拆分单元格时，如果情况比较复杂可以使用“拆分单元格”命令对要拆分的单元格进行详细的设置，用户可以同时对多个单元格进行拆分，具体步骤如下：

（1）选中要拆分的一个或多个单元格。

（2）单击“表格”|“拆分单元格”命令，或者单击“表格和边框”工具栏中的“拆分单元格”按钮，打开“拆分单元格”对话框，如图 3-43 所示。

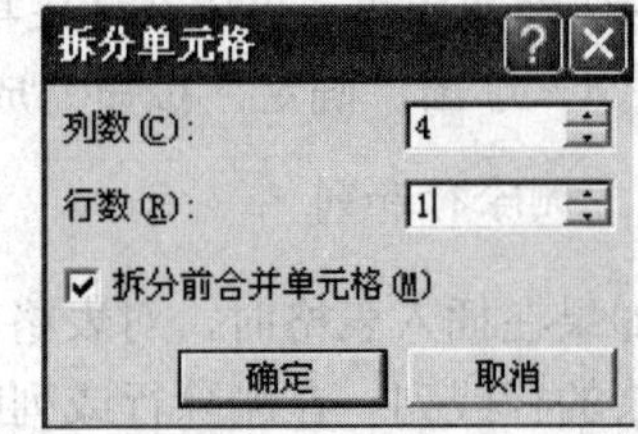

图 3-43 “拆分单元格”对话框

（3）在“列数”文本框中输入要拆分的列数；在“行数”文本框中输入要拆分的行数。

（4）如果选中的是多行多列的单元格，可以进行下面的选择：

- 选中“拆分前合并单元格”复选框，则在拆分单元格前 Word 2003 首先将选中的单元格合并为一个单元格，此时用户可以随意设置拆分的列数，但拆分的行数受到一定的限制。
- 不选中“拆分前合并单元格”复选框，Word 2003 将对选中的每一个单元格按指定的列数进行拆分，但不能设置拆分的行数。

（5）单击“确定”按钮，完成拆分单元格的操作。

8. 合并单元格

如果想合并单元格，最简单的办法是使用“表格和边框”工具栏中的“擦除”按钮。在“表格和边框”工具栏上单击“擦除”按钮，鼠标将变成一个橡皮状，在单元格的边线上拖动橡皮状的鼠标，被鼠标拖过的边线将被擦除，相邻的单元格变为一个单元格。在合并多个单元格时使用这种方法显然比较麻烦，可以使用“合并单元格”命令来合并多个单元格，具体步骤如下：

（1）选定要被合并的多个单元格。

（2）选择“表格”菜单中的“合并单元格”命令，或者单击“表格和边框”工具栏上的“合并单元格”按钮，选中的单元格被合并成一个单元格。

9. 移动或复制单元格

选择单元格中的内容时，如果选中的内容不包括单元格结束符，则只是将选中单元格中的内容移动或复制到目标单元格内，并不覆盖原有文本。如果选中的内容包括单元格结束标记，则将替换目标单元格中原有的文本和格式。

如果用户想快速移动或复制单元格，可以利用鼠标拖放进行操作，具体步骤如下：

（1）选中单元格（包括单元格的结束符）。

（2）将鼠标移到选中的单元格上，鼠标变成 ↖ 状时，按住鼠标左键拖动，此时鼠标变成 ↖ 状，并且还伴随有一短虚线，虚线所在的单元格即是目标单元格。

（3）到达目标位置，松开鼠标即可完成单元格的移动操作。

在拖动鼠标的同时如果按下 Ctrl 键，则鼠标变成箭头下带一加号矩形框的形状，此时执行复制的操作。

如果要长距离地移动或复制单元格，则可以利用菜单命令进行，具体步骤如下：

（1）选定要移动或复制的单元格，包括单元格的结束符。

（2）单击“编辑”|“剪切”命令或者“编辑”|“复制”命令，把选定的内容暂时存放到剪贴板中。

（3）将插入点定位到目标单元格的左上角。

（4）单击“编辑”|“粘贴单元格”命令，此时 Word 就把剪切或复制的内容粘贴到指定的位置，并且替换单元格中已经存在的内容。

10. 移动或复制行和列

在复制或移动整行（列）内容时目标行（列）的内容则不会被替换，被移动或复制的行（列）将会插入到目标行（列）的上方（左侧）。

如果要快速地移动行（列）可以利用鼠标进行，具体步骤如下：

（1）选中要移动的行（列）。

（2）将鼠标移到选中的行（列）上，当鼠标变成 ↖ 状时，按住鼠标左键拖动，此时鼠标变成 ↖ 状，并且还伴随有一短虚线。

（3）当虚线到达目标行（列）的最左边（最上边）的单元格中，松开鼠标即可在目标行（列）的上方（左侧）插入一行（列）内容。

在拖动鼠标的同时如果按下 Ctrl 键，则鼠标变成箭头下带一加号矩形框的形状，此时执行复制的操作。

如果要长距离地移动或复制表格中的某一整行或整列，则可以利用菜单命令进行，具体步骤如下：

（1）选定表格中的一整行（或一整列），包括行结束符。

（2）单击“编辑”|“剪切”命令或者“编辑”|“复制”命令，把选定的内容暂时存放在剪贴板中。

（3）将插入点定位在目标行（或列）的第一个单元格中，或选中该行（或列）。

（4）单击“编辑”|“粘贴行”（或粘贴列）命令，此时 Word 就把剪切或复制的行（或列）插入到目标行的上方（目标列的左侧），不替换目标行（或列）的内容。

3.4.4 表格格式化

表格格式指表格的边框、底纹、颜色、字体、文字对齐等修饰效果。

1. 自动套用表格格式

在为表格设置格式时，可以使用自动套用格式特性来快速完成。这个特性可以使用户从 Word 提供的 40 多种预定义的表格格式中进行选择，无论是新建的空白的表格还是已输入数据的表格，都可以通过自动套用格式来快速编排表格格式，具体操作步骤如下：

（1）把插入点定位到要进行快速编排的表格中。

（2）单击“表格”|“表格自动套用格式”命令，打开“表格自动套用格式”对话框，如图 3-44 所示。

（3）在“表格样式”列表框中选择合适的表格样式，同时可以在预览框中预览当前所选定的表格样式的效果。

（4）在“将特殊格式应用于”区域中选择需要应用特殊格式的行或列。

（5）单击“确定”按钮。

如果要清除表格套用格式，可以把插入点定位到应用表格套用格式的表格中，选择“表格”菜单中的“表格自动套用格式”命令，在“表格自动套用格式”对话框中选择“表格样式”列表框中的“普通表格”选项，单击“确定”按钮即可完成清除表格套用格式的操作。

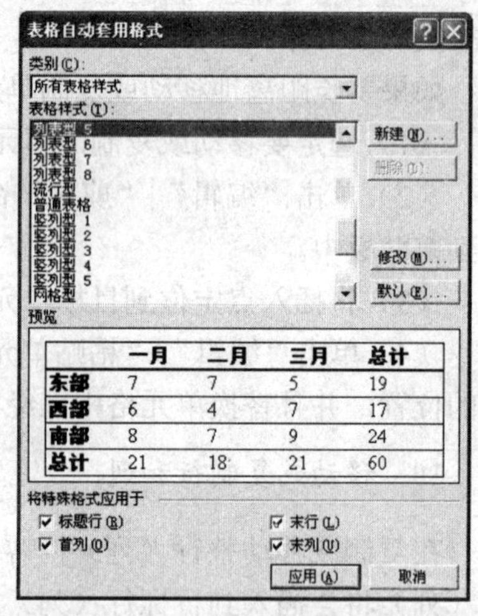

图 3-44 “表格自动套用格式”对话框

2. 设置边框和底纹

用户可以为表格中的单元格设置边框和底纹，还可以为整个表格添加边框和底纹。

如果要为表格添加边框，按照下面的步骤进行。

（1）选定要设置边框的单元格或整个表格。

（2）选择“格式”菜单中的“边框和底纹”命令，弹出“边框和底纹”对话框。在对话框中选择“边框”选项卡，如图 3-45 所示。

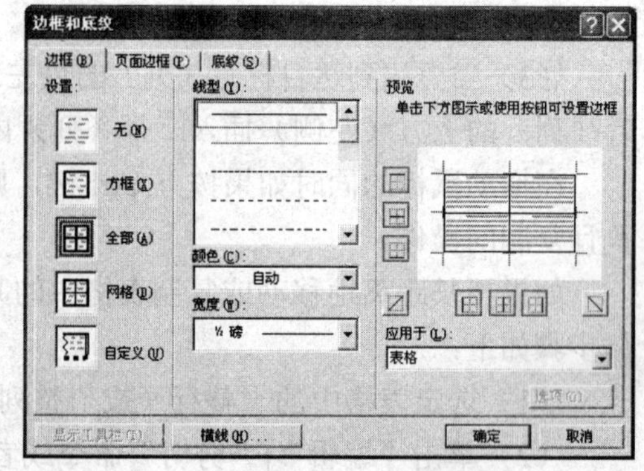

图 3-45 为表格设置边框

（3）在“设置”选项区域中选择一种方框样式，系统提供了四种边框样式供用户选择。

- 方框：在表格的四周外框设置一个方框，线型可在线型处自定义。
- 全部：在表格四周设置一个边框，同时也为表格中行列线条设置格栅线。格栅线的线型和表格边框的线型一致。
- 网格：在表格四周设置一个边框，同时也为表格中行列线条设置格栅线。格栅线的型号是默认的，而边框线型是设置的线型。
- 自定义：选择自定义时，可以在预览表格中设置任意的边框线和格栅线。

（4）在“线型”列表框中选择线型样式，在“宽度”下拉列表框中选择线条的宽度值，在“颜色”下拉列表框中选择线条的颜色。

（5）在“应用于”下拉列表框中选择设置边框的应用范围，是表格还是单元格。

（6）单击“确定”按钮，完成添加边框的设置。

为表格设置底纹的操作方法和为表格添加边框的方法类似，这里不再具体进行介绍。

3. 设置单元格中文本的对齐方式

单元格默认的对齐方式为“靠上两端对齐”，即单元格中的内容以单元格的上边线为基准向左对齐。如果单元格的高度较大，但单元格中的内容较少不能填满单元格时顶端对齐的方式会影响整个表格的美观，用户可以对单元格中文本的对齐方式进行设置。

首先选中要设置文本对齐的单元格，在“表格和边框”工具栏上单击“靠上两端对齐”按钮右侧的下三角箭头，在下拉列表中选择一种对齐方式，如图 3-46 示。

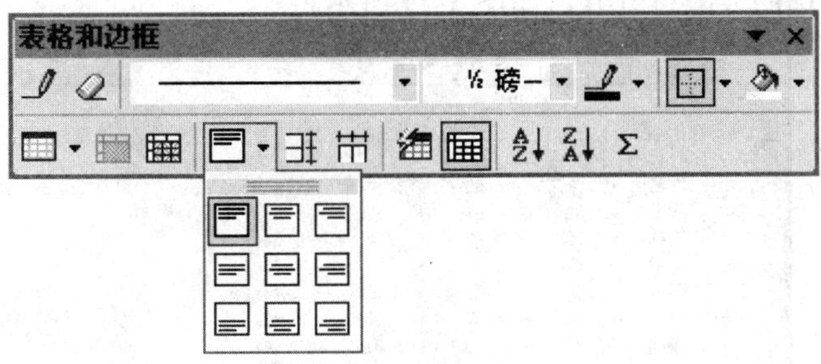

图 3-46　设置单元格对齐方式

3.4.5　表格跨页标题行的处理

如果要创建的表格超过了一页，Word 2003 将自动拆分表格。要使分成多页的表格在每页的第一行都出现相同的标题行，可单击标题行的任意位置，然后选中“表格”菜单中的“标题行重复”命令，使该命令左边出现“√”。但是，如果插入了人工分页符，则标题行不会重复。

3.4.6　表格和文本间的转换

在 Word 2003 中可以方便地进行文本和表格之间的转换，这对于更灵活地使用不同的信息源，或者利用相同的信息源实现不同的目的是十分有用的。

1. 表格转换为文本

Word 2003 提供了表格和文本相互转换的功能，这种功能使在使用相同的信息资源做不同的工作时变得非常简单。将表格转换为文本的操作步骤如下：

（1）把鼠标插在表格的任意位置，如图 3-47 所示。

（2）单击“表格”|“转换”|“表格转换成文本”命令，打开“表格转换成文本”对话框，如图 3-48 所示。

（3）在对话框中选择一种分隔符，例如，选择“制表符”单选按钮。

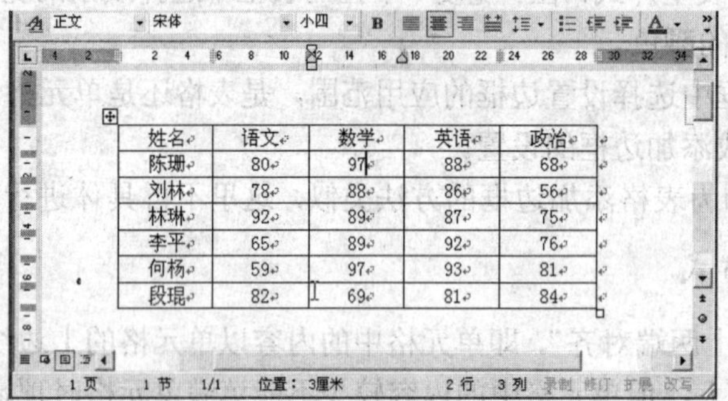

姓名	语文	数学	英语	政治
陈珊	80	97	88	68
刘林	78	88	86	56
林琳	92	89	87	75
李平	65	89	92	76
何杨	59	97	93	81
段琨	82	69	81	84

图 3-47　将插入点插入表格

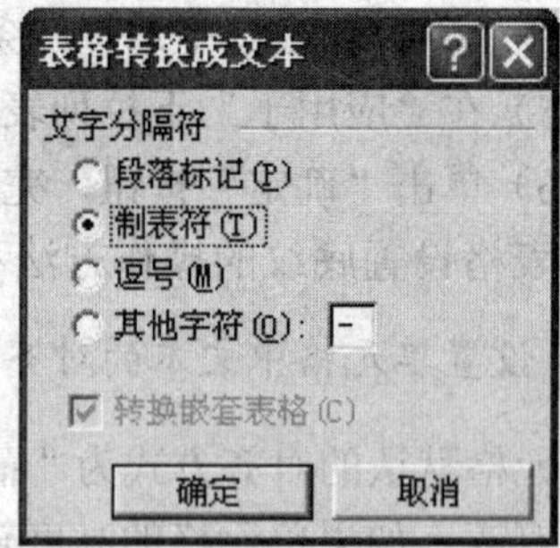

图 3-48　“表格转换成文本”对话框

（4）单击“确定”按钮，表格中的内容将转化为普通文本内容，并使用“表格转换成文本”对话框中所选的分隔符分开，如图 3-49 所示。

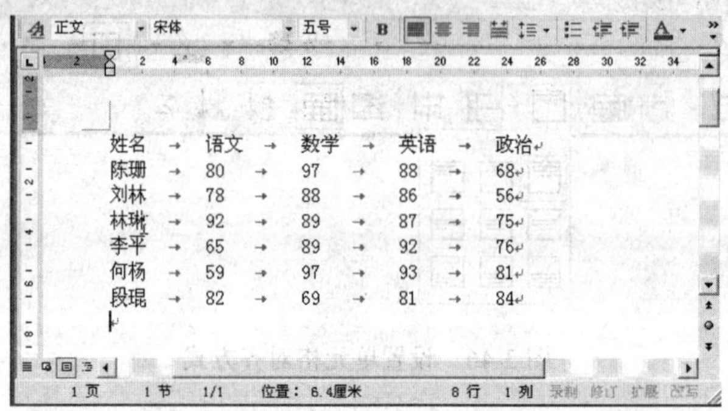

图 3-49　转换后的文本

2. 把文本转换成表格

如果用户已经有了需要添加到表格中的数据，那么，就可以利用 Word 2003 将文本直接转换为表格。在转换之前，必须先确定已在文本中添加了分隔符，以便在转换时将文本放入不同的列中。

将文本转换为表格的具体步骤如下：

（1）在需要转换的文本的适当位置添加必要的分隔符，然后选中需要转换为表格的文本，单击“常用”工具栏中的“显示/隐藏”按钮，可以查看文本中是否包含适当的分隔符。

（2）选择“表格”|“转换”|“文本转换成表格”命令，打开“将文本转换成表格”对话框，如图3-50所示。

（3）如果文本中的分隔符已经设置好，则可以在“列数”框中显示出正确的列数，用户也可以自己在“列数”文本框中输入或选择所需的列数。

（4）在“行数”文本框中显示的是表格中将要包含的行数。

（5）在“‘自动调整’操作”区域中设置适当的列宽。

（6）在“文字分隔位置”区域中选择确定列的分隔符。

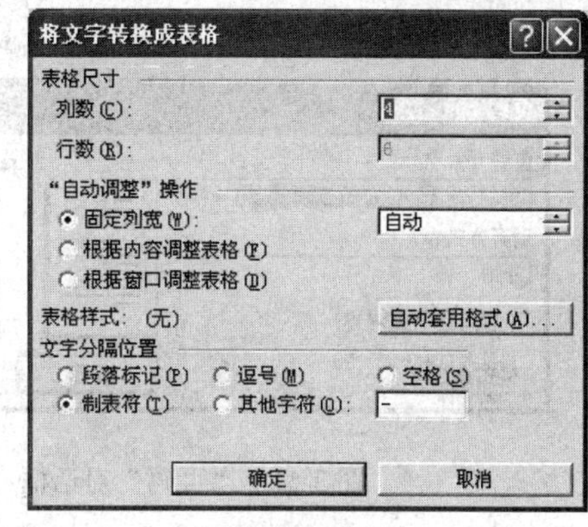

图3-50 “将文本转换成表格”对话框

（7）单击“确定”按钮，完成文本到表格的转换。

此外，用户还可以采用如下的方法更加迅速地将文本转换为表格：选定需要转换为表格的文本，单击“常用”工具栏中的“插入表格”按钮，则Word 2003会按照给定的设置完成转换。

3.5 设置页码

设置页码是字处理软件必备的功能之一。在Word 2003中，设置页码有两种方法：

（1）使用“插入”菜单中的“页码”命令，所插入页码将自动成为页眉或页脚的组成部分。

（2）使用“视图”菜单中的“页眉和页脚”命令，页码作为页眉和页脚的内容插入。

页码只能在页面视图或打印预览状态下看到。

3.5.1 插入页码

插入页码的操作步骤如下：

（1）将插入点置于要插入页码的节中，若文档没有分节，则对整个文档设置页码。

（2）单击“插入”|“页码”命令，打开“页码”对话框，如图3-51所示。

（3）在“位置”下拉列表框中，选定页码的位置，如页面顶端（页眉）、页面底端（页脚）、页面纵向中心、纵向内侧、纵向外侧等。

（4）在“对齐方式”下拉列表框中，选定页码的对齐方式，如左侧、居中、右侧、内侧、外侧等。

（5）如果不希望首页显示页码，可取消“首页显示页码”复选框中的选中标记。无论第一页是否显示页码，第二页的页码都是2。

（6）单击“确定”按钮，页码即被设定。

Word 2003默认页码格式是1，2，3……如果用户有特殊的要求，可单击“页码”对话框中的“格式”按钮，打开“页码格式”对话框，如图3-52所示。

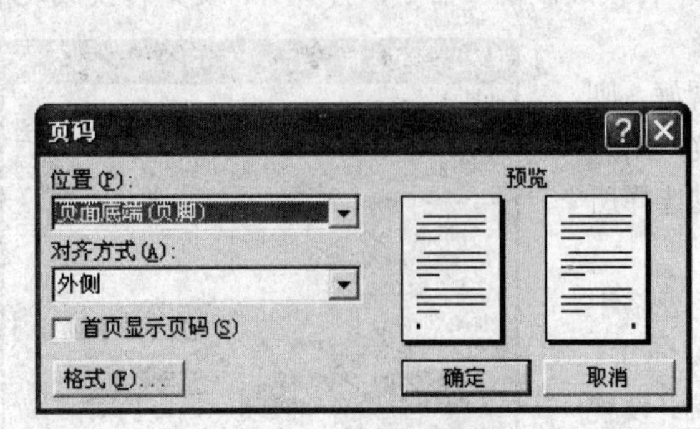

图 3-51 “页码”对话框

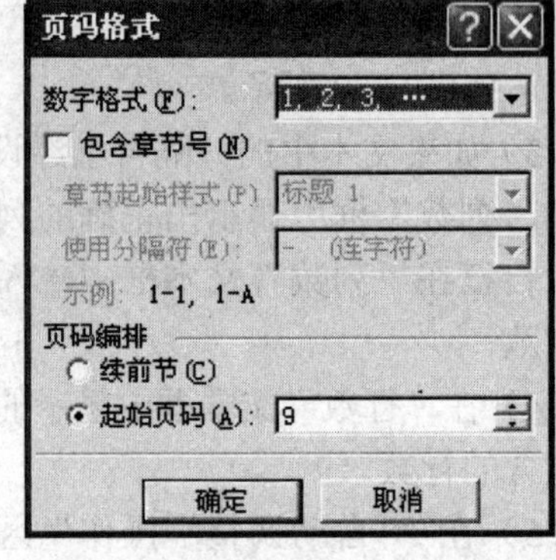

图 3-52 “页码格式”对话框

在“页码格式”对话框中，不但可以选择页码的“数字格式”，还可以设置含有章节号的页码。在“页码编排”区域，指定页码的起始编号。

设置好后，单击“确定”按钮，返回“页码”对话框，再单击“确定”按钮，则文档中插入指定格式的页码。

3.5.2 删除页码

如果要删除页码则必须进入页眉和页脚区，找到设置的页码，进行删除。删除已经建立页码的具体步骤如下：

（1）若文档中存在多个节，那么把插入点移动到要删除的节中的任意位置；若文档中没有设置节，那么就把插入点移动到文档的任意位置。

（2）选择“视图”菜单中的“页眉和页脚”命令，进入页眉或页脚区。

（3）在页眉或页脚区找到页码将它选定，按 Delete 键删除；如果插入的页码不在页眉或页脚区，例如，在页面的纵向处，用户可以在插入页码的位置找到页码并将它删除。

（4）单击“页眉和页脚”工具栏中的“关闭”按钮，即可完成删除页码的操作。

3.6 添加页眉和页脚

页眉和页脚是指在文档页面的顶端和底端重复出现的文字或图片等信息。在普通视图方式下用户无法看到页眉和页脚，在页面视图中看到的页眉和页脚会变淡。用户可以将首页的页眉和页脚设置成与其他页不同的形式，也可以对奇数页和偶数页设置不同的页眉和页脚。在页眉和页脚中还可以插入域，如在页眉和页脚中插入时间、页码，就是插入了一个提供时间和页码信息的域。当域的内容被更新时，页眉页脚中的相关内容就会发生变化。

3.6.1 创建页眉和页脚

页眉和页脚与文档的正文处于不同的层次上，因此，在编辑页眉和页脚时不能编辑文档的正文，同样在编辑文档正文时也不能编辑页眉和页脚。

在文档中创建页眉和页脚的具体步骤如下：

（1）将插入点定位在文档中的任意位置。

（2）单击“视图”|“页眉和页脚”命令，进入页眉和页脚编辑模式，同时打开“页眉和页脚”工具栏，如图 3-53 所示。

（3）在页眉区域中输入文本“科普散文”，并将其字体设置为华文行楷，字号设置为五号，如图 3-53 所示。

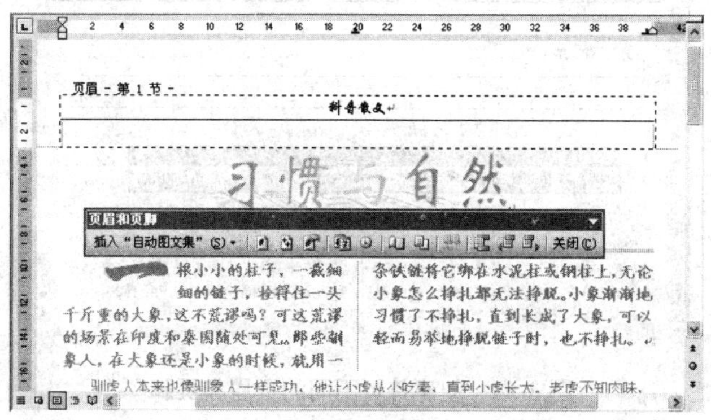

图 3-53 创建页眉和页脚

（4）单击“页眉和页脚”工具栏上的“在页眉和页脚间切换”按钮，切换到页脚区，用户可以继续在页脚区编辑页脚。

（5）编辑完毕，在“页眉和页脚”工具栏中单击“关闭”按钮，返回到正常的编辑模式。

在编辑页眉页脚时用户可以利用“页眉和页脚”工具栏上的按钮在页眉和页脚插入内容：

- 单击“插入自动图文集”按钮，出现一个下拉菜单，在菜单中列出了系统提供的作者、文件名、日期或时间等自动图文集词条，用户可以选定其中的词条插入到页眉或页脚中。
- 单击“插入页数”按钮 可以插入当前节或整篇文档的页数。
- 单击“插入页码”按钮 可以插入页码，在插入页码后用户可以单击“设置页码格式”按钮 ，在出现的“设置页码格式”对话框中对页码的格式进行设置。
- 单击“插入日期”按钮 可以插入当前日期。
- 单击“插入时间”按钮 可以插入当前时间。

3.6.2 特殊格式页眉和页脚的创建

在一篇文档中为了使文档的版面更加吸引人，用户可为文档创建不同风格的页眉和页脚，例如，可以设置首页不同的页眉页脚、奇偶页不同的页眉页脚等。

1. 创建首页不同的页眉和页脚

创建首页不同的页眉和页脚的具体步骤如下：

（1）将插入点定位在文档中，单击“视图”|“页眉和页脚”命令，进入页眉和页脚编辑模式。

（2）在“页眉和页脚”工具栏中单击“页面设置”按钮，打开“页面设置”对话框，单击“版式”选项卡。

（3）在“页眉和页脚”区域选中“首页不同”复选框。

（4）单击“确定”按钮，这时在页眉区顶部显示“首页页眉”字样，在页脚区显示“首页页脚”字样，如图 3-54 所示。

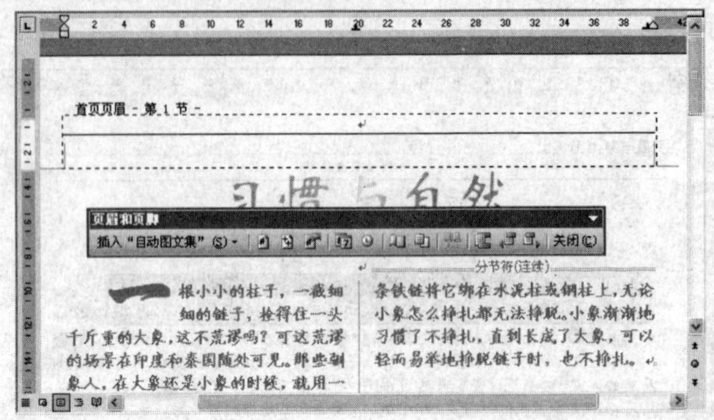

图 3-54　创建首页不同的页眉和页脚

（5）在首页页眉和页脚中进行编辑，若不想在首页编辑页眉或页脚，把页眉区域、页脚区域的内容删除即可。

（6）单击“页眉和页脚”工具栏中的“显示下一项”按钮，切换到文档的其他页眉或页脚编辑区中进行编辑。

（7）编辑完毕，单击“关闭”按钮返回文档，这样用户就可以创建，首页风格不同的页眉和页脚。

2. 创建奇偶页不同的页眉和页脚

为文档创建奇偶页不同的页眉和页脚的具体步骤如下：

（1）将插入点定位在文档中的任意位置，单击“视图”|“页眉和页脚”命令，进入页眉和页脚编辑模式。

（2）在“页眉和页脚”工具栏中单击“页面设置”按钮，打开“页面设置”对话框，单击“版式”选项卡。

（3）在“页眉和页脚”区域选中“奇偶页不同”复选框。

（4）单击“确定”按钮，返回到文档中，这时在页眉区顶部显示“奇数页页眉”字样，如图 3-55 所示。

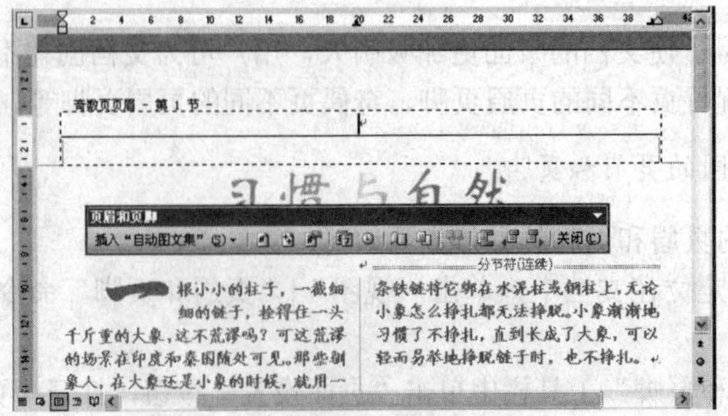

图 3-55　创建奇偶页不同的页眉和页脚

（5）在奇数页页眉和页脚区中进行编辑，编辑完毕，在“页眉和页脚”工具栏中单击“显示下一项”按钮 切换到偶数页的页眉和页脚编辑区中进行编辑。

（6）编辑完毕，单击“关闭”按钮返回文档。

3.7 为文档添加注释

注释是对文档中的个别术语作进一步的说明，以便在不打断文章连续性的前提下把问题描述得更清楚。注释由两部分组成：注释标记和注释正文。注释一般分为脚注和尾注，一般情况下脚注出现在每页的末尾，尾注出现在文档的末尾。

3.7.1 插入脚注和尾注

在 Word 2003 中用户可以很方便地为文档添加脚注和尾注。

例如，为文档中第五段中文本“习惯”插入尾注，具体步骤如下：

（1）将插入点定位在第五段文本“习惯”的后面。

（2）单击“插入”|“引用”|“脚注和尾注”命令，打开“脚注和尾注”对话框，如图 3-56 所示。

（3）在“位置”区域，选中“尾注”单选按钮，并在其后的下拉列表中选择“文档结尾”选项。

（4）在“格式”区域的“编号格式”下拉列表中选择一种编号格式，在“起始编号”文本框中选择或输入起始编号的数值，在“编号方式”下拉列表中选择“连续”选项。

（5）单击“插入”按钮，即可在插入点处插入注释标记，光标自动跳转至脚注编辑区，在编辑区中对脚注进行编辑，如图 3-57 所示。

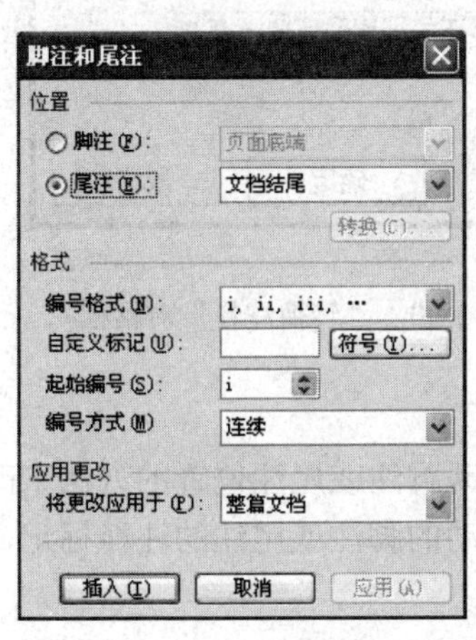

图 3-56 插入尾注

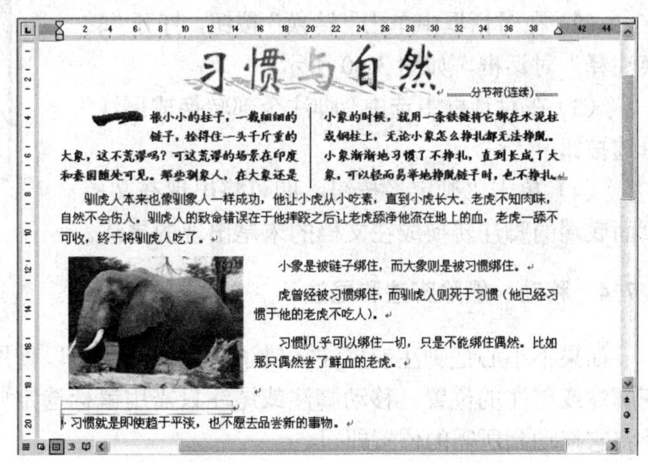

图 3-57 插入尾注的效果

3.7.2 查看和修改脚注或尾注

若要查看脚注或尾注，只要把鼠标指向要查看的脚注或尾注的注释标记，页面中将出现一个文本框显示注释文本的内容，如 3-58 所示。

修改脚注或尾注的注释文本需要在脚注或尾注区进行。单击“视图”|“脚注”命令打开“查看脚注”对话框，如图 3-59 所示。在对话框中选择要查看的注释区，单击“确定”按钮即可进入相应的脚注或尾注区，然后用户就可以对它们进行修改了。

如果文档中只包含脚注或尾注，在单击“视图”|“脚注”命令后即可直接进入脚注区或尾注区。

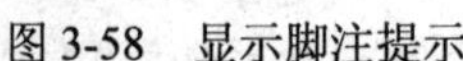
图 3-58 显示脚注提示

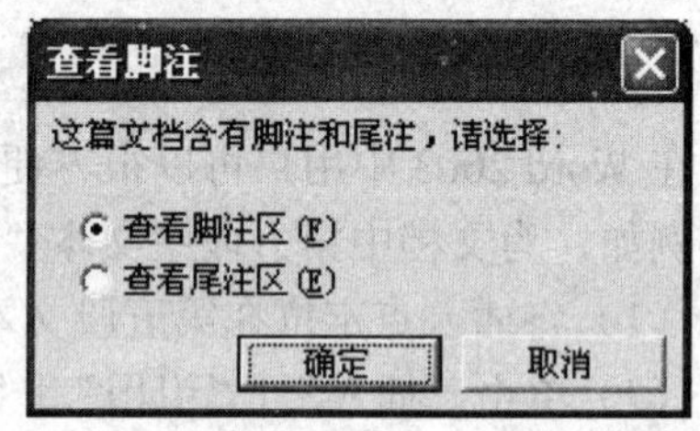

图 3-59 “查看脚注”对话框

3.7.3 脚注和尾注之间相互转换

脚注和尾注之间可以互相转换，例如，将插入的脚注转换为尾注，具体步骤如下：

（1）单击“插入”|“引用”|“脚注和尾注”命令，打开“脚注和尾注”对话框。

（2）在对话框中单击“转换”按钮，打开“转换注释”对话框，如图 3-60 所示。

（3）在对话框中选中“脚注全部转换成尾注”单选按钮。

（4）单击“确定”按钮，即可将出现在文档页面底端的脚注转换成在文档的末尾出现的尾注。

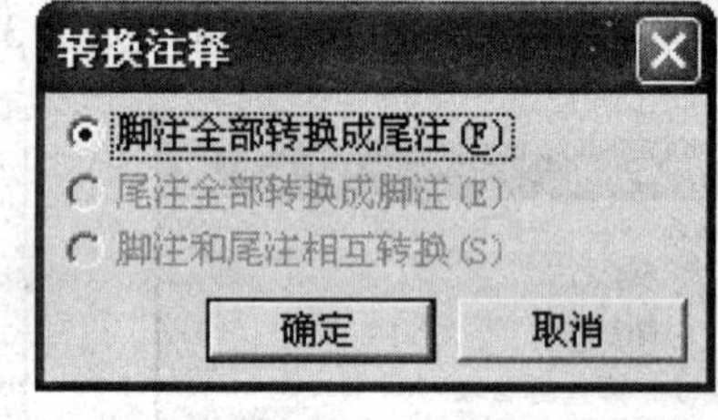

图 3-60 “转换注释”对话框

3.7.4 移动、删除脚注和尾注

如果不小心把脚注或尾注插错了位置，用户可以使用移动脚注或尾注位置的方法来改变脚注或尾注的位置。移动脚注或尾注只需用鼠标选定要移动的脚注或尾注的注释标记，并将它拖动到所需的位置即可。

删除脚注或尾注只要选定需要删除的脚注或尾注的注释标记，然后按 Delete 键即可，此时脚注或尾注区域的注释文本同时被删除。进行移动或删除操作后 Word 2003 都会自动重新调整脚注或尾注的编号。例如，删除了编号为 1 的脚注，无需手动调整编号，Word 2003 会自动将编号 1 以后的所有脚注的编号前移一位。

3.8　为文档添加批注

批注是文档的审阅者为文档添加的注释、说明、建议、意见等信息。可以在把文档分发给审阅者前设置文档保护，使审阅者只能添加批注而不能对文档正文修改，利用批注有利于保护文档和工作组成员之间的交流。

3.8.1　添加批注

为文档添加批注的具体操作步骤如下：

（1）选定要添加批注的文本，或将插入点定位到要插入批注的位置。

（2）单击“插入”|“批注”命令，Word 2003 将在格式工具栏下方显示出“审阅”工具栏同时为选定的文本或插入点处添加一个批注引用区，如图 3-61 所示。

（3）在批注区域可以输入和编辑注释文字，编辑完毕在文档任意位置单击鼠标。

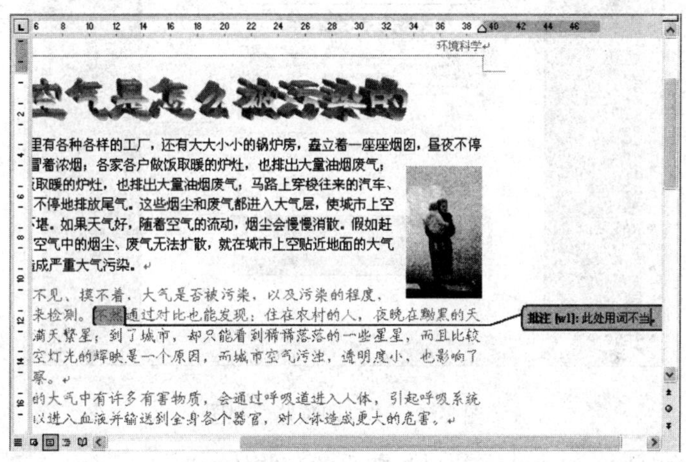

图 3-61　添加批注

3.8.2　查看批注

在 Word 2003 中用户可以方便地查看批注，用户可以用 Word 2003 提供的“审阅”工具栏来按顺序查看每一个批注。选择 “视图”|“工具栏”|“审阅”命令，打开“审阅”工具栏，在工具栏中单击“后一处修订或批注”按钮 ，或单击“前一处修订或批注”按钮 则可以依次查看文档中的批注。

3.9　文档的打印

在计算机安装了打印机的情况下，用户还可以将编排好的文档打印出来。Word 2003 提供了多种打印方式，包括打印多份文档、打印输出到文件、手动双面打印等功能，此外利用打印预览功能，用户还能在打印之前看到打印的效果。

3.9.1 打印预览

利用 Word 2003 的打印预览功能，用户在正式打印文档之前就可以看到文档被打印后的效果，如果不满意，还可以在正式打印前进行必要的修改。

打印预览视图是一个独立的视图窗口，与页面视图相比，可以更真实地表现文档外观。而且在打印预览视图中，可任意缩放页面的显示比例，也可同时显示多个页面。

单击“文件”|“打印预览”命令或单击“常用”工具栏中的“打印预览”按钮 都可以进入到打印预览视图，如图 3-62 所示。用户通过单击打印预览窗口上方的工具按钮，可以进行一些打印预览的设置：

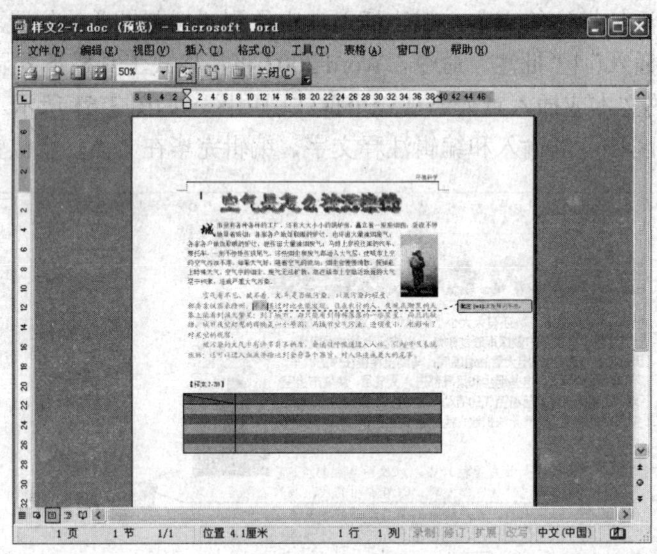

图 3-62 “打印预览”视图

- 单击“打印”按钮 ，可以打印当前预览的文档。
- 单击“放大镜”按钮 ，然后将鼠标移动到预览文档的上方，鼠标指针将变成放大镜形状。当放大镜带有加号时，单击文档，可以将文档放大预览；当放大镜带有减号时，单击文档，可以将文档缩小预览。如果“放大镜”按键没有被按下，系统将允许用户对文档进行编辑。
- 单击“单页”按钮 ，可以使窗口中只预览一页文档。
- 单击“多页”按钮 ，然后在出现的下拉菜单中选择要显示的页面数目，即可以多页的形式显示文档。
- 在“显示比例”文本框中可以调整预览中文档的显示比例。
- 单击“查看标尺”按钮 ，可以使标尺在显示和隐藏之间切换。在打印预览的状态下，使用标尺可以很容易地调节页面边距等设置。
- 如果文档只超出一页少许时，可以使用“缩小字体填充”按钮 让系统自动压缩超出的部分，使文档显示在一页中。
- 单击“全屏显示”按钮 ，即可使预览窗口呈全屏显示。

➢ 单击“关闭”按钮 关闭(C)，即可关闭预览视图返回到文档编辑状态。

3.9.2　快速打印

在打印文档时如果用户想快速打印，可直接单击“常用”工具栏上的“打印”按钮，这样就可以按 Word 2003 默认的设置打印文档。

3.9.3　打印设置

一般情况下，默认的打印设置不能够满足用户的要求，此时用户可以在“打印”对话框中对打印的具体方式进行设置。

例如，要将文档打印 20 份，具体步骤如下：

（1）单击“文件”|“打印”命令，打开“打印”对话框，如图 3-63 所示。

（2）在“副本”区域的“份数”文本框中选择或输入“20”。

（3）单击“确定”按钮。

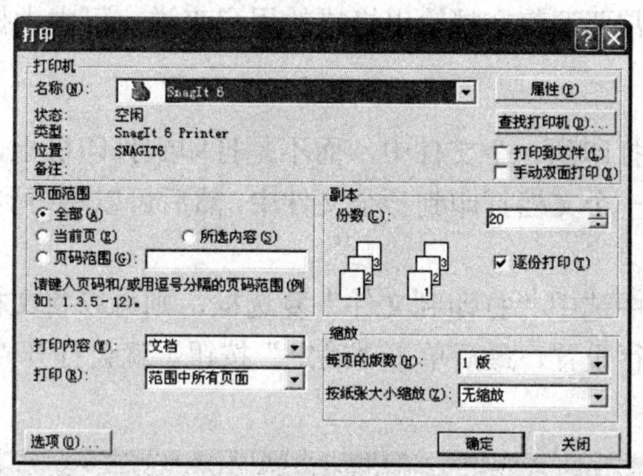

图 3-63　“打印”对话框

Word 2003 提供了多种打印方式，用户不但可以打印多份文档，还可以按指定范围打印文档，或将文档打印到文件、打印双面文档等。

1. 选择打印的范围

Word 2003 打印文档时，既可以打印全部的文档，也可以打印文档的一部分。用户可以在“打印”对话框中的“页面范围”区域设置打印的范围：

➢ 选择“全部”单选按钮，即可以打印文档的全部内容。

➢ 选择“当前页”单选按钮，即可打印插入点所在的页。

➢ 选定“页码范围”单选按钮，在文本框中输入需要打印的页码范围后，即可打印文档指定页码范围的内容。

➢ 选择“所选内容”单选按钮，即可打印文档中选定的内容。

此外，在“打印”下拉列表中还可以选择打印的是奇数页还是偶数页，或者是用户在页面范围中所选的全部页面。

2. 打印特殊文档项目

用户可以打印那些放入文档中的特殊项目，如批注、样式和自动图文集词条。当选择要打印这些项目时，将会提供一页或几页列有批注、样式等所选项目的页面，这些页面与文档主体是分开的。用户可以在打印内容下拉列表中选择需要打印的项目。

3. 手动双面打印文档

在使用送纸盒或手动进纸的打印机进行双面打印时，利用“手动双面打印”功能可大大提高打印速度，避免打印过程中的手工翻页操作，如先打印 1、3、5……页，然后把打印了单面的纸放回纸盒再打印 2、4、6……页。要利用“手动双面打印”功能，在“打印”对话框中选中“手动双面打印”复选框即可。

4. 可缩放的文件打印

在 Word 2003 中，文档可以按照缩小或放大的比例进行打印。在“打印”对话框中的“缩放”区域的“每页的版数”下拉列表中设置每页纸上将要打印的版数，可在每张纸上打印多页文件内容。如果文件页面大于或小于打印纸张，在“按纸张大小缩放”下拉列表中选择打印文件的纸型，可使文件按照纸张大小缩放后打印。这项功能对于需要预览多页文档输出结果，或是经常要调整文档输出格式的用户来说，可大大提高打印的效率。

5. 打印到文件

有时，需要把文档打印到一个文件中，而不是打印到打印机上，这样就可以把原来设定用于打印到打印机的一个文档打印到一个文件中，然后可以将得到的文件送到打印中心，执行高质量的打印。

在“打印”对话框中选中“打印到文件”复选框，则可以将文档打印到文件。然后在对话框中对打印选项进行设置，最后单击“确定”按钮，就会打开“打印到文件”对话框，如图 3-64 所示。

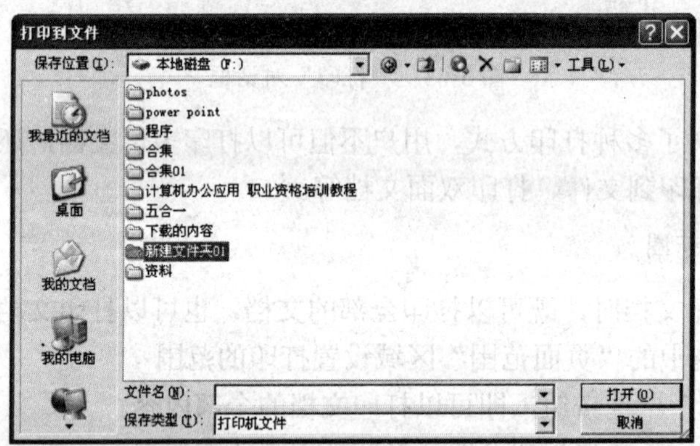

图 3-64 “打印到文件”对话框

在“保存位置”列表中选定驱动器和文件夹，在文件名文本框中输入文件名。单击“确定”按钮，发送到打印机上的信息就会被存储到指定的文件中。

设定打印到文件还有一个用途就是打印到文件后，可以在没有安装 Word 程序的计算机上使用这个文件进行打印，不需运行 Word 程序就可以直接输出打印文件。

3.10 本 章 练 习

一、填空题

1．Word 2003 提供了多种预定义的纸张，系统默认的是______纸，用户可以根据需要选择纸张大小，还可以自定义纸张的大小。

2．页边距是________边缘之间的距离，在页边距中存在_________、_________和________等图形或文字，为文档设置合适的页边距可以使打印出的文档更美观。

3．文本框是_____的对象，可以在页面上进行任意调整。可以将文本输入或复制到文本框中，根据文本框中文本的排列方向，可将文本框分为_____文本框和_____文本框。

4．首字下沉是文档中经常用到的一种排版方式，就是将段落开头的________或________变为大号字，从而使文档的版面出现跌宕起伏的变化以达到美化版面的目的。

5．插入的分页符在普通视图和页面视图方式下是以__________的虚线存在，并在中间标有__________。

6．Word 2003 提供了四种类型的分节符，它们分别为_____、_____、______、________。

二、简答题

1．设置页边距有几种方法？

2．设置文档网格的意义是什么？

3．默认情况下插入的图片是什么版式？设置图片版式的目的是什么？

4．如何在文档中添加批注？

5．打印预览功能有什么优点？

6．如何快速地打印一份文档？

三、操作题

将随书所附光盘素材文件夹 KSML2 文件夹内的 KS2-2.doc 文件复制到用户文件夹中，并重命名为 A3.DOC。打开文档 A3.doc，按照样文进行如下操作：

1．设置文档页面格式：

- 按【样文 3-1A】，设置页眉和页脚，在页眉左侧录入“信任的力量”，在右侧插入域“第 X 页 共 Y 页”。
- 按【样文 3-1A】，设置正文第 2、第 3 段为两栏格式，栏宽相等，加分隔线。

2．设置文档编排格式：

- 按【样文 3-1A】，将标题设置为艺术字，样式为艺术字库中的第 4 行第 4 列，字体为华文行楷，字号 40，环绕方式为紧密型。
- 按【样文 3-1A】，设置正文第 2、第 3 段首行缩进 2 个字符，第 1 段段前 2.5 行，段后 0.5 行，行距为固定值 16 磅。

- 按【样文 3-1A】，将正文第 2、第 3 段字体设置为楷体，小四，字体颜色为红色。
- 按【样文 3-1A】，将正文第 1 段设置为首字下沉格式，下沉行数为 2 行，字体为隶书。

3．文档的插入设置：

- 按【样文 3-1A】所示插入图片，图片为素材文件夹 KSML3\TU2-2.bmp，并设置图片大小为缩放 25%，环绕方式为四周型。
- 按【样文 3-1A】所示，为第 2 段中的文本“骨干”插入尾注“核心、中心、精髓部分。”。

4．插入、绘制文档表格：按【样文 3-1B】所示，在文档尾部插入一个 3 行 5 列的表格，并自动套用“流行型”的格式。

5．文档的整理、修改和保护：保护文档的窗体，密码为“KSRT”。

【样文 3-1A】

信任的力量　　　　第 1 页 共 1 页

信任的力量

有一个年轻人，好不容易获得一份销售工作，勤勤恳恳干了大半年，非但毫无起色，反而在几个大项目上接连失败。而他的同事，个个都干出了成绩。他实在忍受不了这种痛苦。在总经理办公室，他惭愧地说，可能自己不适合这份工作。“安心工作吧，我会给你足够的时间，直到你成功为止。到那时，你再要走我不留你。”老总的宽容让年轻人很感动。他想，总应该做出一两件像样的事来再走。于是，他在后来的工作中多了一些冷静和思考。

过了一年，年轻人又走进了老总的办公室。不过，这一次他是轻松的，他已经连续七个月在公司销售排行榜中高居榜首，成了当之无愧的业务骨干[1]。原来，这份工作是那么适合他！他想知道，当初，老总为什么会将一个败军之将继续留用呢？

“因为，我比你更不甘心。”老总的回答完全出乎年轻人的预料。老总解释道：“记得当初招聘时，公司收下 100 多份应聘材料，我面试了 20 多人，最后却只录用了你一个。如果接受你的辞职，我无疑是非常失败的。我深信，既然你能在应聘时得到我的认可，也一定有能力在工作中得到客户的认可，你缺少的只是机会和时间。与其说我对你仍有信心，倒不如说我对自己仍有信心，我相信没有用错人。”

1 核心、中心、精髓部分。

【样文 3-1B】

第 4 章　文档高级编排技术

Word 2003 提供了一些高级的文档编辑和排版技术，例如，可以应用样式快速格式化文档，可以利用邮件合并功能批量制作文档等，这些编辑功能和排版技术为文字处理提供了强大的支持。

本章重点：

- 应用样式
- 使用主控文档
- 书签的应用
- 插入题注和交叉引用
- 制作文档目录
- 邮件合并功能

4.1 应用样式

样式就是指一组已经命名的字符样式或者段落样式。每个样式都有唯一确定的名称，用户可以将一种样式应用于一个段落，或段落中选定的一部分字符之上。按照这种样式定义的格式，能够快速地完成段落或字符的格式编排，而不必逐个选择各种样式指令。

4.1.1 使用样式

样式是存储在 Word 中的一组段落或字符的格式化指令，Word 2003 中的样式分为字符样式和段落样式：

- 字符样式是指用样式名称来标识字符格式的组合，字符样式只作用于段落中选定的字符，如果要突出段落中的部分字符，那么可以定义和使用字符样式。字符样式只包含字体、字形、字号、字符颜色等字符格式的信息。
- 段落样式是指用某一个样式名称保存的一套段落格式，一旦创建了某个段落样式，就可以为文档中的一个或几个段落应用该样式。段落样式包括段落格式、制表符、边框、图文框、编号、字符格式等信息。

1. 利用“样式和格式”任务窗格使用样式

Word 2003 的“样式和格式”任务窗格提供了方便使用样式的用户界面，在文档中使用样式的具体步骤如下：

（1）在文档中单击“格式”|“样式和格式”命令，打开“样式和格式”任务窗格，如图 4-1 所示。

（2）选中要应用样式的段落或将鼠标定位在要应用样式的段落中，在“所选文字的格式”文本框中显示出当前段落的格式如图 4-1 所示。

（3）在“请选择要应用的格式”区域内列出了一系列的样式列表，如单击“标题 1”样式，选中的段落就被应用了该样式，同时在“所选文字的格式”文本框中显示出应用的样式，如图 4-2 所示。

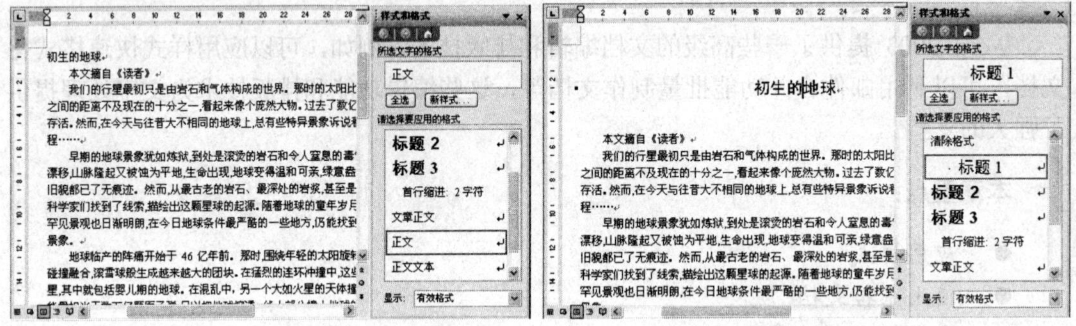

图 4-1 “样式和格式”任务窗格　　图 4-2 应用样式后的效果

2. 利用样式列表使用样式

在文档中不仅可以通过“样式和格式”任务窗格应用样式，而且还可以利用样式列表快速应用样式，具体步骤如下：

（1）在文档中选中要应用样式的段落或文本。

（2）单击“格式”工具栏中的“样式”组合框 正文 右侧的下三角箭头，打开一个样式列表，如图 4-3 所示。

（3）在样式列表中单击要应用的样式即可。

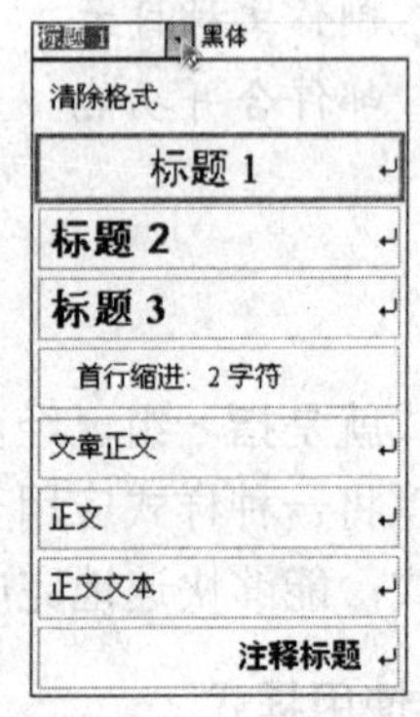

图 4-3 样式列表

4.1.2 创建样式

Word 2003 提供了许多常用的样式，如正文、脚注、各种标题、索引、目录、行号等。对于一般的文档这些内置样式还是能够满足需要的，但在编辑复杂的文档时，这些内置的样式常常不能满足要求，用户可以自己定义新的样式来满足特殊排版格式的需要。

例如，要在文档中创建“段落 1”样式新样式，要求以正文为基准样式，字体为仿宋，字形为加粗，加着重号，段前、段后间距各为 0.5 倍行距，具体步骤如下：

（1）单击“格式”|“样式和格式”命令，打开“样式和格式”任务窗格，在任务窗格中单击“新样式”按钮，打开“新建样式”对话框，如图 4-4 所示。

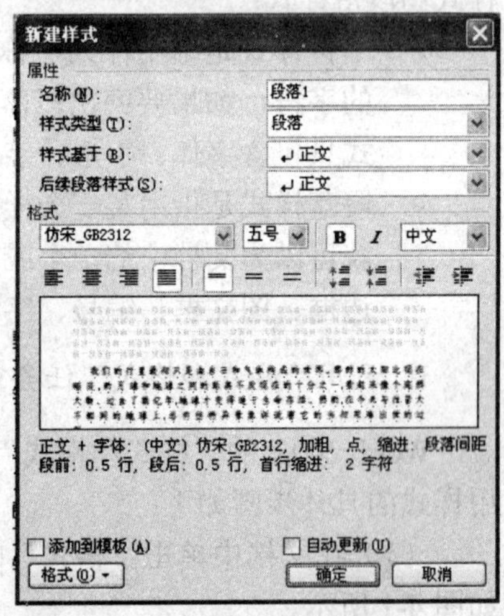

图 4-4 “新建样式”对话框

（2）在“名称”文本框中，输入用户自定义的样式名称“段落 1”，默认名为“样式 1”。

（3）在“样式类型”框中，选择样式类型“字符”或“段落”，本例选用“段落”。

（4）在默认情况下，Word 2003 将把当前段落的样式作为新样式的基准样式。任何已定义的样式都可被指定为“基准样式”，这里选择“正文”。如果不想为新样式指定基准样式，则可选择“无样式”。

（5）在“后续段落样式”框中，为自定义的段落样式指定一个后续段落的样式，这里选择“正文”。

（6）单击“格式”按钮打开一个菜单，在菜单中选择“字体”命令，打开“字体”对话框。在对话框中设置字体为仿宋、字形为加粗，并加着重号。

（7）单击“格式”按钮打开一个菜单，在菜单中选择“段落”命令，打开“段落”对话框，单击“缩进与间距”选项卡。在“间距”区域的“段前”文本框中选择或输入“0.5 行”，在“段后”文本框中选择或输入“0.5 行”。

（8）单击“确定”按钮，返回到“新建样式”对话框。

（9）如果选中“添加到模板”复选框，则可将创建的样式添加到模板中，单击“确定”按钮，新创建的样式已经出现在“样式和格式”任务窗格中了，如图 4-5 所示。

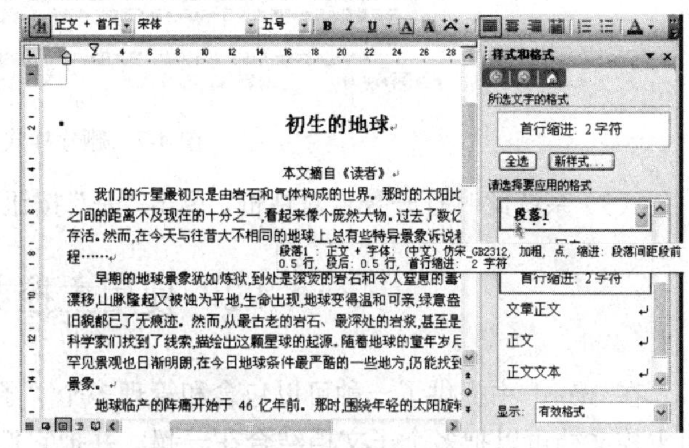

图 4-5　新创建的样式

提示：

所谓“基准样式”，就是新建样式在其基础上进行修改的样式；“后继段落样式”就是应用该段落样式后面段落默认的样式。

4.1.3　修改样式

如果用户对已有样式不满意可以对其进行修改，对于内置样式和自定义样式都可以进行修改。修改样式后，Word 会自动使文档中使用这一样式的文本格式都进行相应的改变。

在“样式和格式”任务窗格中“请选择要应用的格式”区域内选中要修改的样式。单击该样式右侧的下三角箭头，在下拉列表中选择“修改”选项，出现“修改样式”对话框，如图 4-6 所示。在对话框中用户可以根据需要对样式中的格式进行修改。

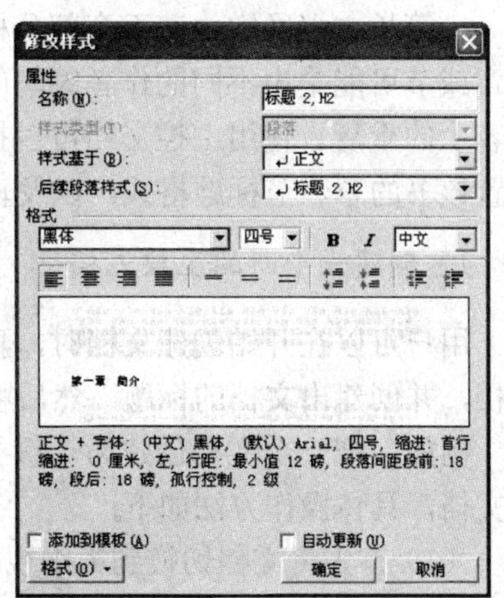

图 4-6　“修改样式”对话框

4.1.4　删除样式

对于那些没用的样式用户可以将它删除，在删除样式时系统内置的样式是不会被删除的，只有用户自己创建的样式才可以被删除。删除样式的具体步骤如下：

（1）单击“格式”|“样式和格式”命令，打开“样式和格式”任务窗格。

（2）在“请选择要应用的样式”列表中单击要删除样式右侧的下三角箭头，在下拉菜单中选择“删除”命令，如图 4-7 所示。

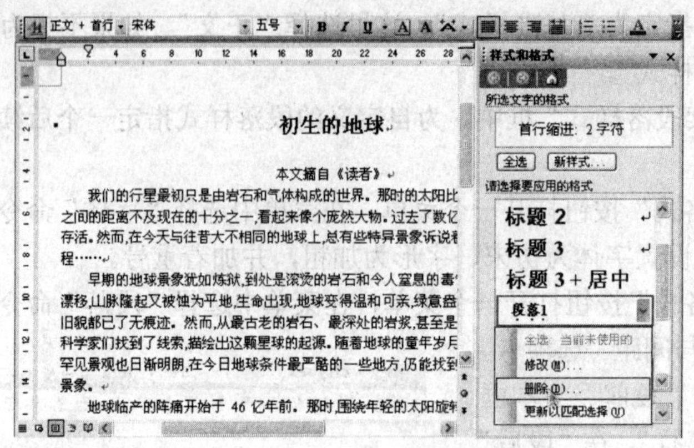

图 4-7　删除样式

（3）系统此时打开警告对话框，单击“是”按钮，则选中的样式将从样式列表中消失。

4.2　使用主控文档

在 Word 中提供了一种可以包含和管理多个“子文档”的文档，这就是主控文档。使用主控文档可以把多个子文档结合在一起，并把它们当作一个文档来处理，如使用主控文档将多个子文档当作一个整体来编辑页码或进行打印等。

4.2.1　创建主控文档

一篇长文档经常由若干个部分构成，例如，一本书可能由多个章和节组成，这些不同的章或节可能是由不同的作者编写的。这种情况下很可能会出现风格与格式上的不一致或内容上的重复。使用主控文档可以把一本书的所有章、节组合成一个文档，用户可以统一设置该书的章、节标题格式，以及正文、题注、交叉引用等格式。

1. 创建一个新的主控文档

用户可以在开始创建文档时，直接将文档创建为主控文档，即首先创建一个新的主控文档，并创建出文档的标题，然后将这些标题分配给若干个子文档。

例如，把一个文档创建为一级主控文档，把该文档下面的节“6.7 本章练习”创建成子文档，具体操作方法如下：

（1）首先将文档切换到大纲视图，选中“6.7 本章练习”节标题及下面的所有小标题。

（2）单击“大纲”工具栏中的“创建子文档”按钮 ，则该标题被设置为一个子文档，这个标题的样式成为子文档的起始标题样式。Word 用一个虚线框来标识该子文档，以区别主文档中的内容和其他子文档，如图 4-8 所示。

（3）单击“文件”|“另存为”命令，打开“另存为”对话框，在对话框中为主控文档命名，并选择文档的保存位置，单击“保存”按钮，Word 将自动保存主控文档和所有创

建的子文档，并且以子文档的第一行文本作为子文档的文件名。

如果用户要以当前文档的名称保存主控文档，则直接单击“保存”按钮即可。

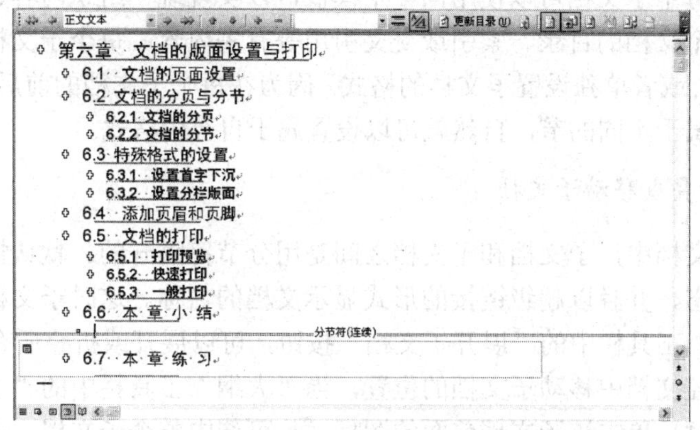

图 4-8 创建子文档

2. 给子文档重新命名

在主控文档中创建子文档时，系统默认地用子文档的第一行文本作为文档的名称。为了便于记忆和维护，可以给子文档重新命名。要给子文档重命名，不能使用操作系统提供的资源管理器或者 MS-DOS，否则主控文档将无法找到或识别子文档。

给子文档重新命名的具体操作步骤如下：

（1）打开主控文档，单击“大纲”工具栏中的“折叠子文档”按钮 ，所有子文档处于折叠状态，如图 4-9 所示。

（2）将鼠标移至子文档，则会出现如图 4-9 所示的提示，根据提示，按住 Ctrl 键单击鼠标，系统将打开这个子文档。

（3）单击“文件”|“另存为”命令，把该子文档更名保存。

（4）单击“文件”|“关闭”命令，关闭子文档窗口并返回到主控文档。

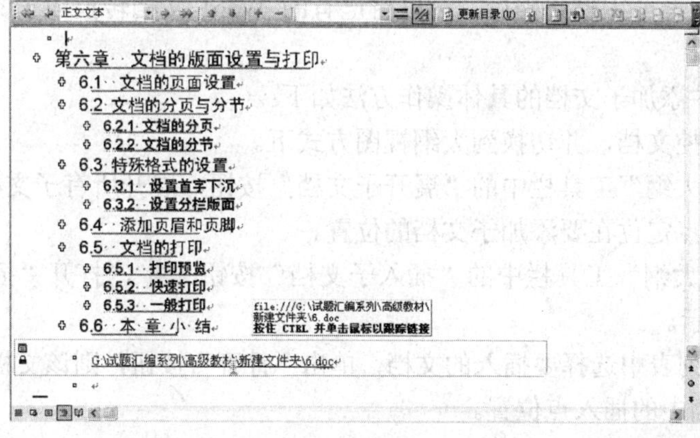

图 4-9 处于折叠状态下的主控文档

4.2.2 主控文档中的编辑操作

主控文档和每个子文档可以使用同一个模板，以实现统一组织内容、统一设置文档格式、统一编排整个文档的目录、索引或交叉引用等有关内容。每个子文档可以使用与主控文档不同的模板，或者单独设置子文档的格式。因为在每个子文档的前后都插入了分节符，每个子文档既然属于不同的节，自然就可以设置属于自己的格式。

1. 展开、折叠或移动子文档

在一个主控文档中，子文档和子文档之间是用分节符隔开的。默认情况下，每个子文档都处于折叠状态，并且以超级链接的形式显示文档的名称。这时子文档的正文是看不到的，单击“大纲”工具栏中的“展开子文档”按钮，可以展开或折叠所有的子文档。

如果要在主控文档中移动子文档的位置，当“大纲”工具栏中的“主控文档视图”按钮处于按下状态时，单击该子文档前面的图标 可选中整个子文档，用鼠标拖动子文档到新的位置即可。如果只移动或复制子文档中的部分内容，则要在展开所有的子文档后，切换到普通视图或页面视图方式下，然后按照常规的方法移动或复制文本。

2. 编辑单个子文档

在主控文档中，用户可以对某个子文档进行单独编辑，具体操作方法如下：

（1）在主控文档中，使“大纲”工具栏中的“主控文档视图”按钮处于按下状态。

（2）将鼠标移至要进行编辑的子文档前面的图标上。

（3）双击该图标，系统将单独打开这个子文档，用户可以像编辑一般文档一样对子文档进行编辑操作。

提示：

将鼠标移至子文档，根据提示，按住 Ctrl 键单击鼠标，系统也将打开这个子文档。

3. 在主控文档中添加子文档

当用户创建了一个主控文档后，可以将已有的 Word 文档转换成子文档直接插入到主控文档中。

在主控文档中添加子文档的具体操作方法如下：

（1）打开主控文档，并切换到大纲视图方式下。

（2）单击“大纲”工具栏中的“展开子文档”按钮，展开所有子文档。

（3）将插入点定位在要添加子文档的位置。

（4）单击“大纲”工具栏中的“插入子文档”按钮 ，打开“插入子文档”对话框，如图 4-10 所示。

（5）在文档列表中选择要插入的文档，单击“打开”按钮，则该文档作为一个子文档被插入到主控文档中的插入点位置。

图 4-10　选择要插入的子文档

4. 删除子文档

在删除子文档时，用户可以利用“大纲”工具栏中的“删除子文档”按钮删除子文档，不过此时只是断开了该子文档与主控文档的联系，这时的子文档依然存在。

删除子文档的具体操作方法如下：

（1）打开主控文档，并将所有的子文档展开。

（2）单击要删除的子文档前面的图标将其选中。

（3）单击“大纲”工具栏中的“删除子文档” 按钮，这时该子文档的内容被复制到主控文档中，成为主控文档的一部分。如果要彻底把该子文档中的内容从主控文档中删除，按键盘上的 Delete 键即可。

提示：

在操作主控文档时不要轻易删除分节符，否则可能会将不同文档合并在一起。

4.3　查找与替换

查找和替换是一个字处理程序中非常有用的功能，Word 2003 允许对文字甚至文档的格式进行查找和替换。Word 2003 强大的查找和替换功能使在整个文档范围内枯燥的修改工作变得方便迅速和有效。

4.3.1　查找文本

在文档中进行查找文本的具体步骤如下：

（1）将插入点定位在文档中的任意位置。

（2）单击“编辑”|“查找”命令，打开“查找和替换”对话框，如图 4-11 所示。

（3）在“查找内容”文本框中输入要查找的内容，如“查找”，单击“查找下一处”按钮，Word 就开始进行查找。如果找到了要查找的内容就会将其反白显示。若要继续查找，再次单击“查找下一处”按钮。

（4）单击“取消”按钮，关闭“查找和替换”对话框，返回到文档中。

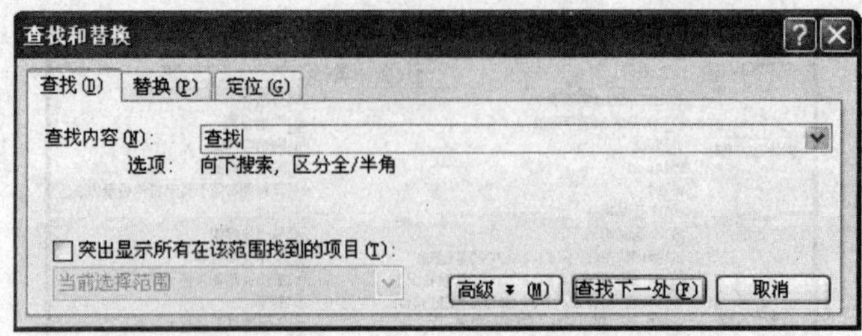

图 4-11　在文档中执行查找操作

注意：

如果要一次选中所有的指定内容，在“查找和替换”对话框中选中“突出显示所有在该范围找到的项目”复选框，然后在下面的列表中选择查找范围，此时“查找下一处”按钮变为“查找全部”按钮。单击“查找全部”按钮，Word 就会将所有指定内容选中。

4.3.2　替换文本

在文档中执行替换操作的具体步骤如下：

（1）将插入点定位在文档中的任意位置。

（2）单击“编辑”|“替换”命令，打开“查找和替换”对话框，如图 4-12 所示。

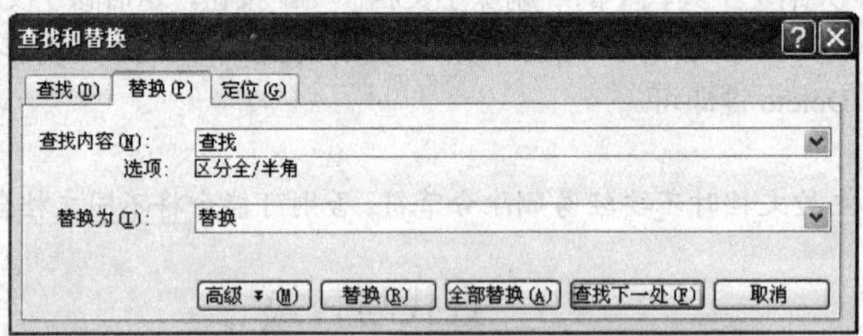

图 4-12　在文档中执行替换操作

（3）在“查找内容”文本框中输入要替换的内容，如“查找”，在“替换为”文本框中输入要替换成的内容，如“替换”。

（4）单击“查找下一处”按钮，系统从插入点处开始向下查找，查找到的内容反白显示在屏幕上。

（5）单击“替换”按钮将会把该处的“查找”替换成“替换”，并且系统继续查找。如果查找的内容不是需要替换的内容，可以单击“查找下一处”按钮继续查找。

（6）替换完毕，单击“取消”按钮关闭对话框。

注意：

如果用户确信所有查找到的文本“查找”都可以替换为“替换”，则可以单击“全部替换”按钮，将所有文本“查找”全部替换为“替换”。

4.4　书签的应用

在平时读书时，用户可能会使用书签来标记书中的某一位置，以便以后能迅速找到这一位置。Word 2003 也有书签的功能，Word 2003 的书签是为了进行引用而命名的位置或选定的文本。Word 2003 以指定的名称标记这个位置或选定的文本。用户可以用书签在文档中跳转到特定的位置，书签不显示在屏幕上，也不能打印出来。

4.4.1　添加书签

添加书签就是为文档中指定的位置或选中的文本添加一个特定标记。

在文档中添加书签的具体步骤如下：

（1）将插入点定位在文档中要插入书签的位置。

（2）单击“插入”|“书签”命令，打开“书签”对话框，如图 4-13 所示。

（3）在对话框中的“书签名”文本框中输入新建立的书签名称，书签名中可以出现字母、数字、下划线、汉字等，但必须以字母或汉字开头。

（4）单击“添加”按钮，书签将被添加到文档中。

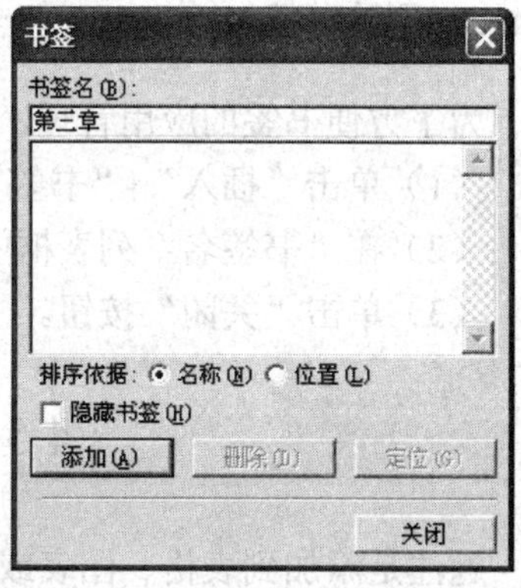

图 4-13　“书签”对话框

4.4.2　定位书签

插入书签的目的是为了定位文档，用户可以利用“书签”对话框定位书签，还可以利用“定位”命令定位书签。

1. 利用“书签”对话框定位书签

用户可以利用“书签”对话框来定位文档中的书签，具体步骤如下：

（1）单击“插入”|“书签”命令，打开“书签”对话框。

（2）在书签名列表中选择要定位到的书签。

（3）单击“定位”按钮，即可将插入点定位到书签所在位置。

2. 利用“定位”命令定位书签

另外，用户还可以使用“查找和替换”对话框来定位书签，具体步骤如下：

（1）单击“编辑”|“定位”命令或直接按 F5 键，打开“查找和替换”对话框，单击“定位”选项卡，如图 4-14 所示。

（2）在“定位目标”列表中选择“书签”选项。

（3）在“请输入书签名称”文本框中输入书签名或在下拉列表中选择相应的书签。

（4）单击“定位”按钮，即可将插入点定位到书签所在的位置。

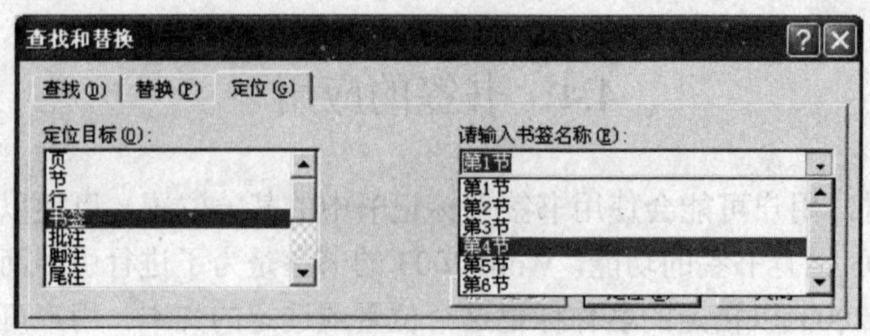

图 4-14 利用“定位”命令定位书签

4.4.3 删除书签

为了方便书签的应用管理，用户可以根据需要将无用的书签删除，具体步骤如下：

（1）单击“插入”|“书签”命令，打开“书签”对话框。

（2）在“书签名”列表框中选中要删除的书签，单击“删除”按钮。

（3）单击“关闭”按钮。

4.5 插入题注和交叉引用

题注是添加到表格、图表或其他项目上的编号标签，如“图表 1”。交叉引用是对文档中其他位置的内容的引用。

4.5.1 添加题注

题注就是为图形、表格或其他项目添加的编号标签，并且 Word 还可以自动地调整题注的编号。Word 2003 提供两种添加题注的方法：手工创建和自动添加题注。

1. 手工添加题注

用户可以为图形、表格或其他项目手工添加题注，每个题注的格式和内容由用户自己添加。例如，为文档中的图片添加题注，具体操作方法如下：

（1）在文档中选中要添加题注的图片。

（2）单击“插入”|“引用”|“题注”命令，打开“题注”对话框，如图 4-15 所示。

（3）在选项区域的“标签”下拉列表中选择“图”，在“位置”下拉列表中选择“所选项目下方”。

（4）此时在“题注”文本框中将显示“图 1”。用户可以根据需要对“题注”文本框中的文本进行编辑，然后单击“确定”按钮，题注被添加到图片的下面，效果如图 4-16 所示。

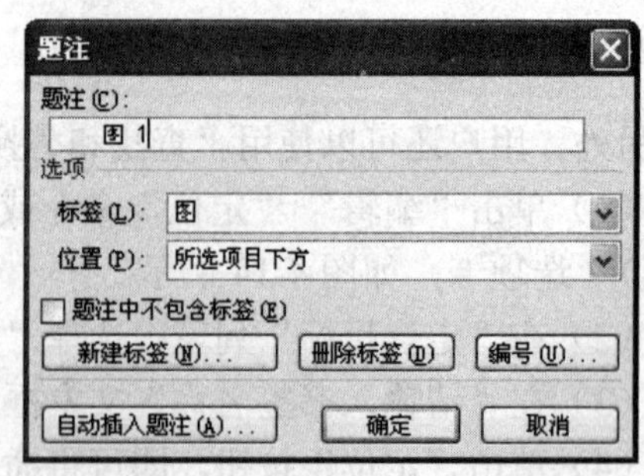

图 4-15 “题注”对话框

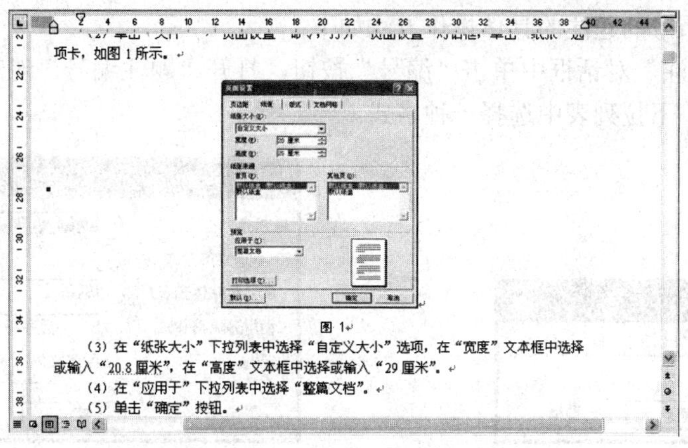

图 4-16　为结构图添加题注后的效果

2. 自动插入题注

使用手工创建题注用户需要对每一个需要添加题注的图片、表格等项目逐一添加。Word 2003 还提供了自动插入题注的功能，用户设置题注的格式和样式，然后 Word 2003 会按照要求自动添加题注，具体操作方法如下：

（1）单击“插入”|“引用”|“题注”命令，打开“题注”对话框。在对话框中单击“自动插入题注”按钮，打开“自动插入题注”对话框，如图 4-17 所示。

（2）在“插入时添加题注”列表中选择希望自动添加题注的项目类型。

（3）在“选项”区域对要自动添加的题注进行设置。

（4）单击“确定”按钮，这样每次在文档中插入相应类型的项目时，Word 2003 都会自动为其添加题注。

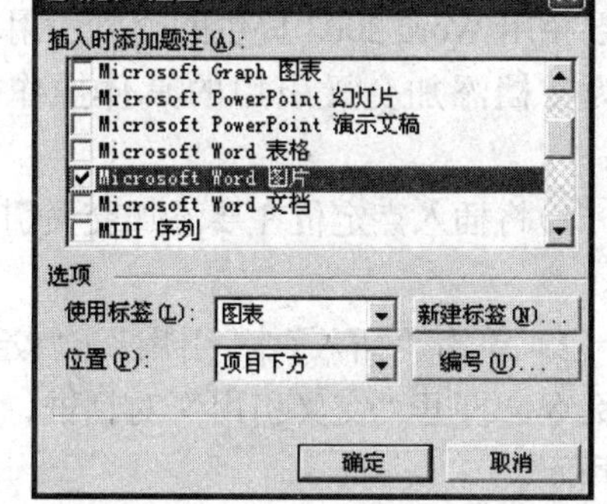

图 4-17　“自动插入题注”对话框

3. 自定义题注标签

如果系统提供的标签不能满足需要，用户可以创建自己喜爱的标签。自定义标签的具体操作方法如下：

（1）在“自动插入题注”对话框中单击“新建标签”按钮，打开“新建标签”对话框，如图 4-18 所示。

（2）在“标签”文本框中输入用户自定义的标签。

（3）单击“确定”按钮，返回到“题注”对话框，新的标签就添加到“标签”列表中。

4. 创建包含章节号的题注

在要创建包含章节号的题注时，在文档中章节标题应用一种独特的标题样式，比如，章节标题使用“标题 1”样式，那么，就不要再对文档中的其他文本应用“标题 1”样式。

创建包含章节号的题注的具体操作方法如下：

（1）在“题注”对话框中单击“编号”按钮，打开“题注编号”对话框，如图 4-19 所示。在“格式”下拉列表中选择一种格式。

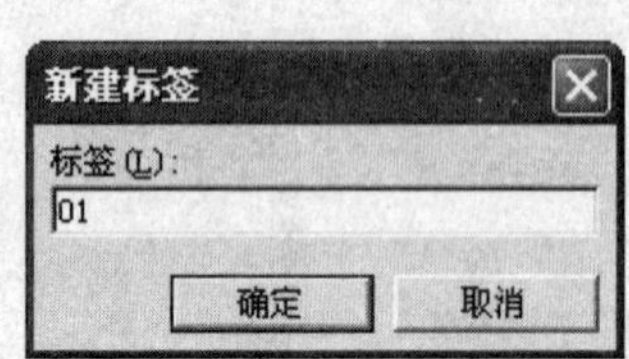

图 4-18 “新建标签”对话框

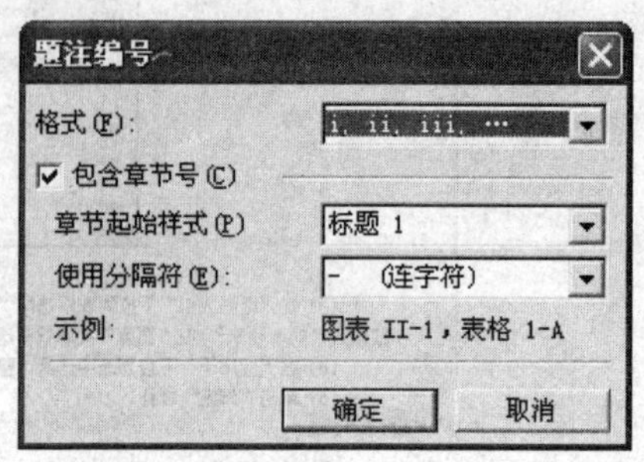

图 4-19 “题注编号”对话框

（2）选中“包含章节号”复选框，在“章节起始样式”下拉列表中选择一种样式，在“使用分隔符”下拉列表中选择一种分隔符。

（3）单击“确定”按钮。

4.5.2 添加交叉引用

在一篇较长的文档中，不同的地方可能需要相互引用，也可能需要多次引用同一内容，如后面引用前面已论述的观点，或在前面使用“详见某章某节”来指定引用的内容等，这都需要使用 Word 2003 提供的交叉引用功能。

为文档添加交叉引用的具体操作方法如下：

（1）将插入点定位在要添加交叉引用的位置。

（2）单击“插入”|“引用”|“交叉引用”命令，打开“交叉引用”对话框，如图 4-20 所示。

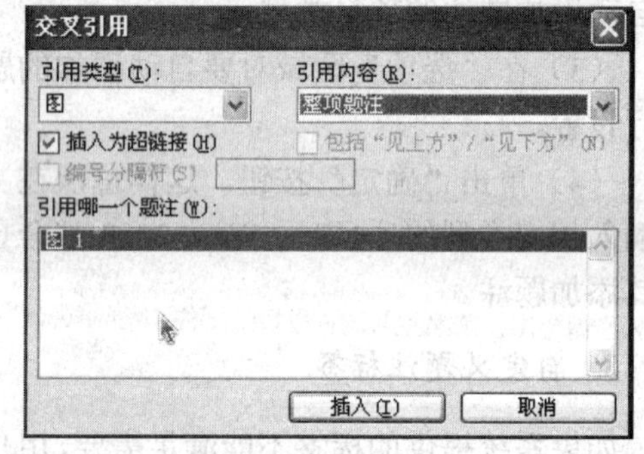

图 4-20 “交叉引用”对话框

（3）在“引用类型”下拉列表中选择一种引用的类型，例如，这里选择“图”。

（4）在“引用内容”下拉列表中选择需要引用的类型，例如，这里选择“整项题注”

（5）选中“插入为超链接”复选框，在“引用哪一个题注”列表中选择要引用的题注。

（6）单击“插入”按钮，此时的“取消”按钮变为“关闭”按钮。

（7）单击“关闭”按钮，在文档中添加交叉引用的效果，如图 4-21 所示。

提示：

在文档中添加的交叉引用其实是以域的方式插入到文档中的。它可以为用户提供快速的跳转功能，用户只要将鼠标指向它，将会出现一个屏幕提示，如图 4-21 所示，根据提示按住 Ctrl 键，单击鼠标就可以跳转到引用位置。

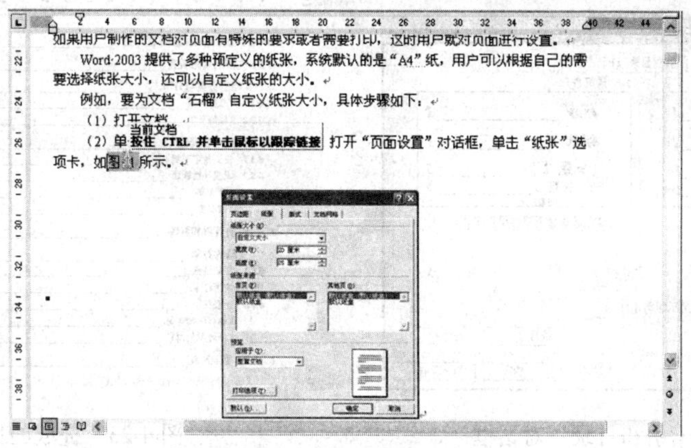

图 4-21　插入的交叉引用

4.6　制作文档目录

当用户浏览一篇长文档时，如果有一个目录，用户将会很快知道自己要找的东西在哪里，从而节省更多的查找时间。目录的功能就是列出文档中的各级标题以及各级标题所在的页码，通过目录用户可以对文章的大致内容有所了解。

4.6.1　提取目录

Word 2003 具有自动编制目录的功能，编制好目录后，用户只要单击目录中的某页的页码，就可以跳转到该页码对应的标题。

将文档的目录提取出来的具体步骤如下：

（1）将插入点定位在要插入目录的位置。

（2）单击“插入”|“引用”|“索引和目录”命令，打开“索引和目录”对话框，单击“目录”选项卡，如图 4-22 所示。

（3）在“格式”下拉列表中选择一种目录格式，例如，选择“优雅”，用户可以在“Web 预览”框中看到该格式的目录效果。

（4）在“显示级别”文本框中选择或输入目录显示的级别，例如，选择“4”。

（5）选中“显示页码”复选框，将在目录的每一个标题后面显示页码。

（6）选中“页码右对齐”复选框，则目录中的页码居右对齐。

（7）在“制表符前导符”下拉列表框中可以指定标题与页码之间的分隔符。

（8）如果选中“使用超链接而不使用页码”复选框，则在“Web 预览”视图中提取的目录以超链接的形式显示。

（9）单击“确定”按钮，目录将被提取出来并插入到文档中，如图 4-23 所示。

目录是以域的形式插入到文档中的，目录中的页码与原文档有一定的联系，当把鼠标指向提取出的目录时会给出一个提示，根据提示按住 Ctrl 键，然后单击目录标题或页码，则会跳转至文档中的相应标题处。

图 4-22 “索引和目录”对话框　　　　图 4-23 提取的目录

4.6.2 更新目录

目录被提取出来以后，如果在文档中增加了新的目录项或在文档中进行增加或删除文本操作时引起了页码的变化，此时可以更新目录，具体步骤如下：

（1）选中需要更新的目录，被选中的目录发暗。

（2）在目录上单击鼠标右键，打开一快捷菜单，在打开的快捷菜单中选择“更新域”命令，打开“更新目录”对话框，如图 4-24 所示。

（3）如果选中“只更新页码”单选按钮，则只更新目录中的页码，保留原目录格式；如果选中“更新整个目录”单选按钮，则重新编辑更新后的目录。

（4）单击“确定”按钮，系统将对目录进行更新。在更新的过程中系统将询问是否要替换目录，单击“是”则删除当前的目录并插入新的目录，单击“否”将在另外的位置插入新的目录。

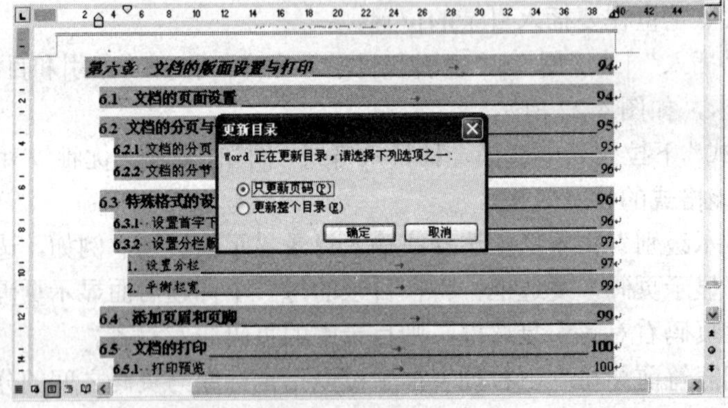

图 4-24 更新目录

4.7 文档的摘要和统计

为文档创建一个言简意赅的摘要是十分必要的，用户可以通过摘要来理解文档的大意。Word 2003 具有自动创建摘要的功能，尽管摘要不一定能够找出所有的重要部分，甚至有时还会突出显示一些不重要的部分，但编制摘要毕竟可以帮助用户了解文档的大意。

当一个文档编辑结束后，用户可以利用系统提供的统计功能来查看文档的页数、行数、中文字数等信息。

4.7.1　创建摘要

Word 2003 在创建摘要时首先对整篇文档进行检查，然后选出与主题关系密切的语句。创建摘要的具体操作方法如下：

（1）单击“工具”|“自动编写摘要”命令，打开“自动编写摘要”对话框，如图 4-25 所示。

（2）在“摘要类型”区域选择摘要的类型，例如，选择“突出显示要点”。

（3）在“摘要长度”区域的“相当于原长的百分比”文本框的下拉列表中选择摘要的长度，在开始创建摘要时摘要可以比实际需要的长一些，然后删除一些多余信息。例如，选择“25%”。

（4）单击“确定”按钮，创建文档摘要后的效果，如图 4-26 所示。

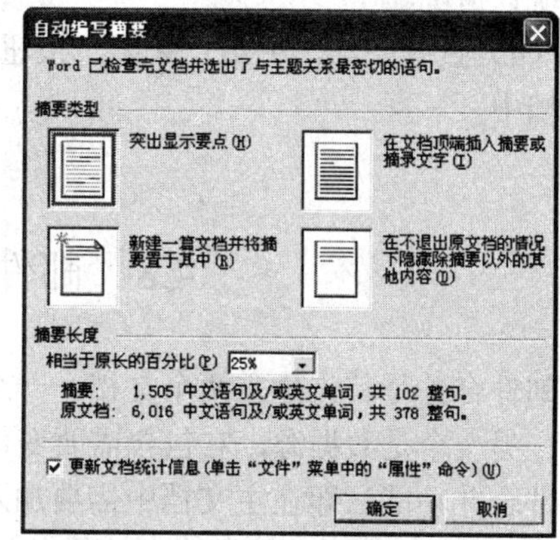

图 4-25　“自动编写摘要”对话框

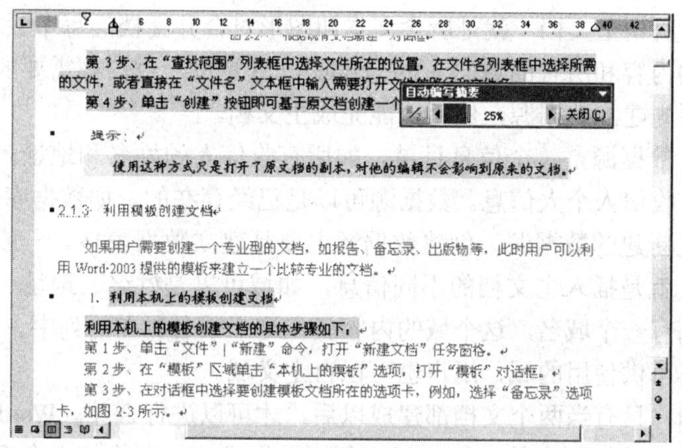

图 4-26　自动编写的文档摘要

在创建摘要后，将会自动显示出“自动编写摘要”工具栏，用户可以滚动文档查看要点，也可以单击“自动编写摘要”工具栏中的“突出显示/只显示摘要”按钮，按用户的要求显示摘要。用户还可以拖动“自动编写摘要”工具栏上的滚动条来增加或减少摘要的长度。

4.7.2　统计文档的字数

Word 2003 自动跟踪和保存文档的大量信息，当一篇文档编辑好后，用户可以统计文档的某一段或全文的页数、字数、段落数以及行数。

统计文档信息的具体操作方法如下：

（1）选中要统计的文本，如果将插入点定位到文档中，则表示要统计整个文档的文本。

（2）单击“工具”|“字数统计”命令，打开“字数统计”对话框，如图 4-27 所示。

（3）在对话框的统计信息区域列出了对文档的统计情况。

（4）查看完毕，单击“关闭”按钮，返回到文档中。

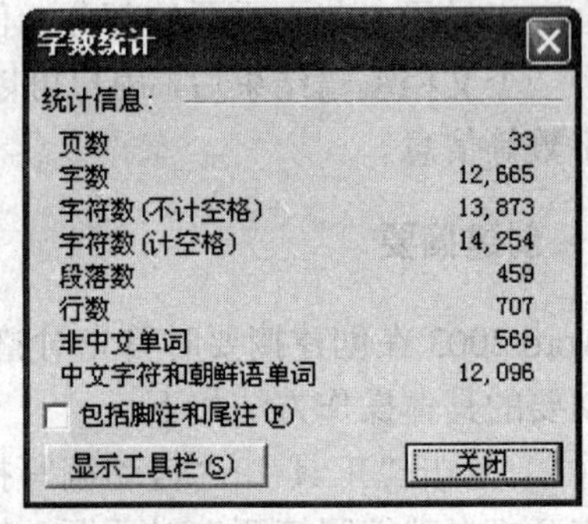

图 4-27 “字数统计”对话框

4.8 邮件合并功能的应用

邮件合并是首先建立两个文档：一个主文档，它包括报表、信件或录取通知书共有的内容；另一个是数据源，它包含需要变化的信息，如姓名、地址等。然后利用 Word 提供的邮件合并功能，即在主文档中需要加入变化的信息的地方插入称为合并域的特殊指令，指示 Word 在何处打印数据源中的信息，以便将两者结合起来。这样 Word 便能够从数据源中将相应的信息插入到主文档中。

关于邮件合并过程中的基本概念有：

- 主文档：所谓主文档，就是所含文本和图形对合并文档的每个版本都相同的文档，即信件的内容和所含的域码（file code），这是每一封信都需要的内容。在建立主文档前要先建立数据源，然后才能完成主文档。
- 数据源：数据源是一个信息目录，如所有收信人的姓名和地址，它的存在使得主文档具有收信人个人信息。数据源可以是已经存在的，如数据库、电子通讯簿等，也可以是新建的数据源。创建数据源主要是建立数据表格。一般第一行是域名。所谓域，就是插入主文档的不同信息，如域可以是姓名、地址、地区、电话等。每个域都有一个域名，这个域的内容就在这个域名所在的列中。Word 数据源中预先设定了可供使用的域，用户也可以自定义域。
- 合并文档：只有当两个文档都建成以后，才可以进行合并。Word 将生成一个大的文档，按照数据源中的记录，每一条记录生成一封有收信人个人信息的信件。这个最终生成的文档可以打印，也可以保存。

4.8.1 创建主文档

主文档可以是信函、信封、标签或其他格式的文档，在主文档中除了包括那些固定的信息外还包括一些合并的域。

1. 创建信函主文档

用户可以创建一个新文档作为信函主文档，另外，用户也可以将一个已有的文档转换成信函主文档。例如，用户要创建一个新文档作为练车通知单信函，具体操作方法如下：

（1）创建一个新的 Word 文档，单击“工具”|“信函与邮件”|“邮件合并”命令打开“邮件合并”任务窗格，如图 4-28 所示。

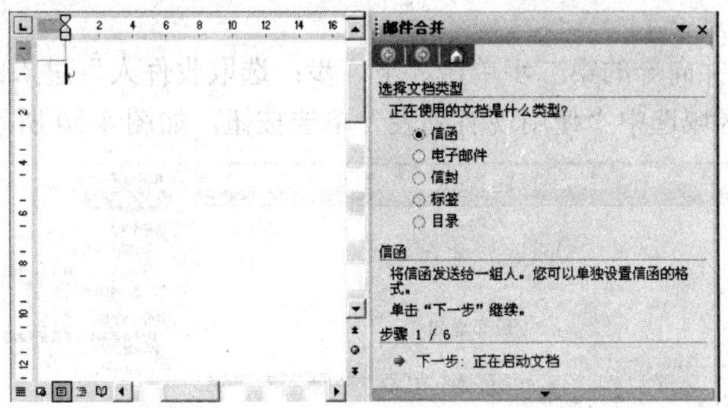

图 4-28　“邮件合并”任务窗格

（2）在任务窗格中的“选择文档类型”区域选中“信函”单选按钮，单击“下一步：正在启动文档”进入邮件合并第二步，如图 4-29 所示。

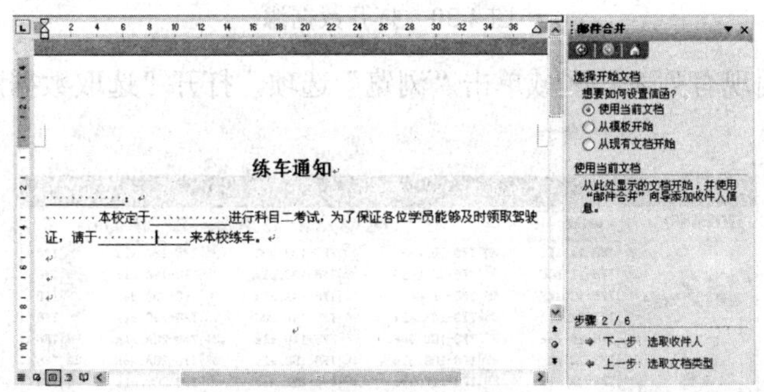

图 4-29　创建的信函主文档

（3）在“想要如何设置信函”区域选中“使用当前文档”单选按钮。

（4）在主文档中对文档的内容进行编辑，图 4-29 所示即是创建信函主文档的效果。

2. 信封与标签

信封和标签也是用户在进行邮件合并时最常用的两种主文档格式，包括一些寄信人的地址、邮编、收信人的姓名等。信封用来把信件装入其中，而标签则用来粘贴在信封、明信片、包裹等邮件的表面。它除了可制作邮件标签之外，还可以制作明信片、名片等。制作标签时用户可以利用邮件合并向导进行制作，另外，如果制作的标签比较简单，例如，不需要插入合并域，此时用户可以直接创建标签文档。

4.8.2　打开或创建数据源

主文档信函创建好了，但还需要明确被通知的学员、考试的时间、练车的时间等信息，在邮件合并操作中这些信息以数据源的形式存在。

1. 打开数据源

用户可以使用多种类型的数据源，例如，Microsoft Word 表格、Microsoft Outlook 联系人列表、Microsoft Excel 工作表、Microsoft Access 数据库和文本文件等。

如果在计算机上存在要使用的数据源，用户可以在邮件合并的过程中直接打开数据源，具体操作方法如下：

（1）在邮件合并向导的第二步单击“下一步：选取收件人”进入邮件合并的第三步，在“选择收件入”区域选中“使用现有列表”单选按钮，如图 4-30 所示。

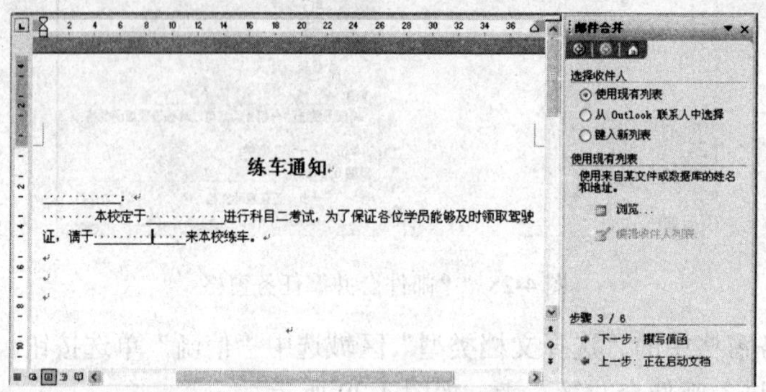

图 4-30　打开数据源

（2）在“使用现有列表”区域单击“浏览”选项，打开“选取数据源”对话框，如图 4-31 所示。

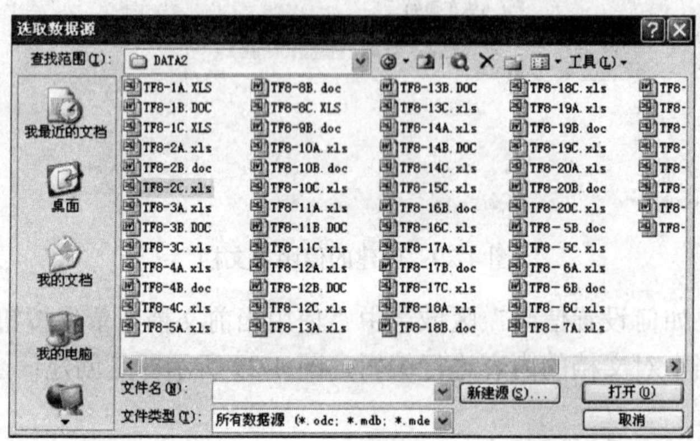

图 4-31　“选取数据源”对话框

（3）在对话框中单击所需要的数据源，单击“打开”按钮，出现“选择表格”对话框，如图 4-32 所示。

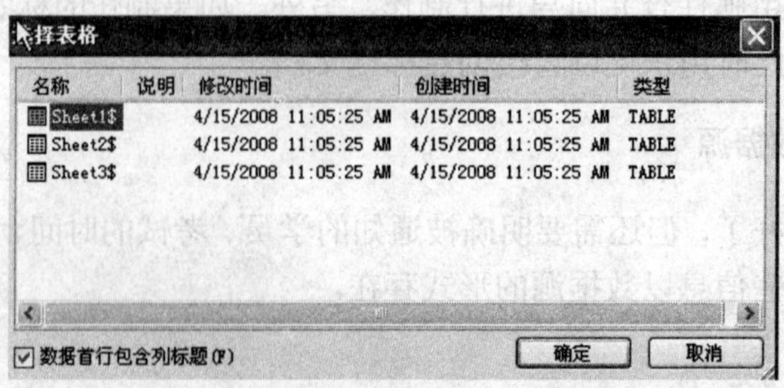

图 4-32　“选择表格”对话框

（4）在“选择表格”对话框中选中“Sheet1$”，单击“确定”按钮出现“邮件合并收件人”对话框，如图 4-33 所示。

（5）单击“确定”按钮完成数据源的打开工作。

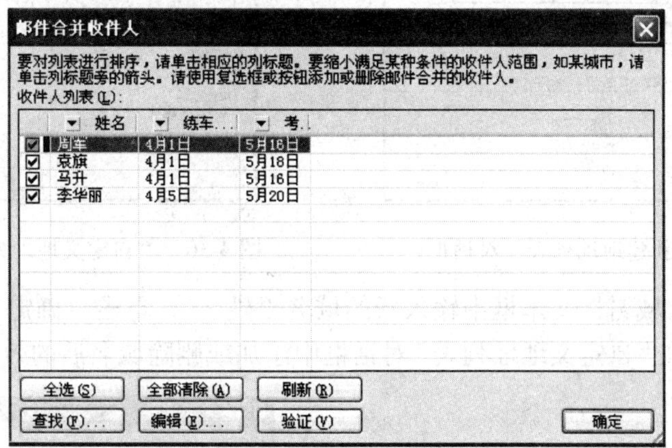

图 4-33　“邮件合并收件人”对话框

2. 创建数据源

如果在计算机中不存在用户进行邮件合并操作的数据源，可以创建新的数据源。例如，在信函主文档中创建数据源，具体操作方法如下：

（1）在邮件合并向导的第二步单击“下一步：选取收件人”进入邮件合并的第三步，在“选择收件人”区域选中“键入新列表”单选按钮，如图 4-34 所示。

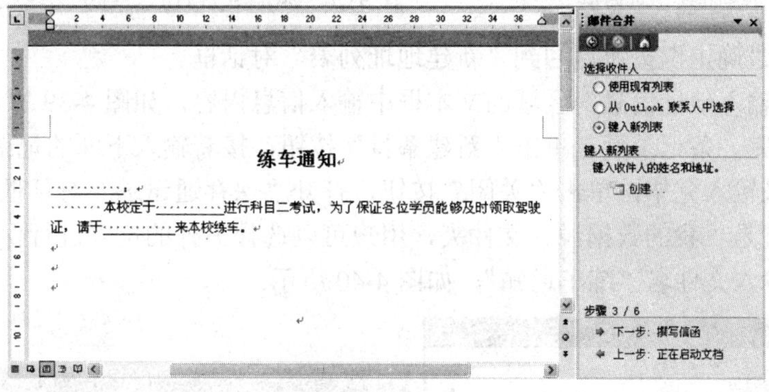

图 4-34　创建数据源

（2）在“键入新列表”区域单击“创建”选项，打开“新建地址列表”对话框，如图 4-35 所示。

（3）在对话框中单击“自定义”按钮，打开“自定义地址列表”对话框，如图 4-36 所示。

（4）在“域名”列表中选中要删除的域名，单击“删除”按钮即可将无用的域名删除。

（5）根据练车通知单的内容还需要添加一些域名，单击“添加”按钮打开“添加域”对话框，如图 4-37 所示。

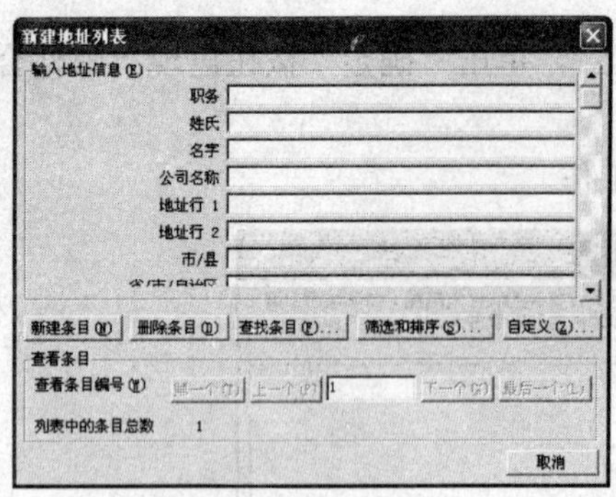

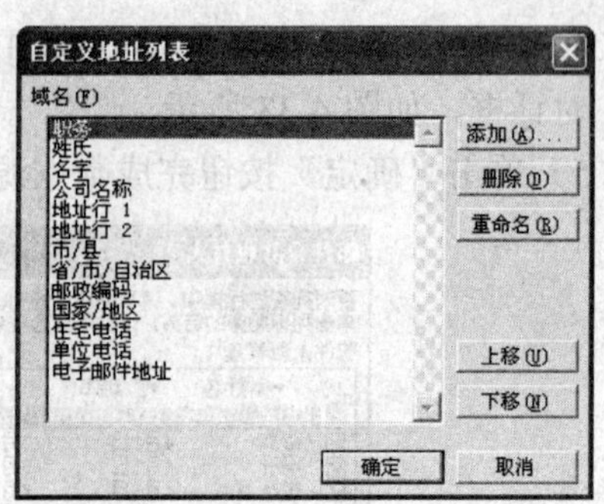

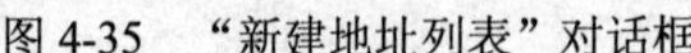
图 4-35 “新建地址列表”对话框　　　　图 4-36 “自定义地址列表”对话框

（6）在“键入域名”文本框中输入新的域名“姓名”，单击“确定”按钮，根据需要添加其他的域名。在“自定义地址列表”对话框中添加或删除域名后的效果如图 4-38 所示。

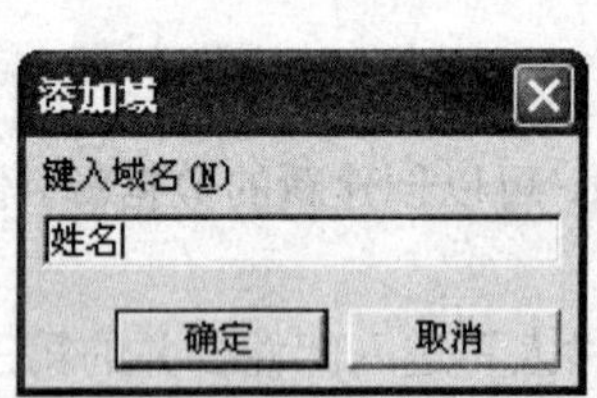

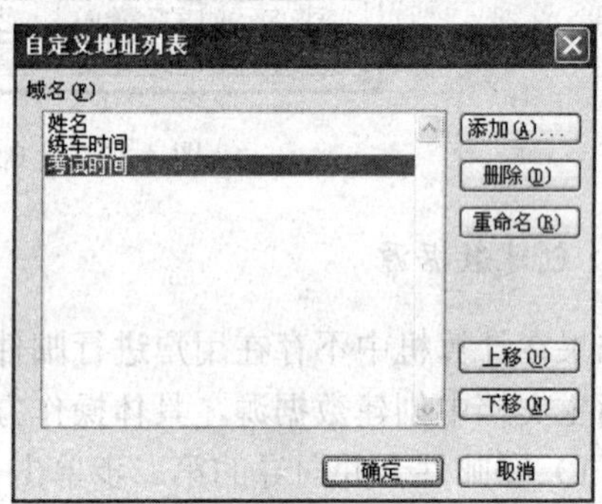

图 4-37 “添加域”对话框　　　　图 4-38 添加域名后的“自定义地址列表”对话框

（7）单击“确定”按钮返回到“新建地址列表”对话框。

（8）在“输入地址信息”区域的文本框中输入信息内容，如图 4-39 所示。

（9）输入完一条记录后，单击“新建条目”按钮，接着输入下面的记录。

（10）记录输入完毕，单击“关闭”按钮，打开“保存通讯录”对话框，在对话框中默认的保存位置是“我的数据源”文件夹，用户可以选择另外的位置进行保存，在“文件名”文本框中输入文件名“练车通知”，如图 4-40 所示。

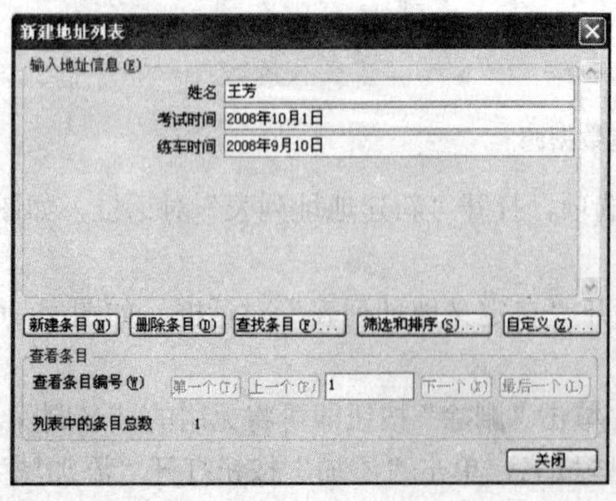

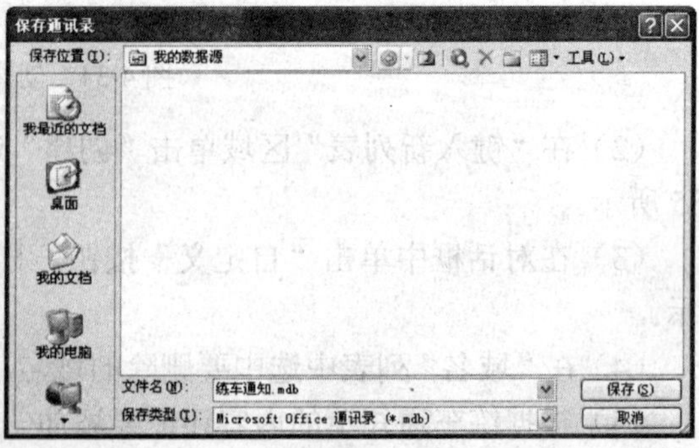

图 4-39 输入记录　　　　图 4-40 保存记录

（11）单击“保存”按钮，打开“邮件合并收件人”对话框，在对话框中列出了前面输入的数据，单击“确定”按钮完成数据源的创建工作。

4.8.3　插入合并域

主文档和数据源创建成功后，就可以进行合并操作了，不过在进行主文档和数据源的合并前还应在主文档中插入合并域。

1. 邮件合并域的意义

可使用合并域自定义单独文档的内容。将邮件合并域插入主文档时，这些邮件合并域映射到数据源中相应的信息列。如果 Word 未发现将合并域自动映射到数据源中的标题所需的信息，在插入地址和问候字段或预览合并时，将提示进行该操作。

2. 插入合并域的操作

插入合并域的操作在邮件合并的第四步完成。在邮件合并的第三步单击“下一步：撰写信函”进入邮件合并第四步，如图 4-41 所示。在“撰写信函”区域中单击“地址块”、“问候语”、“电子邮政”和“其他项目”按钮即可在主文档中插入域。

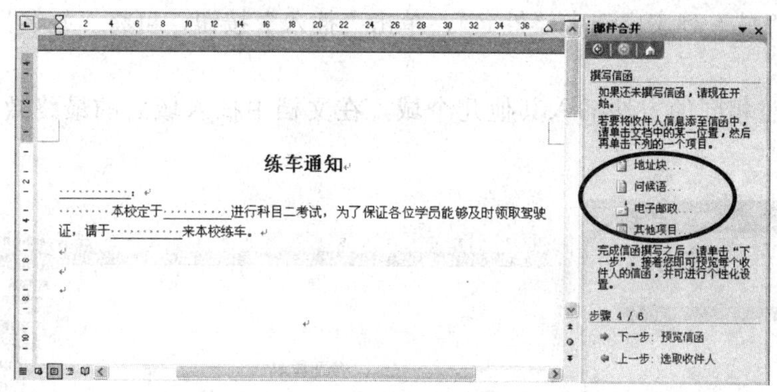

图 4-41　邮件合并第四步

单击“地址块”按钮，即可打开“插入地址块”对话框，在此对话框中，Word 可以使用两个合并域插入每个收件人的基本信息，如图 4-42 所示。

单击“问候语”按钮，即可打开“问候语”对话框，在此对话框中用户可以自定义这些域中每一个域的内容。例如，用户可能希望选择正式的姓名格式；在称呼中，用户可能希望使用“Dear”来代替“To”，如图 4-43 所示，当然也可使用汉字的一些称呼来代替对话框中的域。

地址块和问候语域都有其缺陷，其基本的编制方法是完全按照英语的语法和语序来进行设置的。在汉语中编辑邮件合并时，应多采用其他项目域来完成编辑主文档的操作。

在信函主文档中利用“其他项目”插入合并域的具体操作方法如下：

（1）将插入点定位在信函中第一行的位置。

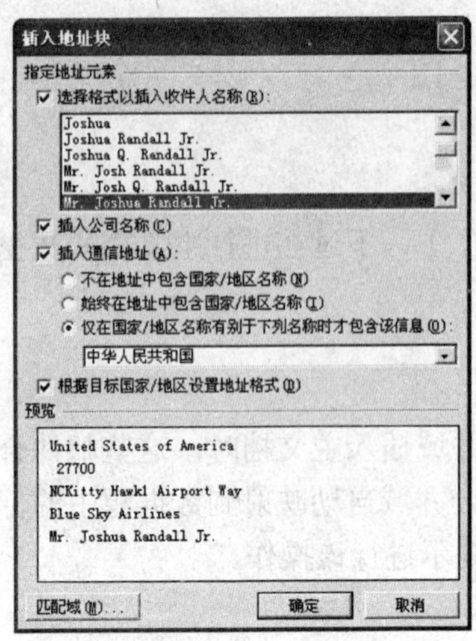

图 4-42 “插入地址块”对话框

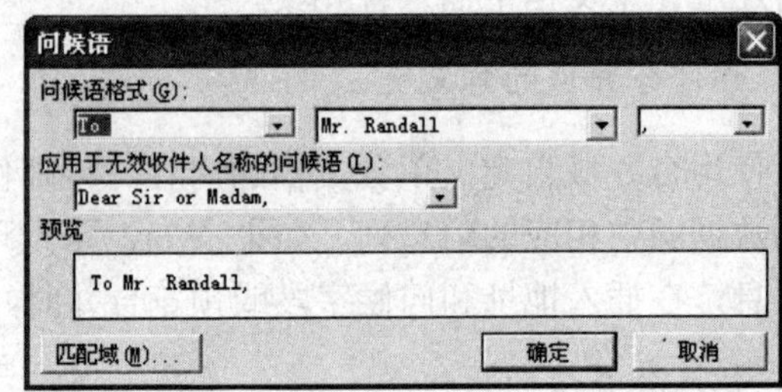

图 4-43 “问候语”对话框

（2）在任务窗格中单击“其他项目”按钮，打开“插入合并域”对话框，如图 4-44 所示。

（3）在“域”列表中选中“姓名”，单击“插入”按钮，可将“姓名”域插入到文档中。

（4）按照相同的方法插入其他几个域，在文档中插入域后的最终效果如图 4-45 所示。

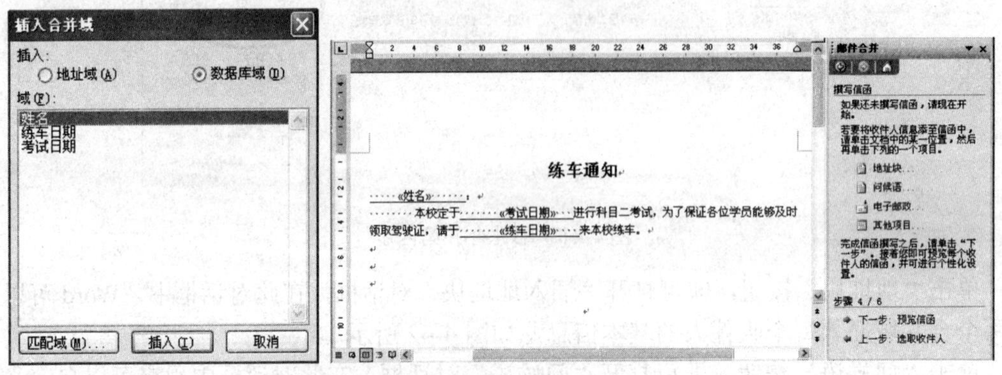

图 4-44 “插入合并域”对话框　　图 4-45 插入合并域后的效果

3. 查看合并结果

在对文档进行合并之前用户可以首先查看合并结果，如果合并结果中有错误用户还可以重新修改收件人列表，并且还可以将某些收件人排除在合并结果之外。

在邮件合并第四步单击“下一步：预览信函”进入邮件合并向导第五步，在任务窗格中单击“预览信函”区域中“收件人”的左、右箭头可以在屏幕上对具体的信函进行预览。在预览时如果发现某个信函可以不要，可在“做出更改”区域单击“排除此收件人”按钮将该收件人排除在合并工作之外，如图 4-46 所示。

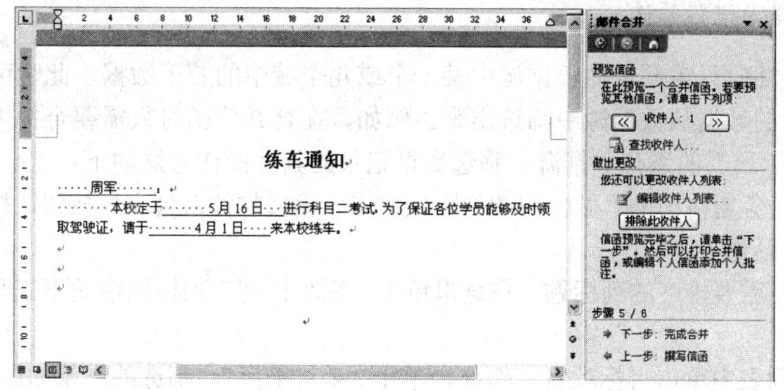

图 4-46　信函预览效果

4.8.4　设置合并选项

设置合并选项主要是在编辑收件人信息列表中进行的。根据需要以不同的条件对数据源中的数据进行筛选和排序。

1. 对数据源进行排序

对数据源进行排序的目的是在合并过程中使某个域的数据信息按升序或降序排列，这样可以方便合并文档的管理。例如，在对信函进行合并前首先将数据源中的“系别”域按升序进行排列，具体操作方法如下：

（1）在任务窗格中的“做出更改”区域单击“编辑收件人列表”按钮，打开“邮件合并收件人”对话框。

（2）单击需要排序的列标题，例如，在这里单击“练车日期”列标题前的下三角箭头，打开一个列表，如图 4-47 所示。

（3）在列表中单击“高级”命令，打开“筛选和排序”对话框，单击“排序记录”选项卡，如图 4-48 所示。

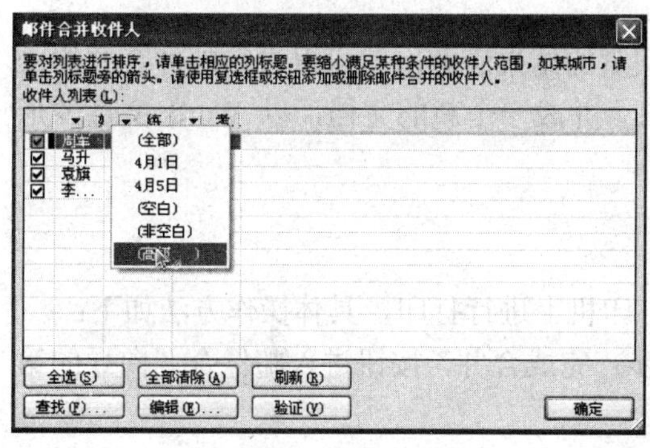

图 4-47　排序列表

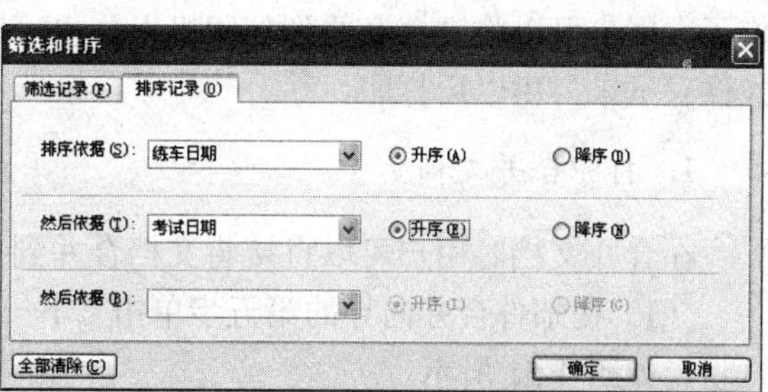

图 4-48　按不同的域进行排序

（4）在“排序依据”下拉列表框中选择系别，在后面选中“升序”单选按钮，在第一个“然后依据”下拉列表框中选择专业，在后面选中“升序”单选按钮。

（5）单击“确定”按钮。

2. 对数据源进行筛选

如果在合并时只需要合并数据源中某一个或几个域中的若干数据，此时可以利用筛选的方法将需要的数据从数据源中筛选出来。例如，在合并信函时只需要合并“练车日期”域中的“4 月 1 日”的系列数据源，筛选数据记录的具体操作方法如下：

（1）在任务窗格中的“做出更改”区域单击“编辑收件人列表”按钮，打开“邮件合并收件人”对话框。

（2）单击需要排序的列标题，在这里单击“练车日期”列标题前的下三角箭头，打开一个列表。

（3）在列表中单击目标项目，例如，单击“4 月 1 日”，筛选的结果如图 4-49 所示。

提示：

如果要进行更为复杂的筛选，可在“邮件合并收件人”对话框中，单击“编辑”按钮，打开“编辑”对话框。在“编辑”对话框中单击“筛选和排序”按钮，打开“筛选和排序”对话框，单击“筛选记录”选项卡，如图 4-50 所示，在对话框中用户可以对筛选的条件进行更加详细的设置。

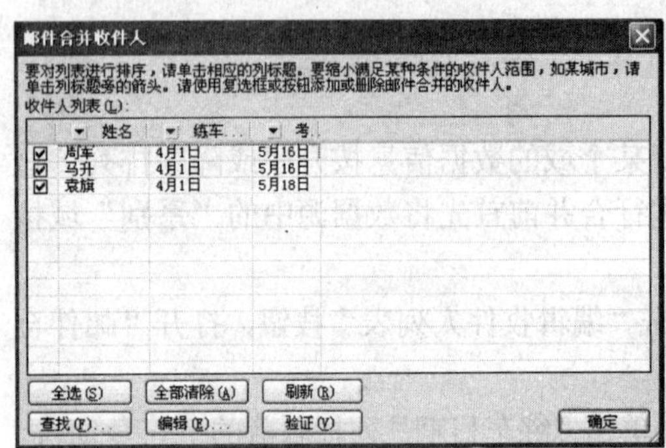

图 4-49 筛选的结果

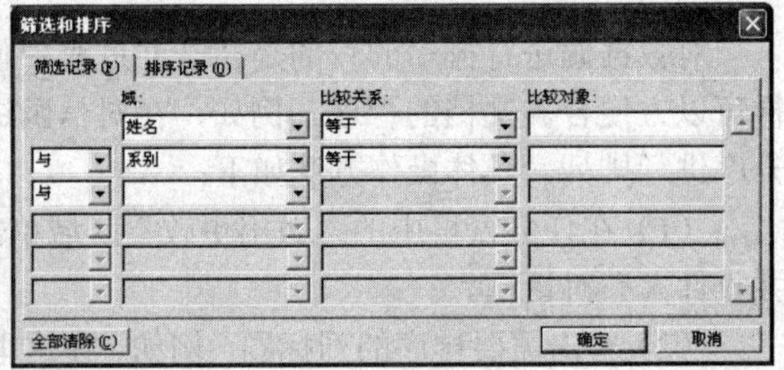

图 4-50 筛选记录

4.8.5 合并文档

合并文档是邮件合并的最后一步。如果对预览的结果满意，就可以进行邮件合并的操作了。用户可以将文档合并到打印机上，也可以合并成一个新的文档，以 Word 文件的形式保存下来，供以后打印。

1. 打印合并文档

在合并文档时用户可以直接将文档合并到打印机上进行打印，具体操作方法如下：

（1）在邮件合并向导的第五步单击“下一步：完成合并”按钮进入邮件合并向导的第六步，如图 4-51 所示。

（2）在“邮件合并”任务窗格中的“合并”区域单击“打印”按钮，打开“合并到打印机”对话框，如图 4-52 所示。

（3）在“打印记录”区域选择打印的范围，如果选择“全部”选项则打印全部的记录；如果选择“当前记录”则只打印当前的记录；用户还可以选择具体某几个记录进行打印。

（4）单击“确定”按钮，打开“打印”对话框，在对话框中设置打印的份数，单击“确定”按钮即可开始打印。

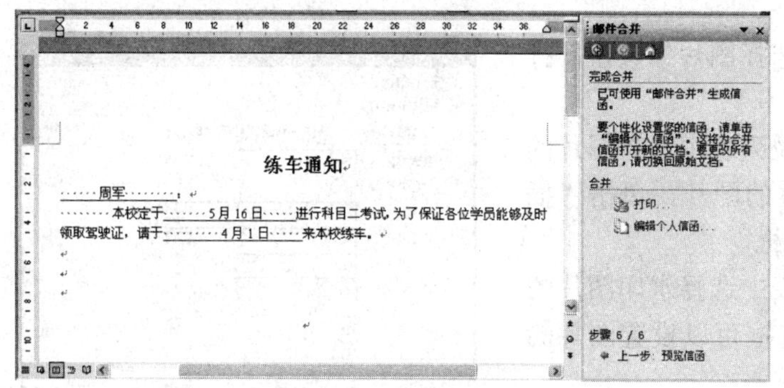

图 4-51　邮件合并向导第六步

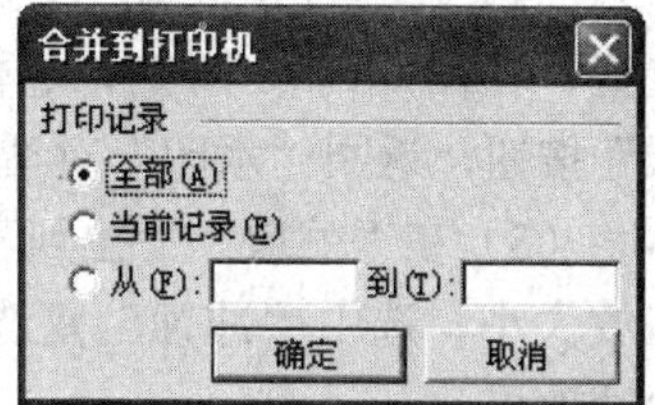

图 4-52　“合并到打印机”对话框

2. 合并到新文档

在合并文档时用户可以直接将文档合并到新文档中，例如，将创建的信函主文档合并到一个新的文档，具体操作方法如下：

（1）在邮件合并向导第六步单击“合并”区域的“编辑个人信函”选项，打开“合并到新文档”对话框，如图 4-53 所示。

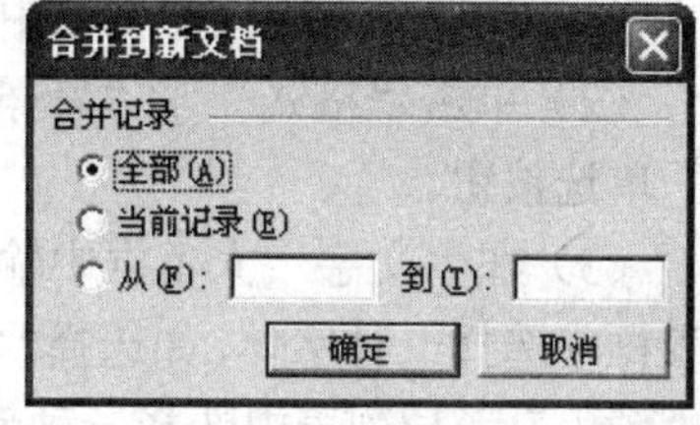

图 4-53　“合并到新文档”对话框

（2）在“合并记录”区域选择合并的范围，如果选择“全部”选项则合并全部的记录；如果选择“当前记录”则只合并当前的记录；用户还可以选择具体某几个记录进行合并。

（3）单击“确定”按钮，则主文档将与数据源合并。

（4）单击“文件”菜单中的“保存”命令，打开“另存为”对话框，在对话框中设置文档的保存位置和文件名，单击“保存”按钮。

4.9　设置文档背景

为了使文档的版面更加引人入胜，用户还可以为文档设置一些特殊的版面效果。例如为了使文档背景不再单调可以为它设置水印效果；为了使示例文档的页面更富有诗情画意可以为它添加页面边框。

4.9.1　设置水印

水印是一种特殊的背景，在 Word 2003 中添加水印的操作非常方便，用户可以使用文字或图片作为水印背景。

1. 设置图片水印

为文档设置图片水印的具体操作方法如下：

（1）将插入点定位在文档中。

（2）单击“格式”|“背景”|“水印”命令，打开“水印”对话框，选中“图片水印”单选按钮，如图 4-54 所示。

（3）在对话框中单击“选择图片”按钮，打开“插入图片”对话框。

（4）在“查找范围”下拉列表中选择图片的位置，在图片列表中选择具体的图片，单击“插入”按钮，返回“水印”对话框。

（5）在“缩放”下拉列表中选择水印图片的缩放大小，选中“冲蚀”复选框可以设置图片的冲蚀效果。

（6）单击“确定”按钮。

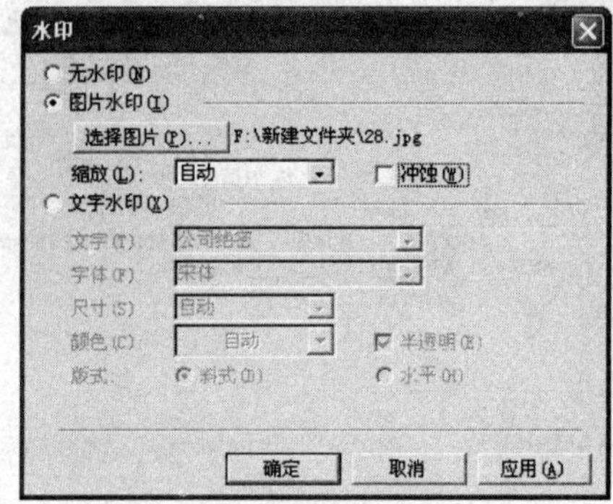

图 4-54　设置图片水印

2. 设置文字水印

在文档中用户不但可以设置图片水印而且还可以设置文字水印，在文档中设置文字水印的具体操作方法如下：

（1）将插入点定位在文档中。

（2）单击“格式”|“背景”|“水印”命令，打开“水印”对话框，选中“文字水印”单选按钮。

（3）在“文字”文本框中输入要显示的文字，如输入“养生之道”；在“字体”下拉列表框中选择一种字体，如选择“华文行楷”；在“尺寸”下拉列表中选择尺寸，如选择“105”；在“颜色”下拉列表中选择一种颜色，如选择红色，在“版式”中选中“斜式”单选按钮，如图 4-55 所示。

（4）单击“确定”按钮，为文档设置水印后的效果，如图 4-56 所示。

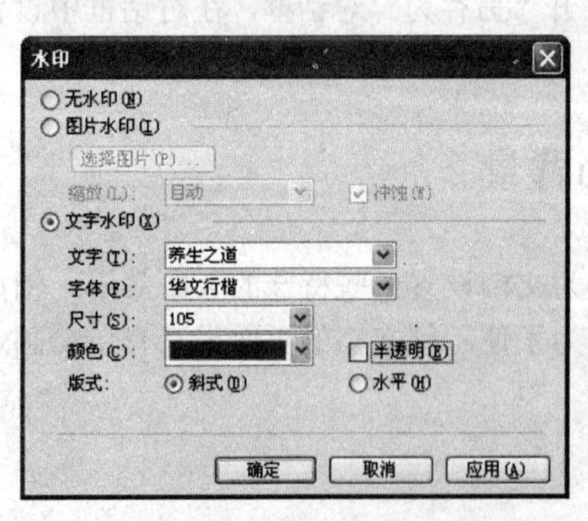

图 4-55　设置文字水印

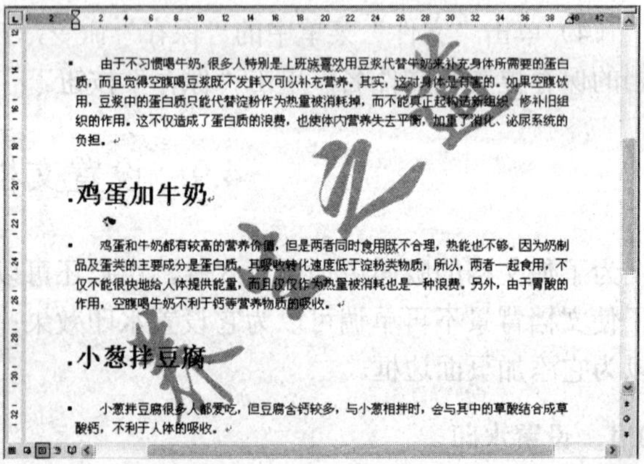

图 4-56　设置文字水印的效果

4.9.2 设置背景

背景效果在打印文档时不会被打印出来，为文档添加背景可以增强文本的视觉效果。

在 Word 2003 中可以用某种颜色或过渡色、Word 附带的图案甚至图片作为背景。

1. 设置背景颜色

在 Word 2003 文档中用户可以用某种颜色作为文档的背景，具体操作方法如下：

（1）将插入点定位在文档中。

（2）单击“格式”|“背景”命令，打开调色板，如图 4-57 所示。

（3）用户可以在调色板中单击要作为背景的颜色，Word 2003 将把该颜色作为背景应用到文档的所有页面上。单击“无填充颜色”选项可以删除文档的背景颜色。

（4）选择“其他颜色”，用户可在打开的“颜色”对话框中定义其他的颜色。

2. 使用填充效果作为背景

如果用户认为一种颜色作为背景太单调，可以利用填充效果为文档设置更为丰富多彩的背景。

为文档设置填充背景的具体操作方法如下：

（1）将插入点定位在文档中。

（2）单击“格式”|“背景”|“填充效果”命令，打开“填充效果”对话框，如图 4-58 所示。

（3）在对话框中用户可以选择不同的选项卡，设置不同的填充效果。

（4）设置完毕单击“确定”按钮。

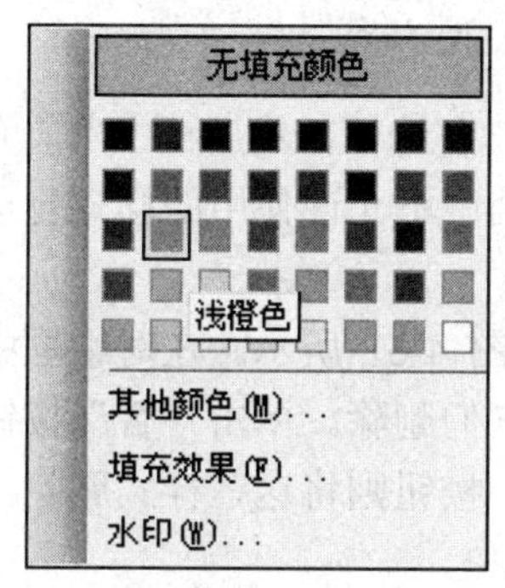

图 4-57　“背景”颜色调色板

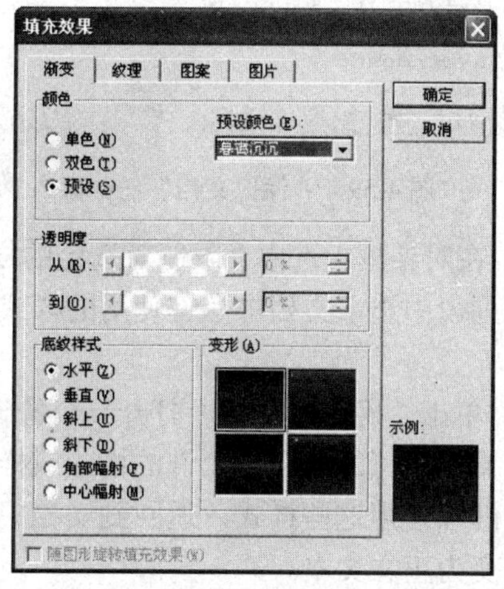

图 4-58　“填充效果”对话框

4.10　保 护 文 档

Word 2003 提供了全新的“保护文档”任务窗格，用户可以有选择地控制人们处理文档中的信息的方式，其中包括格式设置和修订跟踪。用户可以将更改文档的权限指定给特定人员，并可以控制对某些特定部分的限制。用户还可以使用它来保护窗体，窗体是包含填充空白或窗体域的文档。

4.10.1 限制文档中的格式设置

使用文档的“格式设置限制”功能，可以控制其他用户仅能使用允许使用的那些样式来设置文本的格式。实际上，当这种限制生效时，不允许被使用的格式工具将无法使用，被允许使用的格式设置工具才可用，并且在“样式和格式”任务窗格中将仅显示允许使用的样式。

对文档设置格式限制的具体步骤如下：

（1）单击“工具”|“保护文档”命令，打开“保护文档”任务窗格，如图 4-59 所示。

（2）在“格式设置限制”区域，选中“限制对选定的样式设置格式”复选框，单击“设置”选项，打开“格式设置限制”对话框，如图 4-60 所示。

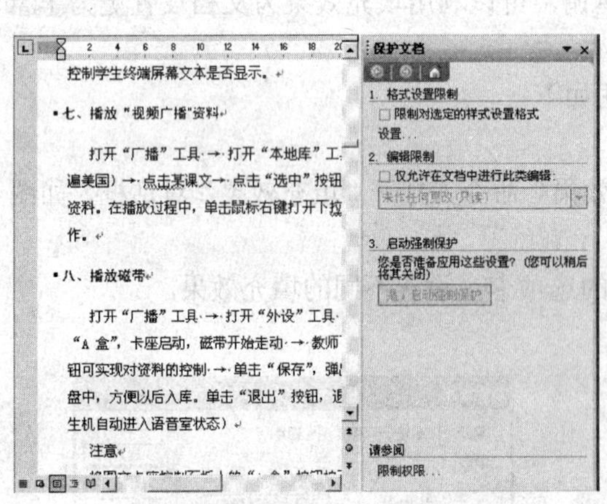

图 4-59 “保护文档”任务窗格

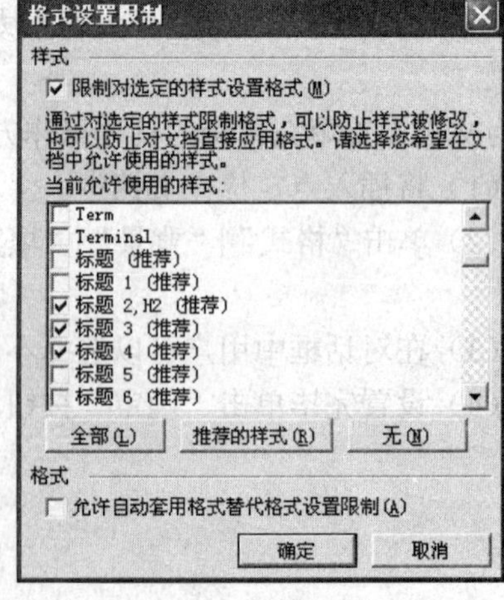

图 4-60 格式设置限制

（3）在对话框中选中“限制对选定的样式设置格式”复选框，然后在“当前允许使用的样式”列表中选中文档中允许使用的样式，并清除文档中不允许使用的样式复选框的选中状态。

（4）单击“确定”按钮，打开一个警告对话框，如图 4-61 所示。在对话框中提醒用户在当前文档中可能包含不允许的格式或样式，是否将它们删除。单击“否”按钮则在当前文档中继续使用这些样式，返回到文档中；单击“是”按钮则将这些样式删除，应用样式的文本变为正文文本。

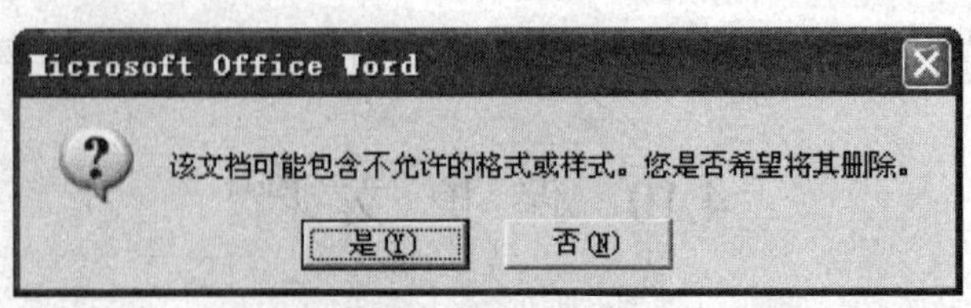

图 4-61 警告对话框

（5）在“保护文档”任务窗格的“启动强制保护”区域，单击“是，启动强制保护”选项，打开“启动强制保护”对话框，如图 4-62 所示。

（6）在对话框中的“新密码(可选)”文本框中输入密码，在“确认新密码”文本框中输入新密码，以做校正。

（7）单击“确定”按钮，即可启动文档格式限制功能。

在对文档进行了格式限制后，保护文档任务窗格变为如图 4-63 所示。在“权限”区域对文档的编辑权限进行了说明。

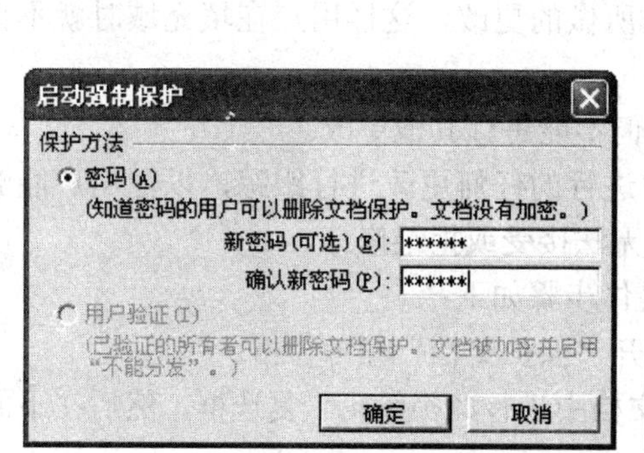

图 4-62　“启动强制保护”对话框

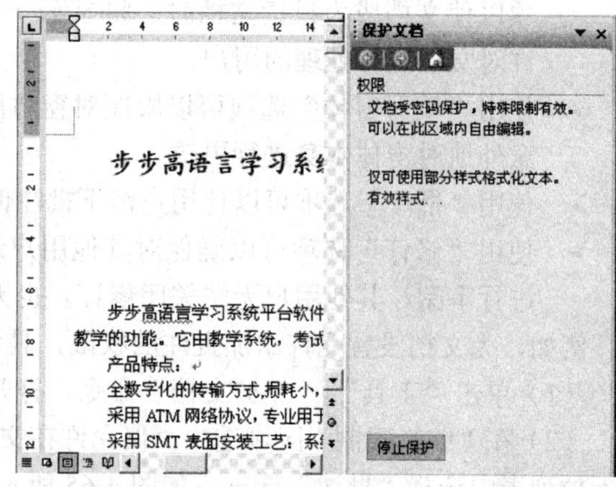

图 4-63　设置格式后的“保护文档”任务窗格

在任务窗格中单击“有效样式”按钮，打开“样式和格式”任务窗格，在“请选择要应用的格式”列表中列出了在文档中允许被使用的格式，如图 4-64 所示。用户可以和设置格式限制前的“样式和格式”任务窗格比较一下，很显然比原来少了很多可应用的格式，这是因为在设置保护时那些格式不允许被使用。另外，用户还可以发现“新样式”按钮也是灰色不可用状态，这表明在设置格式限制后也不能创建新的样式了。

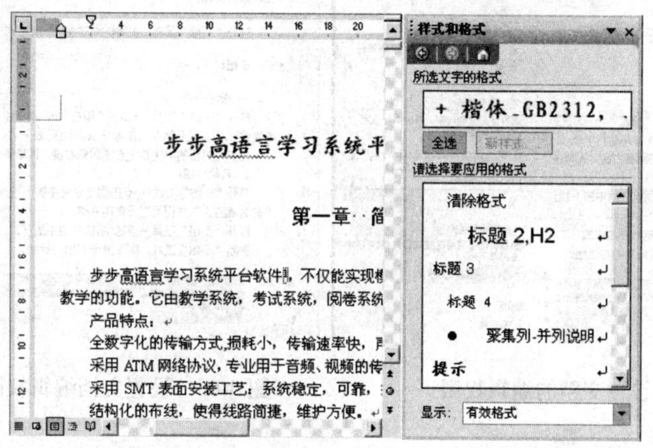

图 4-64　设置格式限制的“样式和格式”任务窗格

4.10.2　限制文档的编辑权限

使用“保护文档”任务窗格，用户可以保护文档免受意外或未经授权的更改，包括修订（显示文档中被修订的地方的可视标记）和批注，用户还可以使用“保护文档”功能来防止窗体被进行除填充域以外的任何其他更改。

在“保护文档”任务窗格的“编辑限制”区域选中“仅允许在文档中进行此类编辑”复选框，然后可以在下拉列表中选择要设置的编辑限制的类型，具体由用户保护文档的方式决定：

- 使用“未作任何更改（只读）”选项可以防止人们对文档进行任何更改，选择此选项以使文档成为只读文档时，将显示一个“例外项”区域，用户可以在此选择允许对文档进行处理的用户。
- 使用“填写窗体”选项可以限制对窗体所做的更改，这样用户在填充域时就不会意外地对窗体本身进行更改。
- 使用“批注”选项可以让用户留下批注但不能进行其他更改。
- 使用“修订”选项可以确保对其他用户进行的任何更改进行跟踪，以便用户能够进行审阅。其他用户无法关闭修订，也无法接受或拒绝修订。

例如，为文档设置允许添加批注的权限，具体步骤如下：

（1）单击“工具”|“保护文档”命令，打开“保护文档”任务窗格。

（2）在“编辑限制”区域选中“仅允许在文档中进行此类编辑”复选框，然后在下面的下拉列表中选择“批注”选项，如图 4-65 所示。

（3）单击“是，启动强制保护”选项，打开“启动强制保护”对话框，在对话框中设置保护密码，单击“确定”按钮，返回到文档中。

设置了编辑权限的“保护文档”任务窗格变为如图 4-66 所示，在任务窗格中的“权限”区域显示了用户的编辑权限。

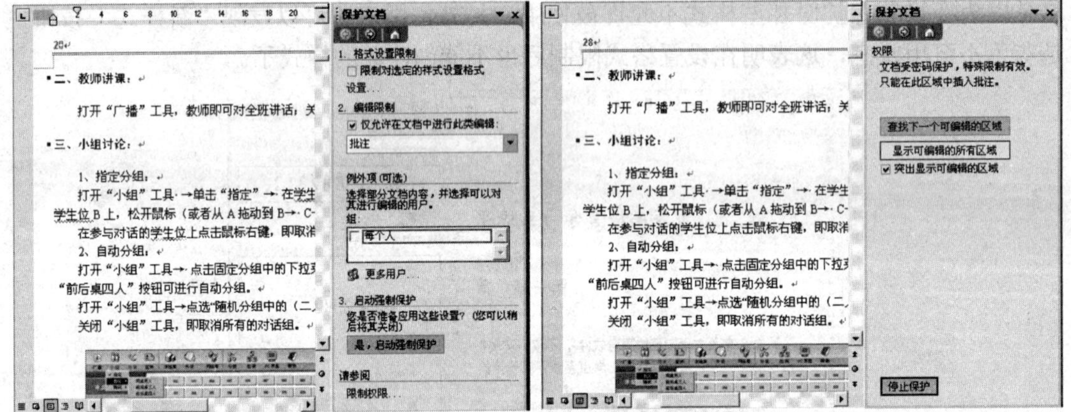

图 4-65　设置文档的编辑权限　　　图 4-66　设置文档编辑权限后的任务窗格

4.10.3　限制文档的某些特定部分

保护文档并非只有全部保护和全部不保护两种选择，用户可以选择允许某些用户（指定用户）更改文档中的某些区域。例如，用户可以选择文档不同区域中的段落，并仅允许特定的用户或用户组编辑这些区域。然后，可以选择同一文档的另一个部分，并允许不同的用户或用户组更改文档的这一部分，依此类推。

例如用户可以设置文档中的某些段落可以被所有用户进行自由编辑，除此之外的段落则只能进行添加批注的编辑，具体步骤如下：

（1）在文档中选中可以被其他用户自由编辑的段落。

（2）在“保护文档”任务窗格的“编辑限制”区域选中“仅允许在文档中进行此类编辑”复选框，然后在下面的下拉列表中选择“批注”选项。

（3）在“例外项（可选）”区域的“组”列表中选择允许对选中文本进行编辑的用户，选中“每个人”复选框则表示任何人都可以对选中的文本进行编辑。

（4）单击“是，启动强制保护”按钮，打开“启动强制保护”对话框，在对话框中设置保护密码，单击“确定”按钮，返回到文档中。

设置了有例外项编辑限制的文档变为如图 4-67 所示，在任务窗格中选中“突出显示可编辑的区域”复选框，则允许编辑的区域将被加上黄底色突出显示出来。将插入点定位在允许编辑的区域或不允许编辑的区域时则在“保护文档”任务窗格的“权限”区域将会显示出不同的编辑权限。如果单击“查找下一个可编辑的区域”选项，则系统将向下查找下一个可编辑的区域并将其呈高亮显示。如果单击“显示可编辑的所有区域”选项，则文档中所有可编辑的区域同时被选中呈高亮显示。

提示：

在“例外项（可选）”区域单击“更多用户”选项，打开“添加用户”对话框，如图 4-68 所示。在对话框中输入用户名称，单击“确定”按钮，则输入的用户名称被添加到组列表中。

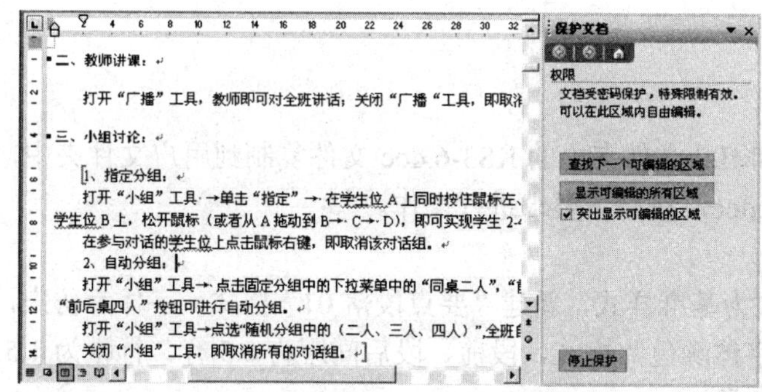

图 4-67 设置例外项后的效果 图 4-68 添加用户

4.10.4 取消文档保护

无论对文档设置了哪种保护限制，都可以取消文档的保护。只要在“保护文档”任务窗格中单击“停止保护”选项，或单击“工具”|“取消文档保护”命令。如果用户没有设置保护密码则可直接解除文档保护，如果设置了保护密码，在任务窗格中单击“停止保护”选项后即可打开“取消保护文档”对话框，如图 4-69 所示。在对话框中的“密码”文本框中输入密码，单击“确定”按钮即可。

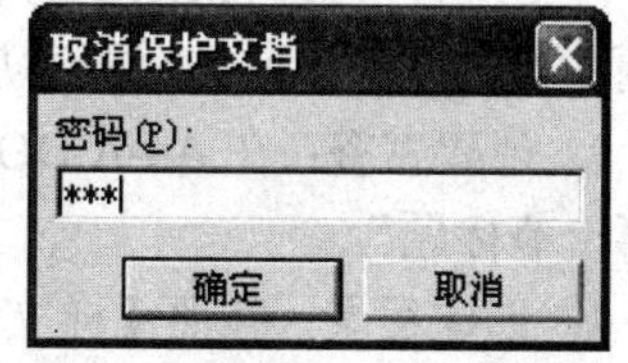

图 4-69 “取消保护文档”对话框

4.11 本章练习

一、填空题

1．样式是存储在 Word 中的________________，Word 2003 中的样式分为________________和________________。

2．题注就是为______、______或其他项目添加的编号标签，并且 Word 还可以自动地调整题注的编号。

3．Word 2003 的书签是为了进行引用而命名的________________。

4．使用文档的____________功能，可以控制其他用户仅能使用允许使用的那些样式来设置文本的格式。

5．目录的功能就是列出文档中的________________，通过目录用户可以对文章的大致内容有所了解。

二、简答题

1．定位书签有几种方法？

2．如何更新目录？

3．交叉引用有什么作用？

4．如何统计文档的字数？

三、操作题

将随书所附光盘素材文件夹 KSML2 文件夹内的 KS3-6.doc 文件复制到用户文件夹中，并重命名为 A4.DOC。打开文档 A4.doc，按如下要求进行操作。

1．**样式的新建和修改：**

- 按照【样文 4-1A】，以正文为基准样式，新建“要点段落 01”样式，字体为仿宋，字号为小四，加下划线，字体颜色为梅红，段前、段后间距为 0.5 行，行距为 1.5 倍行距，并应用在正文第 1 段。
- 按照【样文 4-1B】，将“正文 01”样式修改为字体为黑体、字号为小四、字形为倾斜、字体颜色为粉红、阳文，行间距为固定值 18 磅，自动更新对当前样式的改动，并应用于正文第 2 段。

2．**创建题注：**在 Word 中打开文件素材文件 KSML1\KS3-6A.DOC，另存至用户文件夹中，文件名为 A4-A.DOC。为文档中每个插图下方的图题位置，设置如“图 1、图 2……”等题注（可以选择前 3 个图添加）。

3．**创建书签：**在 A4-A.DOC 文档的标题“1.1　WINDOWS XP 的桌面”位置插入书签“第一节标题”。

4．**创建目录：**按照【样文 4-1C】，在 A4-A.DOC 文档中创建目录，建立目录放在文档首部，目录格式为正式、显示页码、页码右对齐，显示级别为 3 级，制表符前导符为“……”。

【样文 4-1A】

什么是健康

摘自《青年文摘》

健康是一个动态的概念，随着社会的发展和人们生活水平的提高不断变化。不同时期，人们赋予健康的内涵不尽相同。健康在词典里的定义是：人体生理机能正常，没有缺陷和疾病。这是“单纯的生物医学模式下”的健康定义。

【样文 4-1B】

世界卫生组织把“健康”定义为：不单单是指不生病，而且还包括以积极的态度去认真对待任何事情的精神、肉体和社会适应状态。由此可知，“健康”既包括体能健康也包括精神健康，即人的健康不仅是躯体的健全和不虚弱，在生理上没有疾病，在心理和精神方面保持平衡状态，还包括人对社会的良好适应，与社会和谐相处。新的健康概念把人的躯体与精神结合、个体与社会结合，是对健康的全面定义。

【样文 4-1C】

第5章　Excel 2003基本数据编辑

Excel 2003是Office 2003的重要组件之一，是一个优秀的电子表格软件，主要用于电子表格方面的各种应用。Excel 2003在继承了Excel 2002的各种优秀特性的基础上，增加和完善了许多实用的功能，可以方便地对数据进行组织、分析，可以把表格数据用各种统计图形象地表示出来。

Excel 2003是以工作表的方式进行数据运算和分析的，因此数据是工作表中重要的组成部分，是显示、操作以及计算的对象。只有在工作表中输入一定的数据，才能根据要求完成相应的数据运算和数据分析工作。

本章重点：

- Excel 2003的工作环境
- 输入数据
- 快速输入数据
- 编辑行、列和单元格
- 移动或复制数据
- 公式与函数的应用

5.1　Excel 2003的工作环境

启动Excel 2003后的工作界面如图5-1所示。工作界面主要由标题栏、菜单栏、工具栏、编辑栏、状态栏和工作簿窗口等组成。其中一些窗口元素的作用和Word中的类似，如标题栏、工具栏及菜单栏，对于这些窗口元素在这里就不再作详细介绍，下面只对编辑栏、状态栏和工作簿窗口进行一下简单的介绍。

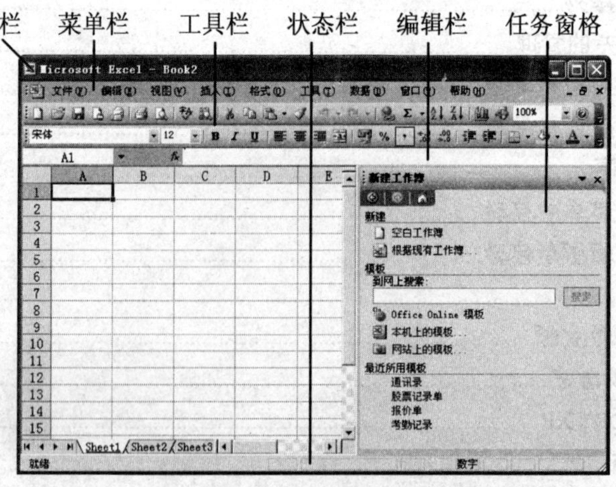

图5-1　Excel 2003的工作环境

5.1.1　编辑栏

编辑栏用来显示活动单元格中的数据或使用的公式，在编辑栏中还可以对单元格中的数据进行编辑。

编辑栏的左侧是名称框，用来定义单元格或单元格区域的名称，还可以根据名称查找单元格或单元格区域。如果单元格定义了名称则在名称框中将会显示单元格的名称；如果没有定义名称，在名称框中显示活动单元格的地址名称。

当在单元格中键入内容时，除了在单元格中显示内容外，还在编辑栏右侧的编辑区中显示。有时单元格的宽度不能显示单元格的全部内容，则通常在编辑栏的编辑区中编辑内容。当把鼠标指针移到编辑区中时，在需要编辑的地方单击鼠标选择此处作为插入点，可以插入新的内容或者删除插入点左右的字符。

在编辑栏中还有三个按钮。

- 取消按钮 ✕：单击该按钮取消输入的内容。
- 输入按钮 ✓：单击该按钮确认输入的内容。
- 插入函数按钮 fx：单击该按钮执行插入函数的操作。

5.1.2　状态栏

状态栏位于窗口的最底部，用来显示当前有关的状态信息。例如，准备输入单元格内容时，在状态栏中会显示“就绪”的字样。

在工作表中如果选中了一个单元格区域，在状态栏中有时会显示一栏的求和信息：“求和=？”这是 Excel 的自动计算功能。当检查数据汇总时，可以不必输入公式或函数，只要选择这些单元格，就会在状态栏的“自动计数”区中显示求和结果。

当要计算的是选择数据的平均值、个数、最大值或最小值等时，只要在状态栏的“自动计算”区中单击鼠标右键，打开如图 5-2 所示的快捷菜单，从中选择所需的命令即可。

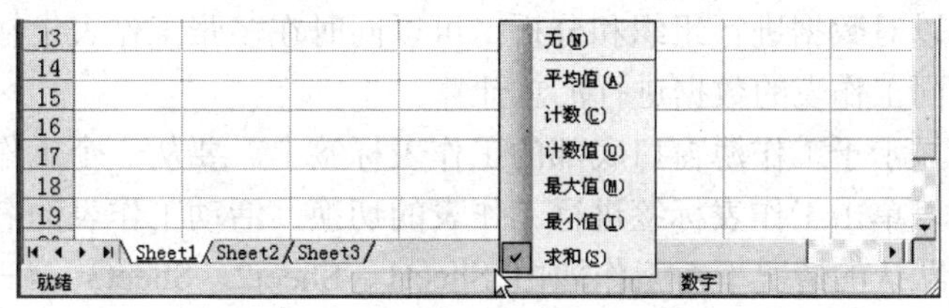

图 5-2　更改自动计算方式菜单

5.1.3　工作簿窗口

工作簿是计算和储存数据的文件，每一个工作簿都可以包含多张工作表，因此可以在单个文件中管理各种类型的相关信息。工作簿窗口位于 Excel 2003 窗口的中央区域，当启动 Excel 2003 时，系统将自动打开一个名为“Book1”的工作簿窗口。默认情况下，工作簿窗口处于最大化状态，与 Excel 2003 窗口重合。工作簿由若干个工作表组成，工作表又由单元格组成，如图 5-3 所示。

1. 单元格

单元格是 Excel 工作簿的最小组成单位，在工作表中白色长方格就是单元格，在单元格中可以填写数据，是存储数据的基本单位。在工作表中单击某个单元格，此单元格边框加粗显示，它被称为活动单元格，并且活动单元格的行号和列标突出显示。可向活动单元格内输入数据，这些数据可以是字符串、数字、公式、图形等。单元格可以通过位置标识，每一个单元格均有对应的行号和列标，例如：第 C 列第 7 行的单元格表示为 C7。

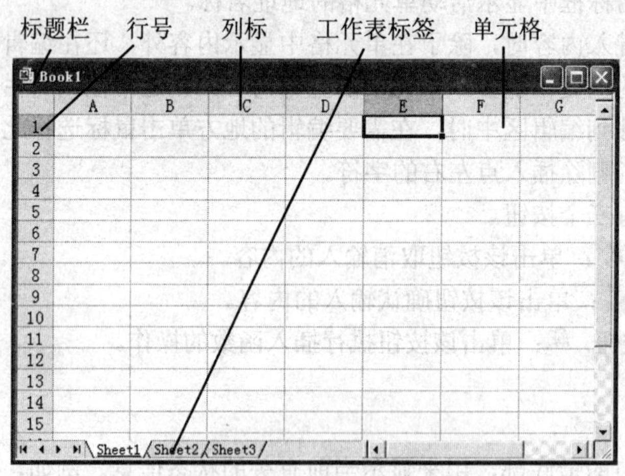

图 5-3　工作簿窗口

2. 工作表

工作表位于工作簿窗口的中央区域，由行号、列标和网格线构成。工作表也称为电子表格，它是 Excel 完成一项工作的基本单位，它是由 65536 行和 256 列构成的一个表格，其中行是自上而下按 1~65536 进行编号，而列号则由左到右采用字母 A、B、C……进行编号。

使用工作表可以对数据进行组织和分析，可以同时在多张工作表上输入并编辑数据，并且可以对来自不同工作表的数据进行汇总计算。

工作表的名称显示于工作簿窗口底部的工作表标签上。要从一个工作表移动到另一工作表进行编辑，可以单击工作表标签进行工作表的切换，活动工作表的名称以单下划线并呈凹入状态显示。默认的情况下，工作簿由 Sheet1、Sheet2、Sheet3 这三个工作表组成，工作簿最多可以包括 255 张工作表和图表。

5.2　输入数据的基本方法

在表格中输入数据是编辑表格的基础，Excel 2003 提供了多种数据类型，不同的数据类型在表格中的显示方式是不同的。如果要在指定的单元格中输入数据应首先单击该单元格将其选定，然后输入数据。输入完毕，可按回车键确认，同时当前单元格自动下移。用户也可以单击“编辑栏”上的 ✔ 按钮确认输入，此时当前单元格不变。如果单击“编辑栏”上的 ✖ 按钮则可以取消本次输入。

Excel 2003 提供的数据类型有十几种，在此主要介绍文本型数据、数字型数据、日期型数据的输入。

5.2.1 输入文本型数据

在 Excel 2003 中，文本型数据包括汉字、英文字母、数字、空格以及其他合法的在键盘上能直接输入的符号，文本型数据通常不参与计算。在默认情况下，所有在单元格中的字符型数据均设置为左对齐。在 Excel 2003 中，每个单元格最多可包含 32000 个字符。

如果要输入中文文本可首先将要输入内容的单元格选中，然后选择一种熟悉的中文输入法直接输入即可。

如果用户输入的文字过多，超过了单元格的宽度，会产生两种结果。

- 如果右边相邻的单元格中没有数据，则超出的文字会显示在右边相邻的单元格中。
- 如果右边相邻的单元格中含有数据，那么超出单元格的部分不会显示。没有显示的部分在加大列宽或以折行的方式格式化该单元格后，就可以看到。

如果输入的文本型数据全部由数字组成，如邮编、电话号码、学号等，在输入时必须先输入“'”，这样系统才能把数字视作文本。例如，如果要在单元格中输入邮编“461400”，首先选中单元格，然后输入“'”符号，再输入“461400”，这样 Excel 2003 就会把它看作是文本型数据，将它沿单元格左边对齐。

当将数字视作文本输入后，用户会发现在单元格的左上角将显示有绿色错误指示符，如图 5-4 所示。选中含有绿色错误指示符的单元格后，在单元格的旁边将会出现按钮 ◈，单击该按钮，打开一个下拉菜单。在下拉菜单中如果单击“转换为数字”命令，则当前数字转换为数字型数据，如果单击“忽略错误”命令，则单元格左上角的绿色错误指示符将消失。

图 5-4 错误提示菜单

5.2.2 输入数字型数据

Excel 2003 中的数字可以是 0、1、2、……以及正号、负号、小数点、分数号“/”、百分号“%”、指数符号 E、e、货币符号“￥”等。在默认状态下，系统把单元格中的所有数字型数据设置为右对齐。

如要在单元格中输入正数可以直接在单元格中输入，例如要输入“70”，首先选中单元格，然后直接输入数字“70”。如要在单元格中输入负数，在数字前加一个负号，或者将数字括在括号内，例如输入“-25”和“(25)”都可以在单元格中得到-25。

输入分数比较麻烦一些，如要在单元格中输入 1/5，首先选取单元格，然后输入数字 0，再输入一个空格，最后输入“1 / 5”，这样表明输入了分数 1 / 5。如果不先输入 0 而直接输入 1 / 5，系统将默认这是日期型数据。

5.2.3 输入日期和时间

Excel 2003 能够识别大部分常用表示法所输入的日期和时间格式。Excel 2003 将输入的日期和时间转换成一个序列数，其中时间是用 24 小时制的十进制的分数记录下来的。

在单元格中输入一个日期后，Excel 会把它转换成一个数，这个数代表了从 1900 年 1 月 1 日起到该天的总天数。尽管不会看到这个数（Excel 还是把用户的输入显示为正常日期），但它在日期计算中还是很有用的。在输入时间或日期时必须按照规定的输入方式，在输入日期或时间后，如果 Excel 认出了输入的是日期或时间，它将以右对齐的方式显示在单元格中。如果 Excel 没有认出，则把它看成文本，并左对齐显示。

输入日期，应使用“MM/DD/YY”格式，即先输入月份，再输入日期，最后输入年份。如 7/3/2008。如果在输入时省略了年份，则以当前年份作为默认值。

在输入时间时，要用冒号将小时、分、秒隔开，如“15:51:51”。如果在输入时间后不输入“AM”或“PM”，Excel 会认为使用的是 24 小时制，即在输入下午的 3:51 分时应输入“3:51 PM”或“15:51:00”。必须要记住在时间和“AM 或 PM”标注之间输入一个空格。

如果要在单元格中插入当前日期，可以按“Ctrl+;”组合键。如果在单元格中插入当前时间，可以按“Ctrl+Shift+;”组合键。

5.3 快速输入数据

在输入数据时，用户可能会遇到大量重复数据或有序数据，Excel 2003 提供了输入这些数据的快速方法。

5.3.1 记忆式输入重复数据

记忆式输入是指用户输入单元格数据时，系统自动根据用户已经输入过的数据提出建议，以减少用户的录入工作。

在 Excel 2003 工作表的单元格中录入数据时，如果键入的起始字符与该列其他单元格中的数据的起始字符相符，Excel 2003 会自动将相符合的数据作为建议显示出来，并将建议部分反白显示。如果接受建议，按 Enter 键；如果不想采用建议，则不必理会，可继续键入，当键入一个与建议不相符的字符时，建议会自动消失。

例如，在活动单元格所在的列中有一个单元格中的数据为“Excel 2003”，因此用户在键入“E”时，系统会自动将“Excel 2003”作为建议显示出来。此时可按 Enter 键来采纳建议并将“Excel 2003”录入活动单元格中。

如果用户不想运用记忆式输入功能，可以选择“工具”菜单中的“选项”命令，在弹出的对话框中选择“编辑”选项卡。在对话框中清除“记忆式键入”复选框的选中状态，则关闭 Excel 2003 的记忆式输入功能。

5.3.2　多个单元格同时输入相同的内容

在 Excel 2003 中用户可以同时在多个单元格中输入相同的内容，操作步骤如下：

（1）按住 Ctrl 键，选定要输入相同数据的单元格。例如，选定 A3、B4、C5、C6、B7 和 A8 六个单元格。

（2）输入数据，例如输入“Excel 2003”。

（3）按 Ctrl + Enter 键，则六个单元格同时输入“Excel 2003”，如图 5-5 所示。

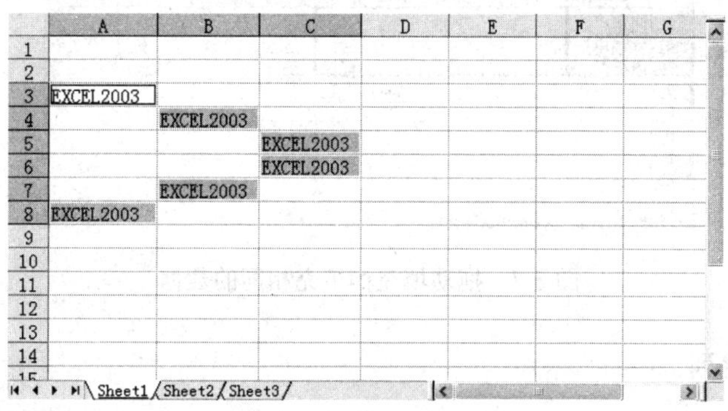

图 5-5　快速输入数据

5.3.3　填充相同的数据

当遇到相邻的单元格中的数据相同时，可以快速填充而不必每个单元格都输入，用户可以单击“编辑”|“填充”命令，也可以利用鼠标来进行填充。

1. 利用菜单命令填充相同的数据

使用 Excel 2003 中的自动填充命令，可以在工作表中同行或同列中输入相同的内容，简化了数据的操作。例如，在 A1 单元格中输入“橱柜”，在 A2 单元格中输入“洗碗机”，在 A3 单元格中输入“热水器”，然后将数据填充到“B1:D3”区域，具体步骤如下：

（1）选定“A1:D3”区域。

（2）单击“编辑”|“填充”命令，打开一个菜单。

（3）单击“向右填充”命令，填充数据的效果如图 5-6 所示。

	A	B	C	D	E	F	G
1	橱柜	橱柜	橱柜	橱柜			
2	洗碗机	洗碗机	洗碗机	洗碗机			
3	热水器	热水器	热水器	热水器			
4							
5							
6							
7							
8							
9							

Sheet1 Sheet2 Sheet3

图 5-6　向右填充相同的数据

2．利用填充柄填充相同的数据

当用户选定某个单元格而使其成为活动单元格时，可以看到在单元格的右下角有一黑色矩形图标，此图标在 Excel 2003 中被称为填充柄。利用填充柄来进行数据的填充操作时，可使操作变得十分简便。利用填充柄填充相同的数据，具体步骤如下：

（1）选定原有数据的区域“A1:A3”，将鼠标移至选中区域的右下角，此时的鼠标指针为 ＋ 状。

（2）按住鼠标左键不放，拖动填充柄到目的区域，则拖过的单元格区域的外围边框显示为虚线，如图 5-7 所示。

（3）松开鼠标，则被拖过的单元格区域内均填充了相同的数据内容。

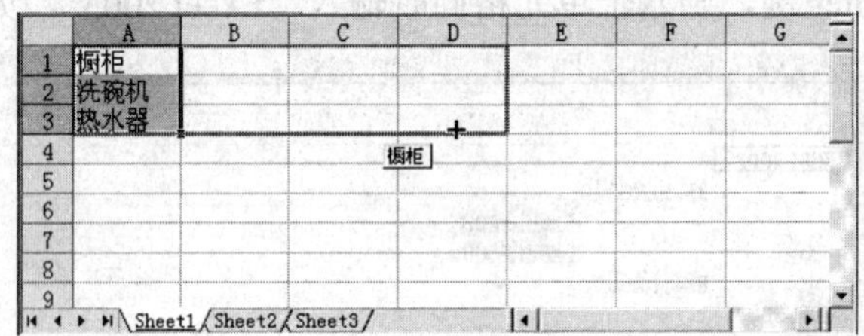

图 5-7　拖动填充柄填充相同的数据

5.3.4　填充数据序列

在 Excel 2003 中，用户不但可以在相邻的单元格中填充相同的数据，还可以使用自动填充功能快速输入具有某种规律的数据序列。

1．填充可扩展数据序列

在 Excel 2003 中提供了一些可扩展序列，可扩展序列是默认的可自动填充的数列，其中包括日期和时间序列。在使用单元格填充柄填充这些数据时，相邻单元格的数据将按序列递增或递减的方式进行填充。

如果要在工作表中填充一星期七天，具体步骤如下：

（1）在单元格中输入序列数据的初始值“Monday”。

（2）将鼠标指向单元格右下角的填充柄，当鼠标变为 ＋ 状时按住鼠标左键不放向下拖动，在拖动的过程中出现像“Tuesday……”这样的提示字样，如图 5-8 所示。

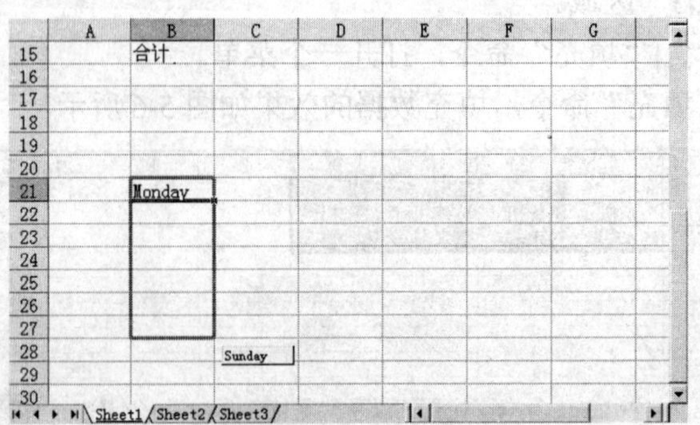

图 5-8　利用填充柄填充可扩展序列

（3）到达目标位置后松开鼠标，序列的其他值会自动填充到拖过的区域，如图 5-9 所示。

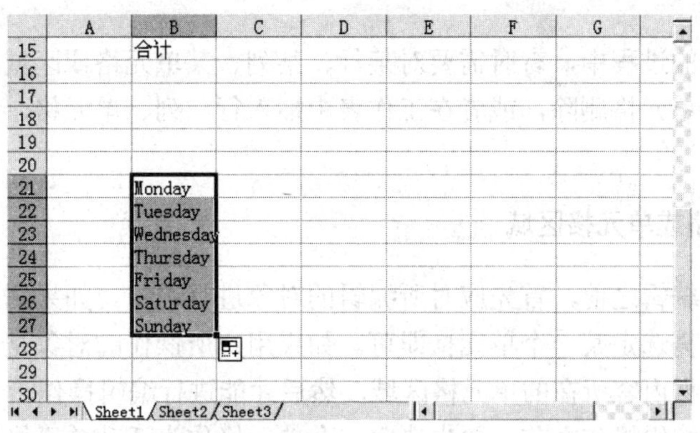

图 5-9 拖动鼠标填充可扩展序列

2. 输入等比序列

等比序列也是在编辑工作表时经常用到的序列，用户可以利用“序列”对话框来实现，输入等比序列的具体步骤如下：

（1）选中含有等比序列初始值的单元格为当前单元格。

（2）单击“编辑”|“填充”|“序列”命令，打开“序列”对话框，如图 5-10 所示。

（3）在“序列产生在”区域选中序列产生在“行”还是“列”。

（4）在“类型”区域选中“等比序列”单选按钮。

（5）在“步长值”文本框中输入等比序列的增长值，在“终止值”文本框中输入等比序列的终止值。

（6）单击“确定”按钮，将会在表格中产生一个等比序列。

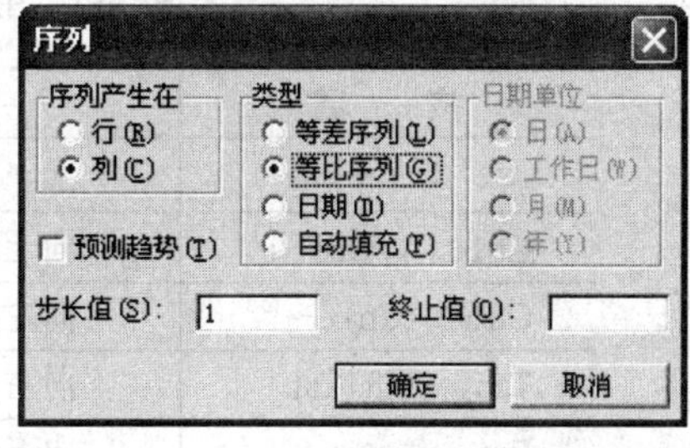

图 5-10 “序列”对话框

提示：

如果在“序列”对话框中的“类型”区域选中“等差序列”或“日期”单选按钮，然后再进行其他项的设置则可以得到一个等差序列或日期序列。

3. 输入等差序列

用户也可以利用“序列”对话框对等差序列进行填充，在实际的操作中用户可以拖动填充柄来快速输入等差序列，具体步骤如下：

（1）在两个单元格中输入等差数列的前两个数。

（2）选中输入数据的两个单元格作为当前单元格区域。

（3）拖动填充柄，这时 Excel 将按照前两个数的差自动填充序列。

5.4 编辑行、列和单元格

在编辑工作表的过程中，有时需要对某行、某列、某单元格或区域进行操作。例如，将已有的行、列、单元格删除，或者在工作表中插入行、列、单元格，这时需要采用区域的编辑操作。

5.4.1 选定单元格或单元格区域

在进行数据的编辑之前，首先应对所编辑的对象进行选定。如果用户所操作的对象是单个单元格时，只需选定某一个单元格即可。如果用户所操作的对象是一些单元格的集合时，就需要选定数据内容所在的单元格区域，然后才能进行编辑操作。

在进行输入或编辑操作之前，要先选定一个单元格作为活动单元格，有时还需要选定单元格区域，此时单元格区域左上角的单元格为活动单元格。在 Excel 窗口“编辑”栏的“名称框”中，将显示当前活动单元格的地址。

1. 选定一个单元格

被选定的单元格被称为当前单元格，也称为活动单元格。如果选择一个单元格 B1，被选中的单元格四周出现黑色边框，黑色边框右下角的小正方形的黑点为单元格的控制柄。

此外用户也可以使用键盘来选定或移动活动单元格，操作方法如表 5-1 所示。

表 5-1 用键盘选定或移动活动单元格

按 键	功 能
↑、↓、←、→	上、下、左、右移动一个单元格
Ctrl+↑，Ctrl+↓	向上或向下移动到空白单元格隔开的单元格上
Ctrl+←,Ctrl+→	向左或向右移动到空白单元格隔开的单元格上
Tab，Shift+Tab	向右或向左移动一个单元格
Enter	向下移动一个单元格
Home	移到当前行的 A 列
Ctrl+Home	移到 A1 单元格
Ctrl+End	移到数据区域的右下角单元格
PgUp，PgDn	向上或向下移动一屏

2. 选定单元格区域

如要选择区域 A2 至 D5，则用鼠标先选取单元格 A2，并按住鼠标左键，拖动鼠标光标到单元格 D5，如图 5-11 所示，单元格区域“A2:D5”呈淡蓝色，这时即表明已经选中了单元格区域“A2:D5”。如果想取消选择，可以单击工作表中任意单元。另外如果首先用鼠标选中单元格 A2，然后按住 Shift 键，单击单元格 D5 也可将单元格区域“A2:D5”选中。

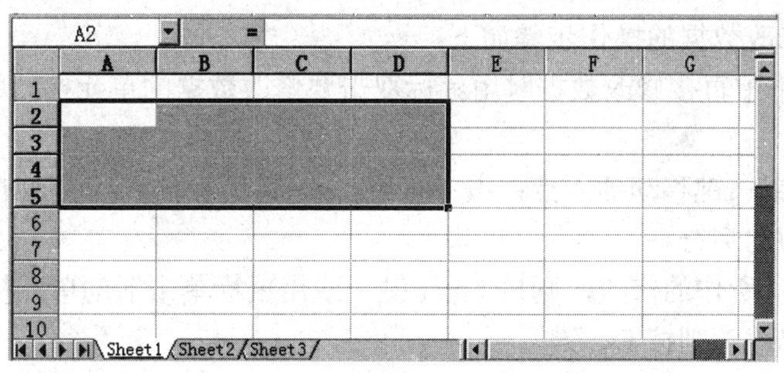

图 5-11　选中单元格区域

如要选取单元格区域“A2:D5”和“E3:F4”两个不相邻的区域，则按上述方法先选取单元格区域“A2:D5”后，按住 Ctrl 键不放，再按同一方法选择“E3:F4”区域，则同时选中了这两个单元格区域，如图 5-12 所示。

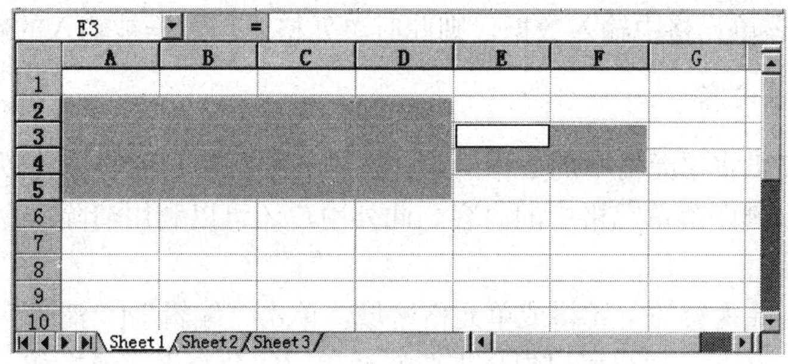

图 5-12　选中不同的单元格区域

3. 选定行或列

如果要选中整行，例如要选取第 3 行，则把鼠标移至工作表左侧编号区中行号为 3 的行号栏上，当鼠标变为 ➡ 状时单击鼠标即选中第 3 行。如果要选择不相邻的多行只需按住 Ctrl 键不放，用鼠标分别单击选择行号即可。如果要选中整列，例如要选取第 B 列，则把鼠标移至工作表上端编号区中列号为 B 的列标栏上，当鼠标变为 ⬇ 状时单击鼠标即选中第 B 列。如果要选择不相邻的多列只需按住 Ctrl 键不放，用鼠标分别单击选择列标即可。

如要选取整个工作表中的单元格，则把鼠标移至工作表区的左上方行号和列标交汇点上，当鼠标变为 ✚ 状时单击鼠标即可将全部单元格选中。

5.4.2　单元格内容的修改

当单元格中的内容输入有误或是不完整时就需要对单元格内容进行修改，当单元格中的一些数据内容不再需要时，用户可以将其删除。修改与删除是编辑工作表数据时常用的两种操作。

1. 修改单元格中的部分数据

在单元格中输入数据时，如果发生错误用户可以对其进行修改。用户可以在单元格中直接修改数据，也可在编辑栏中修改数据。

在单元格中修改数据的操作步骤如下：

（1）在单元格中直接修改数据时用鼠标双击要修改数据的单元格，则插入点出现在该单元格中。

（2）按←键或→键移动插入点；按 BackSpace 键删除插入点左边的字符；按 Delete 键删除插入点右边的字符。

（3）如果确认所作的修改，则按 Enter 键，或用鼠标单击活动单元格外的单元格；如果要取消所作的修改，则按 Esc 键。

在编辑栏中修改数据时首先选中要修改数据的单元格，在编辑栏中单击鼠标，使插入点置于编辑框中，即可对单元格的数据进行修改。

在修改单元格数据时，用户也可以利用以新数据覆盖旧数据的方法来修改数据，具体步骤如下：

（1）单击要被新数据替代的单元格。

（2）直接在该单元格中输入数据，则此时单元格中的数据被输入的新数据覆盖。

2. 清除单元格内容

如果用户仅仅想将单元格中的数据清除掉，但还要保留单元格，可以先选中该单元格然后直接按 Delete 键删除单元格中的内容。此外用户还可以利用清除命令，对单元格中的不同内容进行清除。

首先选中要清除内容的单元格或单元格区域，单击“编辑”|“清除”命令，打开一个子菜单，如图 5-13 所示。用户可以根据需要选择相应的命令来完成操作，子菜单中各命令的功能如下：

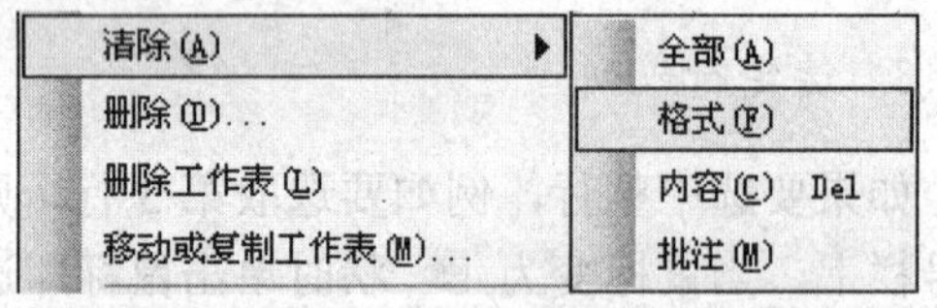

图 5-13 “清除”子菜单

- 全部：选择该命令将清除单元格中的所有内容，包括格式、内容、批注等。
- 格式：选择该命令只清除单元格的格式，单元格中其他的内容不被清除。
- 内容：选择该命令可以只清除单元格的内容，单元格中格式、批注等不被清除。
- 批注：选择该命令只清除单元格的批注。

5.4.3 单元格命名

在工作表中单元格是用行号和列标组合来表示的，其序号是唯一确定的。但是为了在以后的操作中便于对单元格及其区域的引用、定位以及使其内部的公式更易理解，还可以为它引入一个具有代表性的名称，这就是单元格的命名。

在为单元格命名时应遵循以下规则。

- 名称中不能包含空格，如果想用空格可以用下划线代替。
- 名称的第一个字符必须是字母或文字。
- 名称只能由字母、数字、下划线和句号构成。
- 命名不区分英文字母大小写，名称不能超过 255 个字符。

➢ 避免使用 Excel 2003 的固定词汇。

1. 为单元格定义名称

用户可以利用菜单命令，或使用“名称框”为单元格定义名称。利用菜单为单元格定义名称的步骤如下：

（1）选定要进行命名的单元格或区域。

（2）选择“插入”|“名称”|“定义”命令，打开“定义名称”对话框，如图 5-14 所示。

（3）在“引用位置”文本框中显示着被引用的单元格，如果该位置不正确，用户可以输入正确的引用区域。

（4）在“在当前工作簿中的名称”文本框中输入单元格的名称。

（5）单击“添加”按钮，将它添加到名称列表中，单击“确定”按钮。

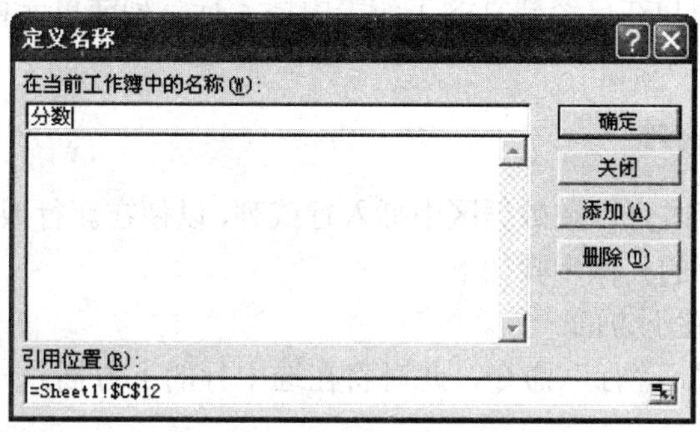

图 5-14　“定义名称”对话框

使用“名称框”命名的方法很简单，选定要命名的单元格或单元格区域，单击编辑栏左侧的“名称框”，在框中输入要定义的新名称，按回车键完成命名。为单元格命名后用户可以利用单元格的名称快速定位单元格或单元格区域，在编辑栏左侧的“名称框”中输入单元格的名称，按回车键，则 Excel 2003 自动选定该名称的单元格或单元格区域。

2. 为单元格指定名称

如果用户在工作表中已建立一个表格，则可以用指定名称的方法使每一个单独的行或列的标题成为单元格区域的名称。具体步骤如下：

（1）选定要命名的单元格和相邻单元格区域。

（2）单击“插入”|“名称”|“指定”命令，出现“指定名称”对话框，如图 5-15 所示。

（3）在“名称创建于”列表中选择要作为名字的文本单元格在指定区域的位置。

（4）单击“确定”按钮。

例如，在图 5-16 中，选定了“A3:H12”区域，然后在“指定名称”对话框中选择“名称创建于首行”，则单元格“A4:A12”区域的名称就是“姓名”，“B4:B12”区域的名称就是“语文”，依次类推。

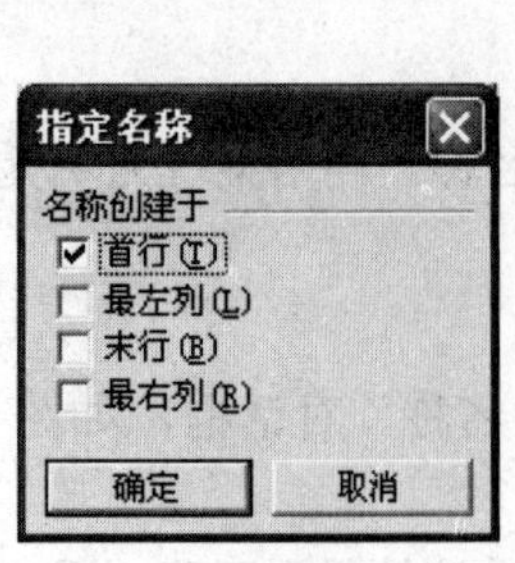

图 5-15 “指定名称”对话框

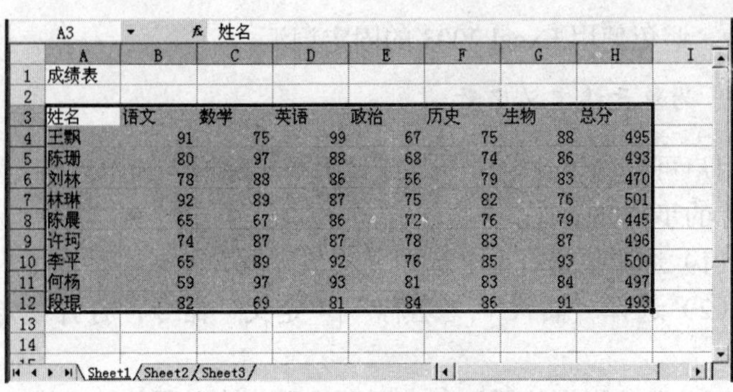

成绩表							
姓名	语文	数学	英语	政治	历史	生物	总分
王飘	91	75	99	67	75	88	495
陈珊	80	97	88	68	74	86	493
刘林	78	88	86	56	79	83	470
林琳	92	89	87	75	82	76	501
陈晨	65	67	86	72	76	79	445
许珂	74	87	87	78	83	87	496
李平	65	89	92	76	85	93	500
何杨	59	97	93	81	83	84	497
段琨	82	69	81	84	86	91	493

图 5-16 为单元格指定名称

5.4.4 插入、删除行、列或单元格

Excel 2003 允许用户在已经建立的工作表中插入行、列或单元格，这样可以在表格的适当位置填入新的内容。

1. 插入、删除行或列

用户在编辑工作表时可以在数据区中插入行或列，以便在新行或列中进行数据的插入。

在工作表中插入行的具体步骤如下：

（1）选定插入位置下方的一行。

（2）单击“插入”|“行”命令，此时将在选中行的上方插入一个空白行，被选定的行自动下移。

在工作表中插入列的方法和插入行的方法类似，新插入的列将出现在选定列的左侧。

如果工作表中的某行或某列是多余的，用户可以将其删除。在工作表中删除行或列的方法非常简单，首先选中要删除的行或列，然后单击“编辑”|“删除”命令，可直接将选中的行或列删除。另外用户也可以在选中的行或列上单击鼠标右键，然后在快捷菜单中选择“删除”命令。

2. 插入、删除单元格

在对工作表的编辑中，可能会发生错误，这时候，就需要在工作表中插入或删除单元格。

在工作表中插入单元格的操作步骤如下：

（1）首先在要插入单元格的位置选中与要插入的单元格数目相同的单元格。

（2）单击“插入”|“单元格”命令，打开“插入”对话框，如图 5-17 所示。

（3）根据需要选择“活动单元格右移”、“活动单元格下移”、“整行”或“整列”单选按钮。

（4）单击“确定”按钮。

删除行（列）或单元格的具体步骤如下：

（1）选定要删除的单元格或区域。

（2）选择“编辑”菜单中的“删除”命令，打开“删除”对话框，如图 5-18 所示。

（3）根据需要选择“右侧单元格左移”、“下方单元格上移”、“整行”或“整列”单选按钮。

（4）单击“确定”按钮。

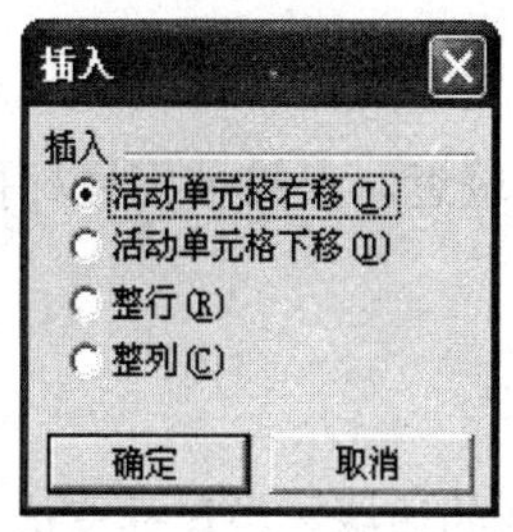

图 5-17 “插入”对话框

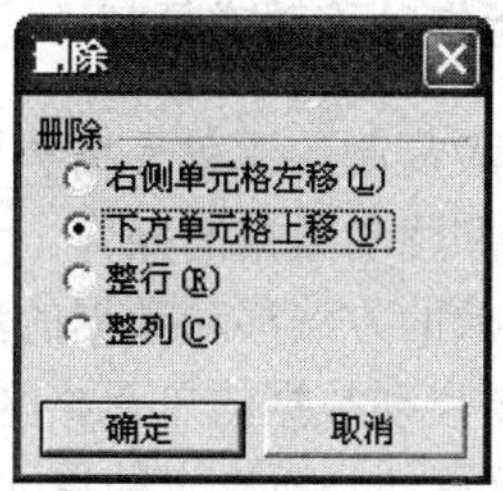

图 5-18 “删除”对话框

5.5 移动或复制数据

对于单元格中的数据可以通过复制或移动操作，将它们复制或移动到同一个工作表中的不同地方、另外的工作表中或另外的应用程序中。如果要移动或复制的原单元格或单元格区域中含有公式，移动或复制到新位置的时候，公式会因单元格区域的引用变化生成新的计算结果。

5.5.1 利用菜单命令移动或复制数据

如果移动或者复制的源单元格和目标单元格相距较远，用户可以利用“编辑”下拉菜单中的“复制”、“剪切”和“粘贴”命令来复制或移动单元格中的数据。

利用菜单命令移动单元格区域中的数据的具体步骤如下：

（1）选定要进行移动数据的单元格区域。

（2）单击“编辑”|“剪切”命令，或单击工具栏上的“剪切”按钮，此时选定的单元格或单元格区域被一个闪烁的边框包围，它被称为“活动选定框”，如图 5-19 所示。

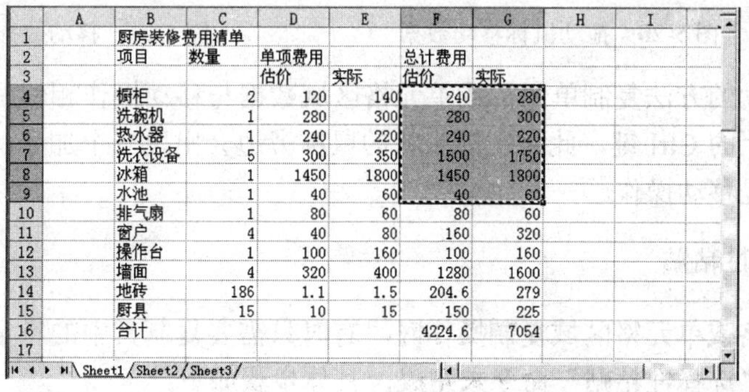

	A	B	C	D	E	F	G	H	I
1		厨房装修费用清单							
2		项目	数量	单项费用		总计费用			
3				估价	实际	估价	实际		
4		橱柜	2	120	140	240	280		
5		洗碗机	1	280	300	280	300		
6		热水器	1	240	220	240	220		
7		洗衣设备	5	300	350	1500	1750		
8		冰箱	1	1450	1800	1450	1800		
9		水池	1	40	60	40	60		
10		排气扇	1	80	60	80	60		
11		窗户	4	40	80	160	320		
12		操作台	1	100	160	100	160		
13		墙面	4	320	400	1280	1600		
14		地砖	186	1.1	1.5	204.6	279		
15		厨具	15	10	15	150	225		
16		合计				4224.6	7054		
17									

Sheet1 / Sheet2 / Sheet3

图 5-19 活动选定框

（3）选定要粘贴到的单元格或单元格区域左上角的单元格。

（4）单击“编辑”|“粘贴”命令，或者单击工具栏上的“粘贴”按钮即可将选定区

域的数据复制到目标区域。

复制单元格或单元格区域的数据与移动的操作类似，只要单击“编辑”|“复制”命令，或者单击工具栏上的“复制”按钮即可执行复制数据的操作。

5.5.2 利用鼠标拖动移动或复制

如果移动或者复制的源单元格和目标单元格相距较近，直接使用鼠标拖动可以更方便快捷地实现复制和移动数据的操作。

使用鼠标拖放的方法移动数据的步骤如下：

（1）选定要移动数据的单元格区域。

（2）将鼠标移动到所选定的单元格或单元格区域的边缘，当鼠标变成 ✥ 状时按住鼠标左键不放。

（3）拖动鼠标，此时一个与原单元格或单元格区域一样大小的虚线框会随着鼠标移动，如图 5-20 所示。

（4）到达目标位置松开鼠标即可。

提示：

在利用鼠标移动数据时如果目标单元格区域含有数据，则会打开如图 5-21 所示的警告对话框，单击“确定”按钮，则目标单元格区域中的数据将被替换，单击“取消”按钮，则取消移动操作。

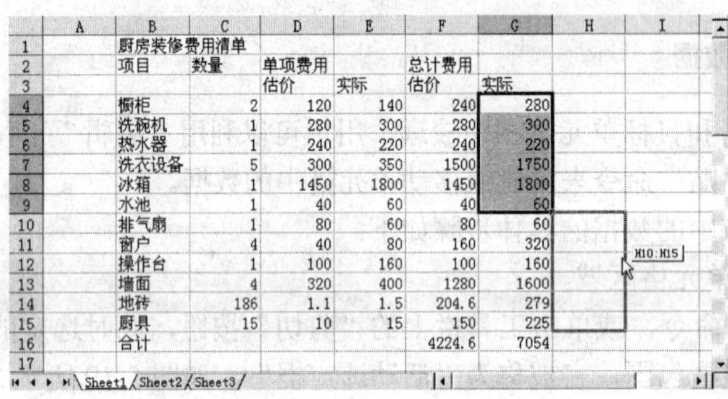

	A	B	C	D	E	F	G	H	I
1		厨房装修费用清单							
2		项目	数量	单项费用		总计费用			
3				估价	实际	估价	实际		
4		橱柜	2	120	140	240	280		
5		洗碗机	1	280	300	280	300		
6		热水器	1	240	220	240	220		
7		洗衣设备	5	300	350	1500	1750		
8		冰箱	1	1450	1800	1450	1800		
9		水池	1	40	60	40	60		
10		排气扇	1	80	60	80	60		
11		窗户	4	40	80	160	320		
12		操作台	1	100	160	100	160		
13		墙面	4	320	400	1280	1600		
14		地砖	186	1.1	1.5	204.6	279		
15		厨具	15	10	15	150	225		
16		合计				4224.6	7054		
17									

图 5-20 拖动鼠标移动数据　　　　图 5-21 移动数据时的警告对话框

使用鼠标拖动的方法复制单元格或单元格区域数据与移动操作相似。在按下鼠标左键的同时按住键盘上的 Ctrl 键，此时在箭头状的鼠标旁边会出现一个加号，表示现在进行的是复制操作而不是移动操作。

5.5.3 使用选择性粘贴

在进行单元格或单元格区域复制操作时，有时只需要复制其中的特定内容而不是所有内容，可以使用“选择性粘贴”命令来完成，具体步骤如下：

（1）选中需要复制数据的单元格区域。

（2）单击“编辑”|“复制”命令，或者单击工具栏上的“复制”按钮，在选中的单元格区域周围出现闪烁的边框。

（3）选择要复制目标区域中的左上角的单元格，单击“编辑”|“选择性粘贴”命令，打开“选择性粘贴”对话框，如图 5-22 所示。

（4）在“选择性粘贴”对话框中根据需要选中粘贴方式。

（5）单击“确定”按钮。

从“选择性粘贴”对话框中可以看到，使用选择性粘贴进行复制可以实现加、减、乘、除运算，或者只复制公式、数值、格式等。

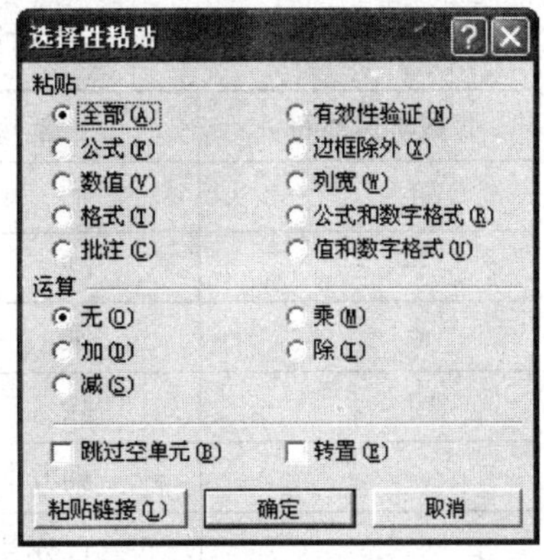

图 5-22　“选择性粘贴”对话框

5.6　公式与函数的应用

公式与函数的使用充分体现了 Excel 强大的数据计算与数据分析能力。公式是对工作表中的数据进行运算和分析的算式。函数实际上是内置的公式，Excel 将一些繁杂的、专门的公式预定义为函数，用户通过调用函数可以大大加快和简化工作表的数据处理。

5.6.1　输入公式

Excel 2003 具有非常强大的计算功能，为用户分析和处理工作表中的数据提供了极大的方便。在公式中，可以对工作表数值进行加、减、乘、除等运算。只要输入正确的计算公式之后，就会立即在单元格中显示计算结果。如果工作表中的数据有变动，系统会自动将变动后的答案算出，使用户能够随时看到正确的计算结果。

在开始运算输入公式时必须以等号（=）作为开始。在一个公式中可以包含有各种运算符、常量、变量、函数以及单元格引用等。

1. 公式中运算符

运算符用于对公式中的元素进行特定类型的运算，分为算术运算符、文本运算符、比较运算符和引用运算符。

- 文本运算符：文本运算符只有一个“&”，使用该运算符可以将文本连结起来。其含义是将两个文本值连接或串联起来产生一个连续的文本值，如“大众”&“轿车”的结果是“大众轿车”。
- 算术运算符和比较运算符：算术运算符可以完成基本的算术运算，如加、减、乘、除等，还可以连接数字并产生运算结果。比较运算符可以比较两个数值并产生逻辑值，逻辑值只有 FALSE 和 TURE 两个，即错误和正确。表 5-2 列出了算术运算符和比较运算符的含义。
- 引用运算符：引用运算符可以将单元格区域合并计算，它主要包括冒号、逗号、空格。表 5-3 列出了引用运算符的含义。

表 5-2　算术运算符和比较运算符

数学运算符	含　义	比较运算符	含　义
+	加	=	等于
—	减	<	小于
*	乘	>	大于
/	除	>=	大于等于
^	乘方	<=	小于等于
%	百分号	<>	不等于

表 5-3　引用运算符

引用运算符	含　义
:（冒号）	区域运算符，表示区域引用，对包括两个单元格在内的所有单元格进行引用
,（逗号）	联合运算符，将多个引用合并为一个引用
空格	交叉运算符，对同时隶属两个区域的单元格进行引用

2. 公式中运算顺序

Excel 2003 根据公式中运算符的特定顺序从左到右计算公式。如果公式中同时用到多个运算符时，对于同一级的运算，则按照从等号开始从左到右进行计算，对于不同级的运算符，则按照运算符的优先级进行计算。表 5-4 列出了常用运算符的运算优先级。

表 5-4　公式中运算符的优先级

运算符	含　义
:（冒号）	区域运算符
（空格）	交叉运算符
,（逗号）	联合运算符
-（负号）	如：-5
%	百分号
^	乘方
*和/	乘和除
+和-	加和减
&	文本运算符
=、>、<、>=、<=、<>	比较运算符

提示：

若要更改求值的顺序，可以将公式中要先计算的部分用括号括起来。例如，公式“=20+5*2”的结果是“30”，因为 Excel 先进行乘法运算后再进行加法运算。先将“5”与“2”相乘，然后再加上“20”，即得到结果。如果使用括号改变语法“=(20+5)*2”，Excel 先用“20”加上“5”，再用结果乘以“2”，得到结果“50”。

3. 输入公式

创建公式时可以直接在单元格中输入，也可以在编辑栏里面输入，在编辑栏中输入和在单元格中输入效果是相同的。

例如，在单元格“F3”中输入公式计算出实发工资，具体步骤如下：

（1）选定“F3”单元格，直接输入公式“=C3+D3+E3”，如图 5-23 所示。

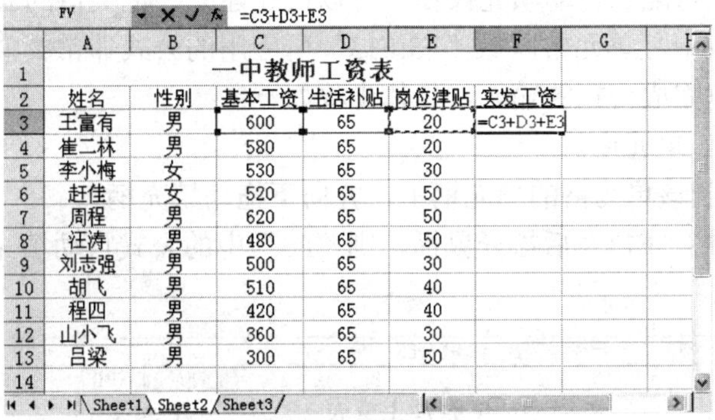

FV　=C3+D3+E3

	A	B	C	D	E	F	G
1	一中教师工资表						
2	姓名	性别	基本工资	生活补贴	岗位津贴	实发工资	
3	王富有	男	600	65	20	=C3+D3+E3	
4	崔二林	男	580	65	20		
5	李小梅	女	530	65	30		
6	赶佳	女	520	65	50		
7	周程	男	620	65	50		
8	汪涛	男	480	65	50		
9	刘志强	男	500	65	30		
10	胡飞	男	510	65	40		
11	程四	男	420	65	40		
12	山小飞	男	360	65	30		
13	吕梁	男	300	65	50		
14							

Sheet1 / Sheet2 / Sheet3

图 5-23　在单元格中输入公式

（2）按回车键，或单击编辑栏中的输入按钮 ✔ 即可在单元格中计算出结果，如图 5-24 所示。

4. 编辑公式

编辑公式与编辑文本的方法一样，在编辑栏中可对公式进行增、删、改等操作。编辑公式时，被该公式所引用的单元格及单元格区域都将以不同的颜色显示于编辑栏中，相应的单元格及单元格区域的周围显示具有相同颜色的边框，用于跟踪公式，以帮助用户查询与分析公式。公式编辑完毕，应按回车键或单击编辑栏中的输入按钮。

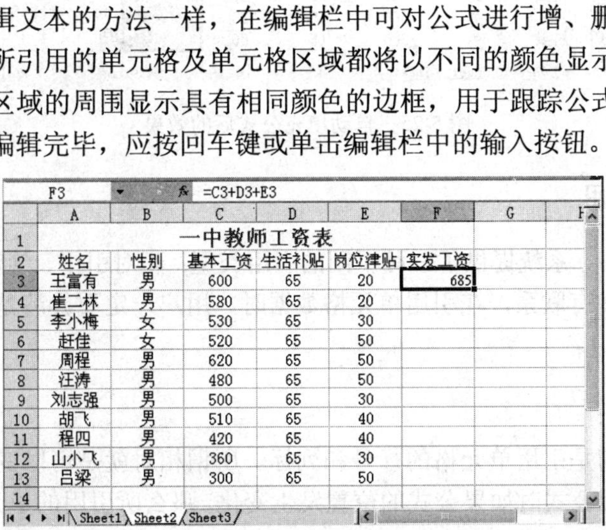

F3　=C3+D3+E3

	A	B	C	D	E	F	G
1	一中教师工资表						
2	姓名	性别	基本工资	生活补贴	岗位津贴	实发工资	
3	王富有	男	600	65	20	685	
4	崔二林	男	580	65	20		
5	李小梅	女	530	65	30		
6	赶佳	女	520	65	50		
7	周程	男	620	65	50		
8	汪涛	男	480	65	50		
9	刘志强	男	500	65	30		
10	胡飞	男	510	65	40		
11	程四	男	420	65	40		
12	山小飞	男	360	65	30		
13	吕梁	男	300	65	50		
14							

Sheet1 / Sheet2 / Sheet3

图 5-24　利用公式计算出的结果

5. 复制公式

复制公式的操作与复制工作表中其他数据的操作类似，具体步骤如下：

（1）选定含有公式的单元格。

（2）单击工具栏上的“复制”按钮。

（3）选定目标单元格。若要将公式复制到另一个工作表或工作簿，则需转换到指定工作簿或工作表中。

（4）单击工具栏上的“粘贴”按钮。

6. 公式自动填充

与常量数据填充一样，利用填充手柄也可以完成公式的自动填充。利用相对引用和绝对引用的不同特点，再配合自动填充操作，可以快速建立一批类似的公式。

例如，在工资表中，单元格区域“F3:F13”所应用的公式非常类似，因此可以利用自动填充的功能来快速完成公式的输入，具体步骤如下：

（1）单击“F3”单元格。

（2）将鼠标移到该单元格的填充柄上，并向下拖动填充柄。

（3）到达单元格“F13”后松开鼠标，则“F3”中的公式自动填充到选定的单元格区域，如图 5-25 所示。

F3 =C3+D3+E3

	A	B	C	D	E	F	G
1	一中教师工资表						
2	姓名	性别	基本工资	生活补贴	岗位津贴	实发工资	
3	王富有	男	600	65	20	685	
4	崔二林	男	580	65	20	665	
5	李小梅	女	530	65	30	625	
6	赵佳	女	520	65	50	635	
7	周程	男	620	65	50	735	
8	汪涛	男	480	65	50	595	
9	刘志强	男	500	65	30	595	
10	胡飞	男	510	65	40	615	
11	程四	男	420	65	40	525	
12	山小飞	男	360	65	30	455	
13	吕梁	男	300	65	50	415	

Sheet1 Sheet2 Sheet3

图 5-25 自动填充公式后的效果

5.6.2 单元格的引用

在 Excel 2003 中，系统提供了三种不同的引用类型：相对引用、绝对引用和混合引用。它们之间既有区别又有联系，在引用单元格数据时，用户一定要弄清楚这三种引用类型之间的关系。

1. 相对引用

相对引用，指的是引用单元格的行号和列标。所谓相对就是可以变化，它的最大特点就是在单元格中使用公式时如果公式的位置发生变化，那么所引用的单元格也会发生变化。

例如，在单元格“F3”中使用了公式“=C3+D3+E3”，要把其公式相对引用到“F4”

单元格中，具体步骤如下：

（1）单击选中“F3”单元格。

（2）单击“编辑”|“复制”命令，在选中的单元格周围出现闪烁的边框。

（3）单击选中要相对引用的单元格“F4”，单击“编辑”|“粘贴”命令即可将“F3”单元格中的公式相对引用到“F4”单元格中，在该单元格中的公式将变为“=C4+D4+E4”，如图 5-26 所示。

F4 =C4+D4+E4

	A	B	C	D	E	F
1	一中教师工资表					
2	姓名	性别	基本工资	生活补贴	岗位津贴	实发工资
3	王富有	男	600	65	20	685
4	崔二林	男	580	65	20	665
5	李小梅	女	530	65	30	
6	赶佳	女	520	65	50	
7	周程	男	620	65	50	
8	汪涛	男	480	65	50	
9	刘志强	男	500	65	30	
10	胡飞	男	510	65	40	
11	程四	男	420	65	40	
12	山小飞	男	360	65	30	
13	吕梁	男	300	65	50	

Sheet1 Sheet2 Sheet3

图 5-26 在公式中使用了相对引用

2. 绝对引用

绝对引用，顾名思义就是当公式的位置发生变化时，所引用的单元格不会发生变化，无论移到任何位置，引用都是绝对的。绝对引用使用在单元格名前加一符号“$”，如$A$2 表示单元格“A2”是绝对引用。

例如，当把单元格“F3”中的公式改为“=$C$3+$D$3+$E$3”，再把它复制到单元格“F4”中，这时单元格的引用不发生任何变化，如图 5-27 所示。

F4 =$C$3+$D$3+$E$3

	A	B	C	D	E	F
1	一中教师工资表					
2	姓名	性别	基本工资	生活补贴	岗位津贴	实发工资
3	王富有	男	600	65	20	685
4	崔二林	男	580	65	20	685
5	李小梅	女	530	65	30	
6	赶佳	女	520	65	50	
7	周程	男	620	65	50	
8	汪涛	男	480	65	50	
9	刘志强	男	500	65	30	
10	胡飞	男	510	65	40	
11	程四	男	420	65	40	
12	山小飞	男	360	65	30	
13	吕梁	男	300	65	50	

Sheet1 Sheet2 Sheet3

图 5-27 绝对引用填充公式

3. 混合引用

混合引用，就是指只绝对引用行号或者列标，如$B6 表示绝对引用列标，B$6 则表示绝对引用行号。当相对引用的公式发生位置变化时，绝对引用的行号或列标不变，但相对引用的行号或列标则发生变化。

如果多行多列地复制公式，则相对引用自动调整，而绝对引用不作调整。例如，如果将一个混合引用“=A$1”从 A2 复制到 B2，它将从“=A$1”调整到“=B$1”。

4. 三维地址引用

Excel 的文件以工作簿为单位存储，一个工作簿中可包含多张工作表。因此，如果要在不同的工作簿或工作表中使用单元格引用，应当在单元格引用前指明工作簿名和工作表标签。三维地址引用的格式为：[工作簿名]工作表标签！单元格地址。

例如，要表示“例 1.XLS”工作簿中的“一季度”工作表的 B3 单元格的相对地址，应输入“=[例 1．XLS]一季度！B3”；若要以绝对地址表示，应输入“=[例 1．XLS]一季度！$B$3”。

5.6.3 函数的概念

在 Excel 2003 中所提的函数其实是一些预定义的公式，它们使用一些称为参数的特定数值，按特定的顺序或结构进行计算。用户可以直接用它们对某个区域内的数值进行一系列运算，如分析和处理日期值和时间值、确定贷款的支付额、确定单元格中的数据类型、计算平均值、排序显示和运算文本数据等。

Excel 2003 的函数由三部分组成，即函数名称、括号和参数，其结构为以等号开始，后面紧跟函数名称和左括号，然后以逗号分隔输入参数，最后是右括号。其语法结构为：=函数名称（参数 1，参数 2，……参数 N）。

在函数中各名称的意义如下：

- 函数名称：是指出函数的含义，如求和函数 SUM ，求平均值函数 AVERAGE。
- 括号：括住参数的符号，即括号中包含所有的参数。
- 参数：告诉 Excel 2003 所要执行的目标单元格或数值，可以是数字、文本、逻辑值（例如 TRUE 或 FALSE）、数组、错误值（例如#N/A）或单元格引用。其各参数之间必须用逗号隔开。

Excel 2003 提供了大量的函数，这些函数就其功能来看，大致可分为以下几种类型。

- 数据库函数：主要用于分析数据清单中的数值是否符合特定的条件。
- 日期和时间函数：用于在公式中分析和处理日期和时间值。
- 数学和三角函数：可以处理简单和复杂的数学计算。
- 文本函数：用于在公式中处理字符串。
- 逻辑函数：使用逻辑函数可以进行真假值判断，或者进行符号检验。
- 统计函数：可以对选定区域的数据进行统计分析。
- 查找和引用函数：可以在数据清单或表格中查找特定数据，或者查找某一单元格的引用。
- 工程函数：用于工程分析。
- 信息函数：用于确定存储在单元格中的数据类型。
- 财务函数：可以进行一般的财务计算。

5.6.4　创建函数

了解了函数的一些基本知识后，用户就可以创建函数了。在 Excel 2003 中，创建函数有两种方法，一种是直接在单元格中输入函数内容，这种方法要求用户对函数要有足够的了解，熟悉掌握函数的语法及参数意义。另一种方法是利用“插入函数”对话框，这种方法比较简单，它不需要对函数全部了解，用户可以在所提供的函数方式中选择。

1. 直接输入函数

直接输入法就是直接在工作表单元格中输入函数的名称及语法结构。这种方法要求用户必须对所使用的函数较为熟悉，并且十分了解此函数包括多少个参数及参数的类型。然后就可以像输入公式一样来输入函数，而且使用起来也较为方便。

直接输入法的操作非常简单，用户只需先选择要输入函数公式的单元格，输入“＝”号，然后按照函数的语法直接输入函数名称及各参数即可。

例如，要在工资表中，利用直接输入函数的方法在“F3”单元格中输入求和函数，以此来求实发工资数，具体步骤如下：

（1）单击选中“F3”单元格。

（2）直接输入“=SUM（C3，D3，E3）”，如图 5-28 所示。

（3）按下回车键或单击“编辑栏”中的“输入”按钮 ✓ ，则可在“F3”单元格中出现结果。

FV　=SUM(C3,D3,E3)

	A	B	C	D	E	F	G
1	一中教师工资表						
2	姓名	性别	基本工资	生活补贴	岗位津贴	实发工资	
3	王富有	男	600	65	20	=SUM(C3,D3,E3)	
4	崔二林	男	580	65	20	SUM(number1, [number2], [numbe	
5	李小梅	女	530	65	30		
6	赵佳	女	520	65	50		
7	周程	男	620	65	50		
8	汪涛	男	480	65	50		
9	刘志强	男	500	65	30		
10	胡飞	男	510	65	40		
11	程四	男	420	65	40		
12	山小飞	男	360	65	30		
13	吕梁	男	300	65	50		

Sheet1 Sheet2 Sheet3

图 5-28　在单元格中直接输入函数

2. 利用“插入函数”命令

利用直接输入法来输入函数时，要求用户必须了解函数的语法、参数及使用方法，但是由于 Excel 提供了 200 多种函数，因此用户不可能全部记住。当用户在不能确定函数的拼写时，则可使用第二种插入函数的方法来插入函数，这种方法简单、快速，它不需要用户的输入，而直接插入即可使用。

例如，利用粘贴函数的方法在“F3”单元格中求出实发工资，具体步骤如下：

（1）单击“F3”单元格。

（2）单击“插入”|“函数”命令，或者在“编辑栏”中单击“插入函数”按钮 fx ，

打开“插入函数”对话框，如图 5-29 所示。

（3）在“或选择类别”下拉列表中选择“常用函数”项，在“选择函数”列表框中选择所需的函数类型“SUM”。

（4）单击“确定”按钮，打开“函数参数”对话框，如图 5-30 所示。

（5）在“Number1”编辑框直接输入函数的参数，或单击“Number1”编辑框右边的折叠按钮，然后在工作表中选择参数区域“C3:E3”。

（6）单击“确定”按钮，则在单元格中将显示出计算结果。

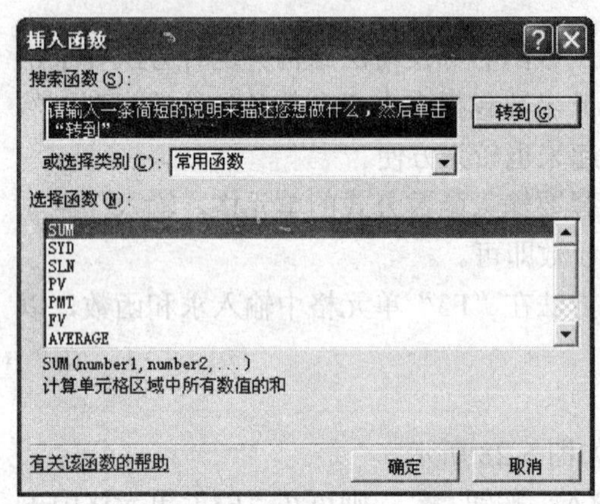

图 5-29 “插入函数”对话框

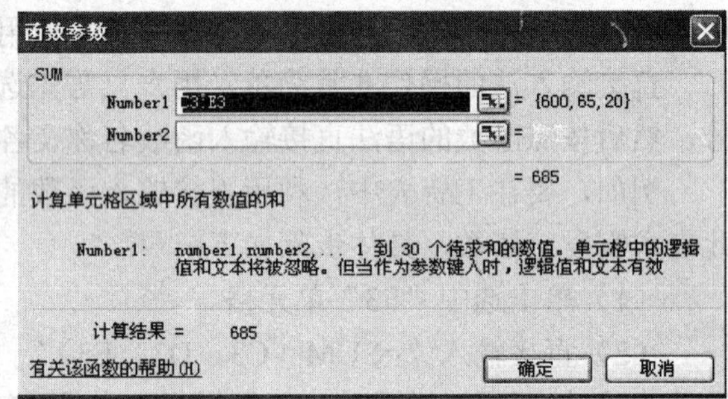

图 5-30 “函数参数”对话框

3. 快速计算

在对工作表进行分析和计算的过程中，有时只需临时地计算结果，而无需将这些临时结果写入单元格。此时，用户可以使用 Excel 的快速计算功能，对选定的单元格区域的数据进行“均值”、“计数”、“最大值”、“最小值”和“求和”等运算。具体操作步骤如下：

（1）选定需要计算的单元格或区域。例如，在图 5-31 中选定单元格区域“C3:E3”。

（2）用鼠标右键单击状态行的任意位置，弹出快捷菜单，如图 5-31 所示。

（3）从快捷菜单中选择一种计算方式，例如选择“求和”。

（4）计算结果“求和=685”即显示于状态栏中，如图 5-31 所示。

	A	B	C	D	E	F
1	一中教师工资表					
2	姓名	性别	基本工资	生活补贴	岗位津贴	实发工资
3	王富有	男	600	65	20	
4	崔二林	男	580	65	20	
5	李小梅	女	530	65	30	
6	赶佳	女	520	65	50	
7	周程	男	620	65	50	
8	汪涛	男	480	65		
9	刘志强	男	500	65		
10	胡飞	男	510	65		
11	程四	男	420	65		
12	山小飞	男	360	65		
13	吕梁	男	300	65		

无(N)
平均值(A)
计数(C)
计数值(O)
最大值(M)
最小值(I)
求和(S)

Sheet1 Sheet2 Sheet3 就绪 求和=685 数字

图 5-31 状态栏上的计算结果

4. 自动求和

求和是最经常用到的运算，因此 Excel 在“常用”工具栏上单独设置一个“自动求和”按钮。具体使用方法如下：

（1）选定要存放求和结果的单元格或区域。

（2）单击工具栏中的“自动求和”按钮 Σ 右侧的下三角箭头，打开一个下拉列表，如图 5-32 所示。

（3）选择一种函数，选定的单元格内自动出现相应的函数 SUM 以及相应的计算数据区域。

（4）如果计算数据区域不正确，用户可以进行修改，按回车键，即可在单元格中显示出计算结果。

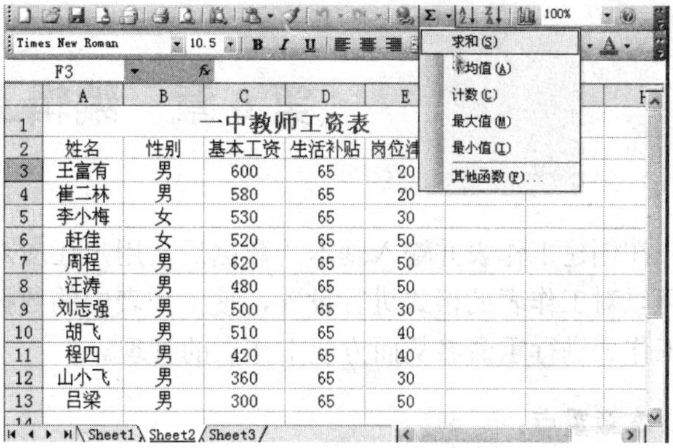

	A	B	C	D	E
1	一中教师工资表				
2	姓名	性别	基本工资	生活补贴	岗位津
3	王富有	男	600	65	20
4	崔二林	男	580	65	20
5	李小梅	女	530	65	30
6	赵佳	女	520	65	50
7	周程	男	620	65	50
8	汪涛	男	480	65	50
9	刘志强	男	500	65	30
10	胡飞	男	510	65	40
11	程四	男	420	65	40
12	山小飞	男	360	65	30
13	吕梁	男	300	65	50

求和(S)
平均值(A)
计数(C)
最大值(M)
最小值(I)
其他函数(F)...

图 5-32　自动求和按钮

5.7　本 章 练 习

一、填空题

1. 工作表也称为____________，它是 Excel 完成一项工作的基本单位，工作表由________行和________列构成。

2. 默认情况下，在单元格中的字符型数据均设置为_____对齐，每个单元格最多可包含__________个字符。

3. 如果要在单元格中插入当前日期，可以按__________组合键。如果在单元格中插入当前时间，可以按__________组合键。

4. 公式中的运算符分为__________、__________、__________和__________。

5. Excel 2003 提供了三种不同的引用类型：__________、__________和__________。

6. Excel 2003 的函数由三部分组成，__________、__________和__________。

二、简答题

1. 如何将数字作为文本型数据输入？
2. 填充相同的数据有几种方法？
3. 如何选定单元格区域？
4. 修改单元格中的数据有几种方法？
5. 复制单元格中特定内容的方法是什么？

第 6 章　编辑工作表

在创建工作表并输入基本的数据后，用户还应对工作表进行编辑以使其符合要求。例如可以对工作表的格式进行设置，使工作表中的数据便于阅读并使工作表更加美观；可以对工作表进行重命名从而方便工作表的管理。

本章重点：

- 设置单元格格式
- 调整行高和列宽
- 使用特殊格式
- 操作工作表
- 保护工作簿和工作表
- 打印工作表

6.1　设置单元格格式

对于工作表中的不同单元格，可以根据需要设置数据的不同格式。例如，设置数据类型、文本的对齐方式、字体、单元格的边框和底纹。

6.1.1　设置数字格式

默认情况下，单元格中的数字格式是常规格式，不包含任何特定的数字格式，即以整数、小数、科学计数的方式显示。Excel 2003 提供了多种数字显示格式，如百分比、货币、日期，用户可以根据数字的不同类型设置它们在单元格中的显示格式。

1. 利用工具按钮设置数字格式

在“格式”工具栏中包括一些数字格式按钮，通过这些按钮，用户可以快速地设置数字的格式。首先选中要设置格式的单元格或单元格区域，然后单击工具栏上相应的按钮即可。“格式”工具栏中常用的设置数字格式的按钮有以下五个：

- 货币样式按钮：在数据前使用货币符号。
- 百分比样式 % 按钮：对数据使用百分比。
- 千位分隔样式 , 按钮：使显示的数据在千位上有一个分割符。
- 增加小数位数按钮：每单击一次，数据增加一个小数位。
- 减少小数位数按钮：每单击一次，数据减少一个小数位。

2. 利用对话框设置数字格式

如果数字格式化的工作比较复杂，可以利用“单元格格式”对话框来完成。

利用对话框设置数字格式的具体步骤如下：

（1）选中要设置货币样式的单元格或单元格区域，例如这里选择“C4:C9”区域。

（2）单击“格式”|“单元格”命令，打开“单元格格式”对话框，单击“数字”选项卡，如图 6-1 所示。

（3）在“分类”列表框中选择“货币”选项。

（4）在“示例”区域的“小数位数”后的文本框中选择或输入小数位数；在“货币符号”下拉列表中选择一种货币符号，这里选择人民币货币符号；在“负数”列表框中选择一种样式。

（5）单击“确定”按钮，为单元格设置货币格式的效果如图 6-2 所示。

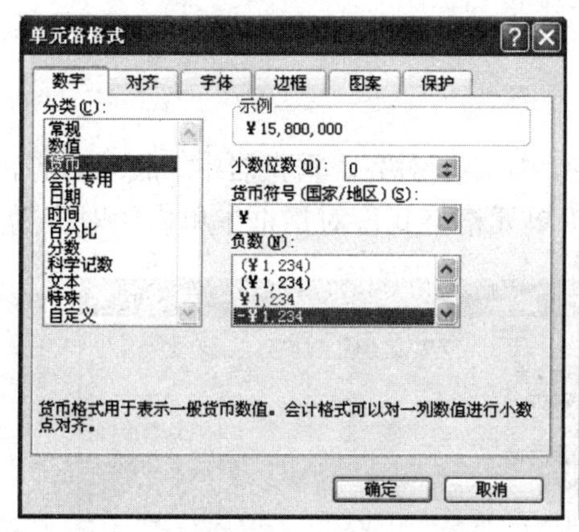

图 6-1　设置货币样式

C4　　15800000

	A	B	C	D	E
1					
2	宏达公司1月份销售情况表				
3	地区	销售数量	销售总额(元)	主管人员	
4	山东省	1580	¥15,800,000.00	王爱丽	
5	辽宁省	1780	¥17,800,000.00	李华东	
6	河南省	6852	¥68,520,000.00	石英钟	
7	云南省	4580	¥45,800,000.00	崔三包	
8	桂林市	3780	¥37,800,000.00	江小西	
9	江西省	6240	¥62,400,000.00	秦东来	
10					

Sheet1 / Sheet2 / Sheet3

图 6-2　设置单元格货币样式的效果

6.1.2　设置对齐格式

所谓对齐就是指单元格中的数据在显示时相对单元格上、下、左、右的位置。默认情况下，输入的文本在单元格内靠左对齐，数字靠右对齐，逻辑值和错误值居中对齐。为了使工作表更加美观，用户可以利用对话框和工具栏按钮使数据按照需要的方式进行对齐。

1. 利用工具按钮设置对齐格式

如果要设置单元格简单的对齐方式，可以利用“格式”工具栏上的对齐方式按钮。首先选中单元格或单元格区域，然后单击“格式”工具栏中的对齐方式按钮，即可按不同的方式对齐单元格中的数据。在“格式”工具栏中用于对齐的按钮有四个。

- 左对齐 按钮：使文本或数字左对齐。
- 居中 按钮：使文本或数字在单元格内居中。
- 右对齐 按钮：使文本或数字右对齐。
- 合并及居中 按钮：先将选中的单元格合并，并把选定区域左上角单元格的数据居中放入合并后的单元格中。

例如，利用工具栏对工作表中的单元格设置对齐格式，具体步骤如下：

（1）选中要设置对齐的单元格或单元格区域，这里选择“A3:D9”区域。

（2）在“格式”工具栏中单击“居中”按钮，即可将选中的单元格区域居中显示，如

图 6-3 所示。

	A	B	C	D	E
1					
2	宏达公司1月份销售情况表				
3	地区	销售数量	销售总额(元)	主管人员	
4	山东省	1580	￥15,800,000.00	王爱丽	
5	辽宁省	1780	￥17,800,000.00	李华东	
6	河南省	6852	￥68,520,000.00	石英钟	
7	云南省	4580	￥45,800,000.00	崔三包	
8	桂林市	3780	￥37,800,000.00	江小西	
9	江西省	6240	￥62,400,000.00	秦东来	
10					

Sheet1 / Sheet2 / Sheet3

图 6-3　设置居中对齐效果

2. 利用对话框设置对齐格式

有时单元格中的数据需要在垂直方向上进行对齐，如顶端对齐、垂直居中、底端对齐，此时可以利用“单元格格式”对话框进行设置。在“单元格格式”对话框中单击“对齐”选项卡，如图 6-4 所示。

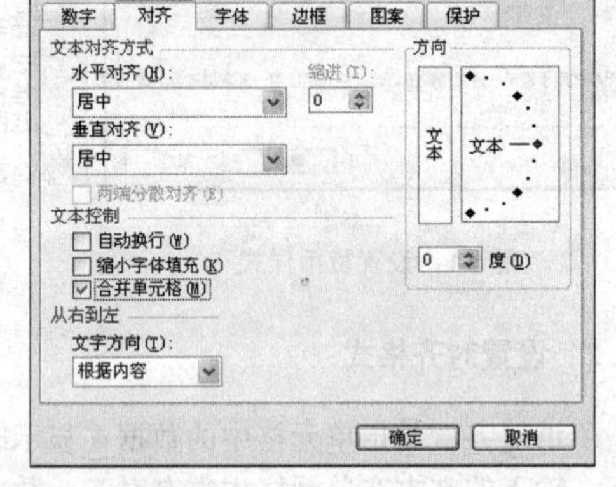

图 6-4　设置单元格对齐格式

在“文本对齐方式”区域的“水平对齐”下拉列表中用户可以选择文本的水平对齐方式，在“垂直对齐”下拉列表中用户可以选择文本的垂直对齐方式。

在文本控制区域用户可以对单元格中的数据进行控制：

- 自动换行：根据文本长度及单元格宽度自动换行，并且自动调整单元格的高度，使全部内容都能显示在该单元格上。
- 缩小字体填充：缩减单元格中字符的大小以使数据调整到与列宽一致。如果更改列宽，字符大小可自动调整，但设置的字号保持不变。
- 合并单元格：将两个或多个单元格合并为一个单元格，合并后单元格引用为合并前左上角单元格的引用。

例如，将表头区域“A2:D2”进行合并，并设置水平居中及垂直居中的对齐格式，具体步骤如下：

（1）选中“A2:D2”单元格区域。

（2）单击“格式”|“单元格”命令，打开“单元格格式”对话框，单击“对齐”选项卡，如图 6-4 所示。

（3）在“文本对齐方式”区域的“水平对齐”下拉列表中选择“居中”选项，在“垂直对齐”下拉列表中选择“居中”选项。

（4）在“文本控制”区域选中“合并单元格”复选框。

（5）单击“确定”按钮，设置表头合并居中的效果如图 6-5 所示。

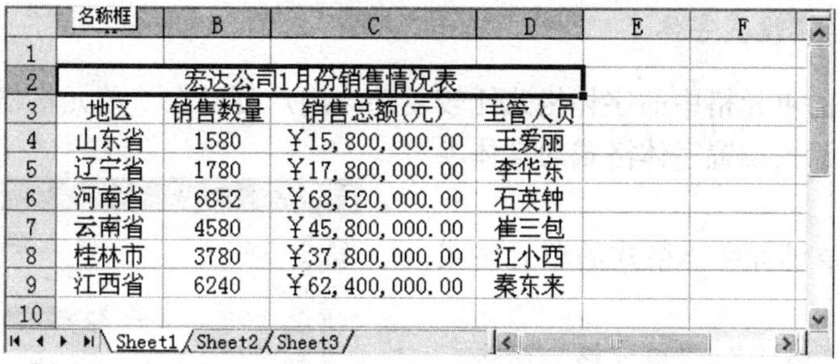

	名称框	B	C	D	E	F
1						
2	宏达公司1月份销售情况表					
3	地区	销售数量	销售总额(元)	主管人员		
4	山东省	1580	￥15,800,000.00	王爱丽		
5	辽宁省	1780	￥17,800,000.00	李华东		
6	河南省	6852	￥68,520,000.00	石英钟		
7	云南省	4580	￥45,800,000.00	崔三包		
8	桂林市	3780	￥37,800,000.00	江小西		
9	江西省	6240	￥62,400,000.00	秦东来		
10						

Sheet1 / Sheet2 / Sheet3

图 6-5　设置表头合并及居中的效果

6.1.3　设置字体格式

默认情况下工作表中的中文字体为“宋体”，英文字体为“Times New Roman”。为了使工作表中的某些数据能够突出显示，也为了使版面整洁美观，通常需要将不同的单元格设置成不同的效果。

1. 利用工具按钮设置字体

如果要对字体进行较简单地设置，可以通过“格式”工具栏上的设置字体工具按钮来完成。在格式工具栏上有 5 个设置字体的按钮。

- “字体”组合框 幼圆 ：单击文本框后的下拉箭头打开一下拉列表，在下拉列表中选择要设置的字体名称，即可改变字体。
- “字号”组合框 24 ：可以在框中的下拉列表中选择或键入字体的大小，改变字号。
- “加粗”按钮 B ：单击“加粗”按钮，可以使数据加粗显示。
- “倾斜”按钮 I ：单击“倾斜”按钮，可以使数据出现倾斜效果。
- “下划线”按钮 U ：单击“下划线”按钮，可以为数据添加下划线。

例如，利用工具按钮设置单元格区域“A2:D2”的字体格式，具体步骤如下：

（1）选中单元格区域“A2:D2”。

（2）在“格式”工具栏中的“字体”组合框中选择“楷体_GB2312”。

（3）单击“字号”组合框，在字号下拉列表中选择字号为“16”。

（4）单击“字体颜色”按钮，在颜色列表中选择“深蓝”，设置字体格式的效果如图 6-6 所示。

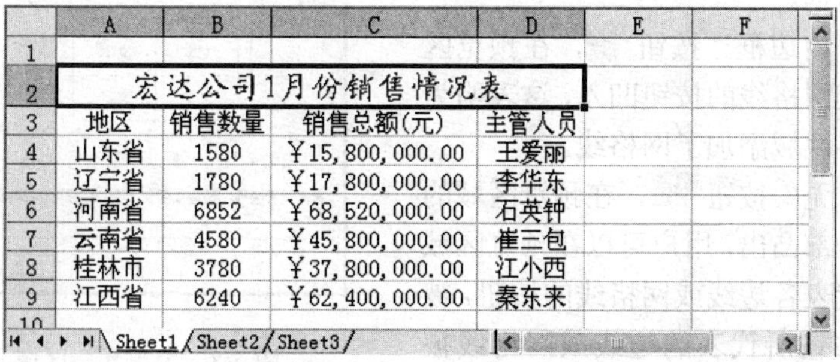

	A	B	C	D	E	F
1						
2	宏达公司1月份销售情况表					
3	地区	销售数量	销售总额(元)	主管人员		
4	山东省	1580	￥15,800,000.00	王爱丽		
5	辽宁省	1780	￥17,800,000.00	李华东		
6	河南省	6852	￥68,520,000.00	石英钟		
7	云南省	4580	￥45,800,000.00	崔三包		
8	桂林市	3780	￥37,800,000.00	江小西		
9	江西省	6240	￥62,400,000.00	秦东来		
10						

Sheet1 / Sheet2 / Sheet3

图 6-6　利用工具按钮设置字体格式的效果

2. 利用对话框设置字体

如果要设置的单元格中的字体格式比较复杂，用户可以在“单元格格式”对话框中进行设置。利用对话框设置字体格式的具体步骤如下：

（1）选中要设置字体格式的单元格或单元格区域。

（2）单击“格式”|“单元格”命令，打开“单元格格式”对话框，单击“字体”选项卡，如图 6-7 所示。

（3）在“字体”下拉列表中选择字体；在“字号”列表框中选择字号；在“颜色”下拉列表中选择颜色。

（4）单击“确定”按钮。

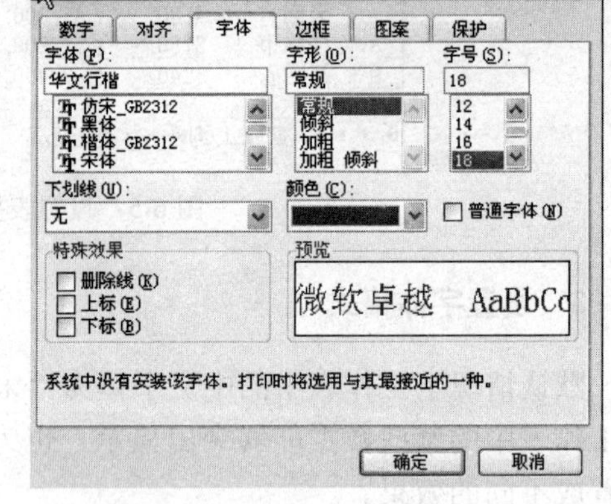

图 6-7 设置字体格式

6.1.4 设置边框和底纹

在设置单元格格式时，为了使工作表中的数据层次更加清晰明了，区域界限分明，用户可以利用工具按钮或对话框为单元格或单元格区域添加边框和底纹。

1. 设置边框

一般情况下，用户在工作表中所看到的单元格都带有浅灰色的边框线，这是系统设置的便于用户编辑操作的网格线，它在打印时是不显示的。但是在制作财务、统计报表时常常需要把报表设计成各种各样的表格形式，使数据及说明文字的层次更加清晰，这就需要通过设置单元格的边框来实现。

在“单元格格式”对话框中单击“边框”选项卡，如图 6-8 所示。在对话框的“预置”区域有三个预设选项，用户在选择了线条的样式和颜色后单击预设按钮可以为选定的单元格或单元格区域添加相应的边框。

- 单击“外边框”按钮，在预览区域代表四个边线的按钮凹入，这表明为单元格或单元格区域的四个边添加了边框。
- 单击“内边框”按钮，在预览区域代表网格线的按钮凹入，这表明为单元格区域添加了网格线。
- 单击“无”按钮，在预览区域的按钮全部凸出，用户可以在预览区域单击代表各边线或网格线的按钮，被单击按钮所代表的边线或网格线被添加上线条，这种方法可以为边线或

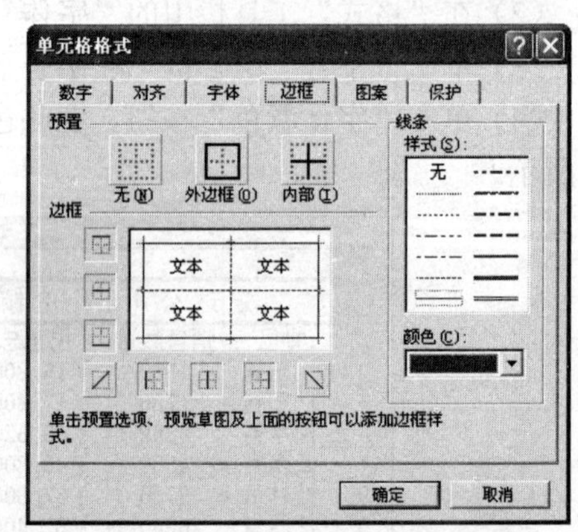

图 6-8 为单元格区域添加边框

网格线添加不同的线型。

例如，要为单元格区域“A2:D9”区域添加边框线，线型为细实线，颜色为红色，具体步骤如下：

（1）选中单元格区域“A2:D9”。

（2）单击“格式”|“单元格”命令，打开“单元格格式”对话框，单击“边框”选项卡。

（3）在“线条”区域的“样式”列表框中选择细实线，在“颜色”下拉列表中选择“红色”。

（4）在“预置”区域单击“外边框”按钮，即可为选中的单元格区域添加外部边框。

（5）在“预置”区域单击“内部”按钮，即可为选中的单元格区域添加内部边框。

为选中的单元格区域添加边框的效果，如图 6-9 所示。

提示：

用户也可以利用“格式”工具栏上的“边框”按钮为单元格或单元格区域添加简单的边框。首先选择要加边框的单元格或单元格区域，在“格式”工具栏中单击“边框”按钮后的下三角箭头，打开“边框”下拉列表，如图 6-10 所示，在下拉列表中选择不同的类型即可。

	A	B	C	D	E	F
1						
2	宏达公司1月份销售情况表					
3	地区	销售数量	销售总额(元)	主管人员		
4	山东省	1580	￥15,800,000.00	王爱丽		
5	辽宁省	1780	￥17,800,000.00	李华东		
6	河南省	6852	￥68,520,000.00	石英钟		
7	云南省	4580	￥45,800,000.00	崔三包		
8	桂林市	3780	￥37,800,000.00	江小西		
9	江西省	6240	￥62,400,000.00	秦东来		
10						

Sheet1 / Sheet2 / Sheet3

图 6-9 为单元格区域添加内、外边框的效果

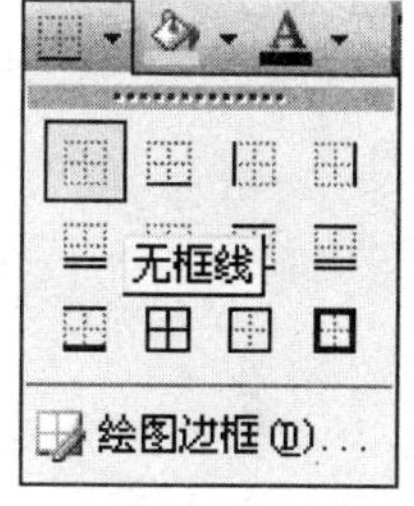

图 6-10 “边框”按钮下拉列表

2. 设置底纹

在美化工作表时，为了使部分单元格中的数据重点显示，可以对单元格进行图案设置。单元格的图案包括底色、底纹。设置单元格或单元格区域的底纹可以利用“格式”工具栏中的按钮或在“单元格格式”对话框中的“图案”选项卡中进行设置。

例如，利用“格式”工具栏中的“填充颜色”按钮为单元格区域“B4:C9”设置底纹，具体步骤如下：

（1）选中单元格区域“B4:C9”。

（2）单击“填充颜色”按钮后的下三角箭头，打开颜色列表，如图 6-11 所示。

（3）在颜色列表中选择“青绿色”，为选中的单元格添加底纹的效果如图 6-12 所示。

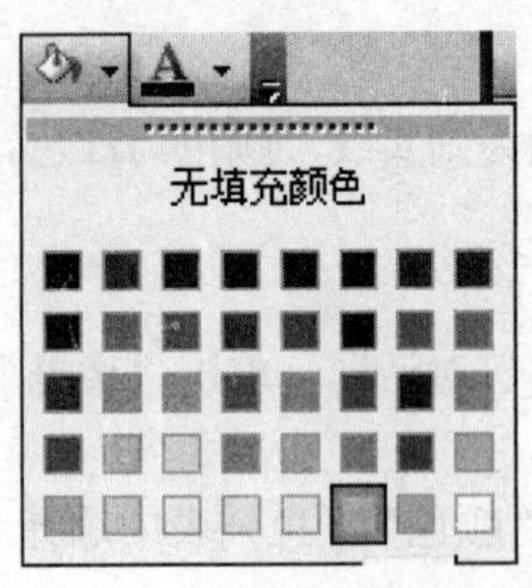

图 6-11　填充颜色按钮下拉列表

	A	B	C	D	E	F
1						
2	宏达公司1月份销售情况表					
3	地区	销售数量	销售总额(元)	主管人员		
4	山东省	1580	￥15,800,000.00	王爱丽		
5	辽宁省	1780	￥17,800,000.00	李华东		
6	河南省	6852	￥68,520,000.00	石英钟		
7	云南省	4580	￥45,800,000.00	崔三包		
8	桂林市	3780	￥37,800,000.00	江小西		
9	江西省	6240	￥62,400,000.00	秦东来		
10						

Sheet1 / Sheet2 / Sheet3

图 6-12　为单元格添加底纹的效果

提示：

利用工具栏中的按钮为选中的单元格或单元格区域设置底纹受到了一些限制，无法为单元格设置背景图案。如果要为单元格添加底纹或者同时添加底纹和底色，可以使用“单元格格式”对话框进行设置。在“单元格格式”对话框中单击“图案”选项卡，如图 6-13 所示。在“颜色”和“图案”区域用户可以为单元格设置底色和底纹。

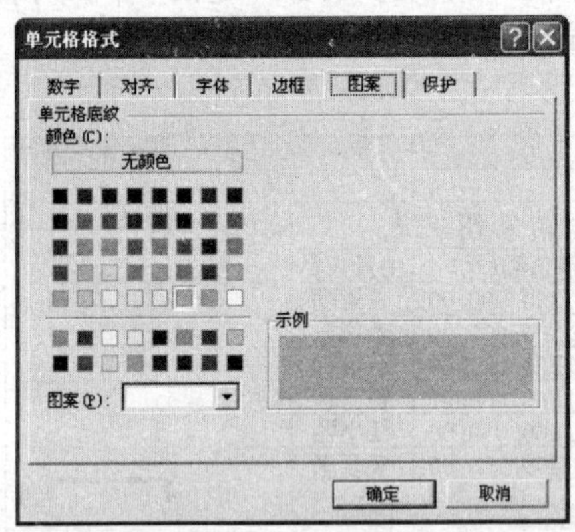

图 6-13　利用对话框为单元格或单元格区域添加底纹和底色

6.2　调整行高和列宽

用户在向单元格中输入数据时，经常会出现文字只显示了其中的一部分，有的单元格中显示的是一串“#”符号，但是在编辑栏中却能看见对应单元格的数据。造成这种结果的原因是单元格的高度或宽度不合适，此时用户可以对工作表中的单元格的高度或宽度进行适当调整以便容纳下更多的内容。

6.2.1　调整行高

默认情况下，工作表中任意一行的所有单元格的高度总是相等的，所以要调整某一个单元格的高度，实际上就是调整了该单元格所在行的高度，并且行高会自动随单元格中的字体变化而变化。用户可以利用拖动鼠标快速调整行高，也可以利用菜单命令精确调整行高。

1. 利用鼠标调整行高

用户可以利用鼠标快速地进行行高的调整，例如，要调整表头所在行的行高，具体步骤如下：

（1）将鼠标移到第 2 行的下边框线上。

（2）当鼠标变为 ![] 状时上下拖动鼠标，此时出现一条黑色的虚线随鼠标的拖动而移动，它表示调整后行的高度，同时系统还会显示行高值，如图 6-14 所示。

（3）当拖动到合适位置时松开鼠标即可。

	A	B	C	D	E	F
1						
2	宏达公司1月份销售情况表					
3	地区	销售数量	销售总额(元)	主管人员		
4	山东省	1580	￥15,800,000.00	王爱丽		
5	辽宁省	1780	￥17,800,000.00	李华东		
6	河南省	6852	￥68,520,000.00	石英钟		
7	云南省	4580	￥45,800,000.00	崔三包		
8	桂林市	3780	￥37,800,000.00	江小西		
9	江西省	6240	￥62,400,000.00	秦东来		
10						

图 6-14　拖动鼠标快速调整行高

2. 利用菜单命令调整行高

用户也可以利用命令精确地调整行高，首先选中要调整的行，然后单击“格式”|“行”命令，打开一子菜单，如图 6-15 所示。在子菜单中有关“行高”命令的功能如下：

- 选择“最适合的行高”命令，则系统会根据行中的内容自动调整行高，选中的行的行高会以行中高度最大的单元格为标准自动做出调整。
- 选择“行高”命令，则会打开“行高”对话框，如图 6-16 所示，用户可以根据需要精确设置行高。

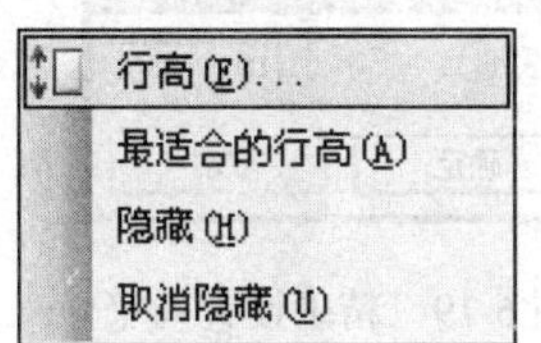

图 6-15　“行”命令子菜单

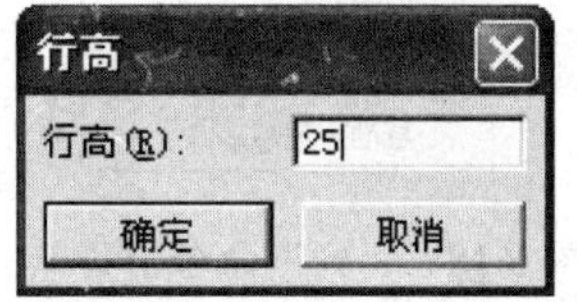

图 6-16　“行高”对话框

6.2.2　调整列宽

在工作表中列和行有所不同，工作表默认单元格的宽度为固定值，并不会根据数字的长短而自动调整列宽。当在单元格中输入数字型数据超出单元格的宽度时，则会显示一串“#”符号；如果输入的是字符型数据，单元格右侧相邻的单元格为空时则会利用其空间显示，否则只在单元格中显示当前单元格所能容纳的字符。在这种情况下，为了能完全显示单元格中的数据可以调整列宽。

1. 利用鼠标调整列宽

用户可以使用鼠标快速地进行列宽的调整，将鼠标移到需要调整列的右侧边框线处，当鼠标变成✛时拖动鼠标，此时出现一条黑色的虚线跟随拖动的鼠标移动，它表示调整后行的边界，同时系统还会显示出调整后的列宽值，如图 6-17 所示。

C8 | fx 37800000 | 宽度: 18.25 (151 像素)

	A	B	C	D	E	F
1						
2	宏达公司1月份销售情况表					
3	地区	销售数量	销售总额(元)	主管人员		
4	山东省	1580	￥15,800,000.00	王爱丽		
5	辽宁省	1780	￥17,800,000.00	李华东		
6	河南省	6852	￥68,520,000.00	石英钟		
7	云南省	4580	￥45,800,000.00	崔三包		
8	桂林市	3780	￥37,800,000.00	江小西		
9	江西省	6240	￥62,400,000.00	秦东来		
10						

Sheet1 / Sheet2 / Sheet3

图 6-17 拖动鼠标快速调整列宽

2. 利用菜单命令调整列宽

用户也可以利用菜单命令精确地调整列宽，首先选中要调整的列，然后单击“格式”|“列”命令，打开一子菜单，如图 6-18 所示。在子菜单中有关“列宽”命令的功能如下：

- 选择“最适合的列宽”命令，则系统会根据列中的内容自动进行调整，选中的列的列宽会以列中宽度最大的单元格为标准自动做出调整。
- 选择“列宽”命令，打开“列宽”对话框，如图 6-19 所示，用户可以根据需要精确设置列宽。
- 选择“标准列宽”命令，打开“标准列宽”对话框，用户可以在对话框中设置系统默认的列宽。

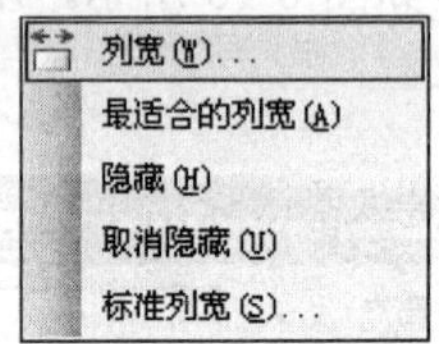

图 6-18 “列”命令子菜单

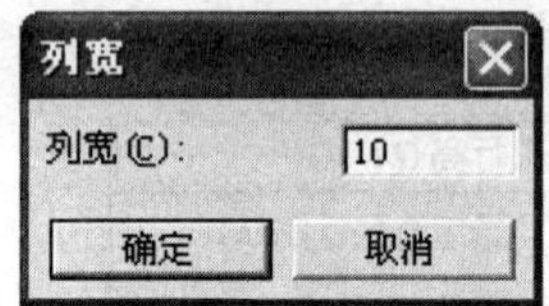

图 6-19 精确设置列宽

6.3 使用特殊格式

Excel 2003 为用户提供了自动套用格式、条件格式等特殊的格式化工具，使用它们可以快速地对工作表进行格式化。

6.3.1 自动套用格式

为了提高工作效率，Excel 2003 提供了多种专业报表格式供用户选择，用户可以通过套用这些格式对工作表的格式进行设置，这能够大大节省用于格式化工作表的时间。

在工作表中自动套用格式的具体操作步骤如下：

（1）选中要自动套用格式的单元格区域。

（2）单击“格式”|“自动套用格式”命令，打开“自动套用格式”对话框，如图 6-20 所示。

（3）在“自动套用格式”列表中选择一种样式。

（4）单击“选项”按钮，可在对话框的底部打开“要应用的格式”区域，在该区域中用户可以确定在自动套用格式时套用哪些格式。

（5）单击“确定”按钮。

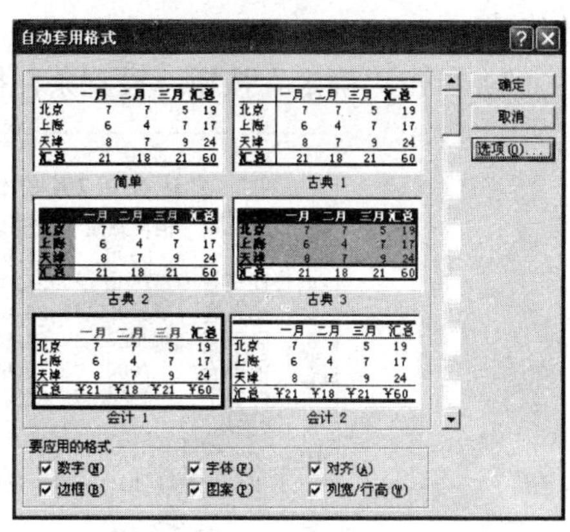

图 6-20　选择自动套用的格式

提示：

如果套用的表格格式不再需要，用户可以将其删除。首先选择自动套用格式的单元格区域，单击“格式”|“自动套用格式”命令，打开“自动套用格式”对话框，在列表框中选择样式中的“无”选项即可。

6.3.2　设置条件格式

在工作表的应用过程中，用户可能需要将某些满足条件的单元格以指定的样式进行显示。Excel 2003 提供了条件格式的功能，用户可以设置单元格的条件并设置这些单元格的格式。系统会在选定的区域中搜索符合条件的单元格，并将设定的格式应用到符合条件的单元格上。

例如，要将工作表中“B3:B8”数据区域中介于 1500 至 5000 之间的数据设置为粉红色底纹，具体步骤如下：

（1）选定要设置条件格式的单元格区域“B3:B8”。

（2）单击“格式”|“条件格式”命令，打开“条件格式”对话框，如图 6-21 所示。

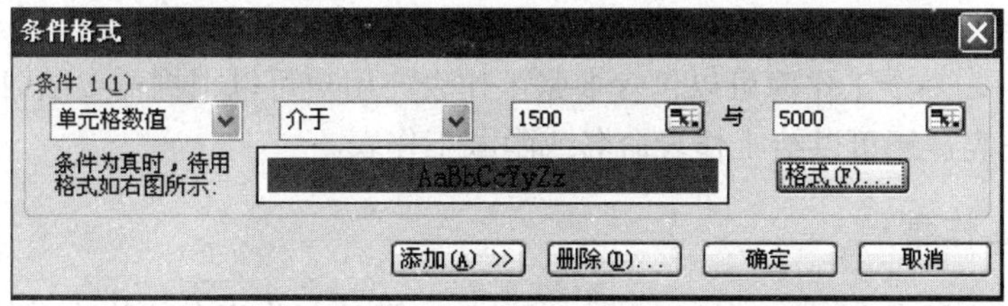

图 6-21　“条件格式”对话框

（3）在“条件”区域最左侧的“条件”下拉列表框中选择“单元格数值”，在其后的下拉列表框中选择“介于”，然后在后面的文本框中分别输入“1500”和“5000”。

（4）单击“格式”按钮，打开“单元格格式”对话框，单击“图案”选项卡。

（5）在“颜色”列表中选择粉红色。

（6）单击“确定”按钮返回到“条件格式”对话框，在“格式预览”框中可以看到设置的格式。

（7）单击“确定”按钮，设置条件格式的效果如图 6-22 所示。

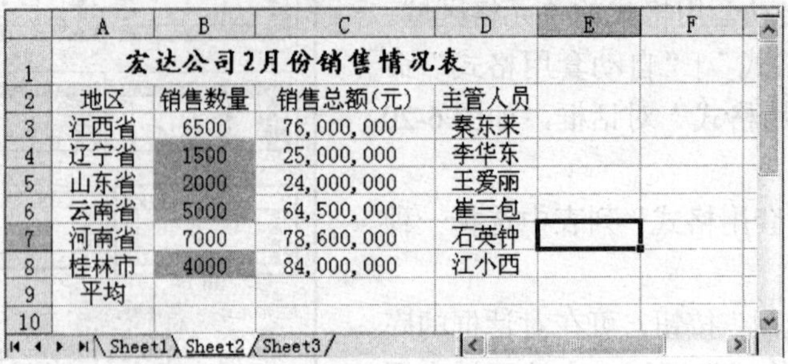

	A	B	C	D	E	F
1	宏达公司2月份销售情况表					
2	地区	销售数量	销售总额(元)	主管人员		
3	江西省	6500	76,000,000	秦东来		
4	辽宁省	1500	25,000,000	李华东		
5	山东省	2000	24,000,000	王爱丽		
6	云南省	5000	64,500,000	崔三包		
7	河南省	7000	78,600,000	石英钟		
8	桂林市	4000	84,000,000	江小西		
9	平均					
10						

Sheet1 Sheet2 Sheet3

图 6-22　设置条件格式的效果

提示：

若要增加条件可在“条件格式”对话框中单击“添加”按钮，进行条件的添加，最多可以设置三个条件。如要删除条件格式可单击“删除”按钮，在弹出的“删除条件格式”对话框中选择要删除的条件。

6.3.3　隐藏行或列

用户在建立工作表的时候，有些数据可能是保密的。为了不让他人看到或编辑这些数据，用户可以利用隐藏行或列的方法将其隐藏。

例如，将工作表中的第 3 行隐藏起来，具体步骤如下：

（1）在第 3 行的行号上单击鼠标将该行选中。

（2）单击“格式”|“行”|“隐藏”命令，即可将该行隐藏。

隐藏列与隐藏行的操作步骤相同，如果要取消行或列的隐藏，首先选中整个工作表，然后在“格式”菜单中的“行”或“列”子菜单中单击“取消隐藏”命令即可。

6.4　操作工作表

在 Excel 中，一个工作簿可以包含多张工作表。用户可以根据需要随时插入、删除、移动或复制工作表，还可以给工作表命名或隐藏工作表。

6.4.1　重命名工作表

工作表的默认名为 Sheet1，Sheet2，Sheet3……默认工作表名往往难以使人见名知义，因此用户有必要对工作表进行重命名。重命名工作表主要有以下几种方法：

- 双击要重新命名的工作表标签，使之呈反白显示。
- 右击要重新命名的工作表标签，在弹出的快捷菜单中选择“重命名”命令，该工作表标签亦呈反白显示。
- 先选定要重新命名的工作表标签，然后选择“格式”|“工作表”|“重命名”命令，使该工作表标签呈反白显示。

以上三种方法都可使要重新命名的工作表标签呈反白显示，此时工作表标签名处于可编辑状态，用户可单击鼠标，将插入点移入工作表标签，输入新名称，然后在工作表标签之外任意处单击或按 Enter 键，新工作表名将取代原工作表名。

6.4.2　插入工作表

启动工作表后，在新打开的界面中含有 3 张默认的工作表，分别被命名为 Sheet1、Sheet2 和 Sheet3。如果用户在编辑工作簿时需要更多的工作表，可以插入新的工作表。

插入一个工作表的具体步骤如下：

（1）选定一个工作表作为当前工作表。

（2）单击“插入”|“工作表”命令，则在当前工作表的前面插入一个工作表，系统将根据活动工作簿中工作表的数量自动为插入的新工作表命名。

此外，插入工作表还可以利用快捷菜单来实现，具体操作步骤如下：

（1）选定当前活动工作表。

（2）右击当前工作表标签，在弹出的快捷菜单中选择“插入”命令，系统将弹出“插入”对话框，如图 6-23 所示。

（3）选中“常用”选项卡中的“工作表”图标，然后单击“确定”按钮，系统也会在当前工作表前插入一张新工作表。

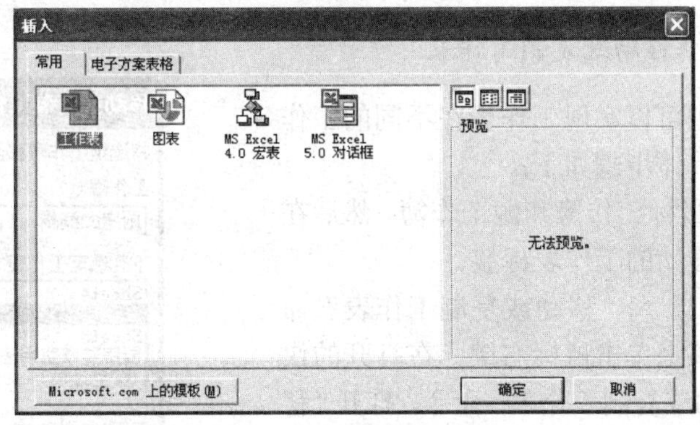

图 6-23　“插入”对话框

6.4.3　删除工作表

如果用户要删除工作表，首先选中要删除的工作表，然后选择“编辑”菜单中的“删除工作表”命令即可将当前工作表删除。

要删除工作表，用户还可以在要删除的工作表上单击鼠标右键，然后在快捷菜单中选择“删除”命令。

在删除工作表时，如果工作表中有数据内容，系统将打开如图 6-24 所示的提示框，询问是否要删除工作表。单击“确定”按钮即可将工作表删除，单击“取消”按钮返回到编辑状态。

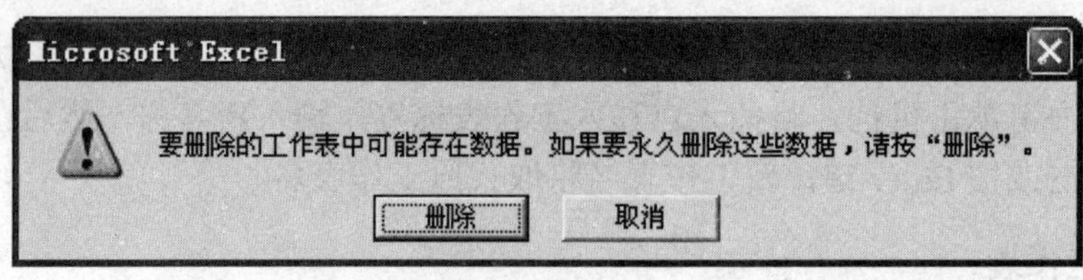

图 6-24　系统提示框

6.4.4　移动或复制工作表

在 Excel 2003 中移动或复制工作表有两种方法：一是使用鼠标拖动操作，二是利用菜单命令。用户既可以在同一工作簿中移动或复制工作表，也可以将工作表移动或复制到其他工作簿中。

1. 利用鼠标移动或复制工作表

移动工作表最简单的方法是使用鼠标。用鼠标选中一个工作表标签，在该工作表标签上按住鼠标左键不放，则鼠标所在位置会出现一个“白板”图标，且在该工作表标签的左上方出现一个黑色倒三角标志。按住鼠标左键不放，在工作表标签间移动鼠标，“白板”和黑色倒三角会随鼠标移动，将鼠标移到工作表所要移动的位置，松开鼠标左键即可。

如果是复制操作，则需要在拖动鼠标时按住 Ctrl 键即可。

2. 利用菜单命令移动或复制工作表

利用菜单命令则可以实现工作表在不同的工作簿间移动或复制，具体步骤如下：

（1）分别打开目标工作簿和源工作簿，然后在源工作簿中选定要移动的工作表标签。

（2）单击“编辑”|“移动或复制工作表”命令，或在工作表标签上单击鼠标右键，在打开的快捷菜单中选择“移动或复制工作表”命令，打开“移动或复制工作表”对话框，如图 6-25 所示。

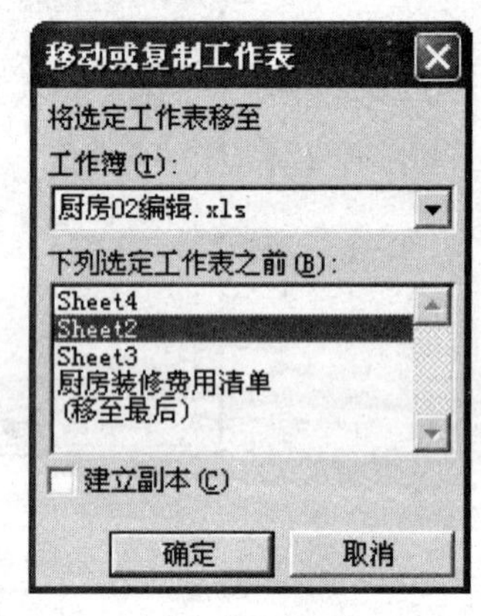

图 6-25　“移动或复制工作表”对话框

（3）在“将选定工作表移至工作簿”下拉列表框中选定要移至的工作簿，在“下列选定工作表之前”列表框中选择插入的位置。

（4）单击“确定”按钮即可将工作表移动到目的位置。

提示：

如果要利用菜单命令进行工作表的复制，只要在“移动或复制工作表”对话框中选中“建立副本”复选框即可。

6.4.5　隐藏或取消隐藏工作表

如果用户不希望某些工作表被其他人看到，可以使用 Excel 2003 的隐藏工作表的功能将其隐藏起来。隐藏工作表还可以减少屏幕上显示的窗口和工作表，并避免不必要的改动。

当一个工作表被隐藏时，它的标签也同时被隐藏。隐藏的工作表仍处于打开状态，其他文档仍可以利用其中的信息。

如果要隐藏工作表，首先选定要隐藏的工作表，然后单击“格式”|“工作表”|“隐藏”命令即可将当前工作表隐藏。

如果要取消隐藏工作表，单击“格式”|“工作表”|“取消隐藏”命令，打开“取消隐藏”对话框，如图 6-26 所示。在“取消隐藏工作表”列表中选中要取消隐藏的工作表。单击“确定”按钮，即可将选中的工作表显示出来。

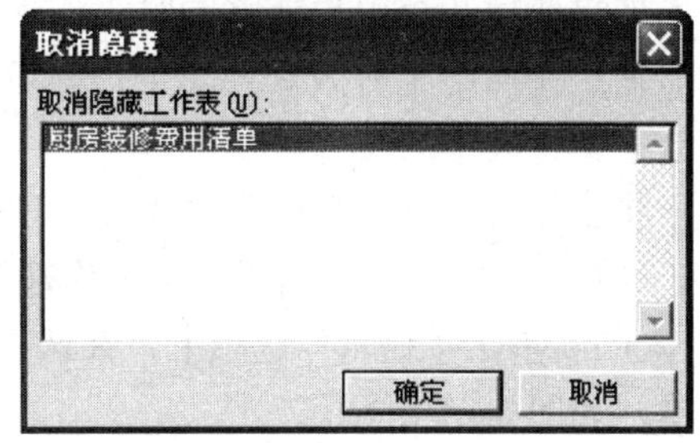

图 6-26　“取消隐藏”对话框

6.4.6　拆分与冻结工作表

如果工作表的行数和列数比较多，在查看对照数据时非常不便，用户可以使用拆分窗口的功能，对表格进行“横向”或“纵向”的分割，这样就可以查看表格的不同部分。使用冻结窗格的功能可以把一部分窗口冻结，然后在活动的窗口中查看编辑数据。

1. 拆分工作表

为了方便查看工作簿中的数据，用户可以将同一窗口拆分成多个窗口。拆分窗口的具体步骤如下：

（1）在工作表中选中一个单元格。

（2）单击“窗口”|“拆分”命令，系统将把选中单元格的左上角当作交点，将窗口分割成四个窗口。

（3）把鼠标指向分割条，当鼠标变为 状或 状时拖动鼠标，可调整四个窗口的显示尺寸。

如果想取消拆分的窗格，选择“窗口”菜单中的“取消拆分”命令即可取消拆分的窗格。在拆分条上双击鼠标也可取消拆分的窗格。

2. 冻结窗口

使用冻结窗口功能，可在滚动工作表时使冻结区域内的行列标题保持不动，但不影响打印效果。例如将工作表中的第 1、2、3 行进行冻结，具体步骤如下：

（1）在工作表中选中第 4 行。

（2）单击“窗口”|“冻结窗格”命令，系统将以选中行的上侧为分界线，将窗口分割成两个窗口，分割条为细实线。

（3）此时移动工作表中的垂直滚动条，可以发现水平分割线上边的窗格不动，下边的窗格可以移动。

提示：

如果在冻结窗口时选取的是单元格，则选择冻结命令后窗口将以选中的单元格左上角为交点将窗口分为四部分。如果要取消窗口的冻结状态，在“窗口”菜单中单击“取消冻结窗格”命令即可。

6.4.7 共享工作簿

如果要使几个用户能够同时工作于相同的工作簿中，应该将工作簿保存为共享工作簿，然后使之在网络上有效。共享工作簿可以放到网络共享文件夹中，也可以放到自己计算机的共享文件夹中。

将工作簿设置共享的具体操作方法如下：

（1）单击“工具”|“共享工作簿”命令，打开“共享工作簿”对话框。

（2）单击“编辑”选项卡，并选中“允许多用户同时编辑，同时允许工作簿合并”复选框，如图 6-27 所示。

（3）单击“确定”按钮，打开“保存文档提示”对话框，如图 6-28 所示。

（4）单击“确定”按钮，工作簿被设置为共享工作簿。

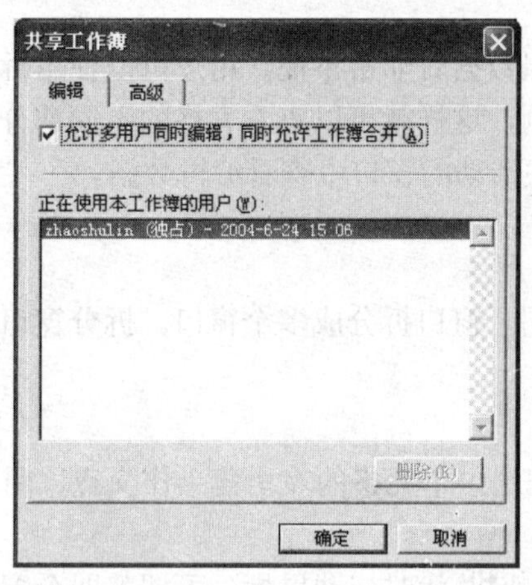

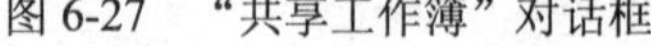

图 6-27 “共享工作簿”对话框

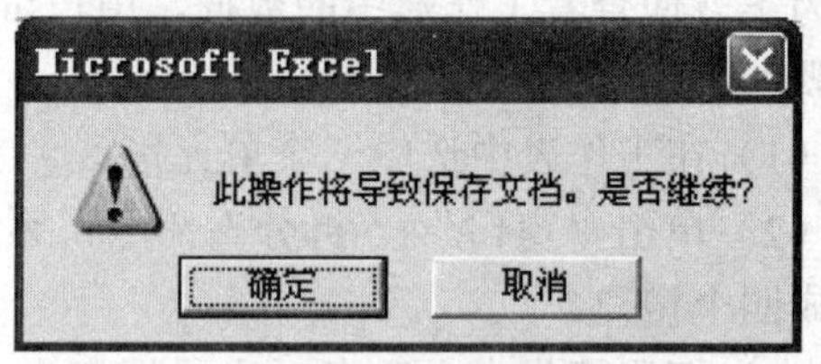

图 6-28 警告对话框

另外用户还可以对共享工作簿的共享选项进行设置，单击“高级”选项卡，如图 6-29 所示，在此选项卡中用户可以设置共享选项。其中包括：

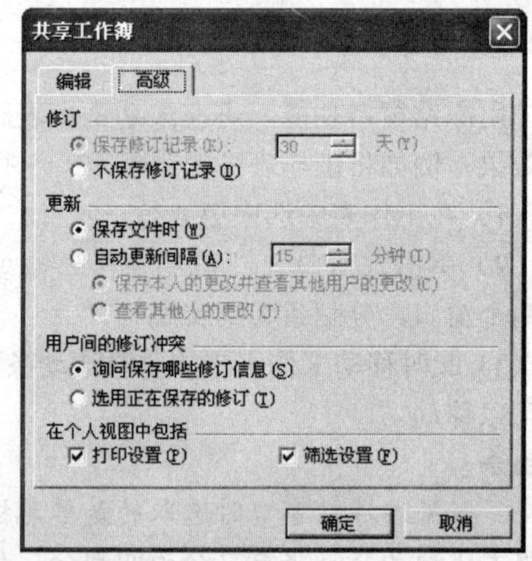

图 6-29 设置共享高级选项

- 选择“保存修订记录”，则将保留共享工作簿的冲突日志，以后就可以查看以前编辑时有关保留、替换或舍弃更改的信息，其中包括作者和所输入及被替换的数据。如果希望重新考虑对这些更改的取舍，还可以再次审阅它们。
- “更新”指查看其他人的修改，在“更新”选项区中可以设置是保存文件时更新，还是自动更新，如果选择保存文件时更新，那么只有当自己保存文档时才能看到别的用户的修改。如果选择自动更新，则可以每隔一段时间就看到别人的修改，在自动更新时可以选择是否自动保存，保存文件使其他人也同时能看到自己的修改。

➢ 在“用户间的修订冲突”选项区中，如果选择“询问保存哪些修订信息”单选框，可以在保存共享工作簿时审查每一种相互冲突的更改，并且确定保留哪种更改；如果选择“选用正在保存的修订”，可以在每次保存时用自己的更改替换任何相互冲突的更改。

提示：

对工作簿进行共享后，在标题栏工作簿名称后面加上了“共享”字样。共享工作簿的每一位用户都能独立地设定共享选项这些选择，甚至可以单独决定取消工作簿的共享，没有哪一位用户有更大的特权。

6.4.8　设置数据输入条件

在 Excel 2003 中，用户可以使用“数据有效性”来控制单元格中输入数据的类型及范围。这样可以限制用户不能给参与运算的单元格输入错误的数据，以避免运算时发生混乱。

1. 给单元格设置数据有效范围

在单元格中输入数据时，有时需要对输入的数据加以限制。如在输入考试成绩数据时，数据应为大于 0 的整数。因此，可利用 Excel 2003 提供的为单元格设置数据有效性条件的功能来加以限制。为了保证输入的数据都在其有效范围内，用户可以使用 Excel 2003 提供的“有效数据”命令为单元格设置有效条件。

例如，要为工作表中成绩单元格区域设置数据有效性，具体操作方法如下：

（1）选定需要设置数据有效性的单元格区域“D6:H15”。

（2）单击“数据”|“有效性”命令，打开“数据有效性”对话框，单击“设置”选项卡，如图 6-30 所示。

（3）在“有效性条件”区域的“允许”下拉列表中选择“整数”，在“数据”下拉列表中选择“大于”，在“最小值”文本框中输入“0”。

（4）单击“输入信息”选项卡，如图 6-31 所示。

（5）选中“选定单元格时显示输入信息”复选框。

（6）在“选定单元格时显示下列输入信息”区域的“标题”文本框中用户可以输入标题，在“输入信息”文本框中输入提示信息，这里输入“请输入大于零的整数”。

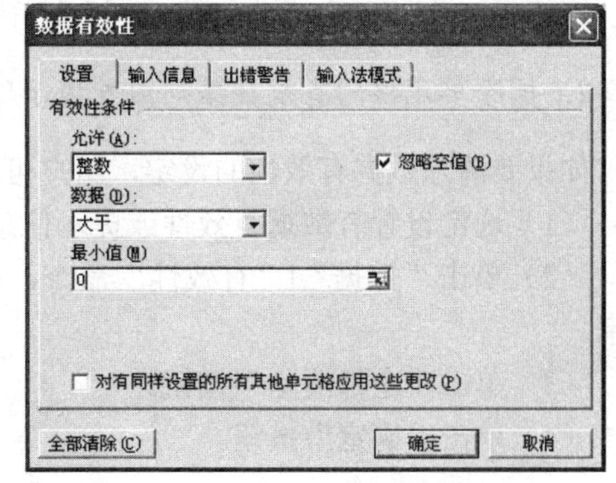

图 6-30　设置数据的有效性

（7）单击“出错警告”选项卡，如图 6-32 所示。

（8）选中“输入无效数据时显示出错警告”复选框。

（9）在“输入无效数据时显示下列出错警告”区域的“样式”下拉列表中选择“警告”，在“标题”文本框中输入“注意”，在“错误信息”文本框中输入“输入有误”。

（10）单击“确定”按钮。

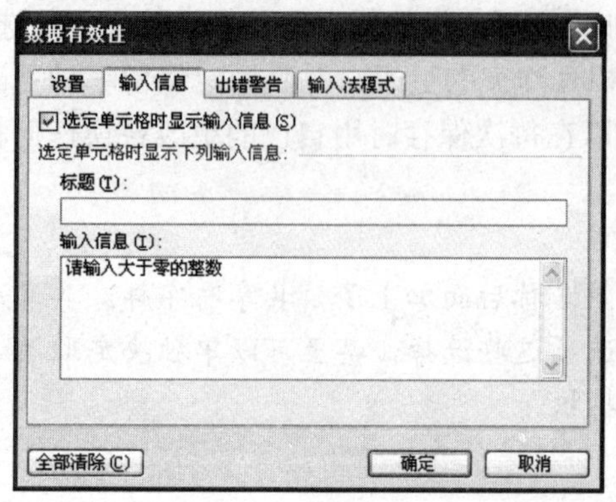

图 6-31 设置输入信息

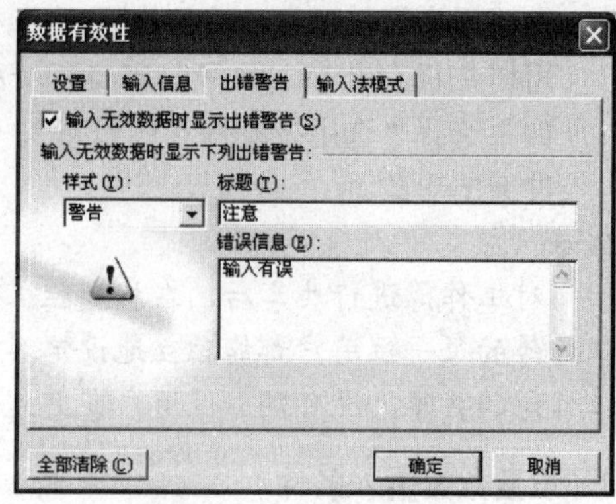

图 6-32 设置出错警告

当用户选中设置了有效性的单元格时会出现相应的提示信息，如图 6-33 所示。如果在设置了有效性的单元格中输入了有效性以外的数据时将会出现出错警告对话框。

实验中学八年级期中考试班级前十名						
姓名	性别	语文	数学	英语	化学	物理
肖丽	女	98	100	90	90	90
李晓红	女	9	98	99	91	96
范竞	男	9	96	95	92	95
李浩	男	9	97	95	91	94
孙华雷	男	97	98	94	95	98
刘畅	男	90	95	97	94	93
王如左	男	93	94	98	97	92
李丽华	女	92	95	98	93	95
周艳艳	女	95	93	96	90	92
韩伟玲	女	98	92	95	92	90

请输入大于0的整数

图 6-33 显示提示信息

2. 删除单元格的有效数据范围或提示信息

如果要清除数据有效性的设定，用户可以将其删除，具体操作方法如下：

（1）选定设置有数据有效性或提示信息的单元格。

（2）单击“数据”|“有效性”命令，打开“数据有效性”对话框，单击“设置”选项卡。

（3）单击“全部清除”按钮。

（4）单击“确定”按钮。

6.4.9 为工作表添加背景

在 Excel 2003 中，默认的背景图案是白色，如果用户想增强工作表在屏幕上的显示效果，可以为工作表添加一个背景图案。被选中的背景图案将平铺在工作表中，如同 Windows 墙纸一样，并且在打印时，添加的背景图案也将被同时打印出来。

为工作表添加背景图案的操作步骤如下：

（1）首先选定要添加背景图案的工作表为当前工作表。

（2）单击“格式”|“工作表”|“背景”命令，打开“工作表背景”对话框，如图 6-34 所示。

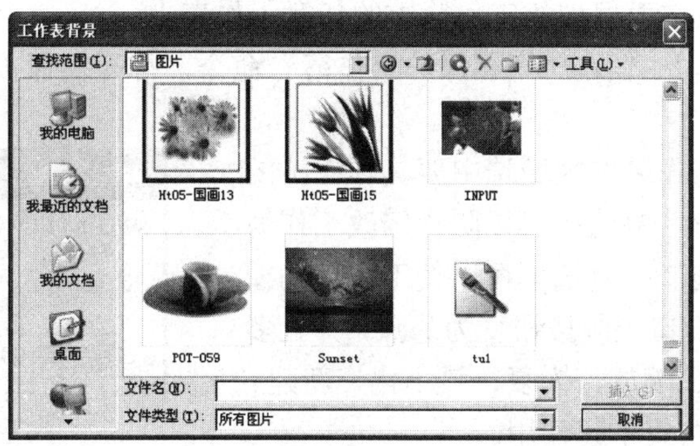

图 6-34 “工作表背景”对话框

（3）在对话框中，单击“查找范围”右侧的下拉列表框，或单击对话框左侧的按钮，选择要作为背景图片所在的位置，打开图片所在的文件夹，然后选择要作为背景的图片文件。

（4）选择好图片后，双击此文件或单击选定此文件，然后单击“插入”按钮完成背景的设置。如图 6-35 所示为使用背景图案后的效果。

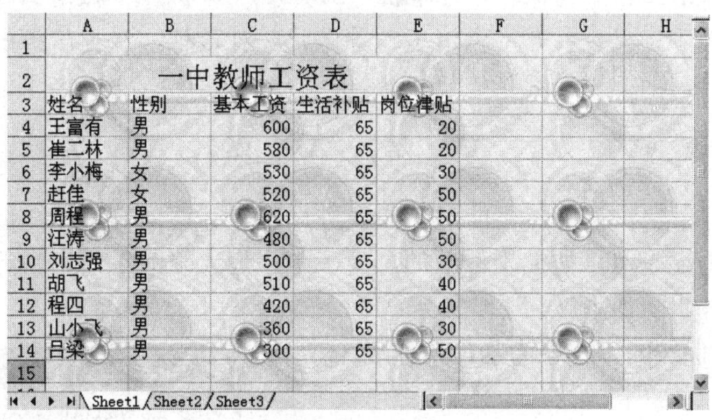

	A	B	C	D	E	F	G	H
1								
2		一中教师工资表						
3	姓名	性别	基本工资	生活补贴	岗位津贴			
4	王富有	男	600	65	20			
5	崔二林	男	580	65	20			
6	李小梅	女	530	65	30			
7	赵佳	女	520	65	50			
8	周程	男	620	65	50			
9	汪涛	男	480	65	50			
10	刘志强	男	500	65	30			
11	胡飞	男	510	65	40			
12	程四	男	420	65	40			
13	山小飞	男	360	65	30			
14	吕梁	男	300	65	50			
15								

Sheet1 / Sheet2 / Sheet3

图 6-35 为工作表添加背景后的效果

当不再需要在工作表中添加的背景图案时，可将其从工作表中删除，删除方法是单击“格式”菜单中的“工作表”命令，然后在其子菜单中单击“删除背景”命令。

提示：

“删除背景”命令仅在为工作表添加了背景图案后才能被激活。

6.5 保护工作簿与工作表

当工作表建立后，为了防止数据被其他用户改动或复制，用户可以利用 Excel 2003 提供的保护工能，对创建的工作簿或工作表设立保护措施。

6.5.1 保护工作簿

对工作簿进行保护可以防止他人对工作簿的结构或窗口进行改动，保护工作簿的具体步骤如下：

（1）将鼠标定位在要保护的工作簿中的任意工作表中。

（2）单击“工具”|“保护”|“保护工作簿”命令，打开“保护工作簿”对话框，如图 6-36 所示。

（3）在“保护工作簿”区域选中要具体保护的对象。如果选中“结构”复选框可以防止修改工作簿的结构；如果选中“窗口”复选框可以使工作簿的窗口保持当前的形式，窗口控制按钮变为隐藏，并且多数窗口功能例如移动、缩放、恢复、最小化、新建、关闭、拆分和冻结窗格将不起作用。

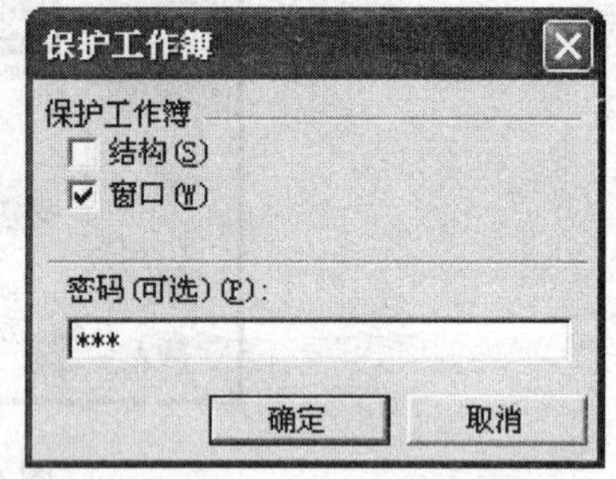

图 6-36 “保护工作簿”对话框

（4）在密码文本框中输入密码后，单击“确定”按钮打开“确认密码”对话框，在对话框中的“重新输入密码”文本框中再次输入密码，单击“确定”按钮，工作簿保护成功。

提示：

如果要撤消工作簿的保护，可单击“工具”|“保护”|“撤消工作簿保护”命令，如果设置了密码会打开“撤消工作簿保护”对话框，在对话框中的密码文本框中输入密码，单击“确定”按钮。

6.5.2 保护工作表

对工作簿进行了保护，虽然不能对工作表进行删除、移动等操作，但是在查看工作表时工作表中的数据还是可以被编辑修改的。为了防止他人修改工作表中的数据可以对工作表进行保护，具体步骤如下：

（1）选定要保护的工作表为当前工作表。

（2）单击“工具”|“保护”|“保护工作表”命令，打开“保护工作表”对话框，如图 6-37 所示。

（3）选中“保护工作表及锁定的单元格内容”复选框。

（4）在“允许此工作表的所有用户进行”列表框中选择用户在保护工作表后可以在工作表中进行的操作。

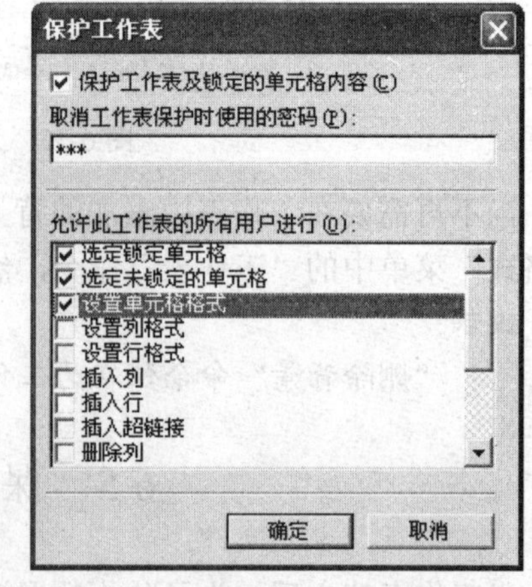

图 6-37 “保护工作表”对话框

（5）如果在“取消工作表保护时使用的密码”文本框中输入了密码，单击“确定”按钮打开“确认密码”对话框。

（6）在对话框中的“重新输入密码”文本本

框中再次输入密码，单击“确定”按钮，工作表保护成功。

提示：

如果要撤消工作表保护，单击“工具”|“保护”|“撤消工作表保护”命令，如果打开“撤消工作表保护”对话框，在对话框中输入设置的密码。

6.5.3 保护单元格

如果单元格中的数据是公式计算出来的，那么当选定该单元格后，在编辑栏上将会显示出该数据的公式。如果用户工作表中的数据比较重要，可以将工作表单元格中的公式隐藏，这样可以防止其他用户看出该数据是如何计算出的。此时用户可以利用保护单元格的功能将其保护起来，具体步骤如下：

（1）选中要保护的单元格或单元格区域。

（2）单击“格式”|“单元格”命令，打开“单元格格式”对话框，单击“保护”选项卡，如图 6-38 所示。

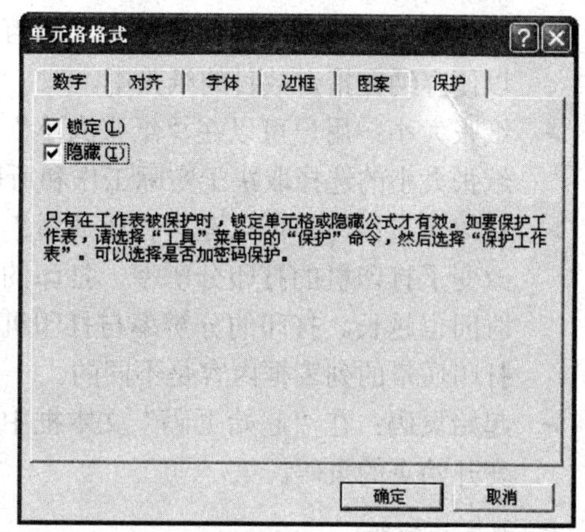

图 6-38 保护单元格

（3）在对话框中如果选中了“锁定”复选框，则工作表受保护后，单元格中的数据不能被修改；如果选中了“隐藏”复选框，则工作表受保护后，单元格中的公式被隐藏。

（4）单击“确定”按钮。

（5）单击“工具”|“保护”|“保护工作表”命令，对工作表设置保护。

提示：

只有在工作表被保护时，锁定单元格或隐藏公式才有效。因此对单元格设置保护后还应对工作表设置保护，这样设置的单元格保护才有效，否则，设置的单元格保护是无效的。

6.6 打印工作表

当用户设计制作好工作表后，可能还需要将其打印出来。由于不同行业的用户需要的打印报告样式是不同的，每个用户都可能会有自己的特殊要求。Excel 2003 为了方便用户，提供了许多用来设置或调整打印效果的实用功能，可使打印的结果与所期望的结果几乎完全一样。

6.6.1 页面设置

在打印之前需要对工作表进行必要的设置，例如设置打印范围、打印纸张的大小、页眉/页脚内容和有关工作表的信息等，这些操作都可以在“页面设置”对话框中完成。

1. 设置页面选项

页面选项主要包括纸张的大小、打印方向、缩放、起始页码等选项，通过对这些选项的选择，可以完成纸张大小、起始页码、打印方向等的设置工作。

选择“文件”菜单中的“页面设置”命令，打开“页面设置”对话框，在对话框中选择“页面”选项卡，如图 6-39 所示。

在对话框中可以对页面的各项进行下述设置。

- 方向：在“方向”区域可以置打印纸的方向。“纵向”是指打印纸垂直放置，即纸张高度大于宽度；“横向”是指打印纸水平放置，即纸张宽度大于高度。一般来说当需要打印的工作薄有多列时，使用横向打印是最佳的选择。
- 缩放：为了使打印的工作表能更好地适应纸张，可以在此区域调节缩放比例。用户可以根据实际需要按正常尺寸的百分比进行设置，或者设置自动缩放输出内容以便容纳在指定数目的纸张中。
- 纸张大小：用户可以在“纸张大小”下拉列表中选择用户所需使用的纸张大小，纸张大小的选择取决于实际工作和所用打印机的打印能力。
- 打印质量：用户可以在“打印质量”下列表中选择所需的打印质量，这实际上是改变了打印机的打印分辨率。打印的分辨率越高，打印出来的效果越好，打印的时间也越长。打印的分辨率与打印机的性能有关，当用户所配置的打印机不同时打印质量的列表框内容是不同的。
- 起始页码：在“起始页码”文本框中，键入所需的工作表开始页的页码，可以改变开始页的页码。

2. 设置页边距

所谓页边距就是指在纸张上开始打印内容的边界与纸张边沿的距离。在“页面设置”对话框中选择“页面”选项卡，如图 6-40 所示。

利用“页边距”选项卡可以对整个纸张的上、下、左、右边距进行设定，还可以设定页眉/页脚距页边的距离。

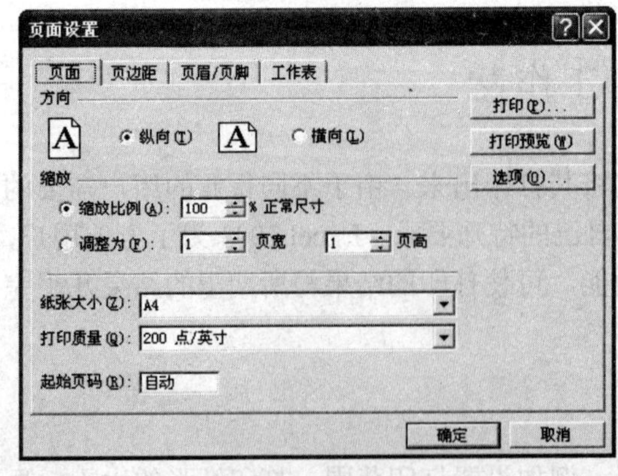

图 6-39 设置页面选项

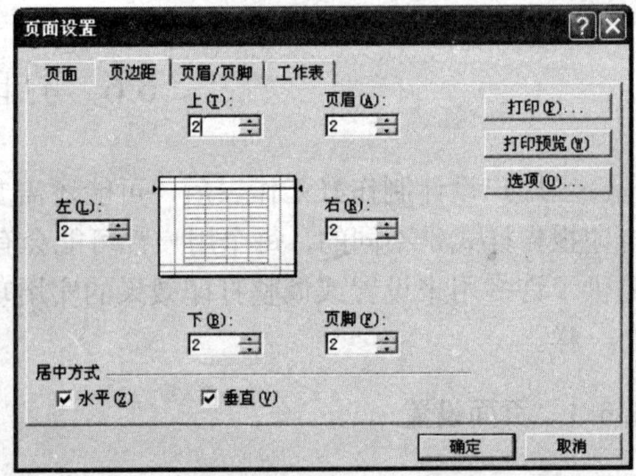

图 6-40 设置页边距

3. 设置页眉和页脚

页眉和页脚分别位于打印页的顶端和底端，用来打印页号、表格名称、作者名称或时间等，设置的页眉页脚不显示在普通视图中，只有在打印预览视图中可以看到，在打印时能被打印出来。在“页面设置”对话框中单击“页眉/页脚”选项卡，如图 6-41 所示。用户可以使用 Excel 内置的页眉或页脚，也可以自定义页眉或页脚。

如果要使用 Excel 内置的页眉或页脚，单击对话框中“页眉”文本框中的下三角箭头，在下拉列表中选择一种页眉样式；单击“页脚”文本框中的下三角箭头，在下拉列表中选择一种页脚样式。然后单击“确定”按钮即可。

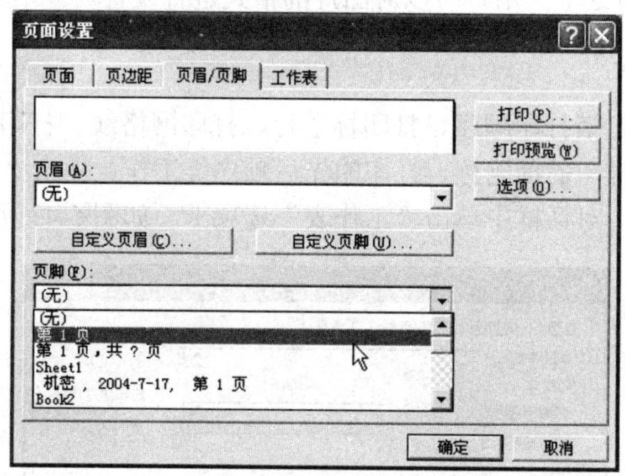

图 6-41　设置页眉和页脚

如果用户对系统提供的页眉/页脚不满意，可以自定义页眉/页脚，在对话框中单击“自定义页眉”按钮，打开“页眉”对话框，如图 6-42 所示。在“页眉”对话框中，各按钮和编辑框的功能如下：

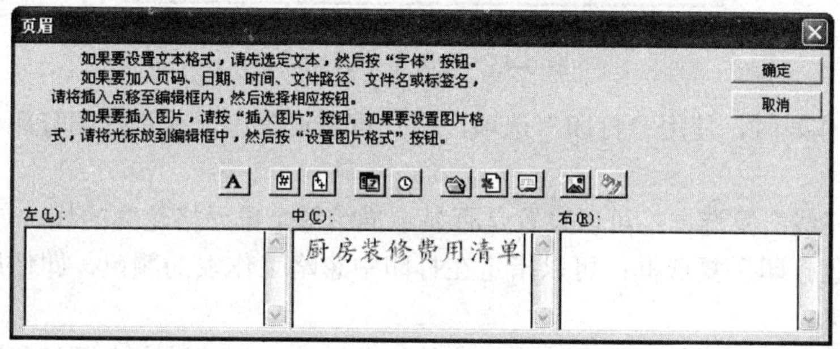

图 6-42　“页眉”对话框

- “左”编辑框：在该编辑框中输入或插入的数据将出现在页眉的左边。
- “中”编辑框：在该编辑框中输入或插入的数据将出现在页眉的中间。
- “右”编辑框：在该编辑框中输入或插入的数据将出现在页眉的右边。
- “字体”按钮 A：单击该按钮将出现“字体”对话框，用于设置页眉的字体格式。
- “页码”按钮：单击该按钮在页眉中插入页码。
- “总页数”按钮：单击该按钮在页眉中插入总页数。

- “日期”按钮：单击该按钮在页眉中插入当前日期。
- “时间”按钮：单击该按钮在页眉中插入当前时间。
- “路径”按钮：单击该按钮将在页眉中插入当前工作簿的路径。
- “文件名”按钮：单击该按钮在页眉中插入当前工作簿的名称。
- “工作表名称”按钮：单击该按钮在页眉中插入当前工作表名称。
- “插入图片”按钮：单击该按钮打开“插入图片”对话框，用户可以在对话框中选择图片插入到页眉中。
- “设置图片格式”按钮：如果在页眉中插入了图片，单击该按钮打开“设置图片格式”对话框，用户可以对图片的格式进行设置。

4. 设置工作表选项

工作表选项主要包括打印顺序、打印标题行、打印网格线、打印行号列标等选项，通过这些选项可以控制打印的标题行、打印的先后顺序等工作。单击“文件”|“页面设置”命令，在“页面设置”对话框中单击“工作表”选项卡，如图 6-43 所示。

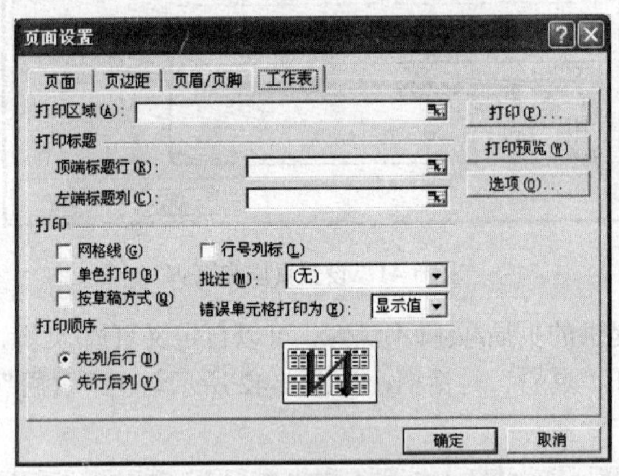

图 6-43　设置工作表选项

在打印工作表时，使用“打印”选项，用户可以设置出一些特殊的打印效果，主要有下面一些。

- “网格线”复选框：可以设置是否显示描绘每个单元格轮廓的线。
- “单色打印”复选框：可以指定在打印中忽略工作表的颜色，即便用户使用彩色打印机。
- “按草稿方式”复选框：一种快速的打印方法，打印过程中不打印网格线、图形和边界。
- “行号列标”复选框：可以设置是否打印窗口中的行号列标，通常情况下这些信息是不打印的。
- “批注”文本框：可以设置是否对批注进行打印，并且还可以设置批注打印的位置。

当用户需要打印的工作表太大无法在一页中放下时，可以选择打印顺序。

- 选择“先列后行”表示先打印每一页的左边部分，然后再打印右边部分。

➢ 选择“先行后列”表示在打印下一页的左边部分之前，先打印本页的右边部分。

在一般情况下“打印区域”默认为打印整个工作表，此时“打印区域”文本框内为空。如果想要打印工作表中某一区域的数据，用户可以在“打印区域”文本框中输入要打印的区域，也可单击文本框右侧的按钮，然后引用单元格区域。

当打印一个较长的工作表时，常常需要在每一页上打印行或列标题。在“打印标题”区域的“顶端标题行”文本框中可以将某行区域设置为顶端标题行。当某个区域设置为标题行后，在打印时每页顶端都会打印标题行内容。用户可以在“顶端标题行”文本框单击按钮进行单元格区域引用，以确定指定的标题行，也可以直接输入作为标题行的行号。在“左端标题列”文本框中可以将某列区域设置为左端标题列。当某个区域设置为标题列后，在打印时每页左端都会打印标题列内容。用户可以在“左端标题列”文本框单击按钮进行单元格区域引用，以确定指定的标题列，也可以直接输入作为标题列的标题。

6.6.2　打印预览

如果要进行工作表打印前的预览，用户可单击“文件”菜单中的“打印预览”命令或单击“常用”工具栏中的打印预览快捷按钮，即可进入打印预览窗口，如图 6-44 所示。

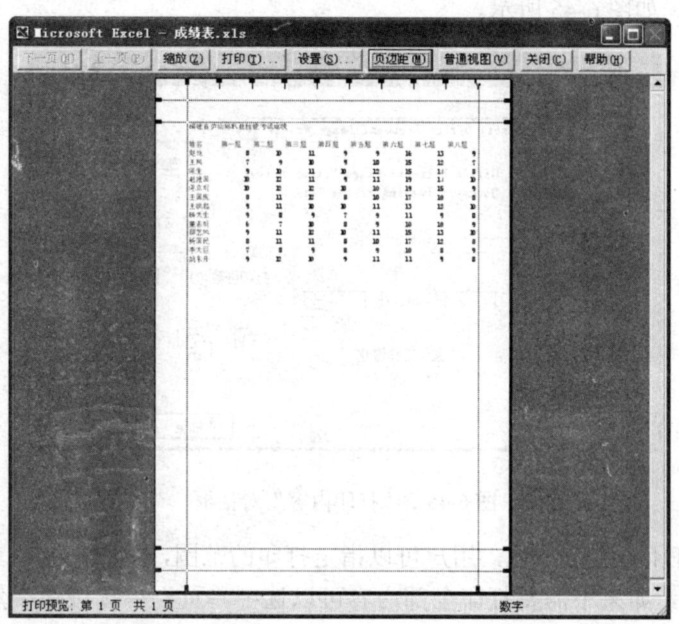

图 6-44　打印预览窗口

用户可以利用打印预览窗口所提供的工具按钮进行部分参数的更改，其中各个按钮的功能如下：

➢ “下一页”按钮：单击该按钮显示下一页。如果下面没有可显示的页，则此按钮变成灰色。按键盘上的↓键可以执行同样的操作。按 End 键则可显示最后一页。

➢ “上一页”按钮：单击该按钮显示前一页。如果上面没有可显示的页，此按钮变成灰色。按键盘上的↑键可以执行同样的操作。按 Home 键可显示第一页。

- “缩放”按钮：单击该按钮，放大或缩小页面显示。将鼠标指针移到显示的页面上，单击鼠标左键也可取得同样的效果。当预览被放大时，可以使用滚动条或箭头滚动来查看这一页。
- “打印”按钮：单击该按钮打开“打印”对话框。
- “设置”按钮：单击该按钮打开“页面设置”对话框。
- “页边距”按钮：单击“页边距”按钮，可以开启或关闭页边距、页眉和页脚边距以及列宽的控制线。将鼠标指针指向控制线两端的控制句柄，待鼠标指针呈双箭头状时，拖动鼠标可调整页边距、页眉和页脚的距边距以及列宽的位置。
- “分页预览”按钮：单击该按钮进入到分页预览视图下。
- “关闭”按钮：单击该按钮关闭预览窗口并且显示活动表。

6.6.3 打印工作表

如果用户对在打印预览窗口中看到的效果非常满意，就可以开始打印输出了。打印工作表的具体步骤如下：

（1）单击“文件”|“打印”命令或者在打印预览视图中单击“打印”按钮，打开“打印内容”对话框，如图 6-45 所示。

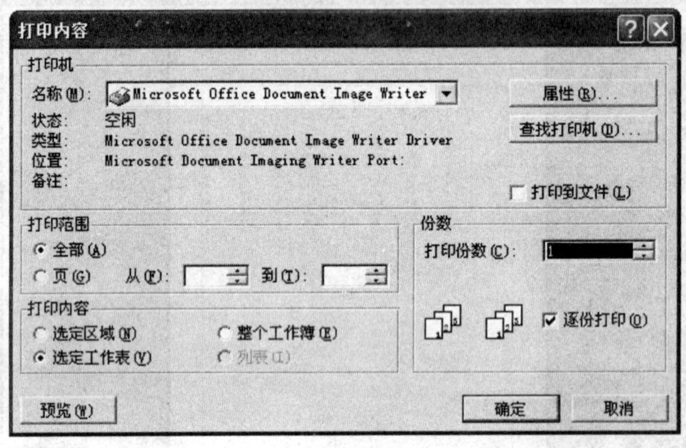

图 6-45 “打印内容”对话框

（2）在“打印范围”区域，用户可以指定打印的范围，如果选定“全部”单选按钮则打印全部内容。如果不需要打印全部内容可以选中“页”单选按钮，然后输入打印页的范围。

（3）在“打印内容”区域用户可以确定打印内容的区域。

（4）在“份数”区域设置打印的份数。

（5）单击“确定”按钮，系统将按照所设置的内容控制打印。

此外，直接单击“常用”工具栏上的“打印”按钮，也可以打印工作表，但是不允许用户对打印方式进行控制。

6.7　本 章 练 习

一、填空题

1．默认情况下，单元格中的数字格式是常规格式，不包含任何特定的数字格式，即以_______、_______、_______的方式显示。默认情况下，输入的文本在单元格内______对齐，数字______对齐，逻辑值和错误值_______对齐。

2．工作表默认单元格的宽度为_______，它并不会根据数字的长短而调整列宽。用户可以在_______对话框中对工作表默认的列宽进行设置。

3．选择_______菜单“行”子菜单中的“隐藏”命令，即可将该行隐藏。

4．选择_______菜单“保护”子菜单中的“保护工作簿”命令，即可设置工作簿的保护对象。

二、简答题

1．如何快速对单元格的行高和列宽进行调整？

2．如何在工作簿中插入一个基于模板的工作表？

3．在设置单元格保护时应注意什么问题？

4．如果要将当前工作簿中的一个工作表复制到另一个工作簿中应如何操作？

5．如何设置单元格的输入条件格式？

6．条件格式的功能是什么？

第 7 章　数据分析与管理

Excel 在管理和分析数据方面具有强大的功能。利用数据清单，用户可以完成日常的许多管理工作并且能很方便地进行数据的处理，例如老师可以建立学生的成绩清单，销售人员可以建立自己的销售信息、客户信息等。

本章重点：

- 排序数据
- 筛选数据
- 汇总数据
- 创建与编辑图表
- 数据透视表
- 假设求解

7.1　排 序 数 据

排序是指按照一定的顺序重新排列数据清单中的数据，通过排序，可以根据某特定列的内容来重新排列数据清单中的行。排序并不改变行的内容。当两行中有完全相同的数据或内容时，Excel 2003 会保持它们的原始顺序。

对数据清单中的数据进行排序时，Excel 2003 会遵循以下排序原则：

- 如果按某一列进行排序，则在该列上完全相同的行将保持它们的原始次序。
- 被隐藏起来的行不会被排序，除非它们是分级显示的一部分。
- 如果按多列进行排序，则主要列中有完全相同的记录行会根据指定的第二列进行排序，如果第二列中有完全相同的记录行时，则会根据指定的第三列进行排序。
- 在排序列中有空白单元格的行会被放置在排序的数据清单的最后。
- 排序选项中如包含选定的列、顺序和方向等，则在最后一次排序后会被保存下来，直到修改它们或修改选定区域或列标记为止。

7.1.1　单关键字排序

在对数据清单中的数据进行排序时，Excel 2003 也有其自己默认的排列顺序。其默认的排序是使用特定的排列顺序，根据单元格中的数值而不是格式来排列数据。

在按升序排序时，Excel 将使用如下顺序（在按降序排序时，除了空格总是在最后外，其他的排序顺序反转）。

- 数字从最小的负数到最大的正数排序。
- 文本以及包含数字的文本，按下列顺序排序：先是数字 0 到 9，然后是字符“' - (空格) ! " # $ % & ( ) * , . / : ; ? @ “ \ ” ^ _ ` { | } ~ + < = > ”，最后是字母 A 到 Z。

- ➢ 在逻辑值中，FALSE 排在 TRUE 之前。
- ➢ 所有错误值的优先级等效。
- ➢ 空格排在最后。

对数据记录进行排序时，主要利用“排序”工具按钮和“排序”对话框来进行排序。如果用户想根据某一关键字段值对数据清单进行排序，则可使用“常用”工具栏上的排序按钮。

- ➢ “升序排序”按钮 ：单击此按钮后，系统将按字母表顺序、数据由小到大、日期由前到后等默认的排列顺序进行排序。
- ➢ “降序排序”按钮 ：单击此按钮后，系统将反字母表顺序、数据由大到小、日期由后到前等顺序进行排序。

例如，利用工具栏中的按钮将“工资表”中的“基本工资”列的数据按降序进行排列，具体操作步骤如下：

（1）在“资本工资”列单击任一单元格。

（2）在“常用”工具栏中单击“降序排序”按钮，则“基本工资”列的数据按由小到大排列，效果如图 7-1 所示。

	A	B	C	D	E	F	G	H
1			一中教师工资表					
2	姓名	性别	基本工资	生活补贴	岗位津贴	实发工资		
3	周程	男	620	65	50	735		
4	王富有	男	600	65	20	685		
5	崔二林	男	580	65	20	665		
6	李小梅	女	530	65	30	625		
7	赵佳	女	520	65	50	635		
8	胡飞	男	510	65	40	615		
9	刘志强	男	500	65	30	595		
10	汪涛	男	480	65	50	595		
11	程四	男	420	65	40	525		
12	山小飞	男	360	65	30	455		
13	吕梁	男	300	65	50	415		
14								
15								

Sheet1 Sheet2 Sheet3

图 7-1　将“基本工资”列降序排列的效果

7.1.2　多关键字排序

利用“常用”工具栏中的排序按钮进行排序虽然方便快捷，但是只能按某一字段名的内容进行排序，如果要按两个或两个以上字段名的内容进行排序时可以在“排序”对话框中进行设置。Excel 2003 最多允许使用三个关键字进行排序，这三个关键字依次称为：主要关键字、次要关键字和第三关键字。

利用“排序”对话框进行多列排序的具体步骤如下：

（1）在数据清单区域单击任一单元格。

（2）单击“数据”|“排序”命令，打开“排序”对话框，如图 7-2 所示。

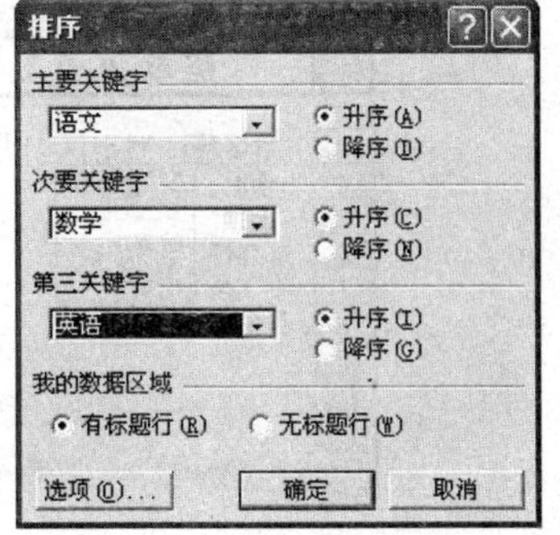

图 7-2　“排序”对话框

（3）在“主要关键字”下拉列表中选择一个主要关键字，然后选择排序的方式“升序”或者“降序”。

（4）在“次要关键字”下拉列表中选择一个次要关键字，然后选择排序的方式“升序”或者“降序”。

（5）在“第三关键字”下拉列表中选择一个第三关键字，然后选择排序的方式“升序”或者“降序”。

（6）在“我的数据区域”如果选中“有标题行”单选按钮，则表示在排序时保留数据清单的字段名称行，字段名称行不参与排序。如果选中“无标题行”单选按钮则表示在排序时删除数据清单中的字段名称行，字段名称行中的数据也参与排序。

（7）单击“确定”按钮。

7.2 筛选数据

“筛选”顾名思义即是在工作表中只显示满足给定条件的数据，而不满足条件的数据将不显示。因此，筛选是一种用于查找数据清单中满足给定条件的快速方法。它与排序不同，它并不重排数据清单，而只是将不必显示的行暂时隐藏。用户可以使用“自动筛选”或“高级筛选”功能将那些符合条件的数据显示在工作表中。Excel 2003 在筛选行时，可以对清单子集进行编辑、设置格式、制作图表和打印，而不必重新排列或移动。

7.2.1 自动筛选

自动筛选是一种快速的筛选方法，用户可以通过它快速地访问大量数据，从中选出满足条件的记录并将其显示出来，隐藏那些不满足条件的数据，此种方法只适用于条件较简单的筛选。

例如，利用“自动筛选”功能将“院教师录用人员信息统计表”中“性别”为“男”的人员显示出来，具体步骤如下：

（1）在数据清单中单击任意单元格。

（2）单击“数据”|“筛选”|“自动筛选”命令，此时在每个字段的右边都出现一个下三角箭头按钮。

（3）单击“性别”右侧的下三角箭头打开一个列表，如图 7-3 所示。

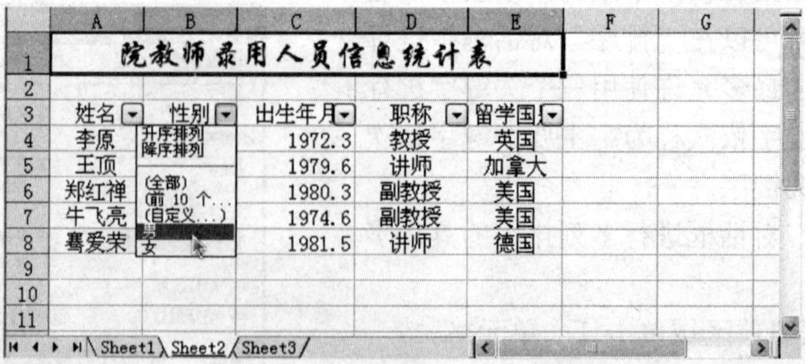

图 7-3 “性别”字段下拉列表

（4）在下拉列表中选择“男”，自动筛选后的效果如图 7-4 所示。

可以发现字段名右边的下拉箭头变成了蓝色，并且行号也呈现为蓝色。

院教师录用人员信息统计表				
姓名	性别	出生年月	职称	留学国家
王顶	男	1979.6	讲师	加拿大
牛飞亮	男	1974.6	副教授	美国

图 7-4 自动筛选的效果

7.2.2 筛选前 10 个

如果用户要筛选出最大或最小的几项，用户可以在筛选列表中使用“前 10 个”命令来完成。

例如，要将工作表中“报名人数”前 5 个最大的项筛选出来，具体步骤如下：

（1）在数据清单区域单击任一单元格。

（2）单击“数据”|“筛选”|“自动筛选”命令，此时在每个字段的右边都出现一个下三角箭头按钮。

（3）单击“报名人数”右侧的下三角箭头打开一个列表，如图 7-5 所示。

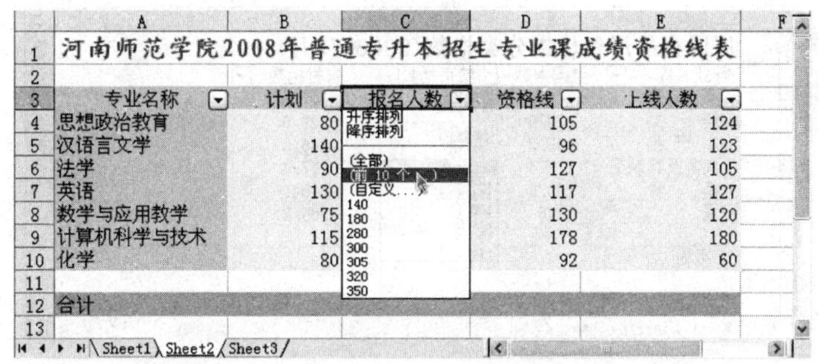

河南师范学院2008年普通专升本招生专业课成绩资格线表				
专业名称	计划	报名人数	资格线	上线人数
思想政治教育	80		105	124
汉语言文学	140		96	123
法学	90		127	105
英语	130		117	127
数学与应用数学	75		130	120
计算机科学与技术	115		178	180
化学	80		92	60
合计				

图 7-5 “报名人数”字段下拉列表

（4）在列表中选择“前 10 个”选项，打开“自动筛选前 10 个”对话框，如图 7-6 所示。

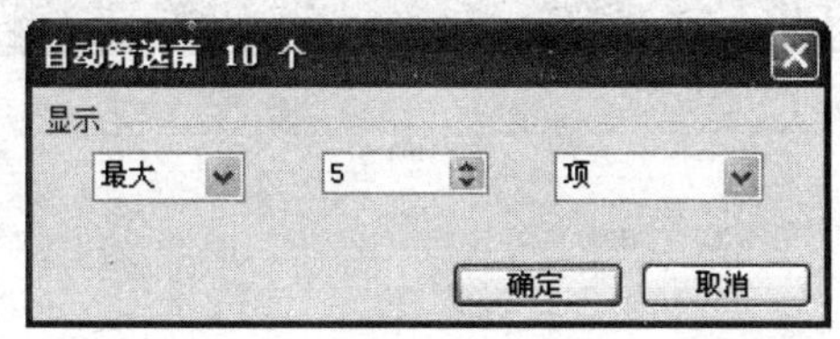

图 7-6 “自动筛选前 10 个”对话框

（5）在对话框中的最左边的下拉列表中选择“最大”项，在中间的文本框中选择或输入“5”，在最后边的下拉列表中选择“项”。

（6）单击“确定”按钮，按“报名人数”字段自动筛选出前 5 名的效果如图 7-7 所示。

	A	B	C	D	E
1	河南师范学院2008年普通专升本招生专业课成绩资格线表				
2					
3	专业名称	计划	报名人数	资格线	上线人数
4	思想政治教育	80	300	105	124
5	汉语言文学	140	320	96	123
6	法学	90	280	127	105
7	英语	130	305	117	127
9	计算机科学与技术	115	350	178	180
11					
12	合计				
13					
14					

图 7-7　利用“自动筛选前 10 个”命令筛选的效果

7.2.3　自定义筛选

在使用“自动筛选”命令筛选数据时，还可以利用“自定义”的功能来限定一个或两个筛选条件，以便于将更接近条件的数据显示出来。

例如，将工作表中“城市指数”大于 103 小于 110 的数据项显示出来，具体步骤如下：

（1）在数据清单区域单击任一单元格。

（2）单击“数据”|“筛选”|“自动筛选”命令，此时在每个字段的右边都出现一个下三角箭头按钮。

（3）单击“城市指数”右侧的下三角箭头打开一个列表，如图 7-8 所示。

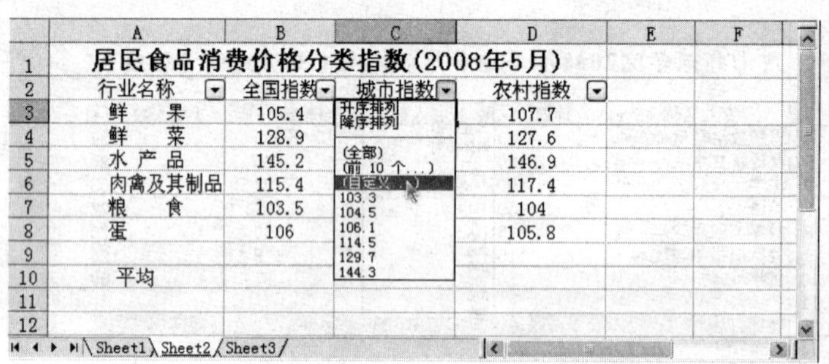

图 7-8　“城市指数”字段下拉列表

（4）在列表中选择“自定义”选项，打开“自定义自动筛选方式”对话框，如图 7-9 所示。

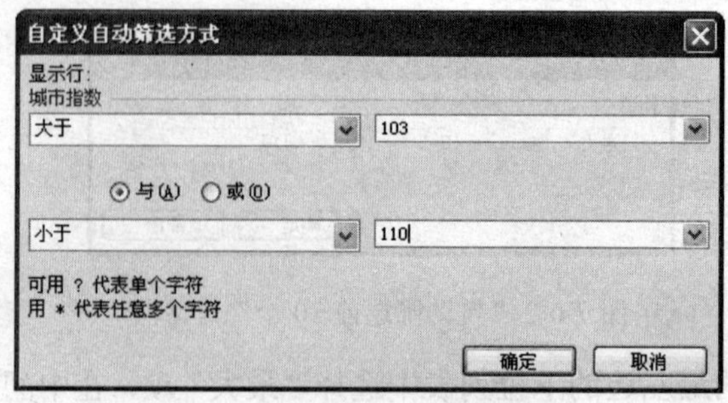

图 7-9　设置自定义筛选条件

（5）在左上部的比较操作符下拉列表中选择“大于”，在其右边的文本框中输入“103”。

（6）选中“与”单选按钮，在左下部的比较操作符列表中选择“小于”，在其右边的文本框中输入“110”。

（7）单击“确定”按钮，按“语文”字段自定义筛选的效果如图 7-10 所示。

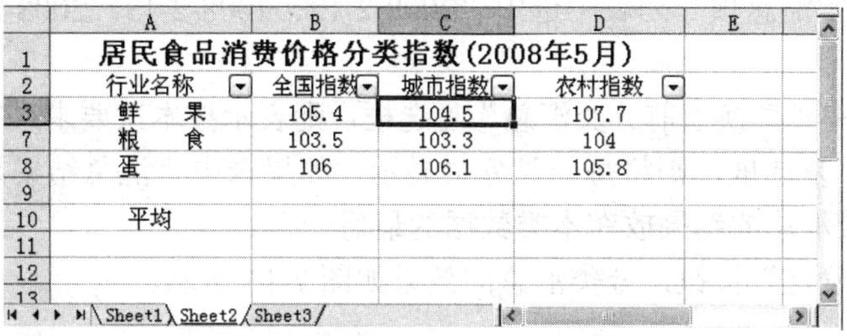

	A	B	C	D	E
1	居民食品消费价格分类指数(2008年5月)				
2	行业名称	全国指数	城市指数	农村指数	
3	鲜　果	105.4	104.5	107.7	
7	粮　食	103.5	103.3	104	
8	蛋	106	106.1	105.8	
9					
10	平均				
11					
12					
13					

Sheet1 Sheet2 Sheet3

图 7-10　按“城市指数”字段自定义筛选的效果

7.3　汇 总 数 据

分类汇总是对数据清单上的数据进行分析的一种常用方法，Excel 2003 可以使用函数实现分类和汇总值计算，汇总函数有求和、计算、求平均值等多种，汇总计算出的结果将分级显示。

7.3.1　分类汇总

分类汇总是将数据清单中的某个关键字段进行分类，相同值的分为一类，然后对各类进行汇总。在进行自动分类汇总之前，必须对数据清单进行排序，并且数据清单的第一行里必须有列标记。利用自动分类汇总功能可以对一项或多项指标进行汇总。

例如，要对工作表中的每一个“经销商”的每天的销售量和三天的销售总量分别进行求和汇总，具体步骤如下：

（1）首先将“经销商”字段按升序进行排列，使相同经销商的记录集中在一起，排序后的效果如图 7-11 所示。

	A	B	C	D	E	F	G
1	有情人鲜花连锁公司销量统计表（朵）						
2							
3	品种	经销商	2008-2-12	2008-2-13	2008-2-14	三天销售总和	
4	菊花	东门花店	210	103	310	623	
5	康乃馨	东门花店	620	360	230	1210	
6	百合	东门花店	360	480	210	1050	
7	玫瑰	东门花店	980	960	610	2550	
8	君子兰	前门花店	360	210	480	1050	
9	月季	前门花店	480	560	320	1360	
10	满天星	西门花店	580	630	710	1920	
11	玫瑰	西门花店	800	760	580	2140	
12	满天星	中州花店	430	360	260	1050	
13	康乃馨	中州花店	560	610	880	2050	
14	玫瑰	中州花店	780	890	810	2480	
15							
16							
17							

Sheet1 Sheet2 Sheet3

图 7-11　按“经销商”字段进行升序排列后的效果

（2）在数据清单区域单击任意单元格。

（3）单击“数据”|“分类汇总”命令，打开“分类汇总”对话框，如图 7-12 所示。

（4）在“分类字段”下拉列表中选择“经销商”。

（5）在“汇总方式”下拉列表中选择“求和”。

（6）在“选定汇总项”列表中选中“2008-2-12、2008-2-13、2008-2-14、三天销售总和”4 个复选框。

（7）如果选中“替换当前分类汇总”复选框，则表示按本次要求进行汇总；如果选中“每组数据分页”复选框，则将每一类分页显示；如果选中“汇总结果显示在数据下方”复选框，则将分类汇总的结果放在本类数据的最后一行。

（8）单击“确定”按钮，分类汇总的效果如图 7-13 所示。

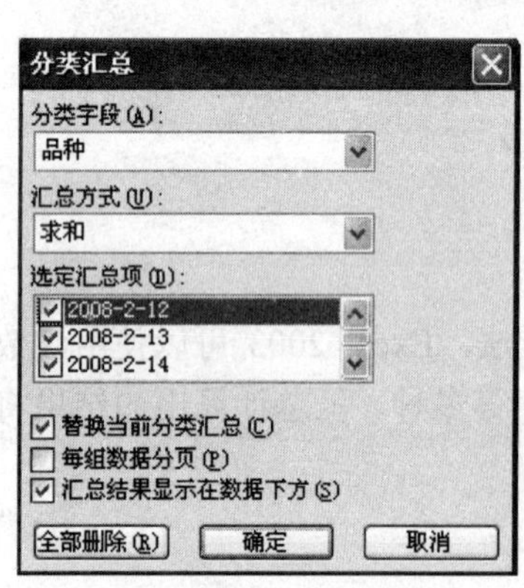

图 7-12 “分类汇总”对话框

	A	B	C	D	E	F
1	有情人鲜花连锁公司销量统计表（朵）					
2						
3	品种	经销商	2008-2-12	2008-2-13	2008-2-14	三天销售总和
4	菊花	东门花店	210	103	310	623
5	康乃馨	东门花店	620	360	230	1210
6	百合	东门花店	360	480	210	1050
7	玫瑰	东门花店	980	960	610	2550
8		东门花店 汇总	2170	1903	1360	5433
9	君子兰	前门花店	360	210	480	1050
10	月季	前门花店	480	560	320	1360
11		前门花店 汇总	840	770	800	2410
12	满天星	西门花店	580	630	710	1920
13	玫瑰	西门花店	800	760	580	2140
14		西门花店 汇总	1380	1390	1290	4060
15	满天星	中州花店	430	360	260	1050
16	康乃馨	中州花店	560	610	880	2050
17	玫瑰	中州花店	780	890	810	2480
18		中州花店 汇总	1770	1860	1950	5580
19		总计	6160	5923	5400	17483

图 7-13 进行分类汇总的效果

7.3.2 分级显示工作表

对工作表中的数据进行分类汇总后，将会使原来的工作表显得有些庞大，此时用户如果要单独查看汇总数据或查看数据清单中的明细数据，最简单的方法就是利用 Excel 2003 提供的分级显示功能。

1. 了解明细数据和汇总数据

明细数据是指在分类汇总中对其进行汇总的行或列中的数据，汇总数据是指对明细数据进行汇总的行或列中的数据。明细数据和汇总数据是相对而言的。汇总数据 A 若被更高一级的汇总数据 B 所汇总，那么汇总数据 A 就是汇总数据 B 的明细数据。

汇总数据可以是明细数据的求和，也可以是平均值、最大值或其他汇总函数的结果，汇总数据必须与其汇总的明细数据相邻。汇总行可以在明细数据的下方或上方，一般在下方；汇总数据可以在明细数据的左方或右方，一般在右方。

2. 改变显示内容

在对工作表数据进行分类汇总后，其汇总后的工作表在窗口处将出现“1”、“2”、“3”的数字，还有“-”、大括号等，如图 7-13 所示。这些符号在 Excel 2003 中称为分级显示符号。

其中 1 2 3 表示明细数据级别，1 级数据为最高级，2 级数据是 1 级数据的明细数据，又是 3 级数据的汇总数据。单击 1 可以直接显示一级汇总数据。单击 2 可以显示一级和二级数据，单击 3 可以显示一级、二级、三级即全部数据。

符号 - 是“隐藏明细数据”按钮，+ 是“显示明细数据”按钮。单击 - 可以隐藏该级及以下各级的明细数据，单击 + 则可以展开该级明细数据。

3. 取消分级显示

如果用户不想利用分级显示功能对工作表的明细数据进行隐藏，那么可以将分级显示功能取消。

如果要取消部分分级显示，可先选定有关的行或列，然后单击“数据”|“组及分级显示”|“清除分级显示”命令即可。

如果要取消全部的分级显示，可单击工作表中的任一单元格，然后单击“数据”|“组及分级显示”|“清除分级显示”命令即可。

提示：

对于显示或隐藏的明细数据，如果工作表中没有看到分级显示符号，可以单击“工具”|“选项”命令，打开“选项”对话框，单击“视图”选项卡，然后在对话框中选中“分级显示符号”复选框。如果该符号仍不可见或不可读，用户可以单击“常用”工具栏上的“显示比例”文本框，将比例放大为“100%”。

7.3.3　删除分类汇总

当创建了分类汇总后，如果不再需要了，用户还可以将其删除掉，具体步骤如下：

（1）在分类汇总数据清单区域单击任一单元格。

（2）单击“数据”|“分类汇总”命令，打开“分类汇总”对话框。

（3）在“分类汇总”对话框中单击“全部删除”按钮。

（4）单击“确定”按钮。

7.4　合并计算

一个公司可能有很多子公司或销售部门，各个子公司都具有各自的销售报表和会计报表，为了对整个公司的所有情况进行全面了解，就要将这些分散的数据进行合并，从而得到一份完整的销售统计报表或者会计报表。利用 Excel 2003 所提供的合并计算功能，就可以很容易地完成这些汇总工作。

所谓合并计算，是指用来汇总一个或多个源区域中的数据的方法。Excel 2003 提供了两种合并计算数据的方法。一是按位置合并计算，即将源区域中相同位置的数据汇总；二是按分类合并计算，当源区域中没有相同的布局时，则采用分类方式进行汇总。

7.4.1　按位置合并计算

按位置合并计算数据，是指将源区域中的相同位置的数据汇总，它适合具有相同结构数据区域的计算。

如图 7-14 所示的是某杂志社两个区域第一季度杂志销售统计表，这两个销售统计表在相同的位置上具有相同的数据项，此时用户可以利用按位置合并计算的功能对两个销售统计表进行汇总，具体步骤如下：

某杂志社第一季度北京销售统计表			
书名	一月（本）	二月（本）	三月（本）
读者	550	430	435
少男少女	400	635	515
妇女生活	300	650	590
青年文摘	380	490	550
电脑爱好者	700	500	550
知音	650	710	310

某杂志社第一季度河南销售统计表			
书名	一月（本）	二月（本）	三月（本）
读者	400	310	390
少男少女	370	580	410
妇女生活	230	620	520
青年文摘	350	400	471
电脑爱好者	680	420	510
知音	600	620	280

图 7-14　按位置合并计算的原始数据

（1）创建一个销售统计汇总表，输入如图 7-15 所示的数据，并在工作表中选中如图所示的单元格区域。

（2）单击“数据”|“合并计算”命令，打开“合并计算”对话框，如图 7-16 所示。

（3）在“函数”下拉列表中选择“求和”。

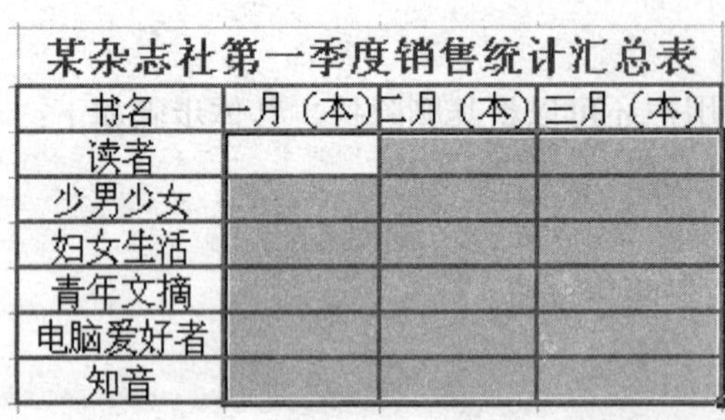

某杂志社第一季度销售统计汇总表			
书名	一月（本）	二月（本）	三月（本）
读者			
少男少女			
妇女生活			
青年文摘			
电脑爱好者			
知音			

图 7-15　合并计算的目标区域

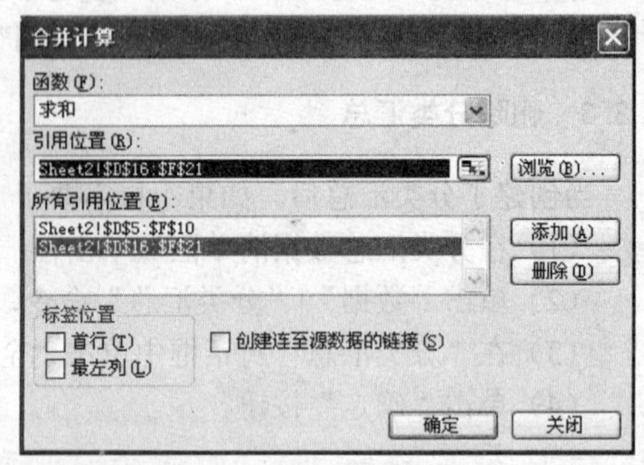

图 7-16　“合并计算”对话框

（4）在“引用位置”文本框中输入源引用位置，或者单击“引用位置”文本框右边的折叠按钮，打开一个区域引用的对话框，然后在工作表中选中“北京销售统计表”中要引用的数据区域。

（5）再次单击折叠按钮，返回到“合并计算”对话框，单击“添加”按钮。

（6）重复步骤第 4、第 5 步，加入“河南销售统计表”的引用位置到“所有引用位置”列表框。

（7）单击“确定”按钮，按位置合并计算后的效果如图 7-17 所示。

某杂志社第一季度销售统计汇总表			
书名	一月（本）	二月（本）	三月（本）
读者	950	740	825
少男少女	770	1215	925
妇女生活	530	1270	1110
青年文摘	730	890	1021
电脑爱好者	1380	920	1060
知音	1250	1330	590

图 7-17　按位置合并计算结果

7.4.2 按分类合并计算

分类合并计算是指当多重来源区域包含相似的数据却以不同的方式排列时，可依不同的类别进行数据的合并计算。

如图 7-18 所示的某杂志社两个区域第一季度杂志销售统计表，这两个统计表在相同的位置具有不相同的数据项，此时可以按分类进行合并计算，具体步骤如下：

某杂志社第一季度北京销售统计表

书名	一月（本）	二月（本）	三月（本）
知音	650	710	310
电脑爱好者	700	500	550
少男少女	400	635	515
青年文摘	380	490	550
妇女生活	300	650	590
读者	550	430	435

某杂志社第一季度河南销售统计表

书名	一月（本）	二月（本）	三月（本）
读者	400	310	390
少男少女	370	580	410
妇女生活	230	620	520
青年文摘	350	400	471
电脑爱好者	680	420	510
知音	600	620	280

图 7-18 按分类进行合并计算的原始数据

（1）创建一个销售统计汇总表，在销售统计汇总表中只输入标题，并选中放置合并数据区域最左上角的单元格。

（2）单击“数据”|“合并计算”命令，打开“合并计算”对话框。在“函数”下拉列表中选择“求和”。

（3）在“引用位置”文本框中输入源引用位置，或者单击“引用位置”文本框右边的折叠按钮，打开一个区域引用的对话框，然后在工作表中选中“北京销售统计表”中要引用的数据区域。

（4）再次单击折叠按钮，返回到“合并计算”对话框，单击“添加”按钮。

（5）重复步骤第 4、第 5 步，加入“河南销售统计表”的引用位置到“所有引用位置”列表框。

（6）选中“首行”和“最左列”复选框。

（7）单击“确定”按钮，按分类合并计算后的效果如图 7-19 所示。

某杂志社第一季度销售统计汇总表

	一月（本）	二月（本）	三月（本）
知音	1250	1330	590
电脑爱好者	1380	920	1060
少男少女	770	1215	925
青年文摘	730	890	1021
妇女生活	530	1270	1110
读者	950	740	825

图 7-19 按分类合并计算的效果

7.5 创建与编辑图表

Excel 2003 提供的图表功能，可以将系列数据以图表的方式表达出来，使数据更加清晰易懂，使数据表示的含义更形象更直观，并且用户可以通过图表直接了解到数据之间的关系和变化的趋势。

在 Excel 2003 中，可以将建立的图表作为数据源所在的工作表的对象插入到该工作表中，用于源数据的补充。还可以将建立的图表绘制成一个独立的图表工作表。图表会随着工作表中的数据变化而变化。

7.5.1 创建图表

对于一些结构复杂的表格，用户往往要花费相当长的时间才能对表格中要说明的问题理出个头绪来，既费时又费力。而如果使用 Excel 2003 的“图表”功能，则可以将枯燥乏味的数字转化为图表，从而使数据之间的关系一目了然。

例如，利用图 7-20 所示工作表中的数据，创建一个簇状柱形图图表，具体操作步骤如下：

（1）在数据清单区域选中要创建图表的数据区域，这里选择“B5:G10”单元格区域，如图 7-20 所示。

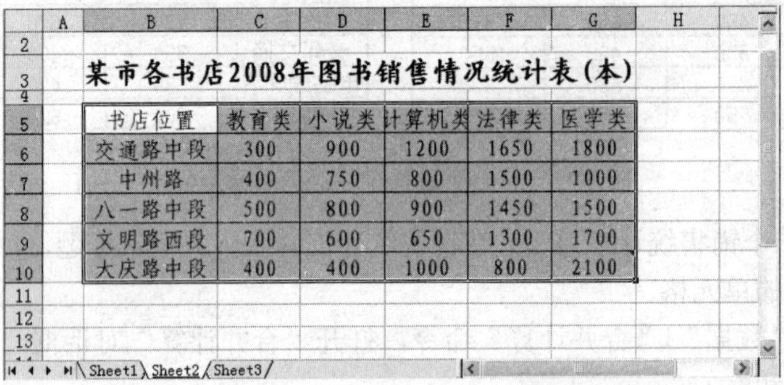

某市各书店2008年图书销售情况统计表(本)

书店位置	教育类	小说类	计算机类	法律类	医学类
交通路中段	300	900	1200	1650	1800
中州路	400	750	800	1500	1000
八一路中段	500	800	900	1450	1500
文明路西段	700	600	650	1300	1700
大庆路中段	400	400	1000	800	2100

Sheet1 Sheet2 Sheet3

图 7-20　选择创建图表的单元格区域

（2）单击“插入”|“图表”命令，打开“图表向导—4 步骤之 1—图表类型”对话框，单击“标准类型”选项卡，如图 7-21 所示。

（3）在对话框左侧的“图表类型”列表框中选择“柱形图”，在“子图表类型”区域中选择“簇状柱形图”。

（4）单击“下一步”按钮，打开“图表向导—4 步骤之 2—图表源数据”对话框，如图 7-22 所示。

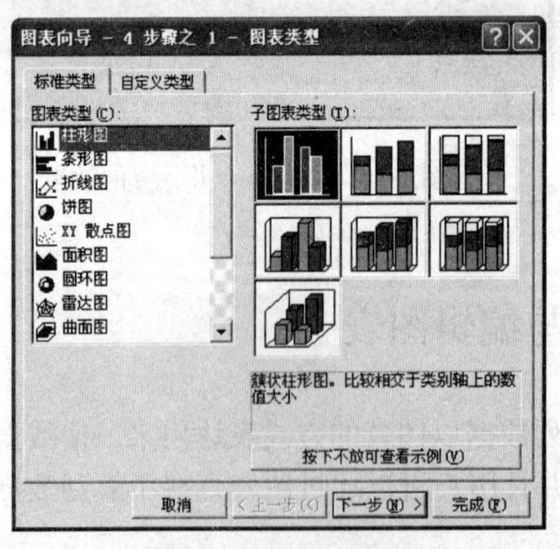

图 7-21　选择图表类型

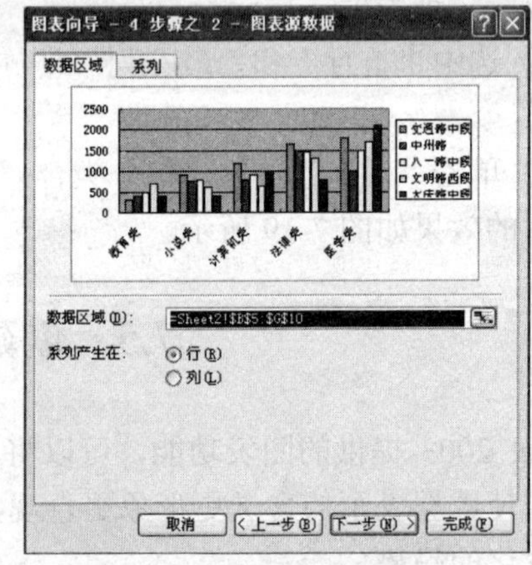

图 7-22　选择数据系列

（5）观察“数据区域”文本框中的选择是否正确，若不正确单击其后的折叠按钮，选择正确的单元格区域。

（6）在“系列产生在”区域选中“行”或“列”单选按钮，这里选择“行”。

（7）单击“下一步”按钮，打开“图表向导—4 步骤之 3—图表选项”对话框，单击“标题”选项卡，如图 7-23 所示。

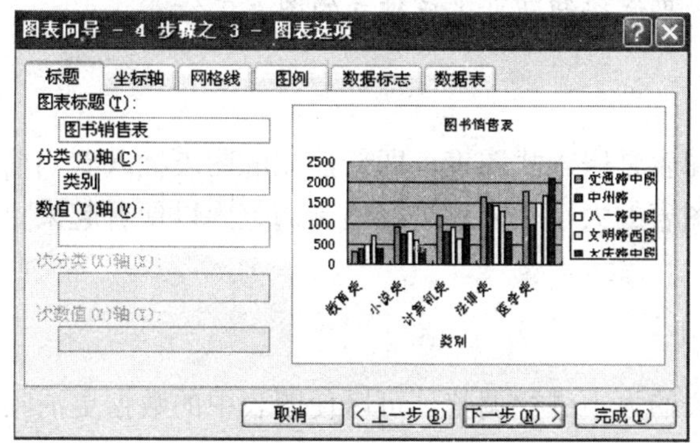

图 7-23　设置图表标题

（8）在“图表标题”文本框中输入标题“图书销售表”，在“分类（X）轴”下边的文本框中输入“类别”。

（9）单击“下一步”按钮，打开“图表向导—4 步骤之 4—图表位置”对话框，如图 7-24 所示。

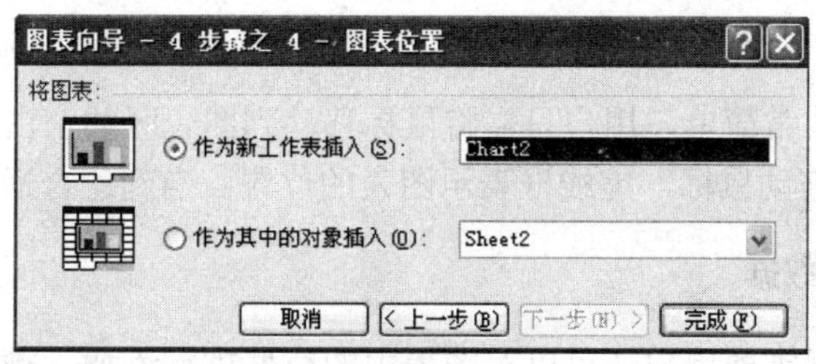

图 7-24　选择图表插入方式

（10）在对话框中选择一种插入方式，这里选择“作为新工作表插入”单选按钮，单击“完成”按钮。创建的图表工作表如图 7-25 所示。

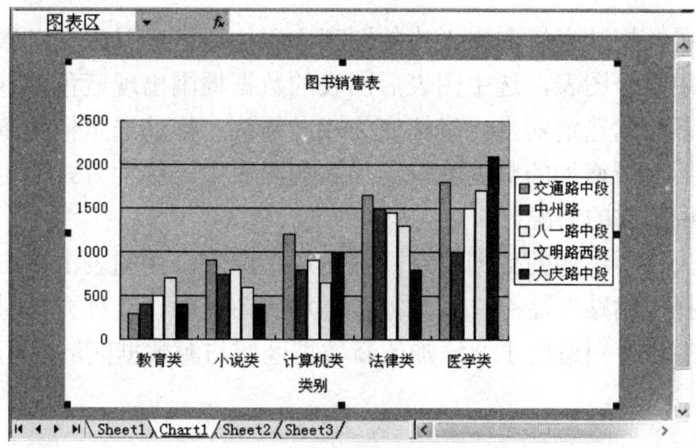

图 7-25　创建的图表工作表

提示：

根据图表显示的位置不同，有两种建立图表的方式，在如图 7-24 所示的对话框中选中“作为其中的对象插入”单选按钮即可生成嵌入式图表，如果选中“作为新工作表插入”单选按钮即可生成独立的图表工作表。

7.5.2 调整图表

如果用户创建的图表是嵌入式图表，即新建立的图表插入到当前工作表中，在图表创建成功后用户可以将图表的大小及位置进行适当调整，以便看起来更整洁美观，方便用户查阅数据。

1. 调整图表的大小

通过对嵌入式图表的大小进行调整，可以使图表中的数据更清晰、图表更美观，调整图表大小的具体步骤如下：

（1）单击选中图表，此时图表四周将出现八个尺寸控制柄。

（2）将鼠标移至图表各边中间的控制手柄上，当鼠标变成 ↔ 状或 ↕ 状时，拖动鼠标可以改变图表的宽度和高度，虚线框表示图表的大小，调整到合适位置后松开鼠标。

（3）将鼠标移至四角的控制手柄上，当鼠标变成 ⤢ 状或 ⤡ 状时拖动鼠标可以将图表等比放缩，虚线框表示图表的大小，调整到合适大小后松开鼠标。

2. 调整图表位置

移动图表的位置非常简单，用户只需将鼠标移动到图表区的空白处，按下鼠标左键，当鼠标变成 ✥ 状时拖动鼠标，虚线框表示图表的位置，当到达合适位置后松开鼠标。

7.5.3 编辑图表中的数据

图表建立后，根据需要用户还可以对图表中的数据进行添加、删除、修改等操作。由于图表中的数据和工作表中的数据是互相关联的，所以用户在修改工作表中的数据时，Excel 会自动在图表中做相应的修改。

1. 向图表中添加数据

用户可以利用鼠标拖动直接向嵌入式的图表中添加数据，首先在源数据区域输入新增加的数据，然后选中整个图表，选中图表后图表的数据周围出现蓝色、绿色、紫色框。将鼠标移到选定框右下角的选定柄上，鼠标变为双向箭头，拖动选定柄使源数据区域包含要添加的数据，选定后，新增加的数据就自动加入到图表中。这种方式适用于要添加的新数据区域与源数据区域相邻的情况。

用户也可以首先将要添加的数据复制，然后选中图表，在图表上单击鼠标右键，在弹出的快捷菜单中选择“粘贴”命令，则数据被添加到图表中。这种方法对任何图表和任何数据区域都是通用的，特别适用于要添加的新数据区域与源数据区域不相邻的情况。

2. 删除图表中的数据

对于一些不必要在图表中出现的数据，用户可以将其从图表中删除。在删除图表中的数据时可以同时删除工作表中对应的数据，也可以保留工作表中的数据。

如果要同时删除图表和工作表中的数据时，可以在工作表中直接删除不需要的数据，则图表中的数据会自动更新。

如果要只删除图表中的数据，而保留工作表中的数据，只要先单击要清除的数据系列，然后单击“编辑”|“清除”|“系列”命令，或在选定的数据系列上单击鼠标右键，在打开的快捷菜单中选择“清除”命令，则所选的数据系列将被清除掉。

7.5.4　格式化图表

在 Excel 2003 中建立图表后，还可以通过修改图表的图表区格式、绘图区格式、图表的坐标轴格式等来美化图表。

1. 图表对象的选取

在对图表及图表中的各个对象进行操作时，用户首先应将其选中，然后才能对其进行编辑操作。

在选定整个图表时，用户只需将鼠标指向图表中的空白区域，当出现“图表区”的屏幕提示时单击鼠标即可选定它。选定后整个图表四周将出现八个句柄，此时就表示图表被选定。被选定之后用户就可以对整个图表进行移动、缩放等编辑操作了。

利用鼠标来选取图表对象是最简单的，用户只需用鼠标直接单击要选定的图表对象即可。例如，要选定图表的标题对象，用户可以将鼠标指向图表标题文本，当出现“图表标题”的屏幕提示时单击鼠标即可选定图表标题。

利用图表工具栏，用户也可以准确地选定图表对象，图表创建好后，在工作表中自动打开“图表”工具栏，如果未显示，在菜单栏的任意位置单击鼠标右键，在打开的快捷菜单中单击“图表”命令，即可打开“图表”工具栏，如图 7-26 所示。单击“图表”工具栏左边的“图表对象”窗口右边的下三角箭头，打开一个选项列表，有关图表项的所有名字都显示于此列表中。单击其中的一个选项，则图表中相应的选项即被选中。

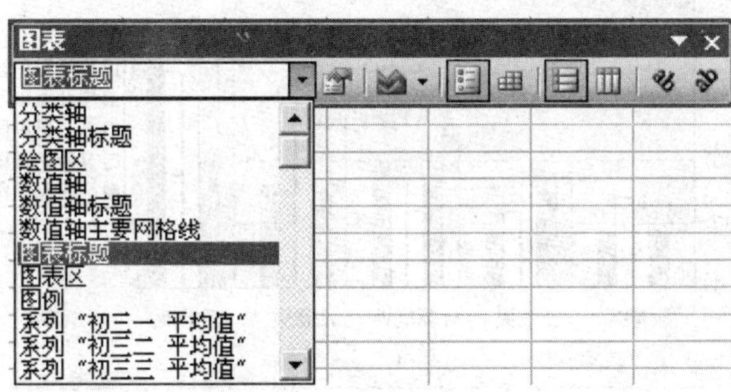

图 7-26　图表对象列表

2. 设置图表区的格式

用户可以为图表区添加边框、设置图表区中的字体、填充图案等来修饰图表区。例如为上面创建的“图书销售表”图表设置图表区的格式，具体步骤如下：

（1）在图表的空白处单击鼠标将图表选中。

（2）单击“格式”|“图表区”命令，或利用鼠标直接双击图表区，打开“图表区格式”对话框，单击“图案”选项卡，如图 7-27 所示。

（3）在“边框”区域中，用户可以为图表区设置边框，这里选择“无”单选按钮，即不为图表区设置边框。

（4）在“区域”区域单击“填充效果”按钮，打开“填充效果”对话框，在对话框中单击“纹理”选项卡，如图 7-28 所示。

（5）在“纹理”区域中选中“蓝色面巾纸”选项，单击“确定”按钮，返回“图表区格式”对话框。

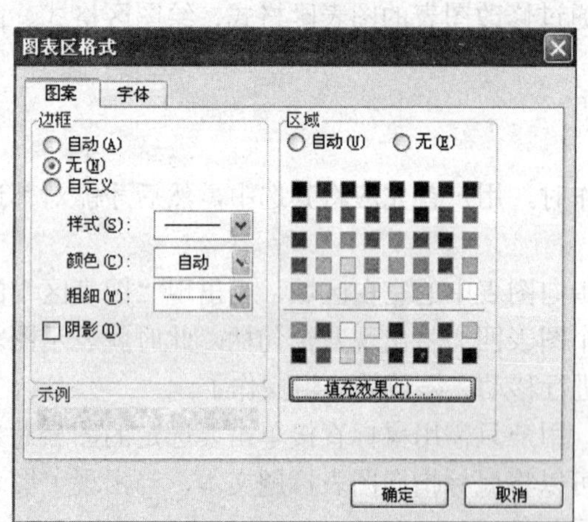

图 7-27 “图表区格式”对话框

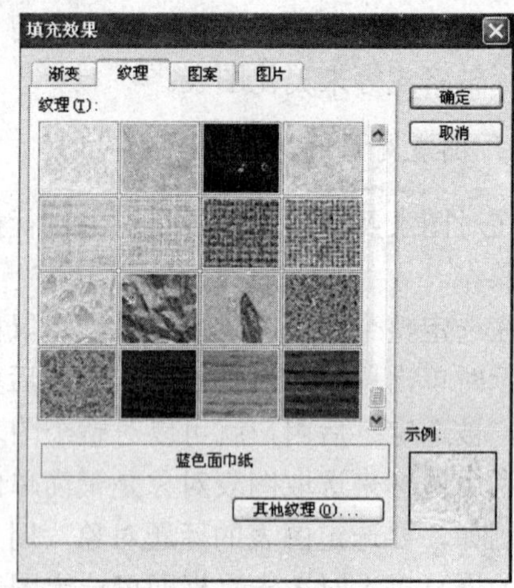

图 7-28 设置纹理填充效果

（6）单击“确定”按钮，设置图表区格式的效果如图 7-29 所示。

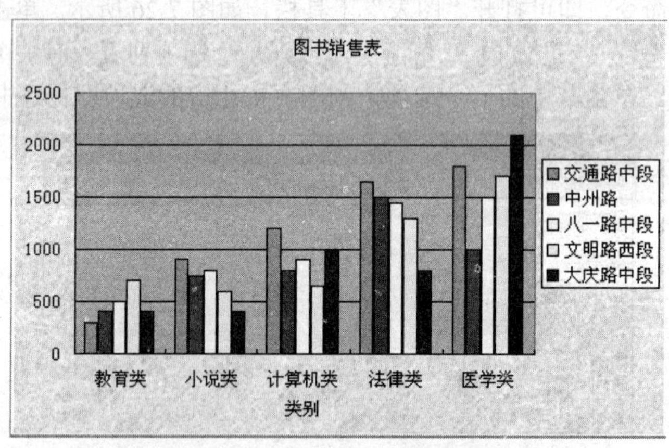

图 7-29 设置图表区格式的效果

3. 设置绘图区格式

在绘图区中，底纹在默认情况下为灰色，用户可以根据需要对其进行更改。例如，为“图书销售表”图表中绘图区设置填充效果，具体步骤如下：

（1）在绘图区上单击鼠标右键，在快捷菜单中选择“绘图区格式”命令，打开“绘图区格式”对话框，如图 7-30 所示。

（2）在“边框”区域中用户可以为图表区设置边框，这里选择“无”单选按钮，即不为图表区设置边框。

（3）在“区域”区域单击“填充效果”按钮，打开“填充效果”对话框，在对话框中单击“渐变”选项卡。

（4）在“颜色”列表中选择“预设”，然后在“预设颜色”列表中选择“金色年华”，单击“确定”按钮，返回到“绘图区格式”对话框。

（5）单击“确定”按钮，设置绘图区格式的效果如图 7-31 所示。

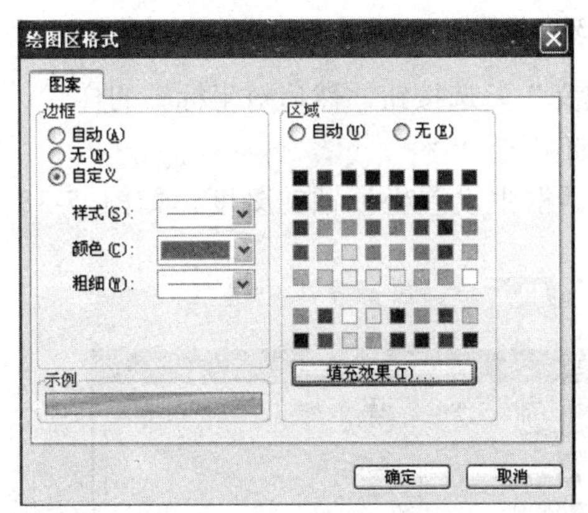

图 7-30　“绘图区格式”对话框

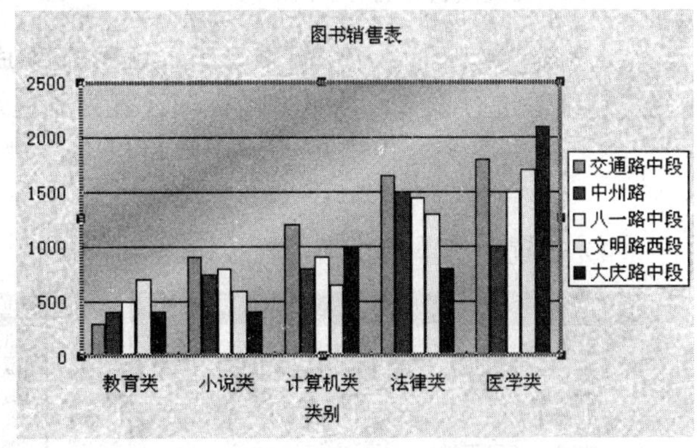

图 7-31　设置绘图区格式后的效果

4. 设置图表标题格式

图表区中的字体默认为宋体、12 磅、黑色，用户可以根据需要对其格式进行更改。例如，为“图书销售表”图表中图表标题设置字体格式，具体步骤如下：

（1）在图表标题上单击鼠标选中“图表标题”对象。

（2）单击“格式”|“图表标题”命令，打开“图表标题格式”对话框，单击“字体”选项卡，如图 7-32 所示。

（3）在“字体”下拉列表中选择“楷体_GB2312”，在“字形”下拉列表中选择“加粗”，在“字号”下拉列表中选择“16”，在“颜色”下拉列表中选择“红色”。

（4）单击“确定”按钮，设置图表标题字体格式的效果如图 7-33 所示。

5. 格式化图表的坐标轴

除对图表中的字体、边框、颜色等格式进行设置外，用户还可以对图表中坐标轴的样式、粗细、颜色、主要和次要刻度线样式等进行设置。

例如，格式化“图书销售表”图表的坐标轴，具体步骤如下：

（1）在数值轴上单击鼠标右键，在打开的快捷菜单中选择“坐标轴格式”命令，打开“坐标轴格式”对话框，单击“图案”选项卡，如图 7-34 所示。

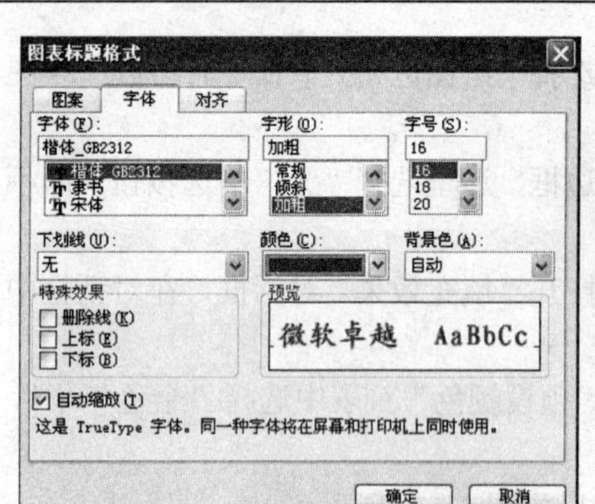

图 7-32 设置图表标题的字体格式

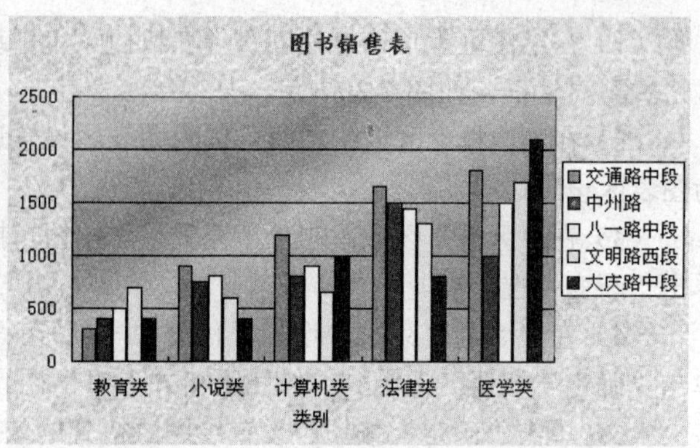

图 7-33 设置图表标题字体格式的效果

（2）在“坐标轴格式”对话框中，选中“自定义”单选按钮，然后对坐标轴的样式、颜色、粗细等进行设置。这里将坐标轴设置为蓝色细实线。

（3）单击“刻度”选项卡，用户可以在该对话框中设置坐标轴的刻度，如图 7-35 所示。

（4）设置完毕单击“确定”按钮。

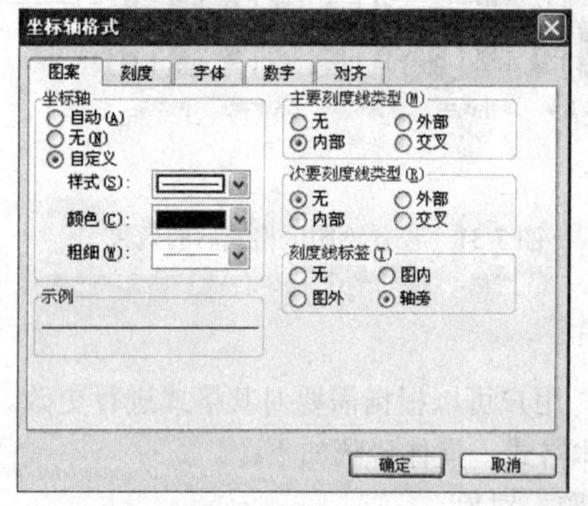

图 7-34 设置坐标轴样式

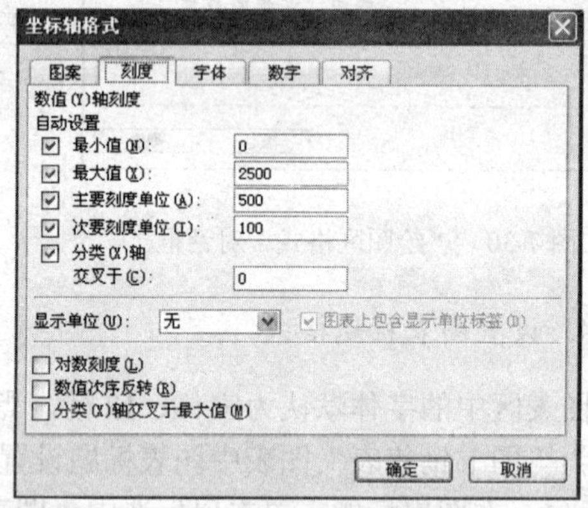

图 7-35 设置刻度

提示：

在“坐标轴格式”对话框中，用户还可以设置坐标轴中的“字体”、“数字”、“对齐”格式，只需单击相应的选项卡，然后根据需要进行设置即可。

6. 格式化数据系列

用户还可以对数据系列进行设置，选中一个数据系列，单击“格式”|“数据系列”命令，打开“数据系列格式”对话框，如图 7-36 所示。

在对话框的“图案”选项卡中，用户可以为数据系列设置图案；在“坐标轴”选项卡中，用户可以设置该系列在“主坐标轴”或“次坐标轴”；在“误差线 Y”选项卡中，用户可以为系列设置误差线；在“数据标志”选项卡中，用户可以设置数据系列标签中包含的内容，如“系列名称”、“类别名称”和“值”等；在“系列次序”选项卡中，用户可以调整系列的次序；在“选项”选项卡中，用户可以对系列的选项进行设置。

例如为“图书销售表”图表中“交通路中段”系列添加一条“误差线”，误差线以“正偏差”的方式显示，“定值”为 100，具体步骤如下：

（1）选中“交通路中段”数据系列，单击“格式”|“数据系列”命令，打开“数据系列”对话框，选择“误差线”选项卡，如图 7-36 所示。

（2）在“显示方式”区域选择一种方式，这里选择“正偏差”。

（3）在“误差量”区域选择一种误差量，这里选择“定值”，并设置定值为 100。

（4）单击“确定”按钮，设置误差线的效果如图 7-37 所示。

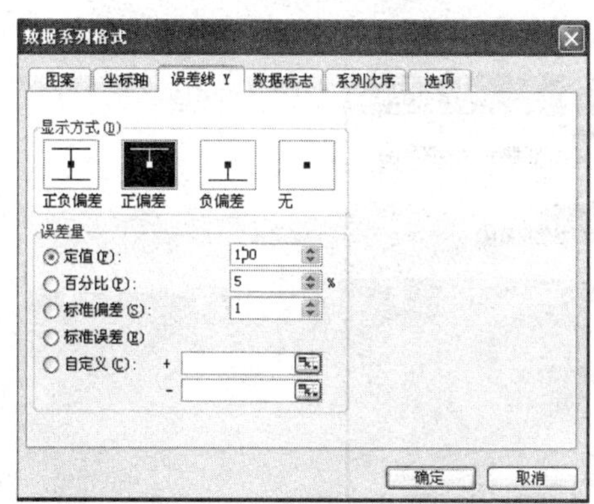

图 7-36　“数据系列格式”对话框

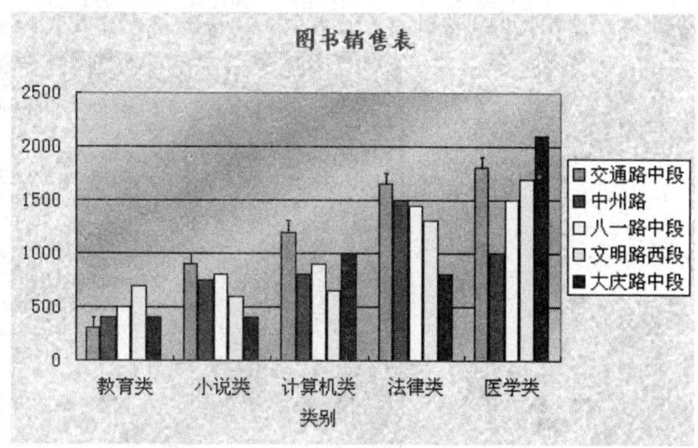

图 7-37　设置误差线的效果

7.6　数据透视表

数据透视表是一种对大量的数据快速汇总和建立交叉列表的交互式表格，通过数据透视表，用户可以更加容易地对数据进行分类汇总和数据的筛选，可以有效、灵活地将各种以流水方式记录的数据，在重新进行组合与添加算法的过程中，快速地进行各种目标的统计和分析。

Excel 2003 提供的数据透视表，是由 7 个部分组成的，它们的功能和名称如下：

- 页字段：数据透视表中被指定为页方向的源数据库或者表格中的字段。
- 页字段项：源数据库或表格中的每一个字段，列标记或数字都成为页字段列表中的一项。
- 数据字段：是指含有数据的源数据库或者表格中的字段项。
- 行字段：在数据透视表中被指定为行方向的源数据库或表格中的字段。
- 列字段：在数据透视表中被指定为列方向的源数据库或表格中的字段。
- 数据区域：是含有汇总数据的数据透视表中的一部分。
- 数据项：数据透视表中的各个数据。

7.6.1　建立数据透视表

数据透视表的功能很强大，但创建过程却非常简单，基本上是 Excel 2003 自动完成，用户只需在“数据透视表和数据透视图向导”中指定用于创建的原始数据区域、数据透视表的存放位置，并指定页字段、行字段、列字段和数据字段即可。

1. 创建数据透视表的方法

如果用户要为数据创建数据透视表，可利用 Excel 2003 提供的向导来进行操作。

为工作表重要数据创建数据透视表的具体步骤如下：

（1）在数据区域内单击任一单元格。

（2）单击“数据”|“数据透视表和数据透视图”命令，打开“数据透视表和数据透视图向导—3 步骤之 1”对话框，如图 7-38 所示。

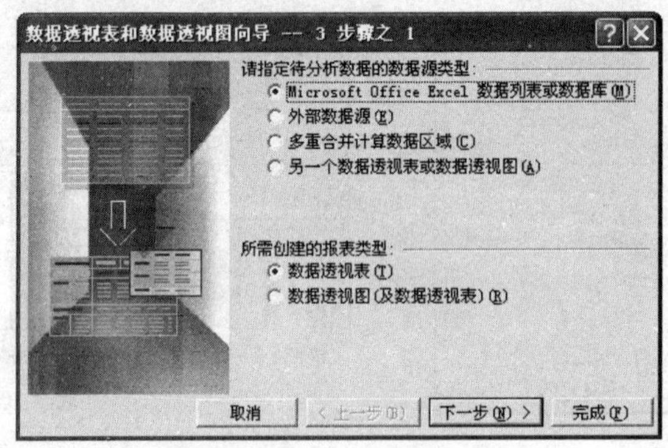

图 7-38 “数据透视表和数据透视图向导—3 步骤之 1”对话框

（3）在“请指定待分析数据的数据源类型”区域选中“Microsoft Office Excel 数据列表或数据库”单选按钮。

（4）在“所需创建的报表类型”区域选中“数据透视表”单选按钮。

（5）单击“下一步”按钮，打开“数据透视表和数据透视图向导—3 步骤之 2”对话框，如图 7-39 所示。

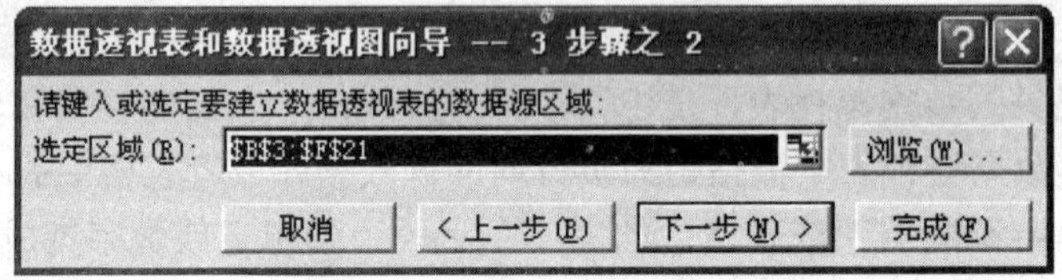

图 7-39 “数据透视表和数据透视图向导—3 步骤之 2”对话框

（6）如果“选定区域”中显示的创建数据透视表的数据源区域不正确，用户可以单击右侧的折叠按钮，在工作表中重新选择要建立数据透视表的数据源区域。

（7）单击“下一步”按钮，打开“数据透视表和数据透视图向导—3 步骤之 3”对话框，如图 7-40 所示。在“数据透视表显示位置”区域选中“新建工作表”单选按钮，则在新的工作表中创建数据透视表；如果选择“现有工作表”，则在当前工作表中创建数据透视表，此时应在现有工作表中选择创建透视表的单元格区域。

（8）单击“布局”按钮，打开“数据透视表和数据透视图向导—布局”对话框，如图 7-41 所示。

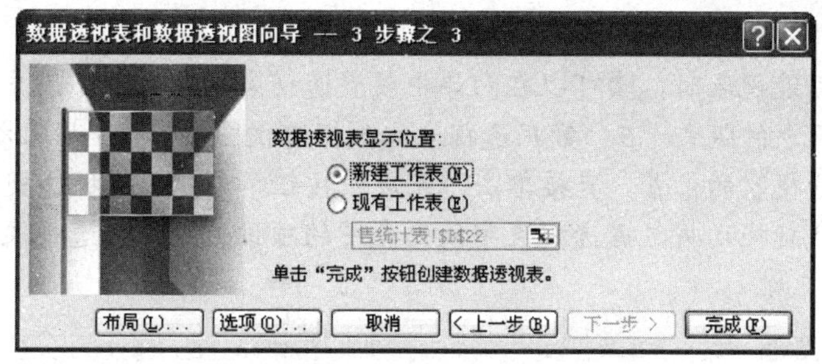

图 7-40　"数据透视表和数据透视图向导—3 步骤之 3"对话框

（9）按住鼠标左键将右侧的"专业"拖到"行字段"，将"班级"拖到"列字段"，将"英语、政治、历史、体育"分别拖到"数据字段"。

（10）双击"求和项：英语"，打开"数据透视表字段"对话框，在"汇总方式"列表中选择"平均值"选项，如图 7-42 所示。按照相同的方法将"政治、历史、体育"三项的"汇总方式"也设置为"平均值"。

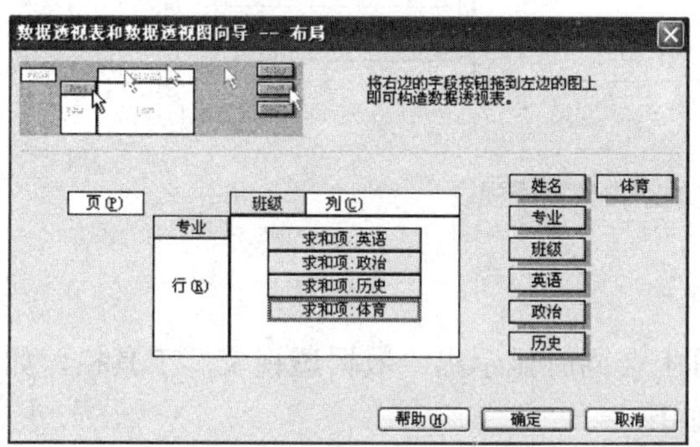

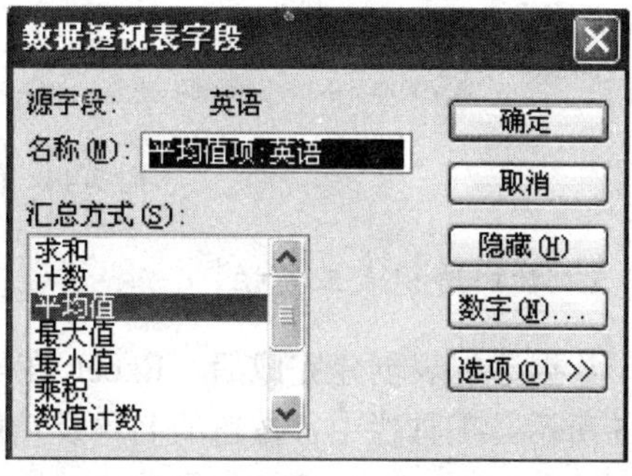

图 7-41　"数据透视表和数据透视图向导—布局"对话框　　图 7-42　"数据透视表字段"对话框

（11）单击"确定"按钮，返回到"数据透视表和数据透视图向导—3 步骤之 3"对话框。单击"完成"按钮，创建的数据透视表如图 7-43 所示。

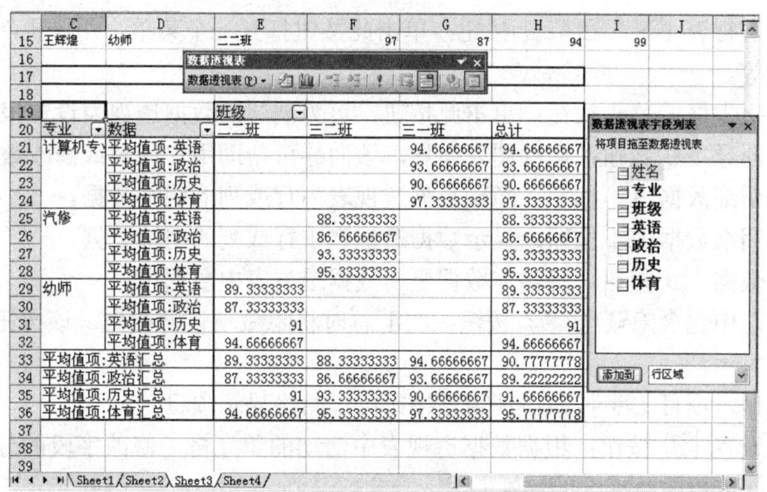

专业	数据	二二班	三二班	三一班	总计
计算机专业	平均值项:英语			94.66666667	94.66666667
	平均值项:政治			93.66666667	93.66666667
	平均值项:历史			90.66666667	90.66666667
	平均值项:体育			97.33333333	97.33333333
汽修	平均值项:英语		88.33333333		88.33333333
	平均值项:政治		86.66666667		86.66666667
	平均值项:历史		93.33333333		93.33333333
	平均值项:体育		95.33333333		95.33333333
幼师	平均值项:英语	89.33333333			89.33333333
	平均值项:政治	87.33333333			87.33333333
	平均值项:历史	91			91
	平均值项:体育	94.66666667			94.66666667
平均值项:英语汇总		89.33333333	88.33333333	94.66666667	90.77777778
平均值项:政治汇总		87.33333333	86.66666667	93.66666667	89.22222222
平均值项:历史汇总		91	93.33333333	90.66666667	91.66666667
平均值项:体育汇总		94.66666667	95.33333333	97.33333333	95.77777778

图 7-43　创建数据透视表后的效果

提示：

创建数据透视表时，除可以在向导中设置透视表的版式外，用户也可以在屏幕上设置透视表的版式。在“数据透视表和数据透视图向导—3 步骤之 3”对话框中选择创建透视表的位置，直接单击“完成”按钮，创建的数据透视表如图 7-44 所示。利用鼠标拖动将数据透视表字段列表中的项目拖到数据透视表中相应的位置即可。

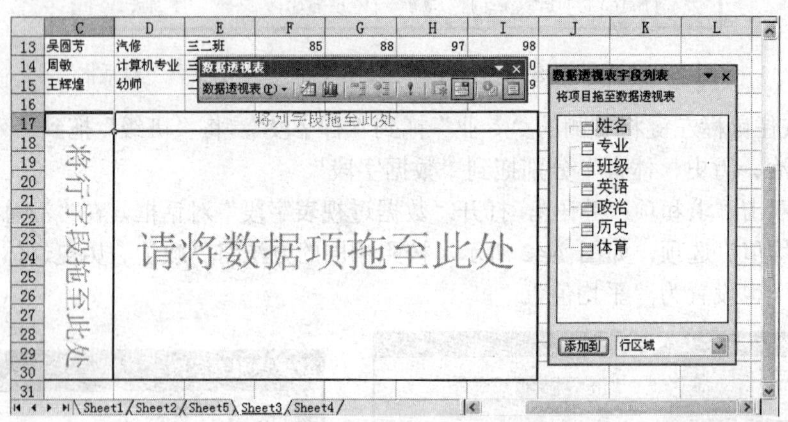

图 7-44　创建的空白数据透视表

2. 数据透视表工具栏

数据透视表创建完成后，Excel 在屏幕上会同时显示出“数据透视表”工具栏，如图 7-45 所示。工具栏中各按钮的名称及功能如下：

图 7-45　“数据透视表”工具栏

- 数据透视表 数据透视表(P) 按钮：单击此按钮打开一个菜单，用于更新数据、选定区域等。
- 设置报告格式 按钮：单击此按钮，可为创建的数据透视表设置报表。
- 图表向导 按钮：启动图表向导，该向导可帮助用户创建或修改数据透视图。
- 隐藏明细数据 按钮：隐藏数据透视表中行或列的明细数据。
- 显示明细数据 按钮：显示数据透视表中行或列的明细数据。
- 刷新数据 按钮：用当前数据更新数据透视表中数据项。
- 在汇总中包含隐藏项 按钮：在汇总时将隐藏项包含在内。该按钮在一般情况下不可用。
- 始终显示项目 按钮：使用该按钮可以始终显示项目。
- 字段设置 按钮：根据数据透视表中活动的单元格，修改字段的分类汇总和计算项，或更改数据区的属性。
- 隐藏/显示字段列表 按钮：隐藏或显示数据透视表字段列表。

7.6.2　编辑数据透视表

创建好数据透视表后，用户可以根据需要重新编辑所建立的数据透视表，并可以非常灵活地利用数据透视表进行数据的透视分析。

1．添加和删除数据字段

当数据透视表建立完成后，由于有的数据项没有被添加到数据透视表中，或者数据透视表中的某些数据项无用，所以经常需要再次向数据透视表中添加或删除一些数据记录。此时用户可以使用“数据透视表”工具栏上的显示字段列功能，根据需要随时向数据透视表中添加或删除字段，具体步骤如下：

（1）单击数据透视表中数据区域的任意单元格。

（2）在“数据透视表”工具栏中单击“隐藏/显示字段列表”按钮，打开“数据透视表字段列表”窗口。

（3）在“数据透视表字段列表”中选择要添加的项，在“添加到”后的下拉列表中选择添加到的区域并单击“添加到”按钮。

（4）如果用户要删除数据透视表中的数据记录，可在数据透视表中首先选定要删除的数据记录，然后拖动到“数据透视表字段列表”中即可。

提示：

除利用“添加到”按钮来添加数据记录外，用户也可以使用拖动的方法来进行添加操作，用户只需在“数据透视表字段列表”中选择要添加的数据选项，然后将其拖动到数据透视表中的相应位置即可。

2．筛选数据

使用数据透视表中的页字段、行字段和列字段，用户可以很方便地筛选出符合要求的数据，以便快速地查阅数据内容。

例如，要查看计算机专业的考试成绩情况，具体步骤如下：

（1）在数据透视表中单击“专业”字段后的下三角箭头，打开如图7-46所示的对话框。

（2）在“列字段”列表中选择“计算机专业”选项，取消其他选项的选中状态。

（3）单击“确定”按钮，“计算机专业”的考试成绩展示在屏幕上。

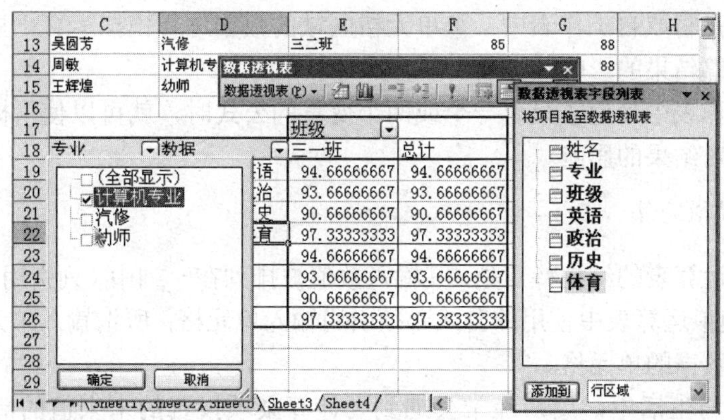

图7-46　筛选页字段

3. 更改汇总方式

在 Excel 2003 的数据透视表中，系统提供了多种汇总方式，包括求和、计数、平均值、最大值、最小值、乘积、数值计数等，用户可以根据需要选择不同的汇总方式来进行数据的汇总。

变换汇总方式的具体操作步骤如下：

（1）单击数据透视表中要改变数据汇总方式的数据项。

（2）在“数据透视表”工具栏上单击“字段设置”按钮 ，打开“数据透视表字段”对话框。

（3）在“汇总方式”列表框中选择一种汇总方式，单击“确定”按钮。

4. 更改透视表中的数据

创建好数据透视表后，用户还可以对数据透视表中的数据进行更改。由于数据透视表是基于数据清单的，它与数据清单是链接关系，所以在改变透视表中的数据时，必须要在数据清单中进行，而不能直接在数据透视表中进行更改。

改变数据透视表中数据的具体步骤如下：

（1）在工作表中单击要更改数据的单元格。

（2）直接在单元格中输入正确的数据。

（3）修改完成后切换到需要更新的数据透视表中，在“数据透视表”工具栏单击“刷新数据”按钮 ，此时可看到当前数据透视表闪动一下，数据透视表中的数据将自动被更新。

7.7 假设求解

假设求解就是在一定的假定条件或约束条件下，按一定的算法求得一个或一组结果。可以假定变量值求结果，也可以先假定结果求变量值。算法可能是一个公式或函数，也可能包括一组公式或函数。

7.7.1 模拟运算表

模拟运算表是将取自工作表中一个单元格区域的数据进行模拟运算，显示公式中某些数值的变化对计算结果的影响。

当用户在工作表中使用了只有一个或两个变量的公式时，就可以使用模拟运算表来分析公式中的变量对结果的影响。

1. 单变量模拟运算

单变量模拟运算表的结构特点是，其输入数值被排列在一列中（列引用）或一行中（行引用）。单变量模拟运算表中使用的公式必须引用输入单元格，所谓输入单元格，就是将被替换的含有输入数据的单元格。

在日常工作与生活中，用户经常会遇到要计算某项投资的未来值的情况，此时利用 Excel 函数 FV 进行计算后，可以帮助用户进行一些有计划、有目的、有效益的投资。FV

函数基于固定利率及等额分期付款方式，返回某项投资的未来值，语法形式为 FV(rate,nper,pmt,pv,type)。其中 rate 为各期利率，为一个固定值，nper 为总投资（或贷款）期，即该项投资（或贷款）的付款期总数。pmt 为各期所应付给（或得到）的金额，其数值在整个年金期间（或投资期内）保持不变，通常 pmt 包括本金和利息，但不包括其他费用及税款。pv 为现值，或一系列未来付款当前值的累积和，也称为本金，如果省略 pv，则假设其值为零。type 为数字 0 或 1，用以指定各期的付款时间是在期初还是期末，如果省略 t，则假设其值为零。

例如，假设从现在起每月初存入 1200 元，如果按年利 0.82%计算，那么 140 个月后最终存款额是多少？如果每月的存款额发生了变化，那么 140 个月后的最终存款额又将是多少？一个月存款额对应一个最终存款额，一组月存款额对应一组最终存款额，求解这样的问题最好是用单变量模拟运算来求解。

利用单变量模拟运算求解的方法计算最终存款额的具体步骤如下：

（1）在工作表中输入如图 7-47 所示的有关数据。

（2）在“E3”单元格中输入公式“=FV(C5/12,C6,C4)”，输入公式后按下回车键，计算出结果，选择包含公式和替换值的单元格区域“D3:E7”。

（3）单击“数据”|“模拟运算表”命令，打开“模拟运算表”对话框，如图 7-48 所示。

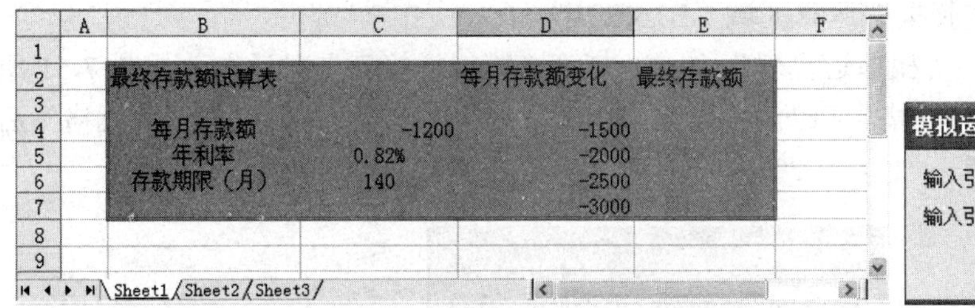

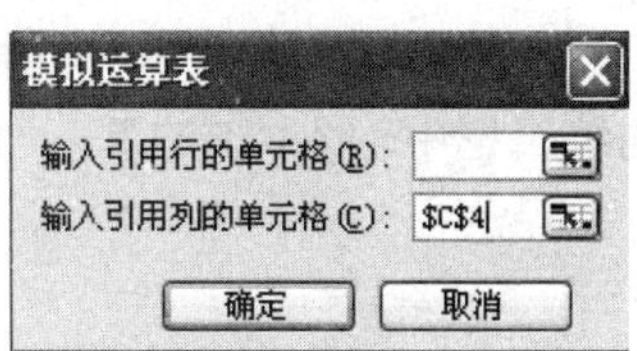

图 7-47　在工作表中输入有关数据　　　　图 7-48　输入引用列的单元格

（4）在“输入引用列的单元格”后的编辑框中输入“$C$4”。

（5）单击“确定”按钮，运用单变量模拟运算的结果如图 7-49 所示。

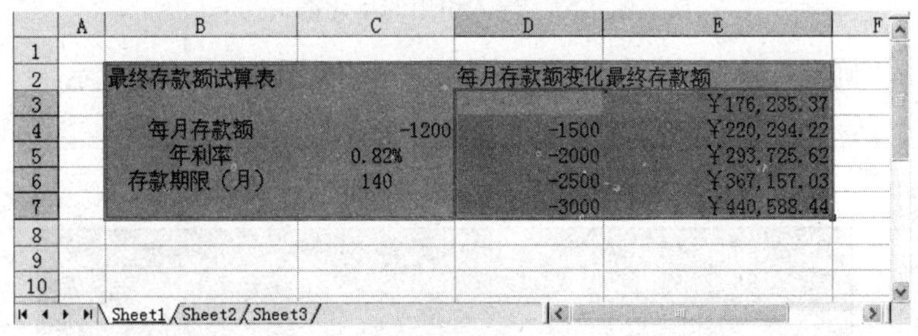

图 7-49　运用单变量模拟运算的结果

2. 双变量模拟运算

在日常生活中往往可变化的因素很多，同时两个因素在变化的情况更是普遍。例如，在前面的例子中如果每月存款额发生变化，存款的年利率也发生变化，那么 140 个月最终存款额又将是多少？

这种情况下使用 Excel 2003 的双变量模拟运算就非常方便了。Excel 2003 面对两组变化的数据，利用交叉表给出每种组合的不同结果，可以从中找出最佳组合作为决策的依据。

在存款的年利率和每月存款额发生变化的前提下求最终存款额的具体步骤如下：

（1）在工作表中输入如图 7-50 所示的有关数据。

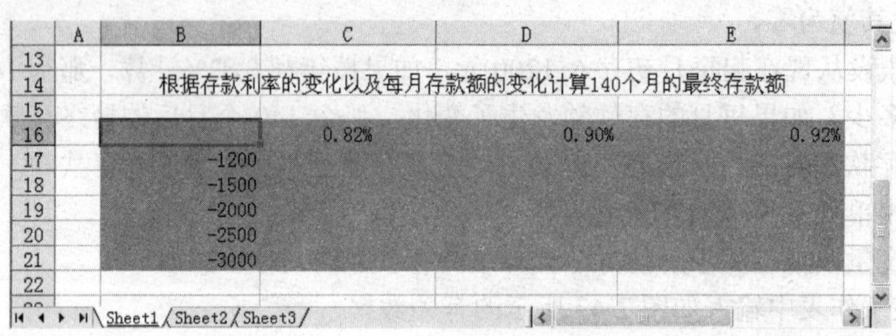

图 7-50　在工作表中输入有关数据

（2）在“B16”单元格中输入公式“=FV(F16/12,140,B22)”，单元格 F16、B22 中并没有数据，它们只是名义上的，在随后的模拟运算中会被序列值代替。

（3）按回车键，选择模拟运算区域“B16:E21”。

（4）单击“数据”|“模拟运算表”命令，打开“模拟运算表”对话框，如图 7-51 所示。在“输入引用行的单元格”后的编辑框中输入“F16”，在“输入引用列的单元格”后的编辑框中输入“B22”。

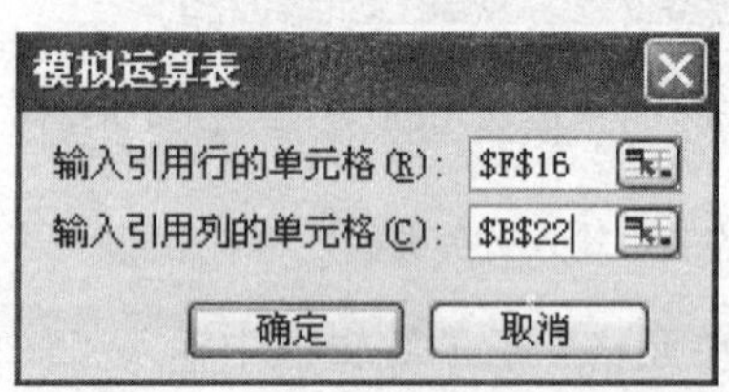

图 7-51　输入引用的单元格

（5）单击“确定”按钮，运用双变量模拟运算的结果如图 7-52 所示。

根据存款利率的变化以及每月存款额的变化计算140个月的最终存款额

	A	B	C	D	E
16		¥0.00	0.82%	0.90%	0.92%
17		-1200	¥176,235.37	¥177,067.04	¥177,275.76
18		-1500	¥220,294.22	¥221,333.80	¥221,594.70
19		-2000	¥293,725.62	¥295,111.73	¥235,459.60
20		-2500	¥367,157.03	¥368,889.66	¥369,324.50
21		-3000	¥440,588.44	¥442,667.60	¥443,189.40

图 7-52　运用双变量模拟运算的结果

7.7.2 单变量求解

一般在用公式计算时，是根据变量求结果。若选确定结果值，再求变量值，就是单变量求解要解决的问题。它是正常运算的逆运算，在实际工作中有很大的实用价值。但是，值得注意的是，用单变量求解一次只能求一个变量。

假设要开发一个新的项目，希望从银行贷款，若有能力每月末付款 30000 元，年利率 8.0%，偿还 15 年，那么最高能贷到多少款呢？这时用户就可以利用 Excel 2003 提供的单变量求解功能来推导一下，具体步骤如下：

（1）在工作表中输入有关数据，如图 7-53 所示。

	A	B	C
1	年利率	8.00%	
2	贷款额	30000	
3	贷款期限（月）	180	
4	月偿还能力		
5			
6			
7			

图 7-53　在工作表中输入相关数据

（2）在“B4”单元格中输入计算公式“=PMT（B1/12，B3，B2）”。

（3）按下回车键，单击“工具”|“单变量求解”命令，打开“单变量求解”对话框，如图 7-54 所示。

（4）在“目标单元格”编辑框中输入引用的目标单元格“B4”，在“目标值”文本框中输入目标值“30000”，在“可变单元格”编辑框中输入引用的单元格“B2”。

（5）单击“确定”按钮，“B2”单元格即是单变量求解后的结果，如图 7-55 所示。

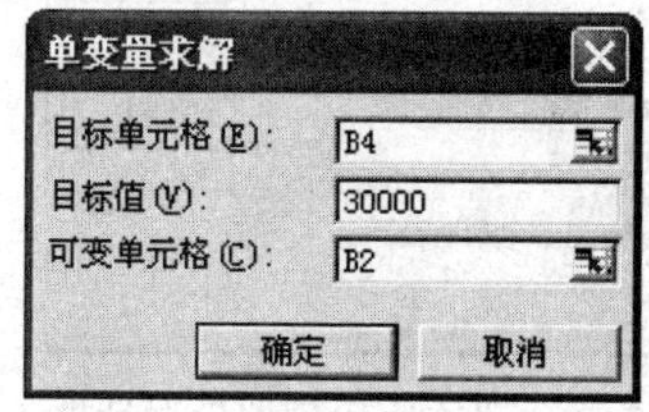

图 7-54　“单变量求解”对话框

	A	B	C
1	年利率	8.00%	
2	贷款额	-3139217.765	
3	贷款期限（月）	180	
4	月偿还能力	￥30,000.00	
5			
6			

图 7-55　运用单变量求解的结果

7.7.3 建立方案

在 Excel 2003 中，用户可以在工作表中创建多组不同的数值，从而形成多组不同的方案。为了使用这些方案，就必须对其进行管理。Excel 2003 提供了“方案管理器”，“方案管理器”允许把当前工作表中的数量关系作为方案保存起来，并且可以在这些保存的方案之间任意切换，查看不同的方案结果，通过在方案之间切换进行权衡分析。

例如，利用前面的单变量模拟运算方法在方案管理器中添加一个方案，命名为“KS5-1”，设置“每月存款额”为可变单元格，输入一组可变单元格的值为“-3500、-4000、-4500、-5000”，设置“最终存款额”为结果单元格，报告类型为“方案摘要”。

创建方案的具体步骤如下：

（1）单击“工具”|“方案”命令，打开“方案管理器”对话框，如图 7-56 所示。

（2）在对话框中单击“添加”按钮，打开“编辑方案”对话框，如图 7-57 所示。

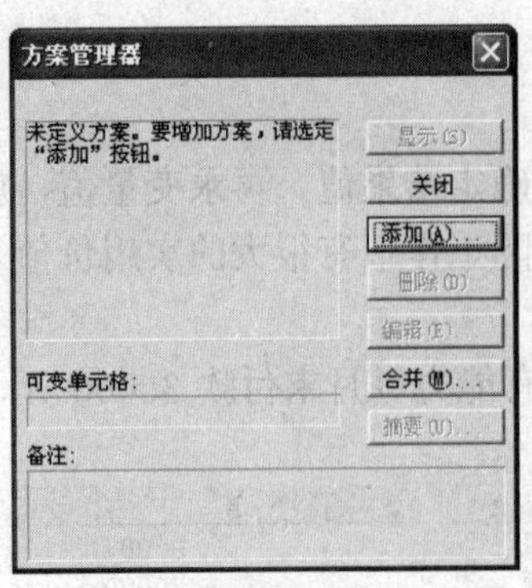

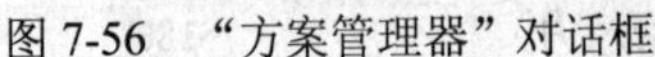

图 7-56 “方案管理器”对话框

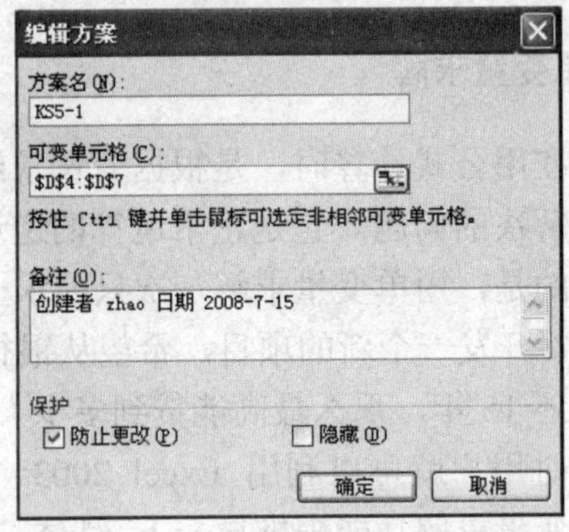

图 7-57 “编辑方案”对话框

（3）在“方案名”文本框中输入名称，在“可变单元格”编辑框中输入“D4:D7”。

（4）选中“防止更改”复选框，单击“确定”按钮，打开“方案变量值”对话框，如图 7-58 所示。

（5）在对话框中分别输入可变单元格的值-3500、-4000、-4500、-5000，单击“确定”按钮，打开“方案管理器”对话框，如图 7-59 所示。

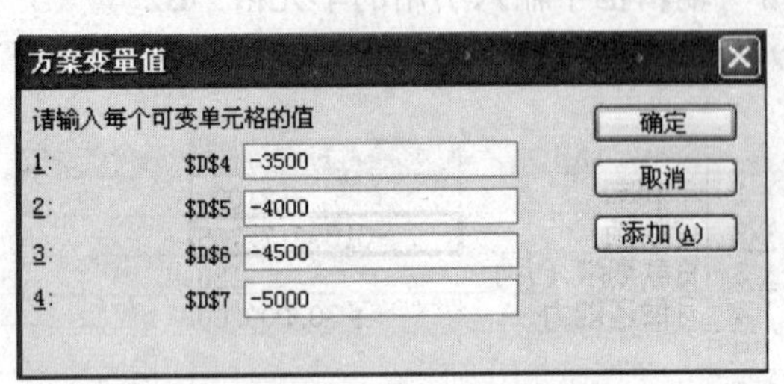

图 7-58 “方案变量值”对话框

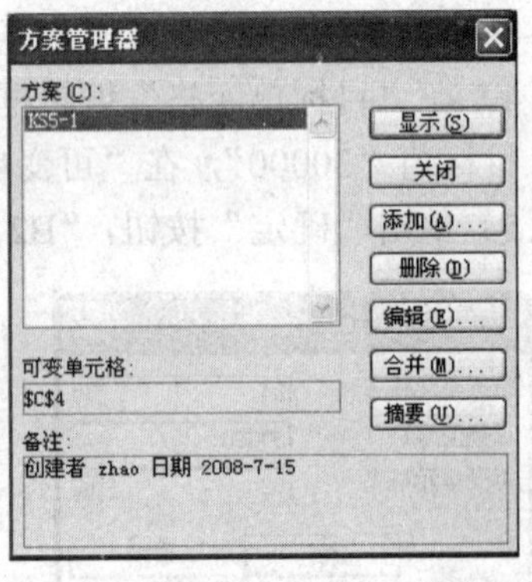

图 7-59 “方案管理器”对话框

（6）单击“摘要”按钮，打开“方案摘要”对话框，将“最终存款额”设置为结果单元格，如图 7-60 所示。

（7）单击“确定”按钮，创建一个“方案摘要”工作表，结果如图 7-61 所示。

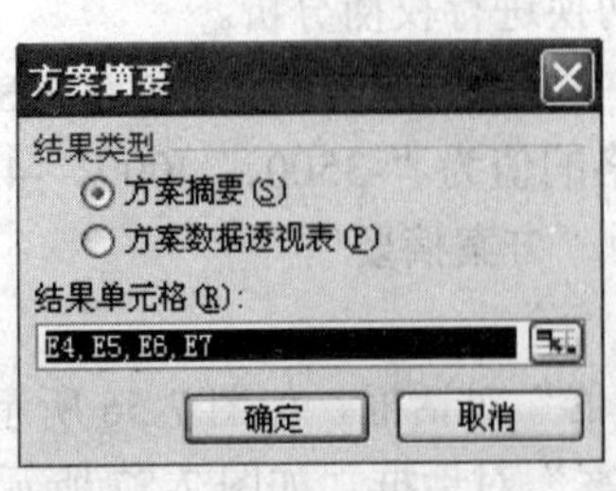

图 7-60 “方案摘要”对话框

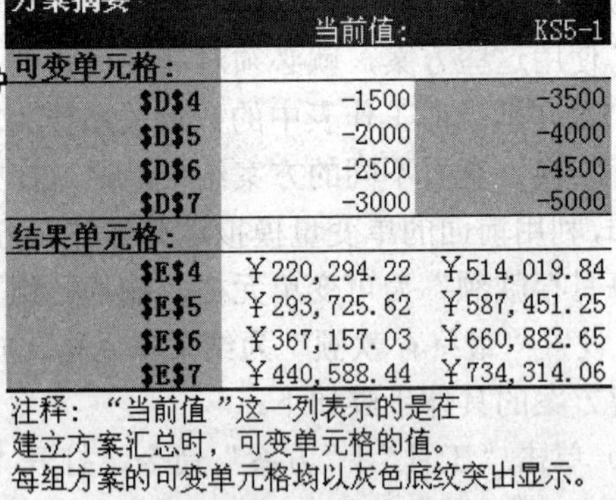

方案摘要		
	当前值:	KS5-1
可变单元格:		
$D$4	-1500	-3500
$D$5	-2000	-4000
$D$6	-2500	-4500
$D$7	-3000	-5000
结果单元格:		
$E$4	￥220,294.22	￥514,019.84
$E$5	￥293,725.62	￥587,451.25
$E$6	￥367,157.03	￥660,882.65
$E$7	￥440,588.44	￥734,314.06

注释：“当前值”这一列表示的是在建立方案汇总时，可变单元格的值。每组方案的可变单元格均以灰色底纹突出显示。

图 7-61 创建的方案摘要

7.8 导入外部数据

Excel 2003 的功能很强，它不但可以处理大量的 Excel 数据文件，而且还可以导入许多外部数据，这样在运用 Excel 2003 处理数据时，就可以直接引用一些非 Excel 文件，节省大量的时间，提高工作效率。下面以在 Excel 中导入文本文件为例，介绍在 Excel 2003 中导入外部数据的操作方法。

例如在如图 7-62 所示的文本文件中，每一行之间不同的数据是使用 Tab 键分隔的，用户可以利用数据导入功能将这些数据直接导入到 Excel 2003 中。具体步骤如下：

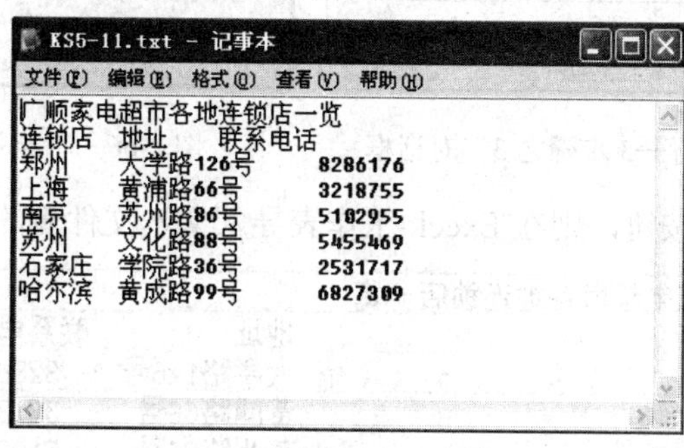

图 7-62 输入文本文件内容

（1）在 Excel 工作表中选择“数据”菜单中“导入外部数据”子菜单中的“导入数据”命令，打开“选取数据源”对话框。

（2）在“查找范围”列表框中查找文本文件所在的位置，然后选择此文件，并单击“打开”按钮，则弹出“文本导入向导—3 步骤之 1”对话框，如图 7-63 所示。

（3）在“原始数据区域”区域中选择一种文件类型，如“分隔符号”，并设置导入起始行，然后单击“下一步”按钮，打开“文本导入向导—3 步骤之 2”对话框，如图 7-64 所示。

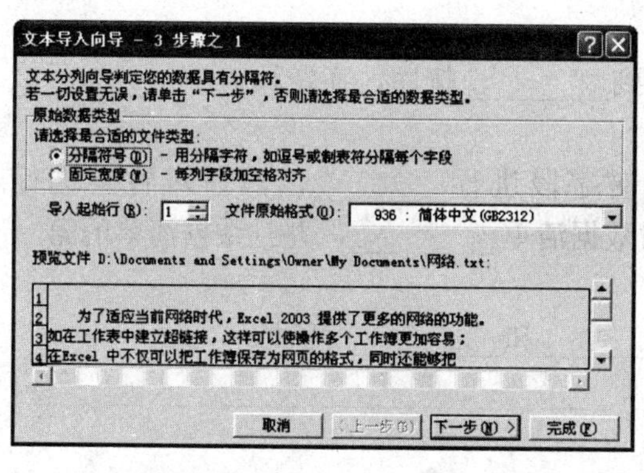

图 7-63 “文本导入向导—3 步骤之 1”对话框

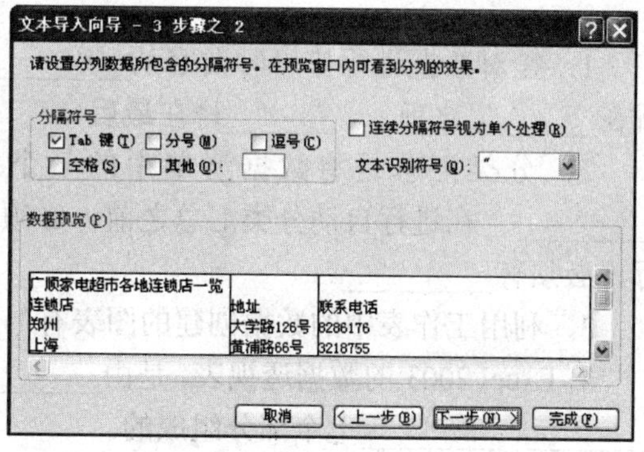

图 7-64 “文本导入向导—3 步骤之 2”对话框

（4）在此对话框中设置分列数据所包含的分隔符号，在“数据预览”区域中可看到设置后的样式。单击“下一步”按钮，打开“文本导入向导—3 步骤之 3”对话框，如图 7-65 所示。

（5）在此对话框中设置每列的数据类型，然后单击“完成”按钮，则弹出“导入数据”对话框，如图 7-66 所示，在此对话框中为数据选择一个位置。

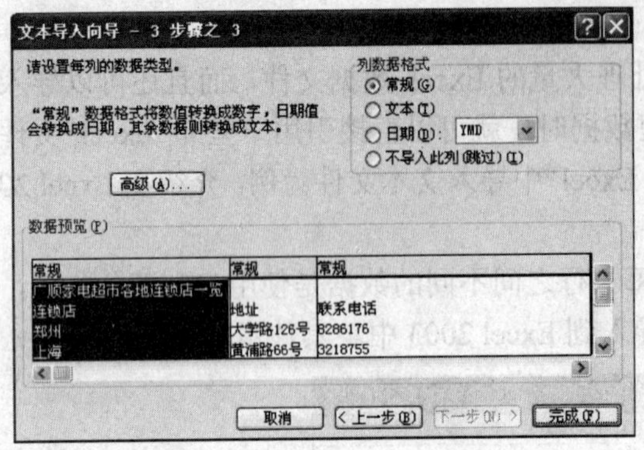

图 7-65 “文本导入向导—3 步骤之 3”对话框

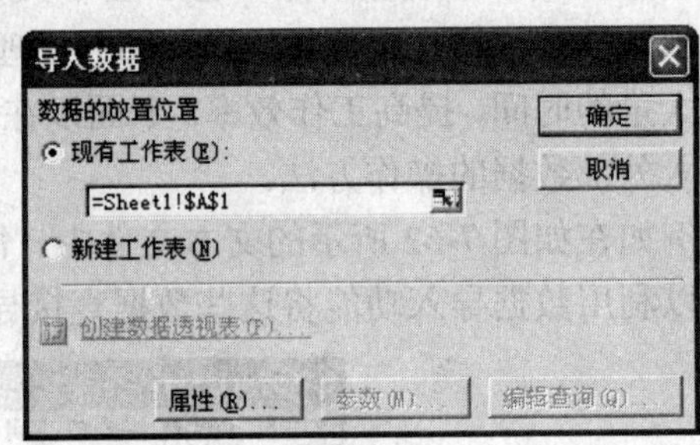

图 7-66 “导入数据”对话框

（6）单击“确定”按钮，则在 Excel 工作表导入文本文件后的效果如图 7-67 所示。

广顺家电超市各地连锁店一览		
连锁店	地址	联系电话
郑州	大学路126号	8286176
上海	黄浦路66号	3218755
南京	苏州路86号	5102955
苏州	文化路88号	5455469
石家庄	学院路36号	2531717
哈尔滨	黄成路99号	6827309

图 7-67 导入文本文件后的效果

7.9 本 章 练 习

一、填空题

1．在对数据进行排序时数字从________到________排序，在逻辑值中，________排在________之前，________排在最后。

2．分类汇总是将数据清单中的某个关键字段进行________，然后对各类进行________。在进行自动分类汇总之前，必须对数据清单________，并且数据清单的第一行里必须有________。

3．利用工作表中的数据创建的图表有________和________两种。

4. Excel 2003 的数据透视表，是由________、________、________、________、________、________、________七个部分组成的。

二、简答题

1．在对数据清单进行排序时，Excel 2003 会遵循哪些排序原则？

2．排序和筛选的区别是什么？

3．如何向图表中添加数据？

4．如何删除分类汇总？

三、操作题

（一）将随书所附光盘素材文件夹 KSML2 文件夹内的 KS4-16.XLS 文件复制到用户文件夹中，并重命名为 A7-1.XLS。在电子表格软件中打开文档 A7-1.XLS 进行如下操作：

1．表格的环境设置与修改

- 按【样文 7-1A】，删除 Sheet1 工作表中“002”所在行下方的空行。
- 按【样文 7-1A】，调整标题行的高度为 30.75，将 Sheet1 工作表重新命名为“商品销售统计表”。

2．表格格式的编排与修改

- 按【样文 7-1A】，将 Sheet1 工作表“A1:E1”区域设置为：合并居中，垂直居中，楷体，14 磅，加粗，深蓝色字体。
- 按【样文 7-1A】，为“D4:E10”区域添加货币符号并保留 2 位小数。
- 按【样文 7-1A】，将“A3:E3”区域和“A4:B10”区域设置为居中对齐方式。
- 按【样文 7-1A】，为“A3:E10”区域添加内外边框线，线型为粗实线，颜色为梅红色。

3．数据的管理与分析

- 按【样文 7-1B】，计算 Sheet2 工作表中的“均利润”，将结果填入相应的单元格中。
- 按【样文 7-1B】，在 Sheet2 工作表中按“商品编号”进行升序排列。
- 按【样文 7-1B】，将 Sheet2 工作表中“销售量”最大的前 3 项的记录自动筛选出。

4．图表的运用

按【样文 7-1C】，利用 Sheet3 工作表中相应的数据创建一个标题为“家电商场 3 月份利润分析”的数据点折线图图表。

5．数据、文档的修订与保护

保护 Sheet2 工作表内容，密码为“giks4-1”。

【样文 7-1A】

水上屋家电商场1月份商品销售统计表

商品编号	商品名称	销售量	利润(元)	均额(元)
001	冰箱	300	￥540,000.00	￥1,800.00
002	电视	220	￥720,000.00	￥3,272.73
003	微波炉	4000	￥1,216,000.00	￥304.00
004	电磁炉	3000	￥1,860,000.00	￥620.00
005	抽油烟机	40	￥80,000.00	￥2,000.00
006	空调	50	￥60,000.00	￥1,200.00
007	洗衣机	60	￥50,000.00	￥833.33

【样文 7-1B】

水上屋家电商场2月份商品销售统计表				
商品编号	商品名称	销售量	利润(元)	均利润
001	冰箱	288	￥663,200	￥2,303
005	摄像机	650	￥650,200	￥1,000
006	组合音响	1950	￥520,000	￥267

【样文 7-1C】

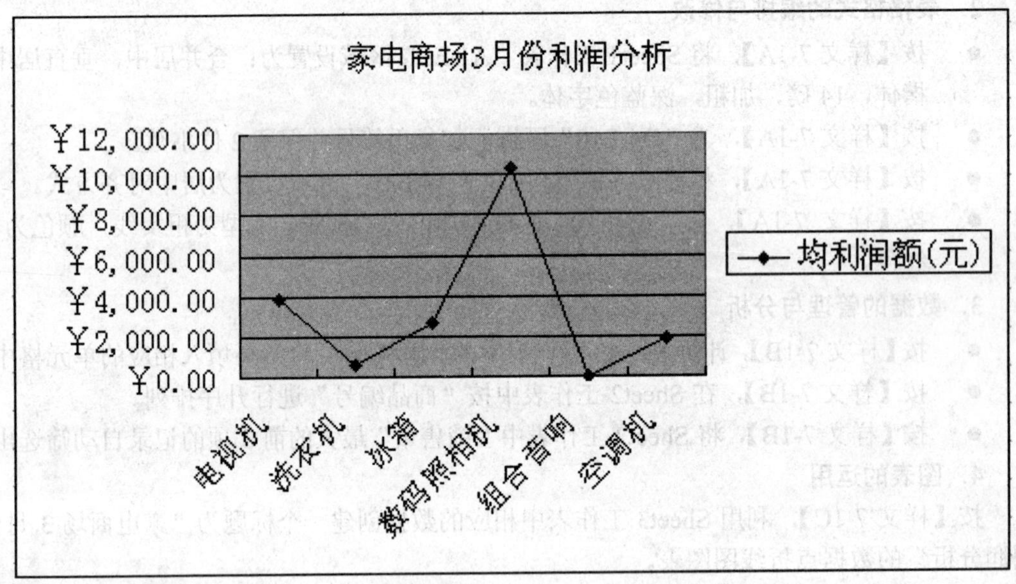

（二）将随书所附光盘素材文件夹 KSML2 文件夹内的 KS5-18.XLS 文件复制到用户文件夹中，并重命名为 A7-2.XLS。在电子表格软件中打开文档 A7-2.XLS，进行如下操作：

1. **模拟运算**

在 Sheet1 工作表中利用模拟运算表来进行单变量问题分析，利用 PMT 函数，实现通过“年利率”的变化计算“月偿还额”的功能。结果如样文 7-2A 所示。

2. **创建、编辑、总结方案：**

- 按照【样文 7-2B】所示，在方案管理器中添加一个方案，命名为“KS5-18”。
- 设置“年利率变化”为可变单元格，输入一组可变单元格的值为“10%、11%、12%、13%、14%”。
- 设置“月偿还额”为结果单元格，报告类型为“方案摘要”。

3. **导入数据：**在 Sheet2 工作表中导入素材文件夹 KSML1 下的电子表格文件 KS5-18A.XLS 中的 Sheet1 工作表，如【样文 7-2C】所示。

4. **冻结窗口：**在 Sheet1 工作表中设置第一行窗格冻结。

5. **工作簿的共享：**将 A7-2.XLS 工作簿设置为允许多用户编辑共享。

【样文 7-2A】

偿还贷款试算表		年利率变化	月偿还额
			￥-3,189.78
贷款额	550000	5%	￥-3,629.76
年利率	3.50%	6.00%	￥-3,940.37
贷款期限（月）	240	7%	￥-4,264.14
		8.00%	￥-4,600.42
		9%	￥-4,948.49

【样文 7-2B】

方案摘要		
	当前值:	KS5-18
可变单元格:		
$D$4	5%	10%
$D$5	6.00%	11.00%
$D$6	7%	12%
$D$7	8.00%	13.00%
$D$8	9%	14%
结果单元格:		
$E$4	￥-3,629.76	￥-5,307.62
$E$5	￥-3,940.37	￥-5,677.04
$E$6	￥-4,264.14	￥-6,055.97
$E$7	￥-4,600.42	￥-6,443.67
$E$8	￥-4,948.49	￥-6,839.36

注释：“当前值”这一列表示的是在
建立方案汇总时，可变单元格的值。
每组方案的可变单元格均以灰色底纹突出显示。

【样文 7-2C】

基本情况一览表	F2	F3	F4
	姓名		专业
20080301	王允	18	汽修
20080302	赵辉	17	计算机
20080303	李华	16	幼师
20080304	王壮	17	计算机

第 8 章　演示之星 PowerPoint 2003

PowerPoint 2003 是 Office 2003 的组件之一，是制作演示文稿的软件，它能够把所要表达的信息组织在一组图文并茂的画面中。利用 PowerPoint 2003 创建的演示文稿可以采用不同的方式播放：将演示文稿打印成一页一页的幻灯片，使用投影仪播放；在计算机上进行演示，并且可以加上动画、特效、声音等多媒体效果，使人们的创意发挥得更加淋漓尽致。

本章重点：

- PowerPoint 2003 基本操作
- 丰富幻灯片页面效果
- 设置幻灯片外观
- 设置动画效果
- 设置幻灯片放映方式

8.1　PowerPoint 2003 基本操作

PowerPoint 主要用于设计制作广告宣传、产品演示的电子幻灯片，制作的电子幻灯片可以通过计算机屏幕或投影机播放。随着办公自动化的普及，PowerPoint 的应用越来越广。PowerPoint 的使用方法和 Office 其他组件有许多相似之处。

8.1.1　创建演示文稿

演示文稿是通过 PowerPoint 程序创建的文档，在 PowerPoint 2003 中可以创建出许多个文档，它们都可以被称为演示文稿，PowerPoint 2003 文档就是以这种方式保存的，它就好像在 Excel 中创建的工作簿一样。在制作演示文稿时用户首先应创建一个新的演示文稿，可以根据自己的爱好选用不同的方法创建演示文稿。

1. 创建空白演示文稿

当启动 PowerPoint 2003 时系统会自动创建一个空白演示文稿，启动 PowerPoint 2003 的具体步骤如下：

（1）在 Windows XP 操作系统中单击“开始”按钮，打开“开始”菜单。

（2）在“开始”菜单中单击“所有程序”|“Microsoft Office”|“Microsoft Office PowerPoint 2003”命令即可启动 PowerPoint 2003。

（3）启动 PowerPoint 2003 后，会自动生成一个新的空白演示文稿，并自动命名为“演示文稿 1”。

在启动系统后如果默认的演示文稿不符合自己的编辑要求，用户可以创建新的演示文稿，在右侧的“新建演示文稿”任务窗格中单击“空演示文稿”选项，“新建演示文稿”

任务窗格切换为“幻灯片版式”任务窗格，如图 8-1 所示。把鼠标指向任务窗格中应用幻灯片版式列表中的一种版式，在该版式的右侧出现一个下拉箭头，单击下拉箭头出现一个下拉列表，如图 8-1 所示。在列表中选择“应用于选定幻灯片”，则将该版式应用于选定的幻灯片上；如果选择“插入新幻灯片”，则将插入一张新的幻灯片，新幻灯片将应用该版式。

PowerPoint 2003 提供了四大类共 31 种自动版式供用户选择，这些版式的结构图中不包含除黑色和白色之外的任何颜色、也不包括任何形式的样式，更不含有具体的内容，只包括一些矩形框，这些方框被称为占位符，不同版式的占位符是不同的。所有的占位符都有提示文字，用户可以根据占位符中的提示文字在占位符中填入标题、文本、图片、图表、组织结构图和表格等内容。

图 8-1　“幻灯片版式”任务窗格

对演示文稿的内容和结构比较熟悉的用户，可以从空白的演示文稿出发进行设计。在空白演示文稿中用户可以在其幻灯片中充分使用颜色、版式和一些样式特性。对于想充分发挥自己的创造力的用户来说，创建空白演示文稿具有最大程度的灵活性。

2. 根据模板或向导创建演示文稿

如果用户要创建如产品概述、股票公告、投标方案等，此时可以利用 PowerPoint 2003 提供的“内容提示向导”和“模板”的功能来创建。对于初学者，可以通过“内容提示向导”和“模板”创建一个具有统一外观和一些内容的演示文稿，然后再对它进行简单的加工即可得到一个演示文稿。

在 PowerPoint 2003 中单击“文件”|“新建”命令，打开“新建演示文稿”任务窗格。在“模板”区域单击“本机上的模板”选项，打开“新建演示文稿”对话框，单击“演示文稿”选项卡，如图 8-2 所示。在列表框中选择需要的模板，单击“确定”按钮，系统自动完成了一份与产品有关的多张幻灯片。

“内容提示向导”中包含有不同主题的演示文稿示例，用户可以根据要表达的内容选择适合的主题，然后在“内容提示向导”的引导下一步步地建立文稿。“内容提示向导”不但能够帮助用户完成演示文稿的相关格式的设置，还能够帮助用户输入演示文稿的主要内容。如果用户是 PowerPoint 的初学者，“内容提示向导”是开始创建演示文稿的最佳途径。在“新建演示文稿”任务窗格中，单击“新建演示文稿”任务窗格中“新建”区域的“根据内容提示向导”选项，打开“内容提示向导”对话框，然后根据向导提示一步步地进行设置。

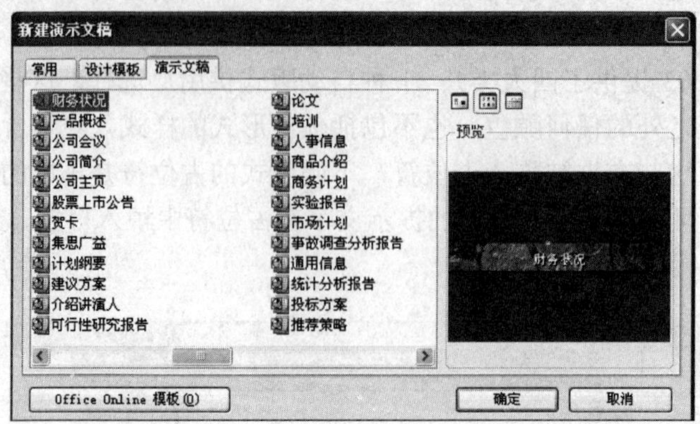

图 8-2 “新建演示文稿”对话框

8.1.2 PowerPoint 2003 的工作环境

启动 PowerPoint 2003 后的工作画面如图 8-3 所示。它的工作界面主要由标题栏、菜单栏、工具栏、任务窗格、状态栏和演示文稿窗口等组成。

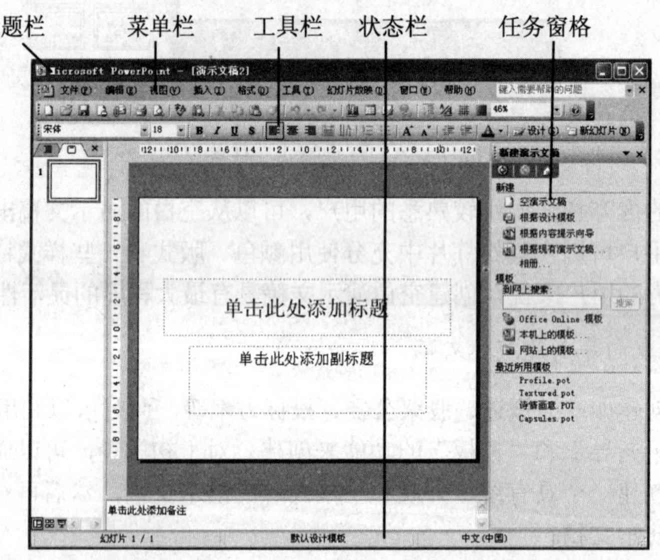

图 8-3 PowerPoint 2003 的工作环境

其中一些窗口元素的作用和 Word 中的类似，如标题栏、工具栏及菜单栏，对于这些窗口元素就不再详细介绍，下面只对演示文稿窗口进行一下简单的介绍。

默认情况下，刚打开 PowerPoint 2003 时，进入演示文稿窗口的“普通”视图，如图 8-4 所示。在该视图中，演示文稿窗口包含 3 个工作区：大纲区、备注区和幻灯片区。除了 3 个工作区外，演示文稿窗口还包括标题栏、滚动条、视图方式切换按钮等。

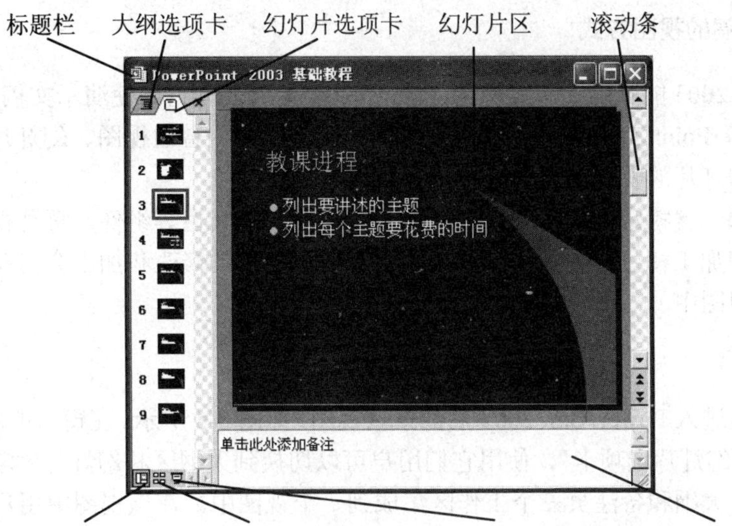

图 8-4　演示文稿窗口

- 标题栏：标题栏位于演示文稿窗口的顶端。当演示文稿窗口被最大化后，演示文稿窗口的标题将被合并到 PowerPoint 窗口的标题栏中，标题栏右端有三个控制按钮，即最小化、还原/最大化和关闭按钮，用于控制演示文稿窗口的大小或关闭演示文稿窗口等。
- 滚动条：如果窗口的面积能显示所有内容时滚动条不存在。如果窗口面积太小，不能完全显示所有的内容时，滚动条会出现在窗口中。在水平范围内面积过大，则会出现水平滚动条，拖动水平滚动条可以观察水平方向的内容。如果窗口中的内容超出垂直范围，则会出现垂直滚动条。单击垂直滚动条中的向上箭头将后退一张幻灯片，单击滚动条中的向下箭头将前进一张幻灯片。如果要快速移动幻灯片，可以拖动滚动条。在普通视图中，拖动滚动条时会显示当前幻灯片的编号和标题。
- 幻灯片区：在幻灯片区可以对幻灯片进行编辑修改，幻灯片区描述了演示文稿的主要内容，幻灯片是演示文稿的核心部分。用户可以在幻灯片区域对幻灯片进行详细的设置。比如，编辑幻灯片的标题和文本、插入图片、绘制图形以及插入组织结构图。
- 大纲选项卡：单击大纲选项卡则会显示大纲区，在该区域显示了幻灯片的标题和主要的文本信息。大纲文本由每张幻灯片的标题和正文组成，每张幻灯片的标题都出现在数字编号和图标的旁边，每一级标题都是左对齐，下一级标题自动缩进。在大纲区中，可以使用“大纲”工具栏中的按钮来控制演示文稿的结构。在大纲区适合组织和创建演示文稿的文本内容。
- 幻灯片选项卡：单击幻灯片选项卡则会在此区域显示所有幻灯片的缩略图，单击某一缩略图，在右面的幻灯片区将会显示相应的幻灯片。
- 备注区：可以在此区编辑幻灯片的说明，一般由演示文稿报告人提供。

8.1.3 演示文稿的视图方式

PowerPoint 2003 能够以不同的视图方式显示演示文稿的内容，使演示文稿更易于浏览、便于编辑。PowerPoint 2003 提供了多种基本的视图方式，如普通视图、幻灯片浏览视图、备注页视图和幻灯片放映视图。

每种视图都包含特定的工作区、菜单命令、按钮和工具栏等组件。每种视图都有其独特的显示方式和加工特色，并且在一种视图中对演示文稿的修改和加工会自动反映在该演示文稿的其他视图中。

1. 普通视图

普通视图是进入 PowerPoint 2003 后的默认视图，如图 8-5 所示。在窗口的左侧含有“大纲选项卡”和“幻灯片选项卡”，使用它们用户可以切换到大纲区和幻灯片缩略图区。普通视图将幻灯片、大纲和备注页三个工作区集成到一个视图中。在该视图中用户可以在大纲区编辑大纲，在幻灯片区对幻灯片进行编辑，在备注区输入备注信息。

图 8-5 幻灯片的普通视图

在普通视图中，只可看到一张幻灯片，如果要显示所需的幻灯片，可以选择下面几种方法之一进行操作。

- 直接拖动垂直滚动条上的滚动滑块，系统会提示切换的幻灯片编号和标题。如果已经指到所要的幻灯片时，松开鼠标左键即可切换到该幻灯片中。
- 单击垂直滚动条中的“上一张幻灯片”按钮，可切换到当前幻灯片的上一张；单击垂直滚动条中的“下一张幻灯片”按钮，可切换到当前幻灯片的下一张。
- 按 Page Up 键可切换到当前幻灯片的上一张；按 Page Down 键可以切换到当前幻灯片的下一张；按 Home 键可切换到第一张幻灯片；按 End 键切换到最后一张幻灯片。

如果要切换到普通视图，单击水平滚动条左侧的“普通视图”按钮或者单击“视图”|“普通”命令即可。

2. 幻灯片浏览视图

在幻灯片浏览视图中，用户可以看到整个演示文稿的内容，如图 8-6 所示。在幻灯片视图中不仅可以了解整个演示文稿的大致外观，还可以轻松地按顺序组织幻灯片，插入、删除或移动幻灯片，设置幻灯片放映方式，设置动画特效以及设置排练时间等。

如果要切换到幻灯片浏览视图，可以单击切换按钮中的“幻灯片浏览视图”按钮 或者单击“视图”|“幻灯片浏览”命令。

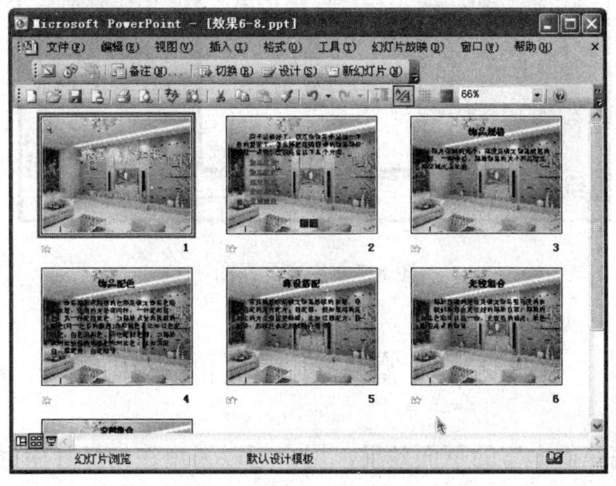

图 8-6　幻灯片浏览视图

3. 备注页视图

备注页一般用于建立、修改和编辑演讲者备注，可以记录演讲者讲演时所需的一些提示重点。备注的文本内容虽然可以通过普通视图中的“备注”窗格进行输入和编辑，但是在备注页视图中可以更方便地进行备注文字编辑操作。在备注页视图中，幻灯片和该幻灯片的备注页是同时出现的，备注页出现在幻灯片的下方，并且备注页的尺寸也比较大，如图 8-7 所示。用户可以拖动滚动条改变显示不同的幻灯片，以编辑不同幻灯片的备注页。

如果要切换到备注页视图，可以单击“视图”|“备注页”命令。

4. 幻灯片放映视图

- 制作幻灯片的目的是放映幻灯片，在计算机上放映幻灯片时，幻灯片在计算机屏幕上呈现全屏外观。如果用户制作幻灯片的目的是用于屏幕演示，使用幻灯片放映视图就特别有用。在放映幻灯片时，用户可以加入许多特效，使得演示过程更加有趣。
- 如果要切换到幻灯片放映视图，可以单击水平滚动条左侧的“从当前幻灯片开始放映”按钮 或者单击“视图”|“幻灯片放映”命令。

PowerPoint 2003 还允许在放映过程中，设置绘图笔加入屏幕注释，或者指定切换到特定的幻灯片等。

图 8-7　备注页视图

8.2　丰富幻灯片页面效果

为了使演示文稿获得丰富的页面效果，用户可以采用在幻灯片中插入艺术字，插入图片，插入表格，插入组织结构图等方法来修饰页面。

8.2.1　编辑幻灯片的文本

幻灯片内容一般由一定数量的文本对象和图形对象组成，其中，文本对象是幻灯片的基本组成部分，也是演示文稿中最重要的部分。合理地组织文本对象可以使幻灯片更能清楚地说明问题，恰当地设置文本对象的格式可以使幻灯片更具吸引人的效果。

1. 在占位符中添加文本

在插入一个版式的幻灯片后可以发现，在版式中使用了许多占位符。所谓占位符是指创建新幻灯片时出现的虚线方框，这些方框代表着一些待确定的对象，在占位符中有关于该占位符待确定对象的说明。占位符是幻灯片设计模板的主要组成元素，在占位符中添加文本和其他对象可以方便地建立规整美观的演示文稿。

例如要创建一个标题幻灯片并在标题占位符中输入标题文本，具体操作步骤如下：

（1）单击“格式”｜“幻灯片版式”命令，打开“幻灯片版式”任务窗格，在任务窗格中使用鼠标单击“标题幻灯片”版式，则当前幻灯片变为一个标题幻灯片，如图 8-8 所示。

（2）单击“单击此处添加标题”占位符，可以发现在占位符中间位置出现一个闪烁的插入点。

（3）输入标题的内容“家居装修知识”，在输入文本时，如果输入的文本超出占位符的宽度，它会自动将超出占位符的部分转到下一行，如果按 Enter 键，将切换到新的文本行，输入文本的行数不受限制。

（4）输入完毕，单击占位符外的空白区域，输入效果如图 8-9 所示。

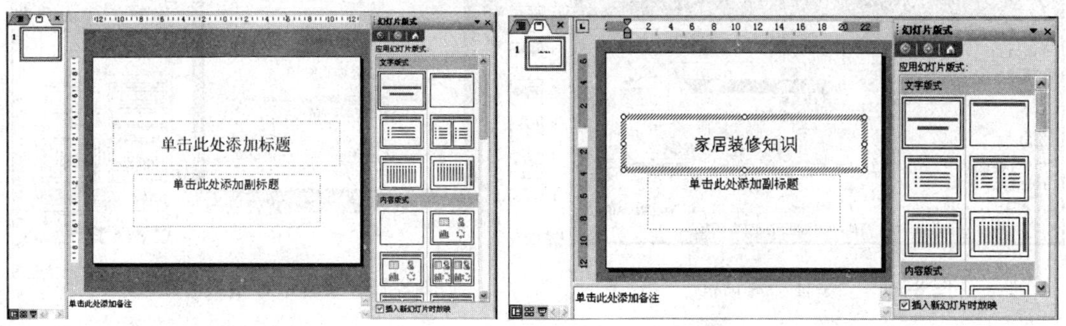

图 8-8 新建的标题幻灯片　　　　图 8-9 在占位符中输入文本

如果使用的是项目列表版式，在项目符号列表占位符中输入项目符号列表时，单击该占位符，插入点会显示在第一个项目符号后，输入第一个列表内容之后，按回车键将开始一个新的带项目符号的列表项。

2. 利用文本框添加文本

如果在幻灯片中的其他位置输入文本，必须在文本框中输入。可以先插入文本框，然后在插入的文本框中添加文本。实际上占位符就是文本框，只不过它被预先定义在幻灯片中。

单击“绘图”工具栏中的“文本框”按钮，或者单击“插入”|“文本框”命令，此时有两种方法可以插入文本框。

- 在幻灯片中直接单击要添加文本的位置，这种方式插入的文本框在输入文本时将自动适应键入文字的长度，不作自动换行。如果按 Enter 键可以开始输入新的文本行，文本框将随着输入文本行数的增加自动扩大。
- 在幻灯片上拖动鼠标绘制出文本框，这种方式插入的文本框在输入文本时，如果输入的文本超出文本框的宽度它会自动将超出文本框的部分转到下一行，如果按 Enter 键则开始输入新的文本行，文本框将随着输入文本行数的增加自动扩大。

单击“插入”|“文本框”|“水平”命令，拖动鼠标在幻灯片中绘出合适大小的文本框。结束绘制后在文本框中出现插入点，在插入点处用户可以直接输入文本。

3. 设置字体格式

如果要设置的字体格式比较简单，可以利用“格式”工具栏中的按钮进行设置，对于复杂的字体格式可以使用“字体”对话框进行设置，如图 8-10 所示。

例如，设置第 1 张幻灯片副标题占位符中文本的字体格式，具体步骤如下：

（1）切换第 1 张幻灯片为当前幻灯片，选中副标题占位符中的文本。

（2）单击“格式”|“字体”命令打开“字体”对话框，如图 8-10 所示。

（3）在“中文字体”下拉列表中选择“幼圆”，在“字形”下拉列表中选择“加粗”，在“字号”下拉列表中选择“40”，在“颜色”下拉列表中选择“鲜绿色”。

（4）单击“确定”按钮，设置字体格式的效果如图 8-11 所示。

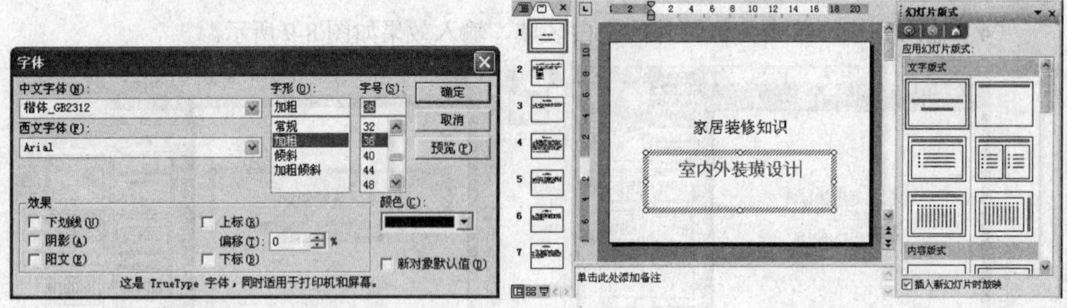

图 8-10 “字体”对话框　　　　图 8-11 设置字体格式的效果

4. 设置项目符号和编号

默认情况下，在正文文本占位符中输入的文本会自动添加项目符号。为了能够使项目符号更加新颖，用户可以在“项目符号和编号”对话框中根据需要对其进行更改。

对幻灯片中项目符号进行修改的具体步骤如下：

（1）在幻灯片中选定含有项目符号的段落。

（2）单击“格式”|“项目符号和编号”命令，打开“项目符号和编号”对话框，单击“项目符号”选项卡，如图 8-12 所示。

（3）在“项目符号”列表中选择一种样式，在“大小”文本框中选择或输入项目符号相对于文本大小的百分比，单击“颜色”文本框右侧的下三角箭头，在下拉列表中选择项目符号的颜色。

（4）单击“确定”按钮。

提示：

如果系统提供的项目符号样式不能满足用户的要求，用户还可以选择其他的项目符号样式。首先在“项目符号和编号”对话框的列表中选择一种样式，如果单击“图片”按钮，则打开“图片项目符号”对话框，如图 8-13 所示，可在对话框中选择一种图片作为项目符号；如果单击“自定义”按钮，则打开“符号”对话框，如图 8-14 所示，可在打开的“符号”对话框中选择一种符号作为项目符号。

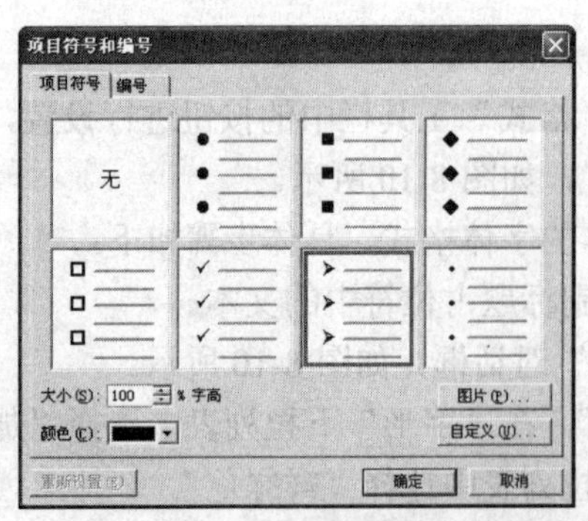

图 8-12 设置项目符号

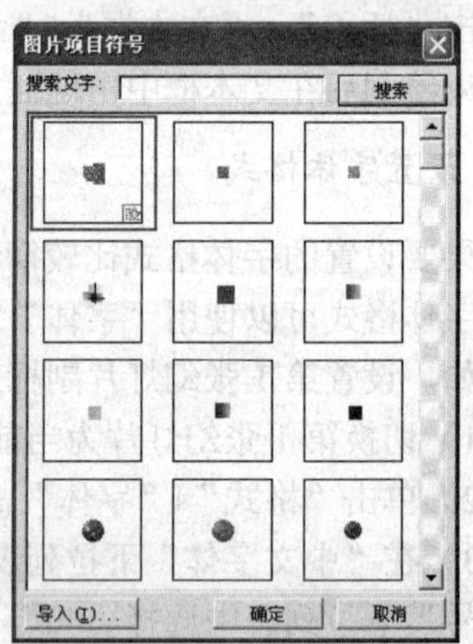

图 8-13 “图片项目符号”对话框

设置编号与设置项目符号步骤类似，首先选中要设置编号的段落，然后单击“格式”|“项目符号和编号”命令，打开“项目符号和编号”对话框，单击“编号”选项卡，如图 8-15 所示。在系统提供的编号列表中选择一种样式，在“大小”文本框中选择或输入编号相对于文本大小的百分比，单击“颜色”文本框右侧的下三角箭头，在下拉列表中为编号选择一种颜色，在“开始”文本框中设置编号的起始值，单击“确定”按钮即可。

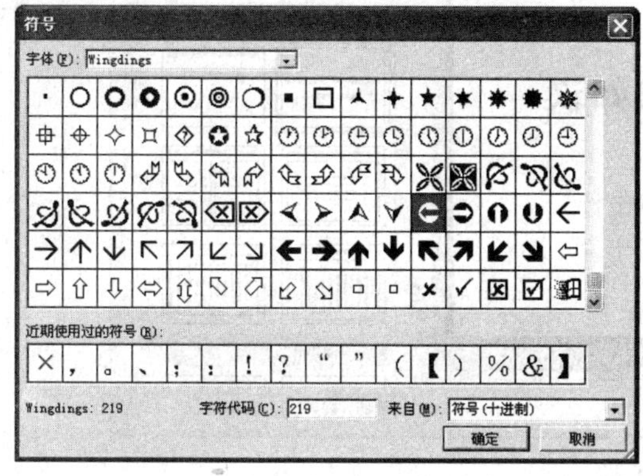

图 8-14　“符号”对话框

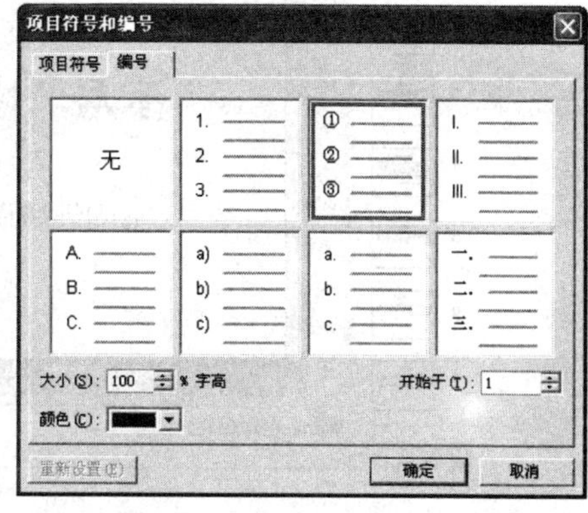

图 8-15　设置编号

8.2.2　在幻灯片中应用艺术字

使用系统提供的艺术字功能，可以创建出各种各样的艺术文字效果。艺术字用于突出某些文字，艺术字的修饰功能丰富了幻灯片的页面效果。在幻灯片中应用艺术字能够使幻灯片更加美观，实现意想不到的效果。

例如，在第 1 张幻灯片中演示文稿的标题不够醒目，用户可以将其更换为艺术字的效果，具体步骤如下：

（1）切换第 1 张幻灯片为当前幻灯片。

（2）选中标题占位符，按下 Delete 键将其删除。

（3）单击“插入”|“图片”|“艺术字”命令，打开“艺术字库”对话框，如图 8-16 所示。

（4）在艺术字库列表中选择一种艺术字样式，单击“确定”按钮，打开“编辑‘艺术字’文字”对话框，如图 8-17 所示。

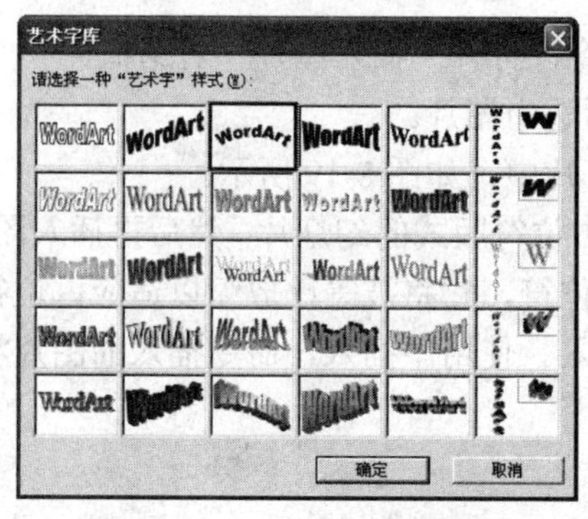

图 8-16　“艺术字库”对话框

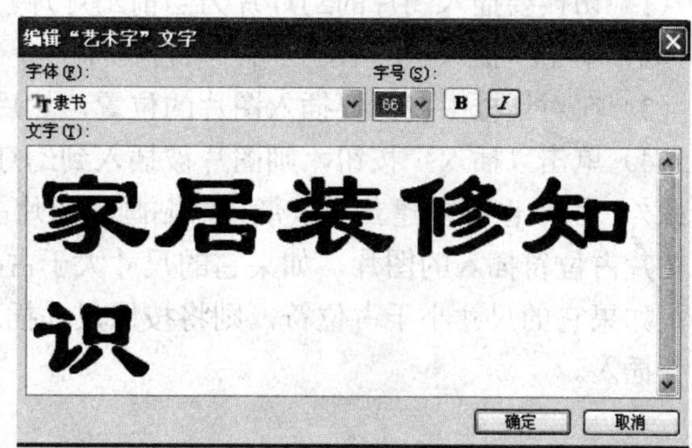

图 8-17　“编辑‘艺术字’文字”对话框

（5）在“字体”下拉列表中选择“隶书”；在字号下拉列表中选择“66”，单击“加粗”按钮，在“文字”文本框中输入“家居装修知识”。

（6）单击“确定”按钮，在幻灯片中插入艺术字后的效果，如图 8-18 所示。

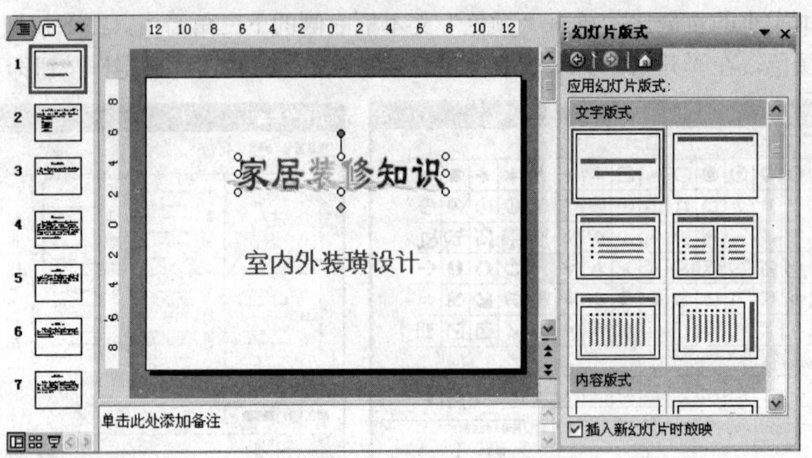

图 8-18　插入艺术字后的效果

在幻灯片中创建艺术字后，用户应对其进行适当的编辑，使其真正能够对幻灯片起到修饰作用。在幻灯片中编辑艺术字的方法和在 Word 中编辑艺术字的方法类似，这里就不再进行介绍。

8.2.3　在幻灯片中应用图片

在 PowerPoint 2003 中允许用户在文档中导入多种格式的图片文件，图片是一种视觉化的语言，对于一些词不达意的东西，如果使用图片来表达的话可以起到只可意会不可言传的效果，还可以避免使观众因面对单调的文字和数据而产生厌烦的心理，极大地丰富了幻灯片的演示效果。

在幻灯片中可以插入来自文件的图片，也可以插入剪贴画，由于两者的方法类似，这里只介绍一下文件中图片的插入。将图片插入到幻灯片中的方法主要有两种，一种是利用幻灯片版式建立带图片占位符的幻灯片，另一种是直接向幻灯片中插入图片。

利用直接插入的方法在幻灯片中插入剪贴画的具体步骤如下：

（1）切换要插入图片的幻灯片为当前幻灯片。

（2）单击“插入”|“图片”|“来自文件”命令，打开“插入图片”对话框。

（3）在对话框中找到要插入图片的位置，然后选中图片。

（4）单击“插入”按钮，则图片被插入到幻灯片中，如图 8-19 所示。

此外，用户也可以建立一个带有剪贴画或图片占位符版式的幻灯片，然后再插入图片。使用图片占位符插入的图片，如果它的尺寸大于占位符，它将被等比放缩以适应占位符的大小；如果它的尺寸小于占位符，则将按原尺寸插入。使用“插入”命令插入的图片将按原尺寸插入。

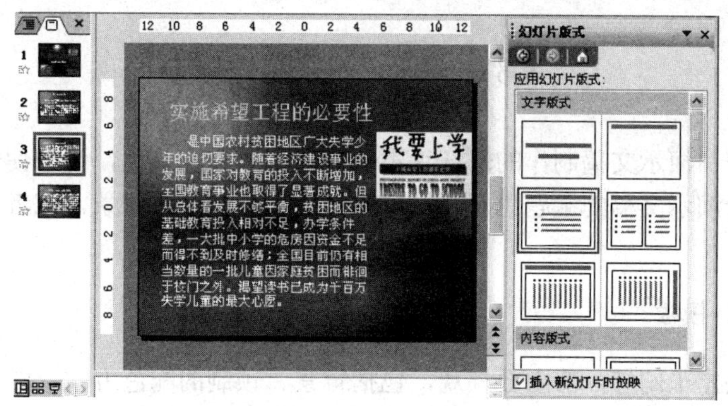

图 8-19 插入图片后的效果

在插入的图片上单击鼠标，则图片处于编辑状态，在图片的四周出现八个空心小句柄，用户可以对图片进行移动位置、改变大小等操作。具体的方法和 Word 中类似，这里不再赘述。

8.2.4 在幻灯片中应用表格

在幻灯片中应用表格，可以用数据说明问题，增强幻灯片的说服力。幻灯片中的表格采用数字化的形式，更能体现内容的准确性。表格易于表达逻辑性、抽象性强的内容，并且可以使幻灯片的结构更加突出，使表达的主题一目了然。

PowerPoint 2003 有其自身的表格制作功能，用户可以方便地在幻灯片中插入表格。在 PowerPoint 2003 中，要向幻灯片中插入表格，通常有两种方法：一种是利用幻灯片版式建立带表格占位符的幻灯片，另一种是向已存在的幻灯片中直接插入表格。

例如，在幻灯片中直接插入表格，具体步骤如下：

（1）将要创建表格的幻灯片切换为当前幻灯片。

（2）单击“插入”|“表格”命令，打开“插入表格”对话框，如图 8-20 所示。

（3）在“列数”文本框中输入列数，在“行数”文本框中输入行数。

（4）单击“确定”按钮，在幻灯片中创建表格的效果如图 8-21 所示。

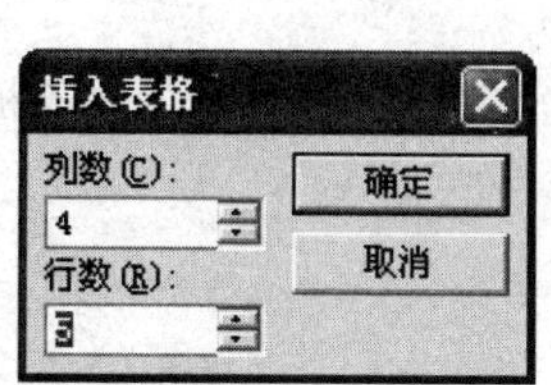

图 8-20 “插入表格”对话框

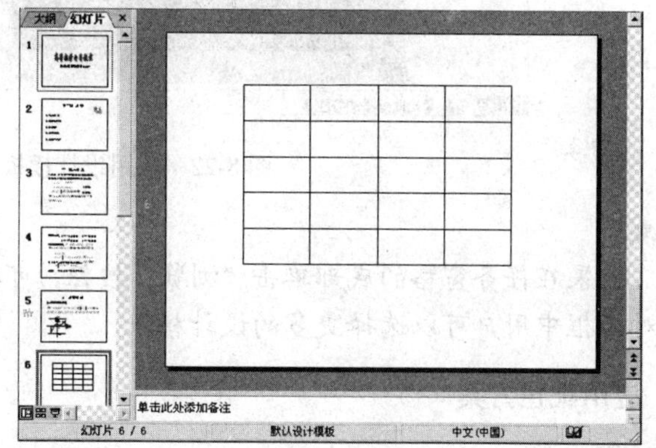

图 8-21 在幻灯片中创建表格后的效果

幻灯片中表格的操作和 Word 中类似，具体的操作方法这里不再作介绍。

8.3　设置幻灯片外观

用户利用空白演示文稿制作的幻灯片不包含任何的外观颜色，为了使幻灯片的整体外观效果更加符合演示文稿的主题思想，用户可以为幻灯片设置背景，或者为幻灯片应用配色方案等。

8.3.1　应用设计模板

设计模板决定了幻灯片的主要外观，包括背景、预制的配色方案、背景图形等。在应用设计模板时，系统会自动对当前幻灯片或所有幻灯片应用设计模板文件中包含的版式、文字样式、背景等外观，但不会更改文字内容。

对演示文稿应用设计模板的具体步骤如下：

（1）在演示文稿中单击“格式”|“幻灯片设计”命令，打开“幻灯片设计”任务窗格，单击“设计模板”选项，打开“应用设计模板”列表。

（2）在“应用设计模板”列表中选择合适的设计模板，单击设计模板后的下三角箭头，打开一下拉菜单，如图 8-22 所示。

（3）如果在打开的菜单中选择“应用于所有幻灯片”命令，可将该设计模板应用到所有的幻灯片中。

（4）如果在打开的菜单中选择“应用于选定幻灯片”命令，可将该模板应用在选定的幻灯片上。

图 8-22　应用设计模板

注意：

如果在任务窗格的底部单击“浏览”按钮，可打开“应用设计模板”对话框，在对话框中用户可以选择更多的设计模板。

8.3.2　应用配色方案

配色方案由背景、文本和线条、阴影、标题文本、填充、强调、强调文字和超链接、强调文字和已访问的超链接八个颜色设置组成。方案中的每种颜色会自动应用于幻灯片上的不同组件。配色方案中的 8 种基本颜色的作用及其功能如下：

➢ 背景：背景色就是幻灯片的底色，幻灯片上的背景色出现在所有的对象目标之后，所以它对幻灯片的设计是至关重要的。
➢ 文本和线条：文本和线条色就是在幻灯片上输入文本和绘制图形时使用的颜色，所有用文本工具建立的文本对象和使用绘图工具绘制的图形都使用文本和线条色，而且文本和线条色与背景色要形成强烈的对比。
➢ 阴影：在幻灯片上使用“阴影”命令加强物体的显示效果时，使用的颜色就是阴影色。在通常的情况下，阴影色比背景色还要暗一些，这样才可以突出阴影的效果。
➢ 标题文本：为了使幻灯片的标题更加醒目，而且也是为了突出主题，可以在幻灯片的配色方案中设置用于幻灯片标题的标题文本色。
➢ 填充：用作填充基本图形目标和其他绘图工具所绘制的图形目标的颜色。
➢ 强调：可以用来加强某些重点或者需要着重指出的文字。
➢ 强调文字和超链接：可以用来突出超链接的一种颜色。
➢ 强调文字和已访问超链接：可以用来突出已访问链接的一种颜色。

应用配色方案的具体步骤如下：

（1）单击“格式”|“幻灯片设计”命令，打开“幻灯片设计”任务窗格，单击“配色方案”选项，打开“应用配色方案”列表。

（2）在“应用配色方案”列表中选择合适的配色方案，单击配色方案后的下三角箭头，打开一下拉菜单，如图 8-23 所示。

（3）如果在打开的菜单中选择“应用于所有幻灯片”命令，可将该配色方案应用到所有的幻灯片。

（4）如果在打开的菜单中选择“应用于选定幻灯片”命令，可将该配色方案应用在选定的幻灯片上。

图 8-23　应用配色方案

8.3.3　设置幻灯片背景

用户可以为幻灯片添加背景，PowerPoint 2003 提供了多种幻灯片背景的填充方式，包括：单色填充、渐变色填充、纹理、图片等。在一张幻灯片或者母版上只能使用一种背景类型。

例如，为“家居装修知识”演示文稿全部幻灯片设置图片背景，具体步骤如下：

（1）在演示文稿中单击“格式”|“背景”命令，打开“背景”对话框，如图 8-24 所示。单击“背景填充”区域的下拉箭头，打开一个列表。

（2）在下拉列表中系统为用户提供了 8 种作为背景颜色，用户可以选择其中的一种作为背景色，单击“填充效果”命令，打开“填充效果”对话框，单击“图片”选项卡，如图 8-25 所示。

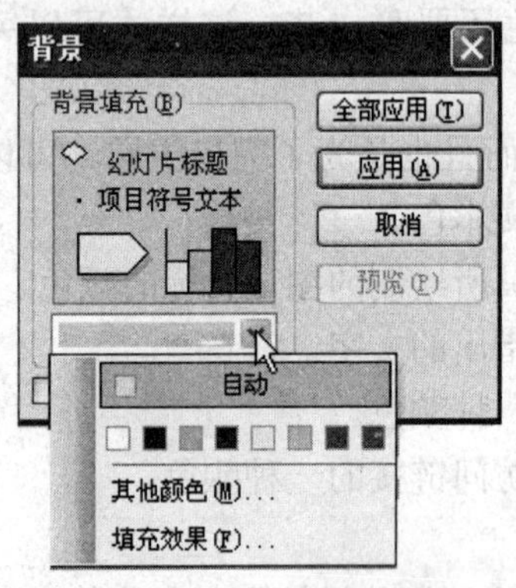

图 8-24 “背景”对话框

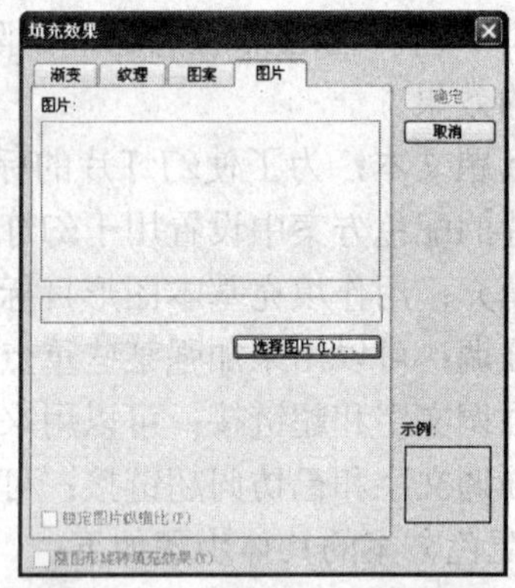

图 8-25 “填充效果”对话框

（3）在对话框中单击“选择图片”按钮，打开“选择图片”对话框。

（4）在“查找范围”下拉列表中选择图片文件所在的文件夹，在图片列表中选择需要插入的图片，单击“插入”按钮，返回到“填充效果”对话框。单击“确定”按钮，返回到“背景”对话框。

（5）如果选中“忽略母版的背景图形”复选框，则母版的背景图形和文本不会显示在当前幻灯片中。

（6）单击“预览”按钮可以在不关闭对话框的前提下预览幻灯片的背景效果，如果不满意可以再作修改，再预览直至满意为止。

（7）如果单击“全部应用”按钮，则图片背景应用到所有幻灯片上，如果单击“应用”按钮，将图片背景应用到当前幻灯片上，如图 8-26 所示。

图 8-26 幻灯片填充背景的效果

8.3.4　应用母版

母版可以对演示文稿的外观进行控制，包括在幻灯片上所键入的标题和文本的格式与类型、颜色、放置位置、图形、背景等，在母版上进行的设置将应用到基于它的所有幻灯片。但是改动母版的文本内容不会影响基于该母版的幻灯片的相应文本内容，仅仅是影响其外观和格式而已。

母版分为三种：幻灯片母版、讲义母版、备注母版。

幻灯片母版是所有母版的基础，它控制了除标题幻灯片之外演示文稿中所有幻灯片的默认外观，也包括讲义和备注中的幻灯片外观。幻灯片母版控制文字的格式、位置、项目符号的字符、配色方案以及图形项目。单击“视图”|“母版”|“幻灯片母版”命令，打开“幻灯片母版”视图并显示“幻灯片母版视图”工具栏，如图 8-27 所示。

默认的幻灯片母板中有 5 个占位符：标题区、对象区、日期区、页脚区、数字区，修改它们可以影响基于该母版的所有幻灯片。

- 标题区：用于所有幻灯片标题的格式化，可以改变所有幻灯片标题的字体效果。
- 对象区：用于所有幻灯片主题文字的格式化，可以改变字体效果以及项目符号和编号等。
- 日期区：用于页眉/页脚上日期的添加、定位、大小和格式化。
- 页脚区：用于页眉/页脚上说明性文字的添加、定位、大小和格式化。
- 数字区：用于页眉/页脚上自动页面编号的添加、定位、大小和格式化。

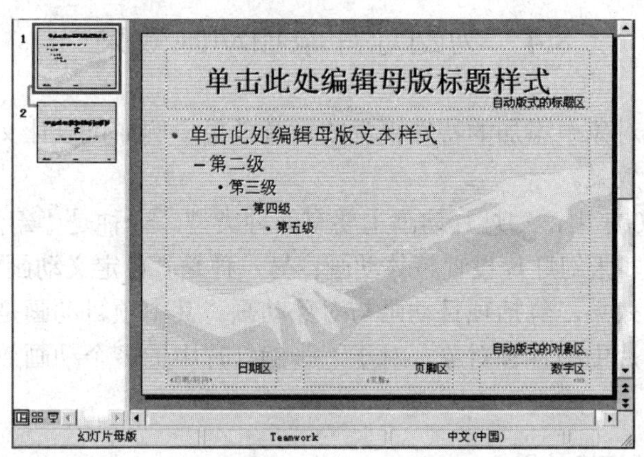

图 8-27　幻灯片母版视图

在幻灯片母版视图中用户可以根据需要编辑这些占位符，所设置的格式被应用到由母版衍生的幻灯片中。除了编辑这些占位符，用户还可以编辑母版的背景和配色方案、动画方案，例如在“幻灯片设计”任务窗格中单击“配色方案”选项后的下三角箭头，打开一下拉菜单，用户可以在打开的菜单中根据需要选择“应用于所选母版”还是“所有母版”。

如果用户需要对演示文稿的标题幻灯片进行设置，可在幻灯片母版视图左侧的窗格中单击“标题母版”缩略图，如图 8-28 所示。标题母版可以控制标题幻灯片的格式，它还能控制指定为标题幻灯片的幻灯片。如果希望标题幻灯片与演示文稿中其他幻灯片的外观不同，可改变标题母版。标题母版和幻灯片母版共同决定了整个演示文稿的外观。

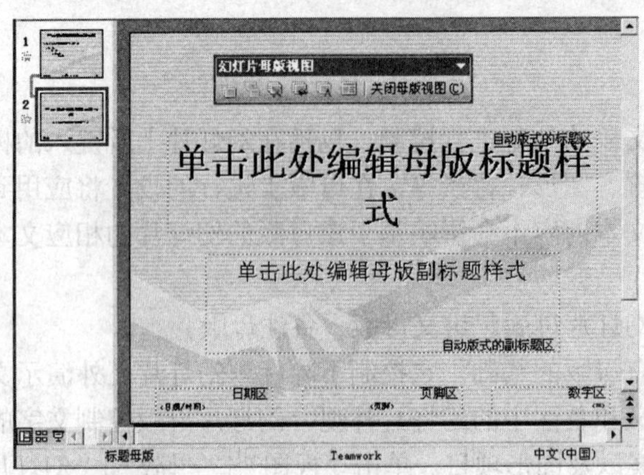

图 8-28　标题母版

标题母版仅影响使用了“标题母版”版式的幻灯片。在图中可以发现，标题母版对幻灯片母版也有一种继承关系，例如在幻灯片母版“日期”区和“页脚”区插入的内容也被继承到了标题母版中。所以对幻灯片母版上文本格式的改动会影响标题母版，因此用户在设置标题母版之前应先完成幻灯片母版的设置。

提示：

在母版的标题文字框或正文文字框内键入的文字不显示在幻灯片中，但对其格式设置将影响所有由母版衍生的幻灯片。

8.4　为幻灯片添加动画效果

动画是指文本或对象中添加的特殊视觉或声音效果，例如可以让文字以打字机形式播放，让图片产生飞入效果。

在 PowerPoint 2003 中，幻灯片动画主要有两种类型。一种是“幻灯片切换”，即翻页动画，可以为单张或多张幻灯片设置整体动画；另一种是“自定义动画”，是指为幻灯片内部各个元素设置动画效果，包括项目动画与对象动画。其中项目动画是针对文本而言的，而对象动画针对幻灯片中的各种对象。对于一张幻灯片中的多个动画效果，用户还可以设置它们的先后顺序。

8.4.1　设置幻灯片的切换效果

幻灯片切换效果是指加在连续的幻灯片之间的特殊效果。在幻灯片放映的过程中，由一张幻灯片切换到另一张幻灯片时，可使用不同的效果将下一张幻灯片显示到屏幕上。

为幻灯片添加切换效果最好在幻灯片浏览视图中进行，因为在浏览视图中用户可以看到演示文稿中所有的幻灯片，并且可以非常方便地选择要添加切换效果的幻灯片。

1. 设置单张幻灯片切换效果

为幻灯片设置切换效果时，用户可以为演示文稿中的每一张幻灯片设置不同的切换效果。例如，为“家居装修”演示文稿中的第一张幻灯片设置“垂直百叶窗”动画效果，具体步骤如下：

（1）单击“视图”|“幻灯片浏览”命令，切换到幻灯片浏览视图中。

（2）单击选中第 1 张幻灯片。

（3）单击“幻灯片放映”|“幻灯片切换”命令，打开“幻灯片切换”任务窗格，如图 8-29 所示。

（4）在“应用于所选幻灯片”列表框中选择切换效果为“垂直百叶窗”选项。

（5）在“修改切换效果”区域的“速度”下拉列表中选择“中速”选项，在“声音”下拉列表中选择“风铃”选项。在“换片方式”区域中选中“单击鼠标时”复选框。

（6）设置完毕后在幻灯片的左下角添加了动画图标 ☆。

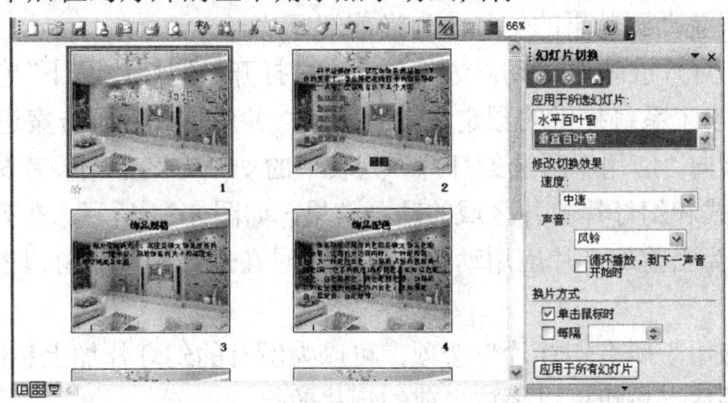

图 8-29　设置单张幻灯片切换效果

2. 设置多张幻灯片切换效果

为幻灯片设置切换效果时，用户还可以为演示文稿中的多张幻灯片设置相同的切换效果。例如，要为演示文稿中的所有幻灯片设置“盒状收缩”的切换效果，具体步骤如下：

（1）单击“视图”|“幻灯片浏览”命令，切换到幻灯片浏览视图中。

（2）在幻灯片浏览视图中单击“幻灯片放映”|“幻灯片切换”命令，打开“幻灯片切换”任务窗格。

（3）先按下 Shift 键，然后分别单击每一个幻灯片，将所有幻灯片选中。

（4）在“应用于所选幻灯片”列表框中选择切换效果为“盒状收缩”选项；在“修改切换效果”区域的“速度”下拉列表中选择“慢速”选项；在“换片方式”区域中选中“单击鼠标时”复选框。

（5）设置完毕，在所有选中幻灯片的左下角添加了动画图标 ☆，如图 8-30 所示。

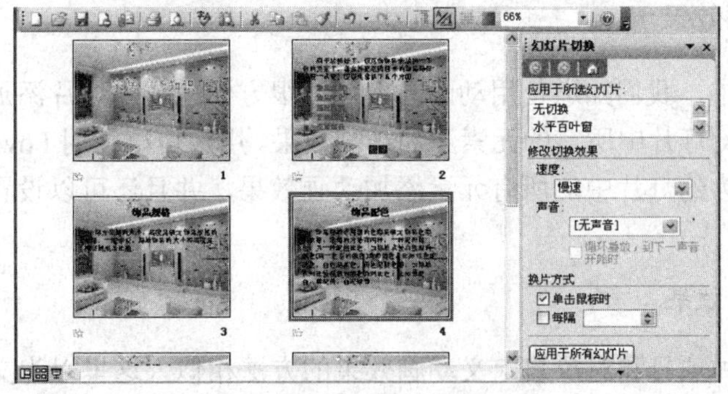

图 8-30　设置多张幻灯片切换的效果

提示：

在用户要为演示文稿中全部的幻灯片设置相同的切换效果时，还可以在“幻灯片切换”任务窗格中单击“应用于所有幻灯片”按钮。

8.4.2 动画方案

PowerPoint 2003 提供了多种动画方案供用户选择，这些预定义动画方案可以使整个演示文稿具有一致的风格，而每张幻灯片又具有互不相同的动画效果。

使用“动画方案”快速创建动画效果的具体步骤如下：

（1）选择要设置动画效果的幻灯片为当前幻灯片。

（2）单击“幻灯片放映”|“动画方案”命令，打开“幻灯片设计”任务窗格，在“动画方案”列表中列出了系统提供的预定义动画方案，并对这些动画方案进行了分类。

（3）把鼠标指向“应用于所选幻灯片”列表中的动画方案上稍停片刻，系统会弹出该动画效果的切换方式和幻灯片中各区域的动画效果，如图 8-31 所示。在列表中单击所需要的动画方案，即可为当前幻灯片应用动画方案，此时在幻灯片工作窗口中可以预览所选择的动画效果。

（4）单击“应用于所有幻灯片”选项，可以为所有的幻灯片加上相同的动画效果。

（5）单击“播放”按钮可以播放当前幻灯片效果。

（6）单击“幻灯片放映”按钮则从当前幻灯片开始连续播放。

图 8-31 选择“动画方案”

8.4.3 自定义动画效果

在前面的介绍中，我们知道使用动画方案可以很方便地为幻灯片添加动画效果，不过这种效果并不能对幻灯片中所有的元素添加动画效果。用户可以使用 PowerPoint 2003 提供的自定义动画功能为幻灯片中的所有元素添加动画效果，并且还可以设置各元素动画效果的先后顺序。

1. 自定义动画效果

对幻灯片中各种项目和对象自定义动画效果的方法相似，这里以为文本设置动画效果为例介绍自定义设置动画效果的方法。

例如，用户要为“家居装修知识”幻灯片中的副标题文本“室内外装潢设计”设置“飞入”的动画效果，具体步骤如下：

（1）切换第 1 张幻灯片为当前幻灯片。

（2）选中副标题文本占位符。

（3）单击“幻灯片放映”|“自定义动画”命令，打开“自定义动画”任务窗格。

（4）单击“自定义动画”任务窗格中的“添加效果”按钮，在下拉列表中单击“进入”|“飞入”命令。

（5）在“方向”下拉列表中选择“自底部”选项，在“速度”下拉列表中选择“中速”选项。

设置了动画效果后，在设置动画效果的对象前面会显示出动画编号，如图 8-32 所示。

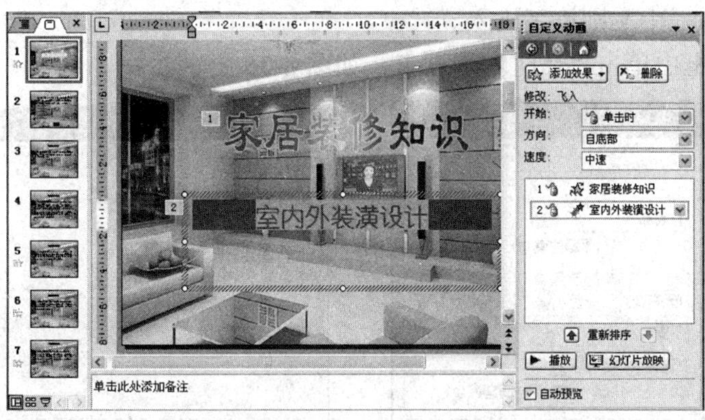

图 8-32　文本设置进入动画后的效果

2. 设置动画效果选项

用户为对象设置了动画效果后，还可以对动画效果的具体选项进行设置。将鼠标移至动画效果列表中的任意一个动画效果上时，在该效果的右端将出现一个下三角箭头，单击该箭头打开一个下拉列表，如图 8-33 所示，在列表中用户可以对动画效果进行一些设置。

图 8-33　效果下拉列表

例如，为第 1 张幻灯片中副标题文本动画效果设置效果选项，具体步骤如下：

（1）切换第 1 张幻灯片为当前幻灯片。

（2）在动画效果列表中单击副标题文本动画效果选项右侧的下三角箭头，在列表中单击“效果选项”命令，打开相应的动画效果“飞入”对话框，单击“效果”选项卡，如图 8-34 所示。

（3）在“设置”区域的“方向”下拉列表中，用户可以对动画效果的飞入方向进行设置。

（4）在“增强”区域的“声音”下拉列表中，用户可以选择动画效果的伴随声音；在“动画播放后”下拉列表中，用户可以选择动画播放后要执行的操作。

（5）在“动画文本”下拉列表中，用户可以根据需要进行选择。如果选择“整批发送”选项，则文本框中的文本以段落作为一个整体出现；如果选择“按字词”选项，则文本框中的英文按单个的词飞入，中文则按字或词飞入；如果选择“按字母”选项，则文本框中的英文按字母飞入，中文则按字飞入。

（6）在对话框中单击“计时”选项卡，如图 8-35 所示。

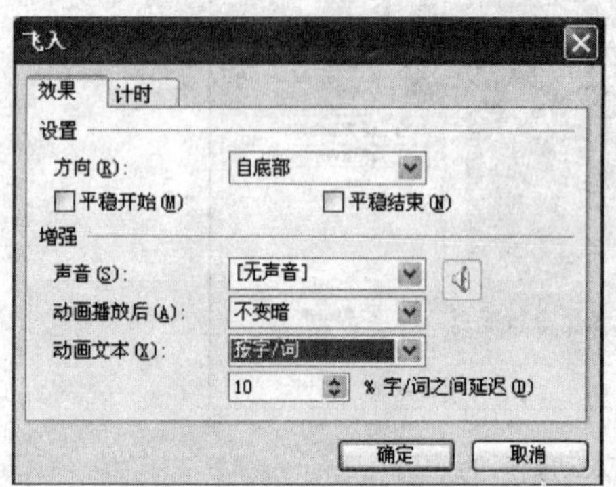

图 8-34　设置效果

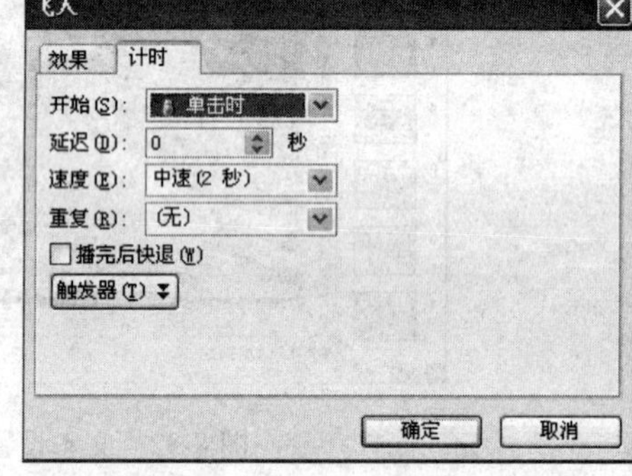

图 8-35　设置计时项

（7）在“开始”下拉列表中，如果选择“单击时”选项，则在单击鼠标时开始播放动画效果；如果选择“之前”选项，则在上一个效果播放前播放；如果选择“之后”选项，则在上一个效果播放后播放。

（8）如果设置了动画开始时间为“之后”选项，用户还可以在“延迟”文本框中设置上一动画结束多长时间后开始该动画；在“速度”下拉列表中用户可以对动画的速度进行具体的设置。

注意：

不同的动画效果有不同的设置方法，文本对象动画效果和一般对象动画效果的最大区别在于文本对象可以设置动画文本而对象动画效果不能。

3. 多对象动画效果的控制

演示文稿在设置动画时要从观众的角度考虑，合理安排各动画播放的顺序，便于观众理解和接受。如果动画效果设置的不太合适，用户还可以对动画进行编辑与修改。

在 PowerPoint 2003 中，为幻灯片中的各个元素设置动画时，系统会按照动画设置的先后次序，依次为各动画项编号。用户也可以在“自定义动画”任务窗格中的动画效果列表中自定义。

动画效果的编号是以设置“单击时开始”开始时间的动画效果为界限的，如果在幻灯片中设置了多个“单击时开始”的动画效果，则它们会根据用户设置的先后顺序进行编号。如果在某一动画效果后设置了“之后”开始时间的动画效果，它的编号将和上一编号相同；如果在某一动画效果前设置了“之前”开始时间的动画效果，它的编号也将和上一编号相同。

幻灯片中各对象的动画效果会根据编号依次进行展示，如果用户认为动画效果的先后次序不合理，可以改变动画的顺序。将鼠标移至“自定义动画”任务窗格的“自定义动画”列表中，当鼠标变为 ↕ 状时，单击鼠标选中需要移动顺序的动画项，然后单击效果列表下面的上移箭头 或下移箭头 按钮来改变动画效果的先后顺序。动画效果的顺序改变后，它的效果编号也跟着改变。

8.5　设置放映时间

在放映幻灯片时可以为幻灯片设置放映的时间间隔，这样可以达到幻灯片自动放映的目的。用户可以人工设置幻灯片的放映时间，也可以使用排练计时功能进行设置。

8.5.1　人工设置放映时间

如果要人工设置幻灯片放映的时间间隔，首先选定幻灯片，单击“幻灯片放映”|“幻灯片切换”命令，打开“幻灯片切换”任务窗格。在“换片方式”区域选择“每隔”复选框，然后输入希望幻灯片在屏幕上停留的时间，在设置了播放时间之后，在幻灯片浏览视图中相应的幻灯片下方将显示播放时间，如图 8-36 所示。如果要将此时间应用到所有的幻灯片上，单击“应用于所有幻灯片”按钮，否则设置的效果将应用于选定的幻灯片中。

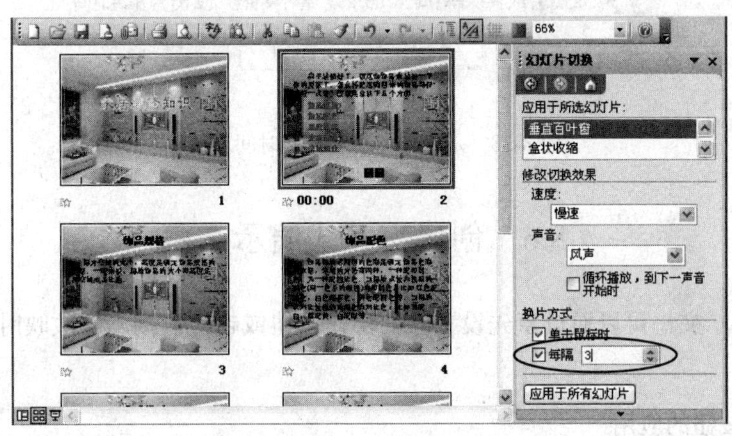

图 8-36　手工设置放映时间

8.5.2　设置排练计时

如果用户对自行决定幻灯片放映时间没有把握，那么可以在排练幻灯片放映的过程中设置放映时间。利用排练计时功能，可以首先演示幻灯片，进行相应的演示操作，同时记录幻灯片之间切换的时间间隔。

使用排练计时设置幻灯片切换的时间间隔，具体步骤如下：

（1）单击“幻灯片放映”|“排练计时”命令，系统以全屏幕方式播放，并出现“预演”工具栏，如图 8-37 所示。

图 8-37 “预演”工具栏

（2）在“预演”工具栏中，“幻灯片放映时间” 0:00:07 文本框中显示当前幻灯片的放映时间，在“总放映时间”框中显示当前整个演示文稿的放映时间。

（3）如果对当前幻灯片的播放时间不满意，可以单击“重复”按钮，重新计时。

（4）如果要播放下一张幻灯片，单击“预演”工具栏中的“下一项”按钮，这时可以播放下一动画效果。如果进入到下一张幻灯片，则在“幻灯片放映时间”文本框中重新计时。

（5）如果要暂停计时，单击“预演”工具栏中的“暂停”按钮。

（6）放映到最后一张幻灯片时，系统会显示总共放映的时间，并询问是否要使用新定义的时间，如图 8-38 所示。

（7）单击“是”按钮接受该项时间，在幻灯片浏览视图中每张幻灯片的下方自动显示放映该幻灯片所需要的时间。

图 8-38 是否使用新定义的时间对话框

8.6 创建交互式演示文稿

交互式演示文稿可以通过事先设置好的动作按钮或超级链接，在放映时跳转到指定的幻灯片。

8.6.1 动作按钮的应用

用户可以将某个动作按钮加到演示文稿中，然后定义如何在放映幻灯片时使用它。

例如，在“家居装修知识”中的第 2 张幻灯片中添加动作按钮来链接到其他的幻灯片中，具体步骤如下：

（1）切换第 2 张幻灯片为当前幻灯片。

（2）单击“幻灯片放映”|“动作按钮”命令，打开一子菜单，在菜单中的按钮上稍作停留，会显示出该按钮的名称和功能，如图 8-39 所示。

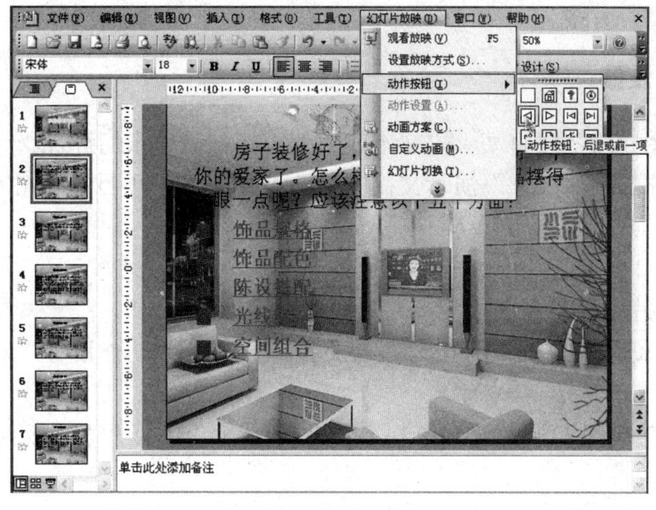

图 8-39　“动作按钮”子菜单

（3）在“动作按钮”子菜单中单击“后退或前一项”按钮，此时鼠标变为十字状，按住鼠标拖动画出矩形框。

（4）当拖动到适当大小时松开鼠标，打开“动作设置”对话框，单击“单击鼠标”选项卡，如图 8-40 所示。

（5）在“单击鼠标时的动作”区域选中“超链接到”单选按钮，并在下拉列表中选择“上一张幻灯片”。

（6）单击“确定”按钮，返回到幻灯片中。

（7）在创建的动作按钮上单击鼠标右键，在打开的快捷菜单中选择“设置自选图形格式”命令，在打开的“设置自选图形格式”对话框中对动作按钮进行设置。设置完成后的效果如图 8-41 所示。

图 8-40　“动作设置”对话框　　　　图 8-41　设置了动作按钮后的幻灯片

按照相同的方法创建一个“前进或下一项”按钮，并将其链接到下一张幻灯片。设置好动作按钮后，在放映幻灯片时将鼠标指针移动到按钮上，鼠标将变为手状，此时单击即可跳转到相应的幻灯片中。

8.6.2 超链接的设置

用户可以利用超级链接将某一段文本或图片链接到另一张幻灯片。

例如，将“家居装修知识”演示文稿中第 2 张幻灯片中项目符号格式的文本与具体的幻灯片进行链接，具体步骤如下：

（1）切换第 2 张幻灯片为当前幻灯片。

（2）在幻灯片中选中要进行链接的文本“饰品规格”。

（3）单击“幻灯片放映”|“动作设置”命令，打开“动作设置”对话框，单击“单击鼠标”选项卡。

（4）在“超链接到”下拉列表中选择“幻灯片”命令，打开“链接到幻灯片”对话框，如图 8-42 所示。

图 8-42 “链接到幻灯片”对话框

（5）在对话框“幻灯片标题”列表中选择第 3 个标题“饰品规格”选项，单击“确定”按钮，返回“动作设置”对话框。

（6）单击“确定”按钮，设置后的效果如图 8-43 所示。

在图中用户可以发现设置完超级链接的文字不仅自动添加了下划线，而且超级链接的文字颜色也发生了相应的变化，用户可以按照相同的方法将剩余的四项分别链接到相应的幻灯片上。

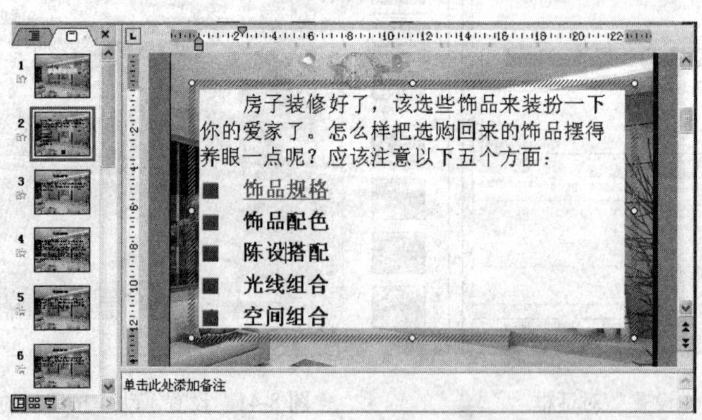

图 8-43 为文本设置链接

8.7　设置幻灯片放映

制作演示文稿的最终目的是把它展示给观众，用户可以根据不同的需要采用不同的方式放映演示文稿，如果有必要还可以自定义放映。

8.7.1 自定义放映

在放映演示文稿时，用户可以根据自己的需要创建一个或多个自定义放映方案。可选择演示文稿中多个单独的幻灯片组成一个自定义放映方案，并可设定方案中各幻灯片的放映顺序。放映这个自定义方案时，PowerPoint 2003 将会按事先设置好的幻灯片放映顺序放映自定义方案中的幻灯片。

设置自定义放映的具体步骤如下：

（1）单击“幻灯片放映”|“自定义放映”命令，打开“自定义放映”窗口，如图 8-44 所示。

（2）单击“新建”按钮，打开“定义自定义放映”对话框，如图 8-45 所示。在“幻灯片放映名称”文本框中输入自定义放映的名称。

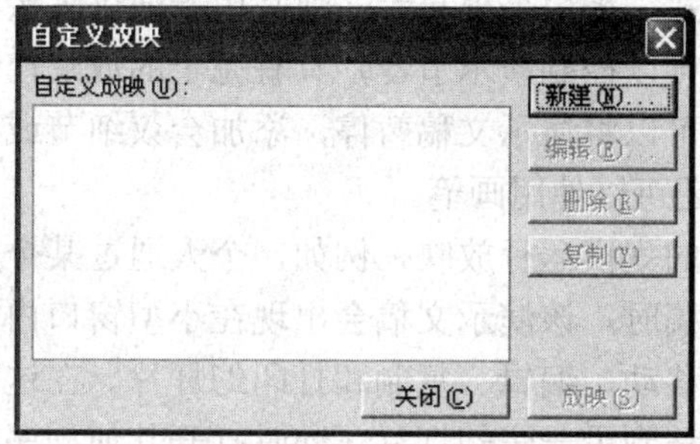

图 8-44　“自定义放映”对话框

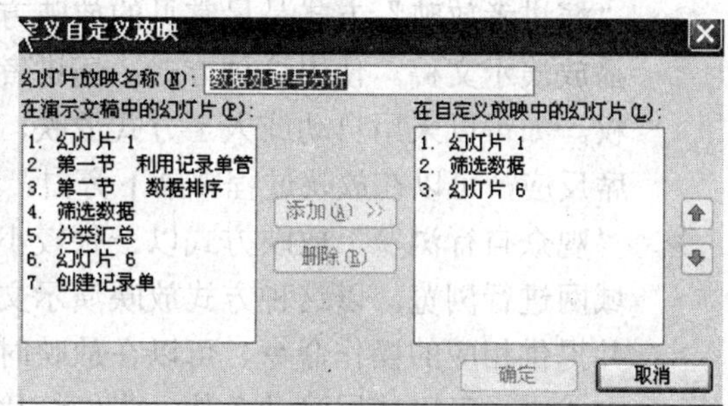

图 8-45　“定义自定义放映”对话框

（3）“在演示文稿中的幻灯片”列表框中选中添加的幻灯片，单击“添加”按钮，按此方法依次添加幻灯片到自定义幻灯片列表中。

（4）单击“确定”按钮，返回到“自定义放映”对话框，在“自定义放映”列表中显示了刚才创建的自定义名称。

（5）单击“关闭”按钮，关闭“自定义放映”对话框。

提示：

如果用户在添加幻灯片时添加错了次序，可以在“自定义放映中的幻灯片”列表中选中要移动的幻灯片，然后再用鼠标单击上、下箭头改变它的位置。如果添加了多余的幻灯片，可在“自定义放映中的幻灯片”列表中选中要删除的幻灯片，然后单击“删除”按钮。

8.7.2 设置幻灯片放映方式

PowerPoint 2003 提供了三种放映幻灯片的方法：演讲者放映、观众自行浏览、在展厅浏览，三种放映方式各有特点，可以满足不同环境、不同对象的需要。

单击“幻灯片放映”|“设置放映方式”命令，打开“设置放映方式”对话框，如图 8-46 所示。

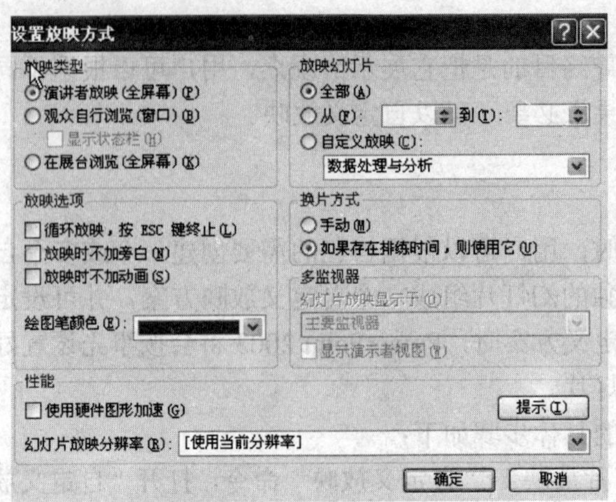

图 8-46 设置放映方式

在“放映类型”区域，用户可以对放映方式进行设置，共有三种方式供用户选择。

- “演讲者放映”方式是最常见的放映方式，采用全屏显示，通常用于演讲者亲自播放演示文稿。使用这种方式，演讲者可以控制演示节奏，具有完全的放映控制权。如可以采用自动或人工方式放映，可以将演示文稿暂停，添加会议细节或即席反应，可以在放映过程中录下旁白，还可以使用画笔。
- “观众自行浏览”放映方式以一种较小的规模运行放映，例如，个人通过某个局域网进行浏览。以这种方式放映演示文稿时，该演示文稿会出现在小型窗口内，并提供相应的操作命令，可以在放映时移动、编辑、复制和打印幻灯片。在这种方式中，可以使用滚动条从一张幻灯片移到另一张幻灯片，同时打开其他程序。也可以显示“Web”工具栏，以便浏览其他的演示文稿和 Office 文档。
- “在展台浏览” 放映方式可自动运行演示文稿。例如，在展览会场或会议上等场合，需要运行无人管理的幻灯片放映时，可以将演示文稿设置为此种方式。运行时大多数的菜单和命令都不可用，并且在每次放映完毕后重新开始。在这种放映方式中鼠标变得几乎毫无用处，无论是单击左键还是单击右键，或者两键同时按下。在该放映方式中，如果设置的是手动换片方式放映，那么将无法执行换片的操作；如果设置了“排练计时”的话，它会严格地按照“排练计时”时设置的时间放映。按 Esc 键可退出放映。

在“放映幻灯片”区域可以设置放映的幻灯片各种放映方式。如果选择“全部”单选按钮，将在放映时放映演示文稿中全部的幻灯片；如果设置了自定义放映，可以选择“自定义”单选按钮，然后在下拉列表中选择自定义放映的名称；用户还可以在文本框从(F): 到(T): 中设置幻灯片放映的具体数目。

在“换片方式”区域可以为各种放映方式设置换片的方式。如果设置了放映计时，选中“如果存在排练时间，则使用它”单选按钮，可以使用排练计时；如果没有设置放映计时，可以选择“手动”换片方式，不过这种方式对“在展台浏览”放映方式是不起作用的。

8.7.3　控制演讲者放映

“演讲者放映”方式是全屏放映，在该方式下演讲者可以对幻灯片进行自由的控制，例如，可以在放映幻灯片时定位幻灯片、可以使用画笔等。

1. 启动演讲者放映

“演讲者放映”方式是系统默认的放映方式，在开始放映前用户首先应对放映方式进行设置，具体步骤如下：

（1）单击“幻灯片放映”|“设置放映方式”命令，打开“设置放映方式”对话框。

（2）在“放映类型”区域选中“演讲者放映”单选按钮；在“绘图笔”颜色下拉列表中选择一种颜色；在“放映幻灯片”区域中选中“全部”单选按钮；在“换片方式”区域中选择“手动”选项。

（3）单击“确定”按钮，返回到幻灯片中。

（4）单击“幻灯片放映”|“观看放映”命令，幻灯片从第一张开始放映，如图 8-47 所示。

2. 定位幻灯片

使用定位功能可以在放映时快速地切换到想要显示的幻灯片上，而且可以显示隐藏的幻灯片。在幻灯片放映时单击鼠标右键，打开一快捷菜单，在菜单中选择“下一张”或“上一张”，将会放映下一动画或上一动画。

在快捷菜单中选择“定位至幻灯片”打开一个子菜单，如图 8-48 所示。在子菜单中列出了该演示文稿中所有的幻灯片，选择一个幻灯片，系统将会播放此幻灯片。如果选择的是隐藏的幻灯片也可以被放映。

图 8-47　演讲者放映的屏幕显示方式

图 8-48　定位幻灯片

3. 应用自定义放映

在进行演讲者放映时，用户可以启用自定义放映。在幻灯片放映时单击鼠标右键，打开一快捷菜单，在快捷菜单上选择“自定义放映”命令，打开一个子菜单。在子菜单中列出了该演示文稿中的自定义放映方式，选择一个自定义放映方式，系统将按自定义放映的设置进行放映。

4. 绘图笔的应用

绘图笔的作用类似于板书笔，放映幻灯片时，可以在幻灯片上书写或绘画，常用于强调或添加注释。在 PowerPoint 2003 中，可以改变绘图笔颜色、擦除绘制的笔迹等，还可以根据需要将墨迹保存。

放映幻灯片时在屏幕上单击鼠标右键，打开快捷菜单。在快捷菜单中选择“指针选项”命令，打开一个子菜单，如图 8-49 所示。

在子菜单中选择一种绘图笔，此时鼠标将变为相应的笔形状，拖动鼠标即可对重要内容进行圈点，如图 8-50 所示。

图 8-49 选择绘图笔

图 8-50 应用绘图笔

当幻灯片放映结束时，将打开如图 8-51 所示的提示框。若单击“保留”按钮，可以将绘图笔的墨迹保留，若单击“放弃”按钮，将对此不作保留。

图 8-51 是否保留墨迹注释对话框

提示：

在图 8-49 所示的子菜单中选择不同的绘图笔，在屏幕上画出线条的粗细是不同的。如果在子菜单中单击“墨迹颜色”命令打开颜色列表，在列表中选择一种颜色，可以改变绘图笔的颜色。在放映演示文稿时，用户可随时将绘图笔的笔迹擦除：在子菜单中选择“橡皮擦”命令，则鼠标变为橡皮状，在笔迹上拖动橡皮状的鼠标，则笔迹被擦除。如果在“指针选项”子菜单中单击“擦除幻灯片上的所有墨迹”命令，则幻灯片中的所有墨迹被同时擦除。

8.8 本章练习

一、填空题

1. PowerPoint 2003 主要提供了__________、__________、__________和__________等几种视图方式。

2. 在幻灯片中添加文本有两种方法，用户可以直接在幻灯片的__________输入文本，也可以在__________输入文本。

3. 在幻灯片中插入图片、组织结构图、表格等对象时，用户可以利用__________将其插入，也可以在幻灯片中__________。

4. 设计模板决定了幻灯片的主要外观，包括________、预制的________、________等。在应用设计模板时，系统会自动将当前幻灯片或所有幻灯片应用设计模板文件中包含的版式、文字样式、背景等外观，但不会______________。

5. 配色方案由_______、文本和线条、_______、___________、_______、强调、强调文字和超链接、强调文字和已访问的超链接八个颜色设置组成，方案中的每种颜色会自动应用于幻灯片上的不同组件。

二、简答题

1. 演示文稿的普通视图与幻灯片浏览视图有何区别？
2. 设置幻灯片的切换效果时最好在什么视图下进行？
3. 文本动画效果与其他对象动画效果的最大区别在哪里？
4. 如何对设置的动画效果进行修改？
5. 创建交互式演示文稿有几种方法？

三、操作题

将随书所附光盘素材文件夹 KSML2 内的 KS6-10.ppt 文件复制到用户文件夹中，并重命名为 A8.PPT。在演示文稿程序中打开 A8.PPT。

1. 设置页面格式

- 按【样文 8-1A】，将所有幻灯片全部应用设计模版“Textured”。
- 按【样文 8-1A】，将第一张幻灯片中标题设置成艺术字，艺术字的样式为第 2 行第 2 列，艺术字的大小设置为 60，艺术字的填充颜色为天蓝色，线条颜色为粉红色，线型为 1 磅的实线。
- 按【样文 8-1A】，设置第一张幻灯片中副标题占位符中的文本格式为幼圆、40 磅、黄色字体。
- 按【样文 8-1B】，设置第二张幻灯片中文本占位符中的项目符号为➢，大小为文本的 140%。

2．演示文稿插入设置

在第一张幻灯片中插入声音文件 KSML3\KSWJ6-10B.MID，在单击时播放，且循环播放。

3．设置幻灯片放映

- 设置全部幻灯片切换效果为从盒状展开，速度为中速，换片方式为单击鼠标时。
- 设置第一张幻灯片中副标题占位符中的文本为“进入”下“菱形”的动画效果，鼓掌的声音，方向向外，速度为中速，动画文本按字/词发送。
- 按样文 8-1B 所示，为第二张幻灯片中项目符号格式的文本插入超级链接，并分别链接到第三、五、七、八、九张幻灯片。

【样文 8-1A】

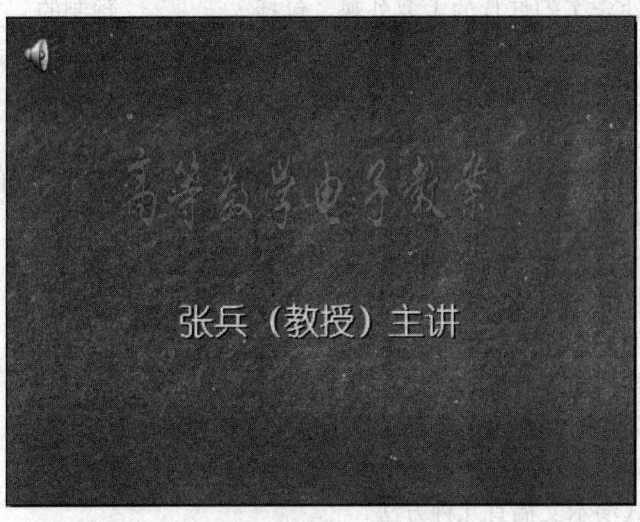

【样文 8-1B】

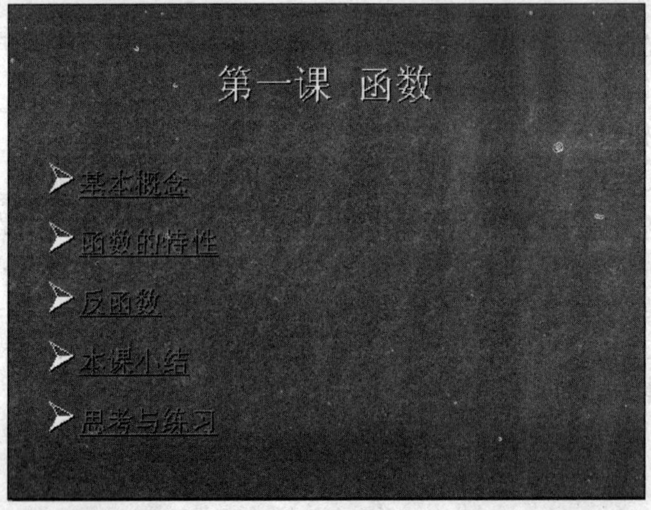

第 9 章　办公软件联合应用

Office 应用程序之间可以互相协作，信息共享。本章就重点向用户介绍办公软件的信息共享功能。

本章重点：

- 在 Office 文档中插入对象
- Word 与 Excel 共享信息
- Word 与 PowerPoint 共享信息
- 使用宏工具

9.1　在 Office 文档中插入对象

在 Office 的应用程序之间，共享文档数据和创建组合文档十分容易。在各种 Office 文档中都可以插入对象，对象分为链接对象和嵌入对象。

链接对象和嵌入对象之间的主要差别在于数据存储于何处，以及在将数据放入目标文件后是如何进行更新的。在链接对象的情况下，只有在修改源文件时才会更新信息。链接的数据存储于源文件中，目标文件中仅贮存源文件的地址，并显示链接数据的表象。如果用户比较注重文档大小，可以使用链接对象。在嵌入对象的情况下，修改源文件不会改变目标文件中的信息。嵌入对象是目标文件的一部分，一旦插入，就不再与源文档有任何关系。

9.1.1　在文档中插入新对象

用户可以在文档中插入一个新的对象，这样便能很容易地编辑源程序中的数据而不离开当前文档。例如，要在 Word 文档中新建一个 Excel 工作表，具体操作方法如下：

（1）打开 Word 文档，将插入点定位在要插入嵌入对象的位置。

（2）单击“插入”|“对象”命令，打开“对象”对话框，单击“新建”选项卡，如图 9-1 所示。

（3）在“对象类型”列表框中选择“Microsoft Excel 工作表”选项。

（4）单击“确定”按钮即可在 Word 文档中插入 Excel 工作表。在 Word 文档中插入 Excel 工作表对象后，就会在当前窗口打开源程序窗口，当前窗口的菜单和工具栏被源程序窗口的菜单和工具栏替换，如图 9-2 所示。

在源程序中用户可以对对象的数据进行修改，修改完毕，在源程序外单击鼠标回到原状态，如图 9-3 所示。如果要再次对对象中的数据进行编辑，双击嵌入对象就会在当前窗口打开源程序窗口。

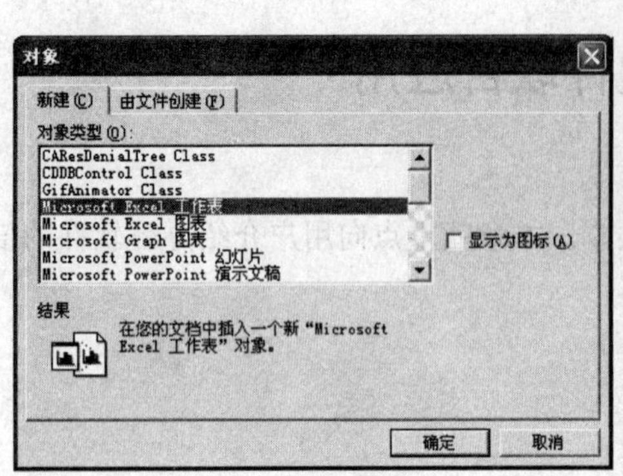

图9-1　新建对象

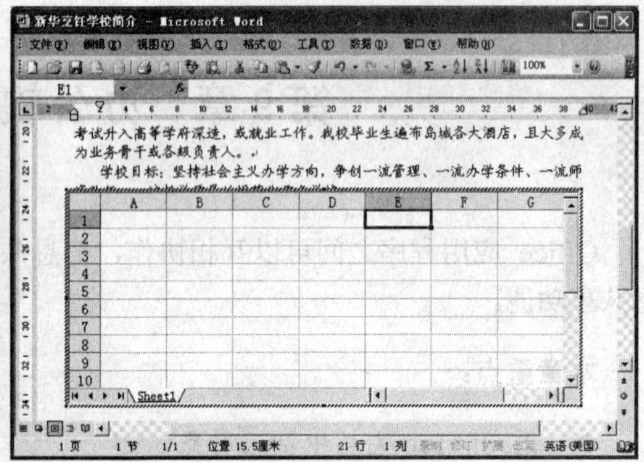

图9-2　在Word文档中插入Excel工作表后的源程序窗口

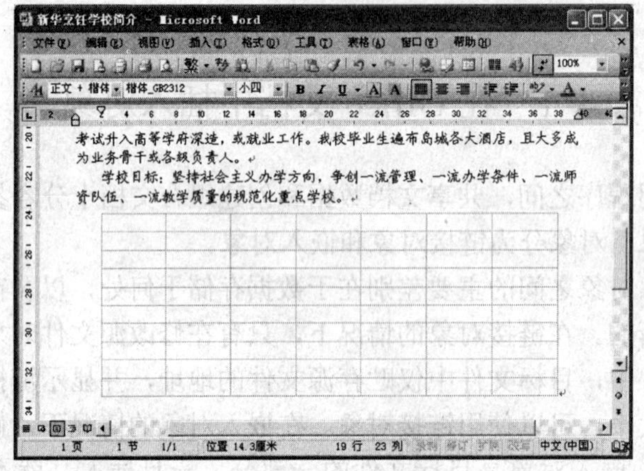

图9-3　在Word文档中插入Excel工作表后的原文档状态

9.1.2　在文档中插入文件对象

用户还可以在文档中根据已有文件在文档中插入对象，在文档中插入已有文件对象的具体操作方法如下：

（1）打开文档，将插入点定位在要放置链接对象的位置。

（2）单击“插入”|“对象”命令，打开“对象”对话框，选择“由文件创建”选项卡，如图9-4所示。

（3）在“文件名”文本框中输入文件的全名，或者单击“浏览”按钮，在“浏览”对话框中的列表中进行选择。

（4）在对话框中如果选中“链接到文件”复选框，双击该对象会出现源程序窗口，在源程序中对数据进行编辑时将会反映到文档中的对象中。如果在没有打开文档时对源程序文件作了改动，同样会反映到文档中的对象中。

（5）在对话框中如果选中“显示为图标”复选框，则对象显示为图标，双击图标也会打开源文件。如果要更改图标样式，单击“更改图标”按钮，打开“更改图标”对话框，如图9-5所示。单击“浏览”按钮，在打开的对话框中选择图标的样式。

（6）单击“确定”按钮，对象创建成功。

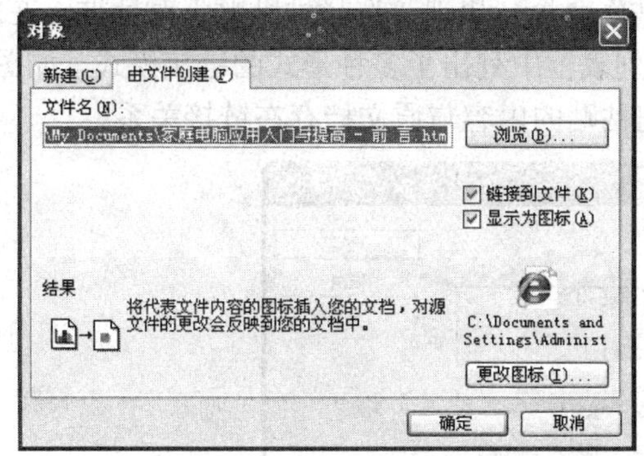

图 9-4　由文件创建对象

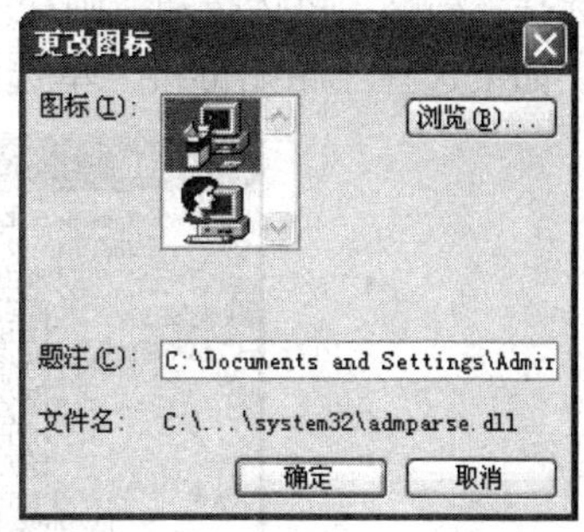

图 9-5　“更改图标”对话框

9.2　Word 与 Excel 共享信息

Word 可以制作表格，Excel 更是借助表格来管理数据的工具，在 Word 中加入 Excel 生成的表格是我们常常见到的一种数据共享。

9.2.1　在 Word 中调用 Excel 资源

在 Word 中用户可以采用插入对象的方式调用 Excel 中的数据，这种方法上面已经进行了详细介绍，这里就不再进行介绍。

另外，用户使用剪贴板可以轻易地把 Excel 中的表格粘贴到 Word 中，并且还可以建立链接关系。在 Excel 中选中要应用的数据，单击“编辑”|“复制”命令，然后切换到 Word 中，单击“编辑”|“粘贴”命令，选中的数据将被粘贴到文档中。此时在粘贴数据的一旁会出现智能标签，单击标签，出现一个如图 9-6 所示菜单。在菜单中如果选择“保留源格式并链接到 Excel”或“匹配目标区域表格样式并链接到 Excel”，则可以在粘贴数据和源数据之间建立链接关系，此时如果改变源数据将会影响到粘贴的数据。如果选择其他的选项则在源数据和粘贴的数据之间不能建立链接关系。

图 9-6　在文档中粘贴 Excel 中的数据

用户还可以在源数据和粘贴数据之间建立多种形式的链接模式。在 Excel 中复制数据后，在 Word 中单击“编辑”|“选择性粘贴”命令，出现“选择性粘贴”对话框，在对话框中选择“粘贴”单选按钮，则在“形式”列表框中列出了多种形式的链接模式，如图 9-7 所示。如果选择“粘贴链接”单选按钮，则粘贴的内容与原文档存在链接关系。

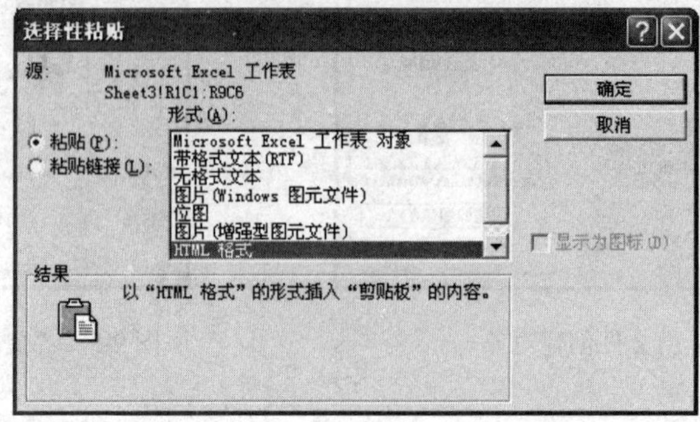

图 9-7　建立多种形式的链接模式

“选择性粘贴”对话框“形式”列表中的模式作用如下：

- Microsoft Excel 工作表对象：粘贴数据作为 Word 中的一个 Excel 对象，双击对象出现源数据程序，用户可以对源数据进行编辑，此编辑影响到 Word 中的数据。
- 带格式文本：粘贴数据作为一个具有与来源数据相同的格式化表格数据，在当前文档中无法打开源数据，但如果表格中的数据发生变化将会影响到 Word 中的数据。
- 无格式文本：粘贴数据作为一个没有格式的表格数据，在当前文档中无法打开源数据，但如果表格中的数据发生变化将会影响到 Word 中的数据。
- 图片（Windows 图元文件）：粘贴数据作为一个图片对象，双击图片出现源数据程序，用户可以对源数据进行编辑，此编辑影响到 Word 中的数据。
- 位图：粘贴数据作为一个图片数据但以位图的方式来呈现，双击图片出现源数据程序，用户可以对源数据进行编辑，此编辑影响到 Word 中的数据。
- HTML 格式：粘贴数据作为一个以 HTML 格式来显示的格式化表格数据，在当前文档中无法打开源数据，但如果表格中的数据变化将会影响到 Word 中的数据。
- 无格式的 Unicode 格式：粘贴数据作为一个没有格式而数据为 Unicode 的表格数据，在当前文档中无法打开源数据，但如果表格中的数据发生变化将会影响到 Word 中的数据。

9.2.2　在 Excel 中调用 Word 资源

在 Excel 中调用 Word 资源时，用户也可以采用插入对象、直接粘贴、选择性粘贴的方式进行。可参照前一小节进行操作，在此不再赘述。

9.3　Word 与 PowerPoint 共享信息

表面上看起来 Word 与 PowerPoint 毫无牵连，实际 Word 与 PowerPoint 一样可以实现信息共享。

9.3.1　由 Word 大纲创建 PowerPoint 演示文稿

Word 的大纲和 PowerPoint 的大纲极为类似，它们都以标题的形式展示文件，在 Word 文档中，用户可以将大纲文档导出到 PowerPoint 中创建 PowerPoint 的大纲。

例如，要将图 9-8 所示的大纲文档导出到 PowerPoint 中，在大纲文档中单击“文件”|“发送”|“Microsoft Office PowerPoint”命令，此时系统会自动创建一个 PowerPoint 文档，如图 9-9 所示。在大纲文档中只有采用了“标题 1”、“标题 2”等样式的文本才能进入到 PowerPoint 中，其他文本被忽略。PowerPoint 将依据 Word 文档中的标题层次决定其在 PowerPoint 大纲文件中的地位。例如，应用“标题 1”样式的文本将成为幻灯片主标题，应用“标题 2”样式的文本将成为副标题，依此类推。

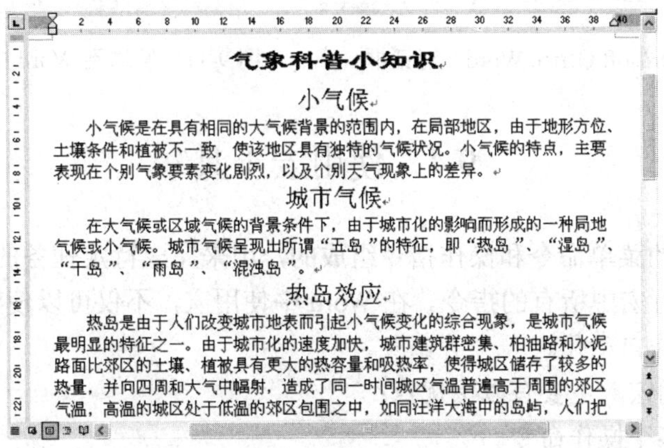

图 9-8　大纲文档

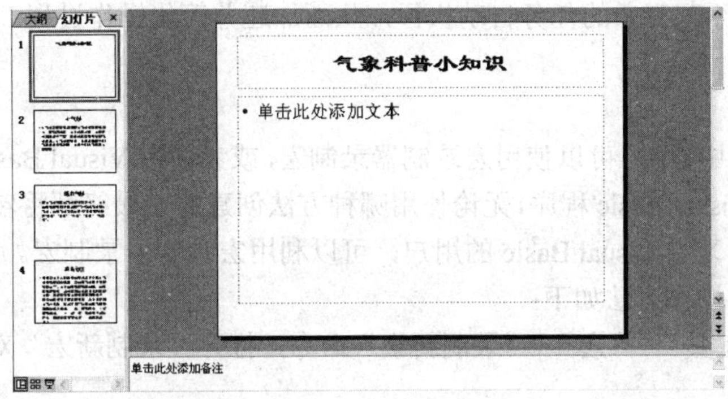

图 9-9　使用大纲文档创建的演示文稿

9.3.2　将 PowerPoint 信息发送到 Word 中

用户也可以在 PowerPoint 中编辑好内容，然后将它发送到 Word 中。

在 PowerPoint 中单击“文件”|“发送”|“Microsoft Office Word”命令，打开“发送到 Microsoft Office Word”对话框，如图 9-10 所示。在对话框中选中适当的选项，单击“确定”按钮。选择的版式不同，发送后的效果会有所不同，如选中“空行在幻灯片旁”，则效果如图 9-11 所示。

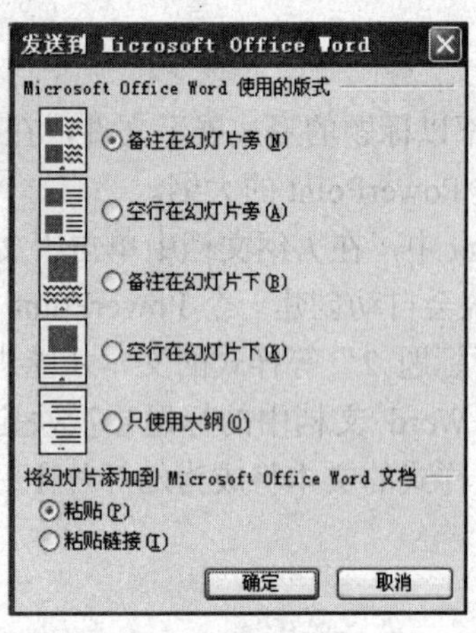

图 9-10 “发送到 Microsoft Office Word”对话框

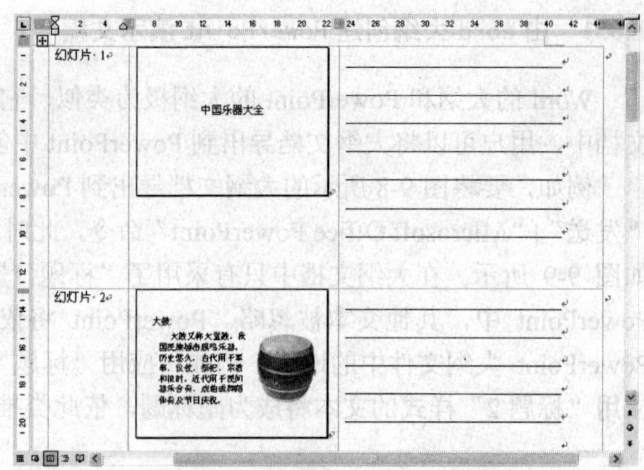

图 9-11 发送到 Word 中的效果

9.4 使用宏工具

宏是由一系列的菜单命令和操作指令组成的，用来完成特定任务的指令集合。执行一个宏，就是依次执行宏中所有的指令。在 Word 中使用宏，不仅可以使繁琐的任务简单化，还可以实现重复操作自动化。

在 Word 中使用宏，主要有以下优点：

- 可以组合多个操作命令。
- 使对话框中的选项更易于访问。
- 可以使一系列复杂的任务自动执行，从而加速并简化操作过程。

9.4.1 创建宏

在 Word 2003 中，用户可以使用宏录制器录制宏，或者使用 Visual Basic 编辑器编辑宏。宏实质上是一个 Visual Basic 程序，无论使用哪种方法创建的宏最终都将转换为 Visual Basic 代码。对于没有学习过 Visual Basic 的用户，可以利用宏录制器录制宏。

创建宏的基本操作方法如下：

（1）单击“工具”|“宏”|“录制新宏”命令，打开“录制新宏”对话框，如图 9-12 所示。

（2）在“宏名”文本框中输入所要创建的宏的名称。

（3）在“将宏保存在”下拉列表中选定宏所要存放的位置。

（4）如果需要包含宏的说明，在“说明”编辑框中输入相应的文字。

（5）最后单击“确定”按钮，打开“停止录制”工具栏，如图 9-13 所示。在此工具栏中包括了两个按钮：停止录制和暂停录制。当要停止宏的录制操作时，单击“停止录制”按钮即可；如果要暂停录制，可单击“暂停录制”按钮。

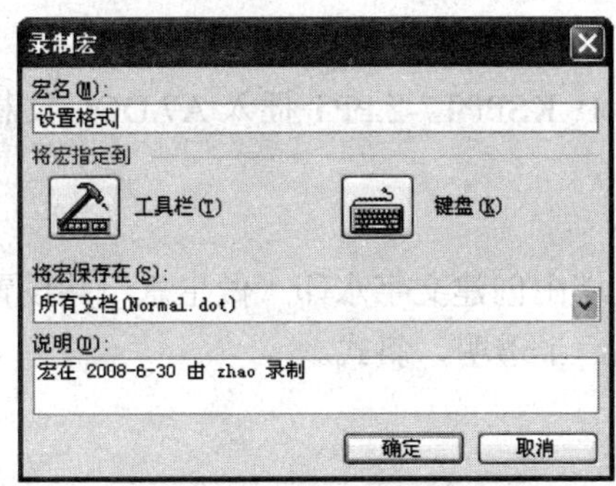

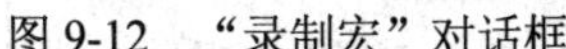
图 9-12　“录制宏”对话框

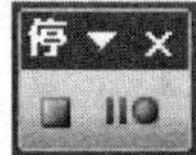

图 9-13　“停止录制”工具栏

9.4.2　运行宏

用录制或其他方法创建了宏后，就可以在文档中运行宏了。某个宏被运行后，系统就会自动执行该宏中所保存的操作系列，这样就省去了一些重复性的操作，节省了大量的时间，提高了工作效率。

运行录制宏的基本操作方法如下：

（1）单击“工具”|“宏”|“宏”命令，打开“宏”对话框，如图 9-14 所示。

（2）在“宏名”对话框中选择要运行宏的名称。

（3）单击对话框中的“运行”按钮，则系统依次执行宏中所有的指令。

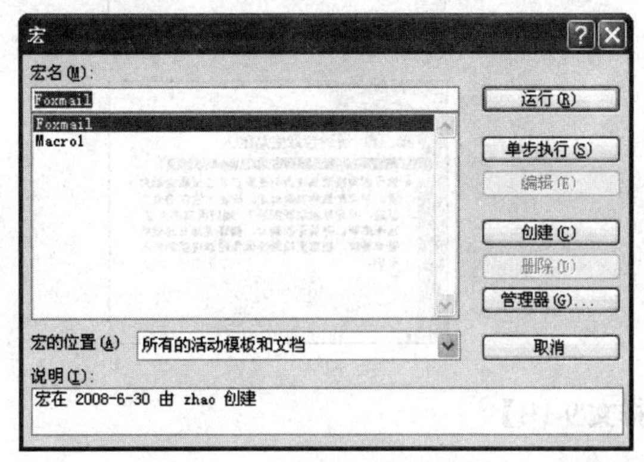

图 9-14　“宏”对话框

9.5　本 章 练 习

操作题

将随书所附光盘素材文件夹 KSML2 内的 KS7-2.doc 文件复制到用户文件夹中，并重命名为 A9.DOC。打开文档 A9.DOC，按如下要求进行操作：

1．利用文档大纲创建演示文稿

- 按照【样文 9-1A】所示，以当前文档大纲结构，在 PowerPoint 中创建四张幻灯片，并将演示文稿应用设计模板 capsules.pot。
- 为所有幻灯片预设“回旋”的动画方案，并将演示文稿保存在考生目录下 A7.PPT。

2．在演示文稿中插入声音文件

按照【样文 9-1A】所示，在第二张幻灯片中插入声音文件 KSML3\KSWAV7-2.mid，替换图标为 KSML3\ KSICO7-2A.ICO，并设置对象格式为宽 5.98cm、高 4.49cm。

3．在文档中插入另一文档

按照【样文 9-1B】所示，将素材 KSML1\ KSPPT7-2.PPT 插入 A7.DOC 文档文本“做人做事做生意”后面。

4．文档中插入水印

按照【样文 9-1B】所示，在 A7.DOC 文档中创建文字水印“做生意”并设置水印格式为宋体，设置尺寸为自动，颜色为灰度-40%，半透明，斜式。

【样文 9-1A】

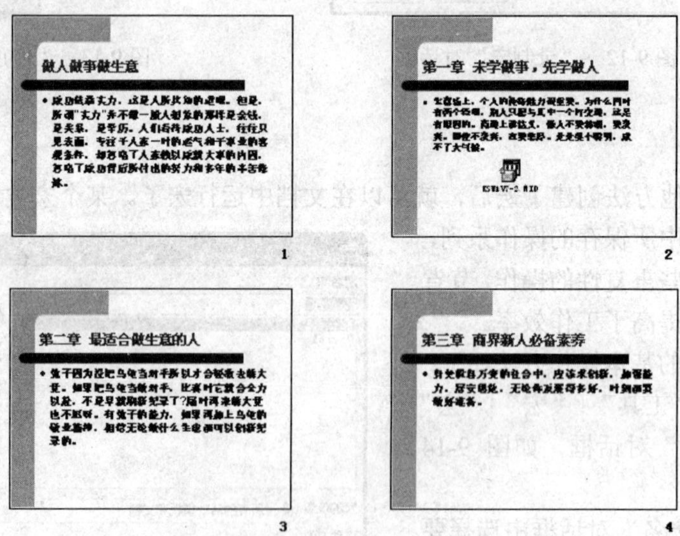

【样文 9-1B】

做人做事做生意 KSPPT7-2.PPT

成功依靠实力，这是人所共知的道理。但是，所谓“实力”并不像一般人想象的那样是金钱，是关系，是学历。人们看待成功人士，往往只见表面，专注于人家一时的运气和干事业的客观条件，却忽略了人家赖以成就大事的内因，忽略了成功背后所付出的努力和多年的辛苦修炼。

第一章 未学做事，先学做人

生意场上，个人的性格魅力很重要。为什么同时有两个经理，别人只愿与其中一个打交道，这是有原因的。商道上讲信义，做人不要黏糊，要豪爽。即使不豪爽，也要憨厚。处处耍小聪明，成不了大气候。

第二章 最适合做生意的人

兔子因为没把乌龟当对手所以才会轻敌去睡大觉。如果把乌龟当做对手，比赛时它就会全力以赴，不是早就刷新纪录了？届时再来睡大觉也不迟呀。有兔子的能力，如果再加上乌龟的敬业精神，相信无论做什么生意都可以创新纪录的。

第三章 商界新人必备素养

身处瞬息万变的社会中，应该求创新，加强能力，居安思危，无论你发展得多好，时刻都要做好准备。

（6）单击“确定”按钮，对象创建成功。

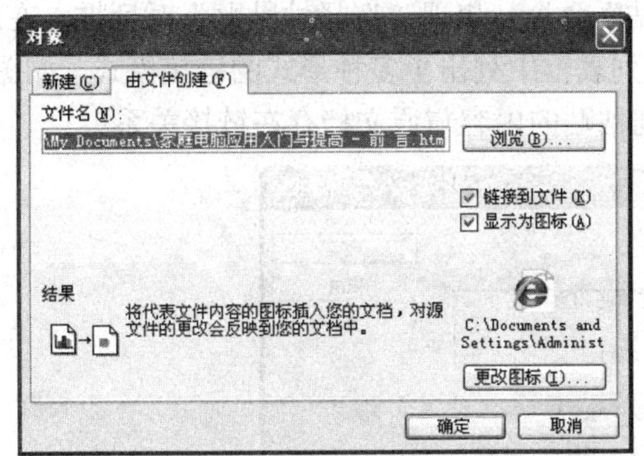

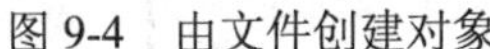

图 9-4　由文件创建对象

做生意

第 10 章　Outlook 2003 应用

Outlook 2003 是 Office 2003 的一个组件，它是一种信息管理和处理的软件，使用它可以对于个人信息如电子邮件、约会、联系人等进行管理，还可以在小组间使用电子邮件、小组日程安排等交换信息。利用 Outlook 2003，用户可以妥善处理每天遇到的大量信息，管理各种日常工作，将生活和工作安排得有条不紊。

本章重点

- 设置账户
- 利用 Outlook 2003 收发邮件
- 使用联系人
- 使用日历
- 创建任务

10.1　设 置 账 户

当初次打开 Outlook 2003 时，将被要求配置 Internet 邮件账户。如果早先版本的 Outlook（或其他 Internet 邮件客户端，如 Outlook Express）已经配置好了 Internet 邮件账户，该信息将在安装过程中自动导入到 Outlook 2003 中。如果没有原先的配置，Internet 连接向导将帮助用户创建一个 Internet 邮件账户。

10.1.1　创建新账户

用户可以在原有账户的基础上添加新的账户，在创建新的邮件账户时，Internet 连接向导将要求提供用户的名字、邮件账户地址、以及 POP3 或 IMAP 服务器（收信时用）和 SMTP 服务器（发信时用）的名字，这些信息需要从 ISP 或网络管理员处获得。

在 Outlook 2003 中添加 Internet 邮件账户的具体步骤如下：

（1）在“开始”菜单中单击“所有程序”|“Microsoft Office”|“Microsoft Office Outlook 2003”选项，即可启动 Outlook 2003，如图 10-1 所示。

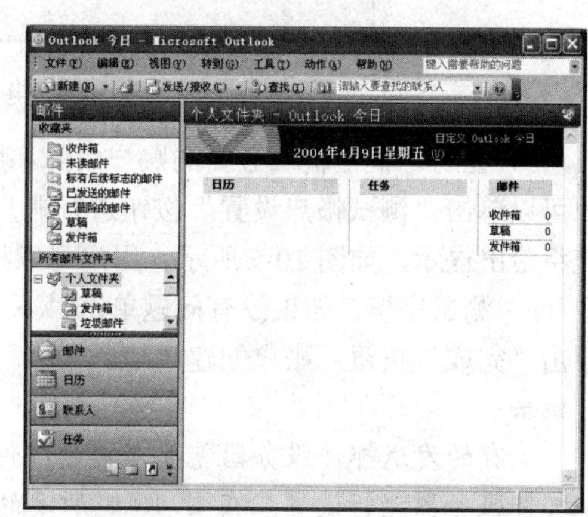

图 10-1　Outlook 2003 的界面

（2）单击“工具”|“电子邮件帐户”命令，打开“电子邮件帐户”对话框，如图 10-2 所示。

（3）在“电子邮件”区域选择“添

加新电子邮件帐户”单选按钮，单击“下一步”按钮，进入选择“服务器类型”对话框，如图 10-3 所示。

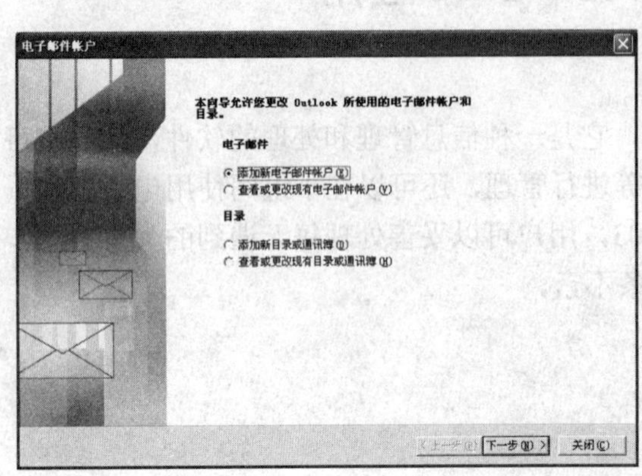

图 10-2 “电子邮件帐户”对话框

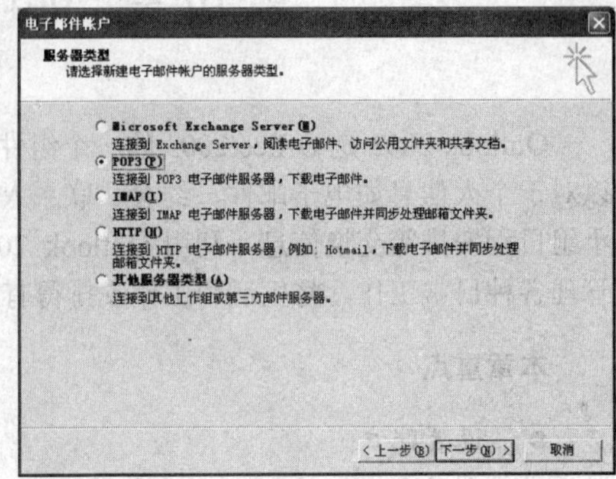

图 10-3 选择服务器类型

（4）在对话框中，用户可以选择电子邮件服务器的类型，要注意这里不能随意乱选，应根据自己网络连接服务器的类型进行选择。这里选中“POP3”单选按钮，单击“下一步”按钮，进入“Internet 电子邮件设置”对话框，如图 10-4 所示。

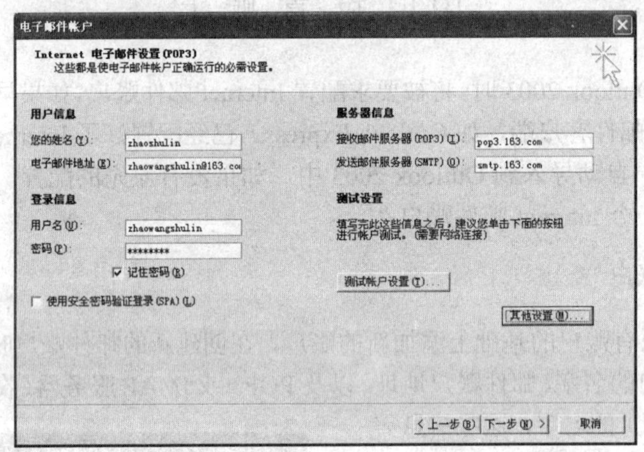

图 10-4 电子邮件设置

（5）在对话框中输入必要的账户信息和服务器的信息，为了能够保证设置的正确性，用户可以单击“测试帐户设置”按钮进行账户的测试。如果在执行某一任务时出现错误，系统将给出提示，如图 10-5 所示，用户可以根据提示重新进行设置。

（6）测试完毕，如果没有问题单击“下一步”按钮进入“祝贺你”对话框，在对话框中单击“完成”按钮，账户创建成功。

提示：

有的发送邮件服务器需要与接受邮件服务器有相同的设置，此时可以对发送邮件服务器进行设置。在图 10-4 所示的对话框中单击“其他设置”按钮，打开“Internet 电子邮件设置”对话框，选择“发送服务器”选项卡，如图 10-6 所示。

选中“我的发送服务器（SMTP）要求验证”复选框，然后选中“使用与接收邮件服务器相同的设置”单选按钮。

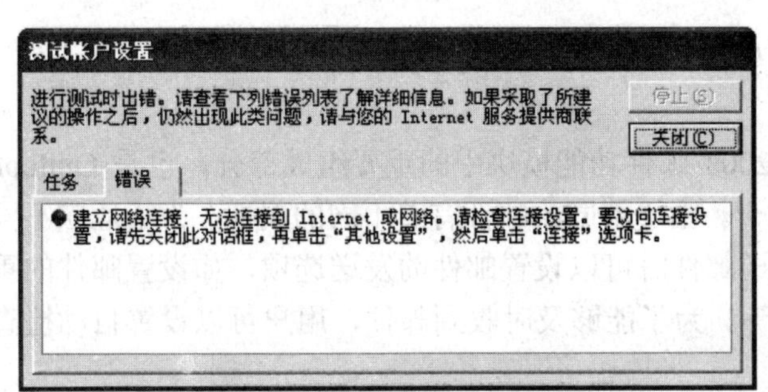

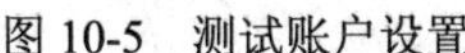
图 10-5　测试账户设置

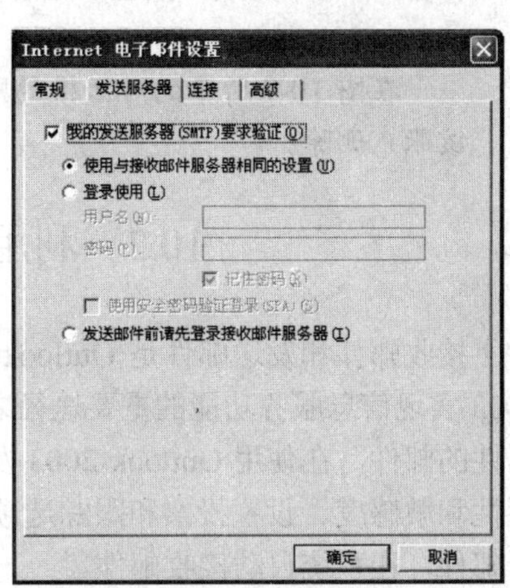

图 10-6　设置发送服务器

10.1.2　修改账户

有时候用户想更改账户，或者由于某种原因更换了 ISP 而必须对服务器的设置进行修改。用户最常用的方法是删除原来的账户，然后再添加一个新的账户。不过这样做有点麻烦，用户可以在原账户的基础上进行修改。修改账户的具体步骤如下：

（1）单击“工具”|“电子邮件帐户”命令，打开“电子邮件帐户”对话框，在对话框中选择“查看或更改现有电子邮件帐户”单选按钮，单击“下一步”按钮进入如图 10-7 所示对话框。

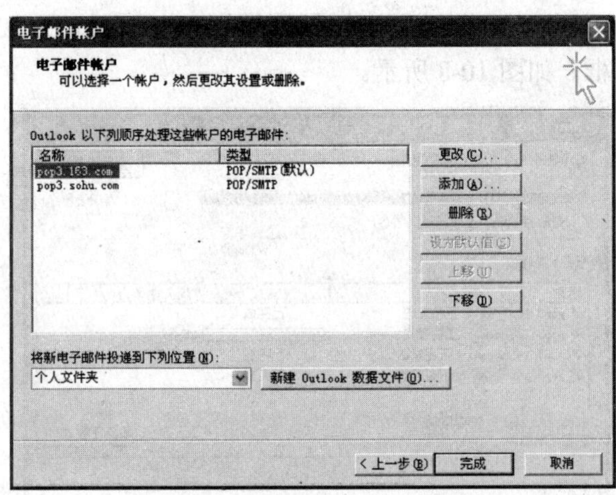

图 10-7　选择电子邮件账户

（2）在电子邮件账户名称列表中选定要修改的账户，单击“更改”按钮，打开“电子邮件设置”对话框，如图 10-4 所示。

（3）在对话框中用户可以对个人信息和邮件服务器信息进行修改，修改完毕单击“下一步”按钮返回图 10-7 所示的对话框。

（4）单击“完成”按钮，账户更改完毕。

提示：

在图 10-7 所示的对话框的账户列表中选中一个账户，单击“删除”按钮可将该账户删除。

10.2　利用 Outlook 2003 收发邮件

接收邮件和发送邮件是 Outlook 2003 邮件功能模块中的重要组成部分，也是 Outlook 2003 实现信息服务功能的重要途径之一。由于不同的邮件有着不同的属性，为了适应不同属性的邮件，在使用 Outlook 2003 发送邮件时可以设置邮件的发送选项，如设置邮件的重要性和敏感度、设置投票和跟踪选项等。为了能够及时收到邮件，用户可以设置自动检查新邮件，让系统自动接收邮件。

10.2.1　接收邮件

用户想了解朋友的最新消息，经常性地检查是否收到电子邮件是很有必要的。用户可以设置 Outlook 2003 按照规定的时间间隔自动进行接收和发送电子邮件，也可以通过手工操作进行接收电子邮件。

1. 手动接收电子邮件

Outlook 2003 允许用户进行手动检查是否收到新邮件，检查新邮件时，Outlook 2003 将对指定邮件账户进行检查，同时把用户留在发件箱中的邮件发送出去。

手动接收电子邮件的方法很简单，单击“常用”工具栏上的“发送和接收”按钮，或单击“工具”|“发送和接收”|“全部发送/接收”命令，此时 Outlook 2003 将显示“Outlook 发送/接收进度”对话框，如图 10-8 所示。

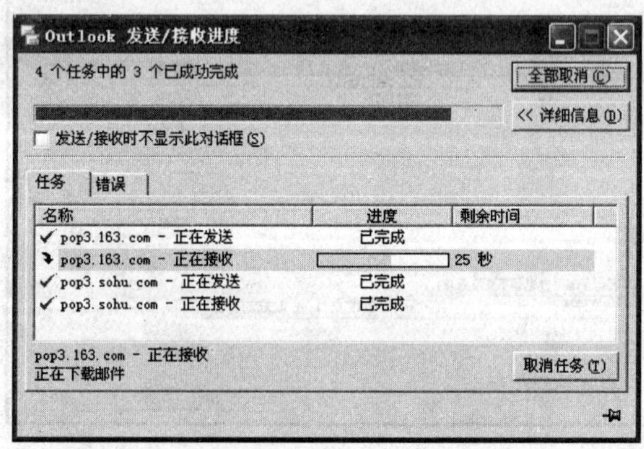

图 10-8　“Outlook 发送/接收进度”对话框

接收邮件的操作完成后，接收到的新邮件将出现在收件箱的邮件列表中并以加粗字体显示，同时在邮件项目的“收件箱”图标右边出项相应的数字，提醒用户收件箱中未阅读邮件的数量，如图 10-9 所示。

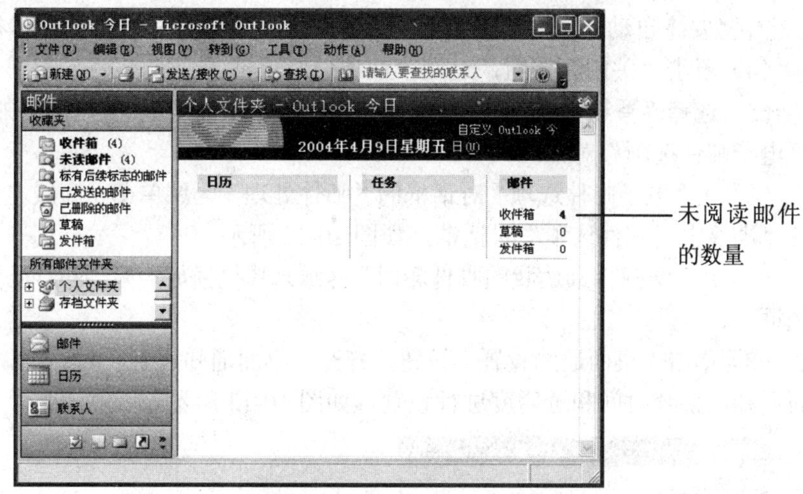

图 10-9　收到新邮件

提示：

在接收邮件时，如果用户的账户密码没有保存在列表中，则会打开“输入网络密码”对话框，要求用户输入密码。

2. 自动接收电子邮件

用户可以为 Outlook 2003 设置自动接收邮件功能，让 Outlook 2003 自动周期性地检查邮件，更新收件箱，还可以设置在新邮件到达时给出提示。

设置自动检查新邮件功能的具体步骤如下：

（1）单击“工具”|“选项”命令，打开“选项”对话框，选择“邮件设置”选项卡，如图 10-10 所示。

（2）在对话框中单击“发送和接收”按钮，打开“发送/接收组”对话框，如图 10-11 所示。

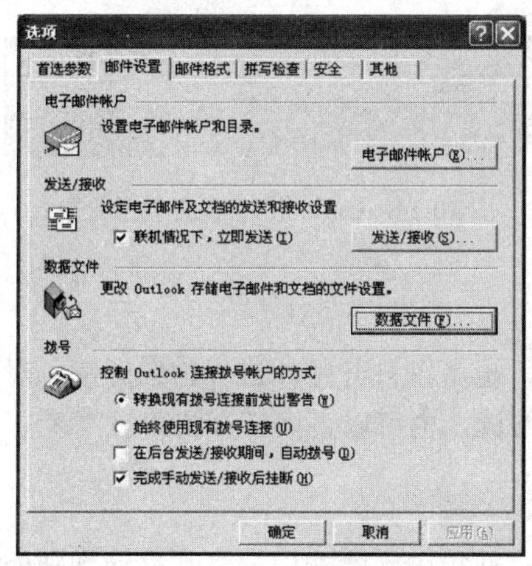

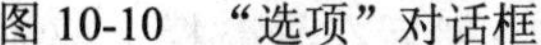

图 10-10　“选项”对话框

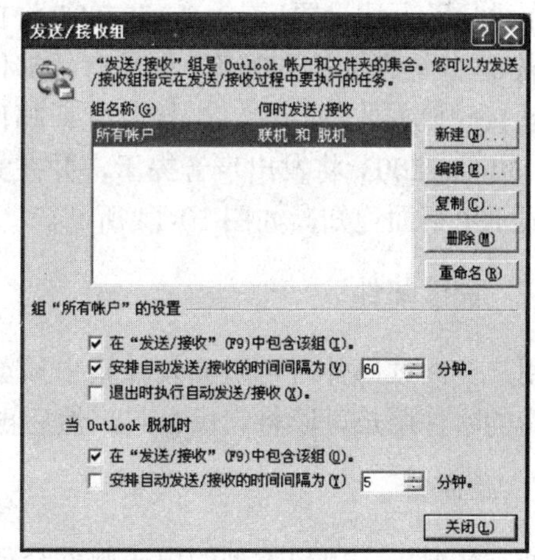

图 10-11　“发送/接收组”对话框

（3）在“组‘所有帐户’的设置”区域选中“在‘发送/接收’（F9）中包含该组”复选

框，选中“安排自动发送/接收的时间间隔为”复选框，并在后面的文本框中设置时间间隔。

（4）单击“关闭”按钮，返回“选项”对话框。

（5）选择“首选参数”选项卡，在“电子邮件”区域单击“电子邮件选项”按钮，打开“电子邮件选项”对话框。

（6）在“电子邮件选项”对话框的“邮件处理”区域单击“高级电子邮件选项”按钮，打开“高级电子邮件选项”对话框，如图 10-12 所示。

（7）在“新邮件到达我的收件箱时”区域选中“播放声音”和“显示新邮件桌面通知”复选框。

（8）单击“桌面通知设置”按钮，打开“桌面通知设置”对话框，在对话框中可以对桌面通知的持续时间和透明度进行设置，如图 10-13 所示。

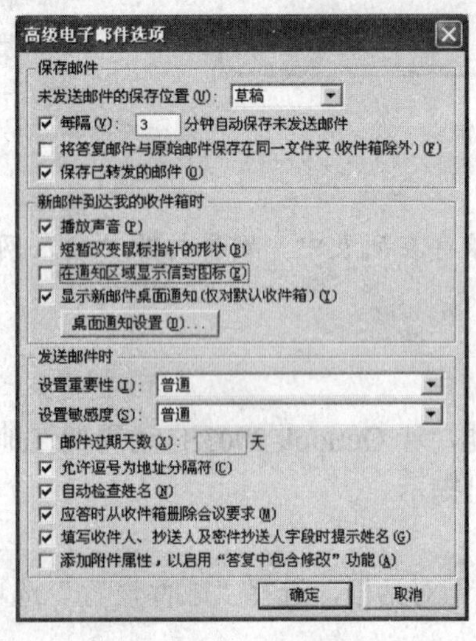

图 10-12 “高级电子邮件选项”对话框

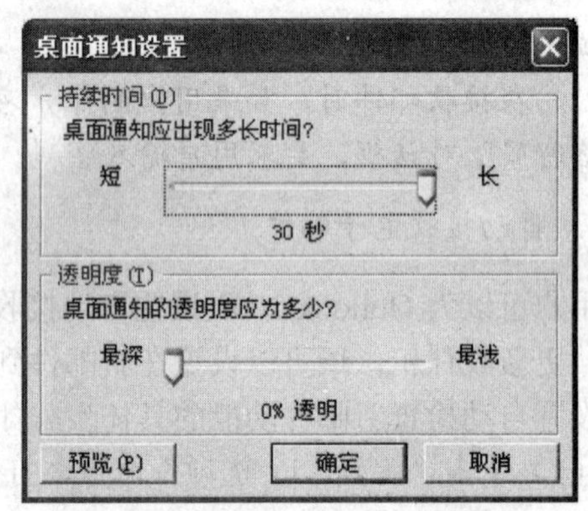

图 10-13 “桌面通知”对话框

（9）依次单击“确定”按钮，关闭所有对话框。

在进行了上述设置后，Outlook 2003 将自动每隔 60 分钟自动检查邮箱，如果有新邮件将自动接收放入收件箱中。当接收到新邮件后，Outlook 2003 将发出声音提示，并在桌面上显示出桌面通知，如图 10-14 所示。

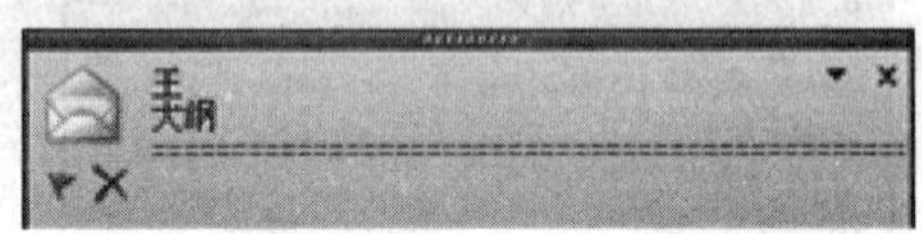

图 10-14 Outlook 2003 的桌面通知

10.2.2 阅读邮件

用户在阅读邮件时可以在收件箱中预览邮件，也可以打开邮件进行详细阅读，对于邮件中带的附件用户可以将它保存起来然后再进行阅读，也可以直接打开阅读。

1. 收件箱

通常情况下，用户收到的电子邮件会保存在收件箱中，除非用户将其移动到别处或者将其删除。在 Outlook 2003 左侧的导航栏中单击“邮件”，然后在导航栏上部的列表中单击“收件箱”，则在右侧显示出收件箱邮件列表，如图 10-15 所示。

在收件箱的邮件列表中，每个邮件项目都会带有一些符号，用户应理解这些符号的含义，这样可以使用户能够更加有效快捷地了解和组织电子邮件，甚至在阅读邮件前就可以知道该邮件的状态和性质。默认情况下，收件箱中没有被阅读的邮件以加粗字体显示，并且在该邮件的前面以符号标示；在邮件的前面以标示的邮件表示已被阅读，在邮件的后面带有标示的邮件说明该邮件带有标记，带有标示的邮件说明该邮件带有附件。

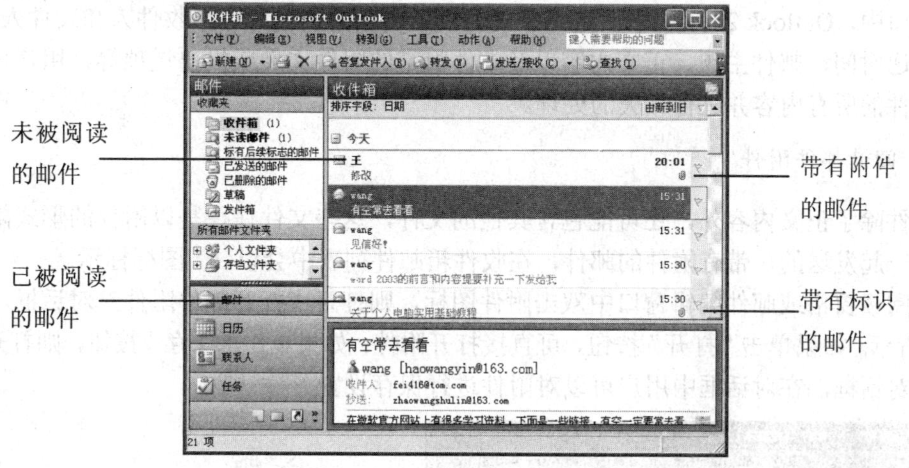

图 10-15　收件箱中的邮件列表

2. 预览邮件

在收件箱的邮件列表中显示了所有存放在收件箱中的信件，用户可以根据自己的需要决定是否需要通过阅读窗格或自动预览来查看邮件的内容。

默认情况下，进入收件箱后将自动显示阅读窗格，用户在邮件列表中单击需要阅读的邮件，则在阅读窗格中将会显示出该邮件的内容。用户可以根据需要将阅读窗格隐藏，或者改变阅读窗格的显示位置。单击“视图”|“阅读窗格”命令，在出现的子菜单中选择阅读窗格显示的位置或关闭阅读窗格，图 10-16 所示的就是阅读窗格显示在右侧的情况。

用户还可以在收件箱中自动预览邮件，单击“视图”|“自动预览”命令则会在收件箱中预览邮件的大体内容，如图 10-16 所示。

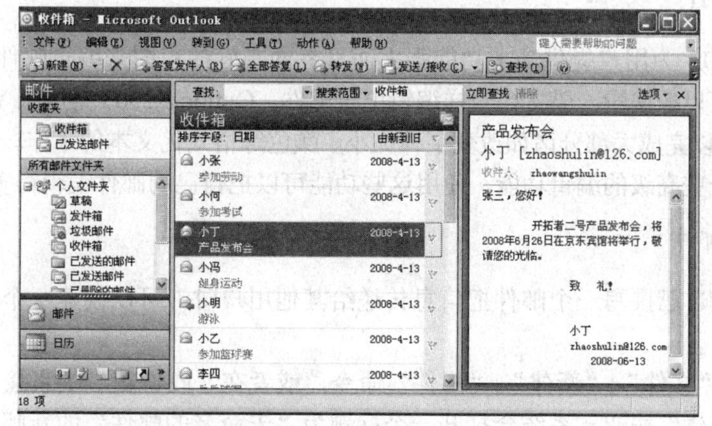

图 10-16　在收件箱自动预览和在阅读窗格中阅读

3. 详细阅读

在阅读窗格中可以对邮件进行阅读，但是如果邮件较大，在阅读窗格中阅读邮件将会是一件十分不舒服的事情，此时用户可以打开邮件编辑窗口阅读邮件。

在邮件列表中双击要打开的邮件，或在要打开的邮件上单击鼠标右键，在弹出的快捷菜单中单击“打开”命令，被选中的邮件就会在邮件编辑窗口中被打开，如图 10-17 所示。在该窗口中，Outlook 2003 显示所选电子邮件的所有信息内容，包括收件人和发件人信息、邮件发送时间、邮件主题、正文内容以及邮件附带的附件文件或投票选项等，用户可以阅读该邮件的所有内容并进行相关的处理。

4. 阅读邮件附件

邮件除了正文内容外，还可能包含其他的文件，这些文件往往是以附件的形式附带在邮件中一起发送的。带有附件的邮件，在收件箱邮件列表中会以 图标标示。

在阅读窗格或邮件编辑窗口中双击附件图标，则打开“打开邮件附件”对话框，如图 10-18 所示。如果单击“打开”按钮，可直接打开附件；如果单击“保存”按钮，则打开“另存为”对话框，在对话框中用户可以对附件进行保存设置。

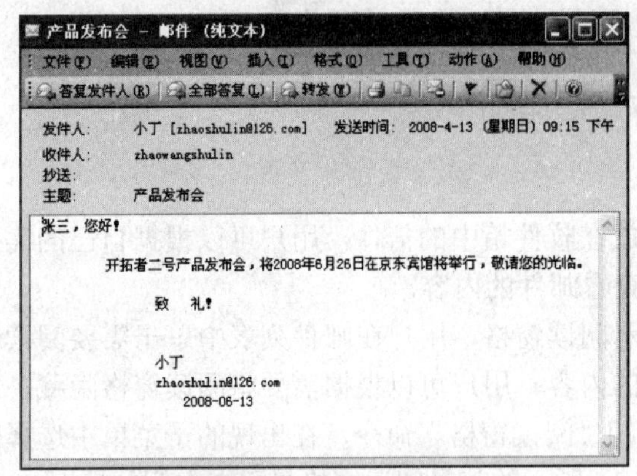

图 10-17 详细阅读邮件

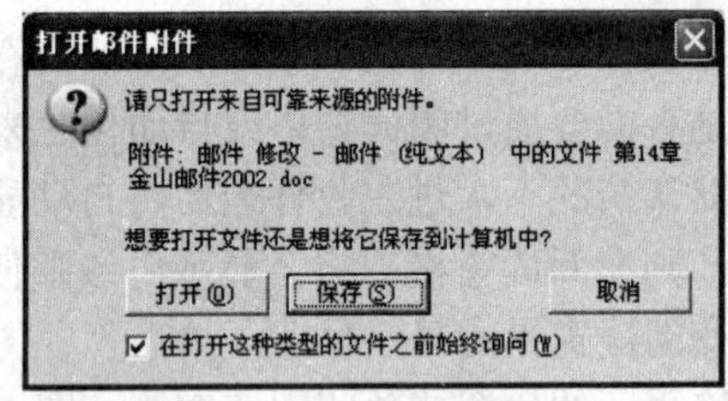

图 10-18 “打开邮件附件”对话框

10.2.3 编辑邮件

Outlook 2003 为用户提供功了功能强大而且界面友好的视图来编辑邮件，在 Outlook 2003 中，用户可以像编辑一般文档一样编辑电子邮件。Outlook 2003 集成了 Word 的部分功能，这些功能可以完成大部分诸如改变字体大小、颜色等格式化文本的工作。另外，Outlook 2003 还提供了一些高级的编辑功能，使用这些功能可以把自己的邮件编辑得多姿多彩。

1. 创建新邮件

当用户希望自己撰写一个邮件把信息传递给其他用户时，可以创建一个新的邮件，具体步骤如下：

（1）单击“文件”|“新建”|“邮件”命令，或者在“收件箱”中直接单击“常用”工具栏上的“新建”按钮，系统会打开一个标题为“未命名的邮件”的新邮件编辑窗口，

如图 10-19 所示。

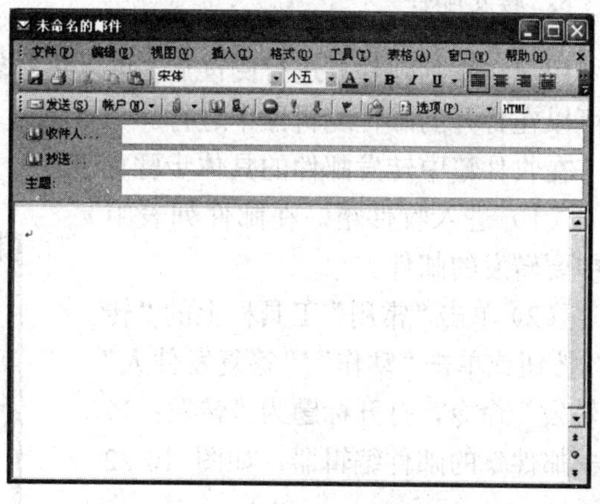

图 10-19　新邮件编辑窗口

（2）在“收件人”文本框中直接键入标准的电子邮件格式，用户可以键入一个或多个收件人姓名和地址，中间用分号（;）分隔开。

（3）如果该邮件需要抄送给另外一个人，在“抄送”文本框中输入抄送人的电子邮件地址。

（4）在主题文本框中输入该邮件的主题。

（5）在邮件文本编辑区中输入具体的信件内容。

提示：

如果收件人在通讯簿中，可以在“收件人”文本框中键入收件人姓名，Outlook 2003 将键入的姓名与通讯簿中的条目进行匹配，并按标准的电子邮件地址格式接收条目。

2．使用信纸

Outlook 2003 提供了不同格式的信纸，在编辑邮件时用户可以根据邮件内容的需要选用合适的信纸，使自己的邮件个性化。

在编辑邮件时使用信纸的步骤如下：

（1）在 Outlook 2003 左侧的导航栏中单击“邮件”按钮，切换到“邮件”选项。

（2）单击“动作”|“新邮件使用”|“其他信纸”命令，打开“选择信纸”对话框，如图 10-20 所示。

（3）在“信纸”列表中选择需要的信纸，在“预览”窗口查看所选信纸的效果。

（4）单击“确定”按钮，系统将自动打开邮件编辑器，所选的信纸将加入到新建的邮件中，如图 10-21 所示。

图 10-20　“选择信纸”对话框

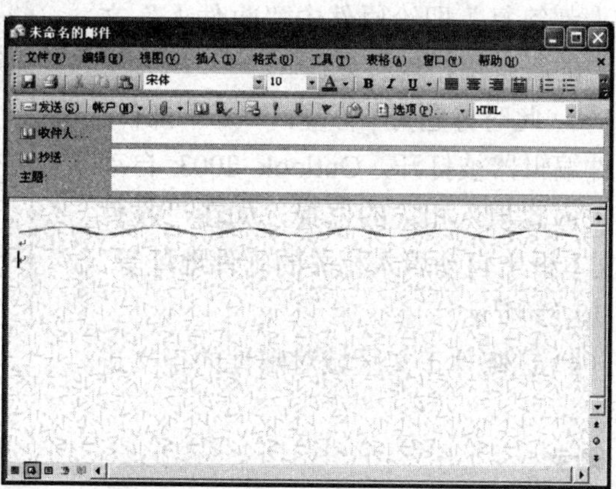

图 10-21　在邮件中使用信纸

3. 转发邮件

用户在收到邮件并进行阅读后，可以进行转发的操作，转发邮件可以在收件箱中进行，也可以在打开的邮件编辑器中进行。

在收件箱中转发邮件的具体步骤如下：

（1）进入收件箱，在邮件列表中选中要转发的邮件。

（2）单击“常用”工具栏上的“转发”按钮或单击“动作”|“答复发件人”|“转发”命令，打开标题为“转发：××－邮件”的邮件编辑器，如图 10-22 所示。

（3）在“收件人”文本框中输入收件人的地址。

（4）在邮件原件上添加内容或对邮件原件进行修改。

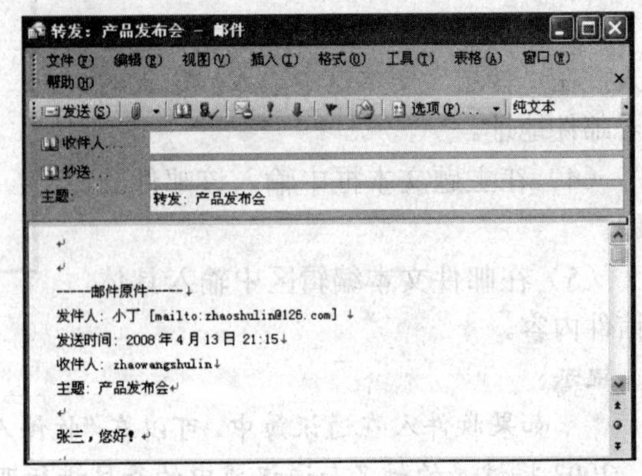

图 10-22　转发邮件

提示：

如果用户正在邮件编辑窗口中阅读邮件，也可以单击“常用”工具栏上的“转发”按钮或执行“动作”|“转发”命令进行转发。

4. 答复邮件

用户在收到邮件并进行阅读后，可以进行答复发件人的操作，答复邮件可以在收件箱中进行，也可以在打开的邮件编辑器中进行。

答复邮件的具体操作步骤如下：

（1）在收件箱的邮件列表中双击要回复的邮件将它打开。

（2）单击常用工具栏上的“答复发件人”按钮则只答复该邮件的发件人；如果单击“全部答复”按钮则给收到邮件人的每个人都答复，即给原件中“收件人”文本框中的所有用户均答复。

（3）此时标题为“答复：××－邮件”的邮件编辑器被打开，Outlook 2003 自动将有关内容填入相关的位置，如在“收件人”文本框中自动填入相关的邮件地址等，如图 10-23 所示。

（4）在邮件正文区域对邮件的正文进行编辑。

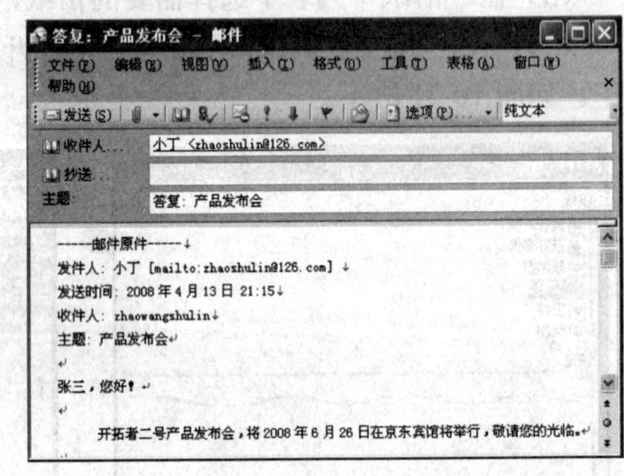

图 10-23　答复邮件

提示：

用户也可在收件箱中直接回复邮件，在邮件列表中选中要答复的邮件，单击“常用”工具栏上的“答复发件人”按钮或执行“动作”|“答复发件人”命令。

5. 在邮件中插入附件

用户除了可以在邮件中撰写邮件内容外，还可以将计算机中的文件作为附件插入到编辑的邮件中，随邮件一起发送，使用这个功能可以非常容易地和其他用户交流资料或信息。

在邮件中插入附件的具体步骤如下：

（1）将鼠标定位在新邮件的正文编辑区。

（2）单击“插入”|“文件”命令，或单击“插入文件”按钮，打开“插入文件”对话框。

（3）在“插入文件”对话框中选择一个要插入的文件，单击“插入”按钮，选中的文件就作为附件插入到新邮件中了，如图 10-24 所示。

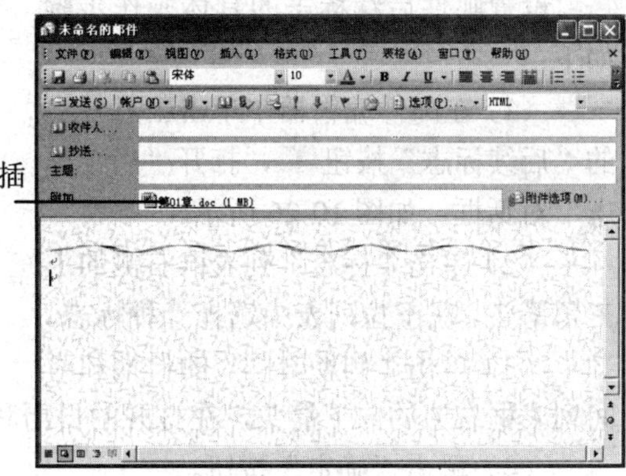

图 10-24 在邮件中插入附件

10.2.4 设置邮件的发送选项

由于每一个邮件都具有各自不同的特点，Outlook 2003 根据这些特点，归纳了邮件的诸多属性并加以分类，做成高级选项。用户在发送邮件之前就可以根据需要对这些选项进行适当的设置。

设置邮件发送选项的具体操作步骤如下：

（1）在邮件编辑器中单击工具栏上的“选项”按钮右侧的下三角箭头，在下拉列表中选择“选项”选项打开“邮件选项”对话框，如图 10-25 所示。

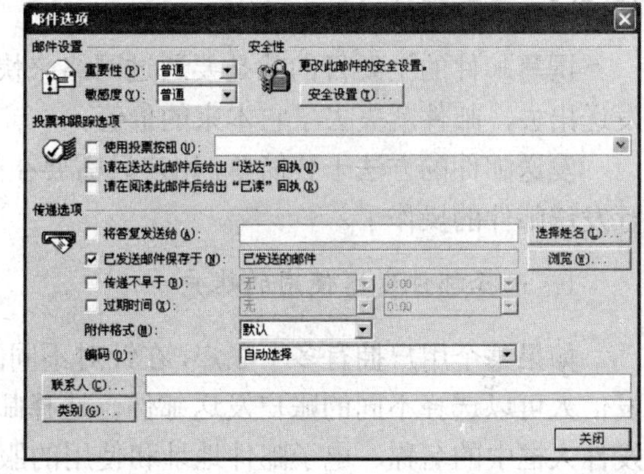

图 10-25 “邮件选项”对话框

（2）在“邮件设置”区域单击“重要性”文本框右侧的下三角箭头，在下拉列表中选择需要的重要性级别。

（3）在“邮件设置”区域单击“敏感度”文本框右侧的下三角箭头，在下拉列表中选择需要的敏感度。

（4）在“投票和跟踪选项”区域用户可以设置邮件的投票和跟踪选项。

（5）在“传递选项”区域用户可以设置邮件的传递选项。

提示：

重要性共有“低”、“普通”和“高”三个选项，通常情况下其默认值为“普通”。用户也可以在邮件编辑器中单击工具栏上的重要性快捷图标来完成重要性的设置，单击“重要性高”图标，则该邮件被设置为重要性高；单击“重要性低”图标，则该邮件被设置为重要性低。

10.2.5　设置电子邮件的后续标志

使用邮件的后续标志，可以让 Outlook 提醒用户进行某项工作，用户还可以设置该项工作的到期时间，工作完成后还可以把后续标志设置为“完成”。

设置邮件后续标志的具体操作步骤如下：

（1）在邮件编辑器中单击工具栏上的“后续标志”按钮，打开“后续标志”对话框，如图 10-26 所示。

（2）单击“标志”列表框右侧的下三角箭头，在下拉列表中选择一种标志。

图 10-26　“后续标志”对话框

（3）单击“到期时间”的日期和时间列表框右边的向下箭头，在打开的日历和下拉列表中选择到期日期和时间。

（4）单击“确定”按钮。

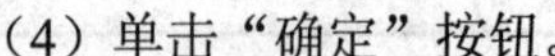

用户在收到有后续标志的邮件后，在该邮件的编辑对话框的上方将会显示出发件人设置的后续标志。

10.2.6　发送邮件

撰写邮件的主要目的就是要通过网络来快速传递信息，如果所撰写的邮件无法正确地发送出去，邮件就失去了它本来的价值。

发送邮件的方法十分简单，用户只需要在邮件编辑窗口中单击“发送(S)”按钮就可以执行发送邮件的操作了。

1. 选择邮件发送使用的账户

如果某个用户拥有多个账户，在针对不同的收件人发信时为了能够让收件人易于分辨，发信人可以选择不同的账户发送邮件。选择邮件发送账户将决定收件人收到邮件时显示于发件人框中的名称、电子邮件地址和使用的服务器。

选择邮件发送使用的电子邮件账户的具体步骤如下：

（1）邮件编辑器中单击“帐户”按钮 帐户(A)· 右侧的下三角箭头，出现一个账户列表。

（2）在账户列表中选择一个账户

（3）单击“发送”按钮，使用该账户发送邮件。

2. 发送草稿箱中的邮件

用户在编辑邮件时如果对邮件的编辑未完成或已经编辑完成但又决定暂时不发送，此时可将它们保存在草稿箱中。单击“文件”|“保存”命令或单击工具栏上的“保存”按钮即可将编辑的邮件保存到草稿箱中。用户可以在需要的时候把草稿箱中的邮件发送出去。

发送草稿箱中邮件的具体步骤如下：

（1）在 Outlook 2003 左侧的导航栏中单击“邮件”，然后在导航栏上部的列表中单击“草稿”，打开草稿箱。

（2）在邮件列表中双击要发送的邮件，在邮件编辑器中将它打开。

（3）如果需要修改，在邮件编辑器中修改邮件内容。

（4）单击“常用”工具栏上的“发送”按钮。

10.3　使用联系人

在 Outlook 2003 中，联系人的功能就好比生活中的通讯簿、电话号码本等载体。用户可以将与自己有联系的有关人员的各种信息集中到联系人文件夹中。联系人其实也是一个数据库，它存放用户创建的所有有关联系人的信息，并且可以被 Outlook 2003 的其他功能模块调用。利用它可以对各种人员信息进行高效、灵活的管理，省去许多不必要的重复性工作。

10.3.1　创建联系人

首次使用 Outlook 2003 时，联系人文件夹是空的，用户需要创建自己的联系人。用户可以创建包含全新信息的联系人，也可以通过同一单位的其他联系人来创建联系人，还可以从收到的电子邮件中创建联系人。

1. 新建联系人

用户可以输入全新的信息来建立一个联系人，创建新联系人的具体步骤如下：

（1）在 Outlook 2003 左侧的导航栏中单击“联系人”按钮，切换到“联系人”项目，如图 10-27 所示。

（2）单击“文件”|“新建”|“联系人”命令，或单击“常用”工具栏的“新建”按钮，打开“未命名—联系人”编辑窗口。

（3）选择“常规”选项卡，如图 10-28 所示。在“姓氏”和“名字”文本框中输入联系人的姓名；在“电子邮件”文本框中输入联系人的电子邮件地址，如果该联系人有多个电子邮件地址，在输完一个电子邮件地址后单击右侧的下三角按钮，然后继续输入电子邮件地址；在对话框中输入其他的相关信息。

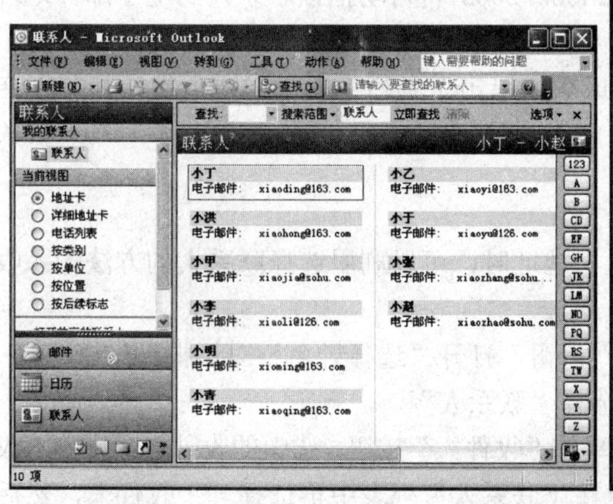

图 10-27　Outlook 2003 的联系人项目

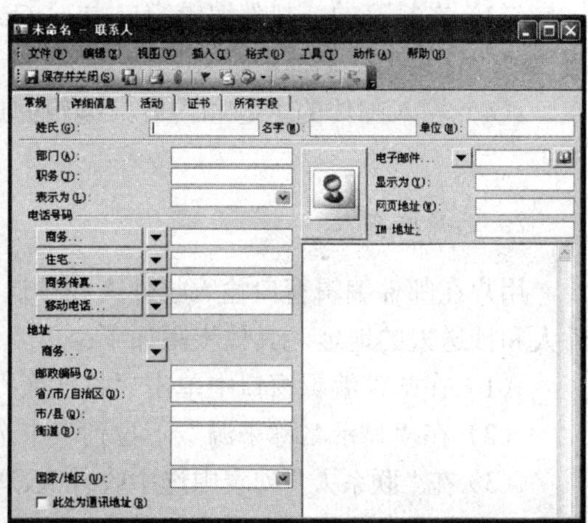

图 10-28　“未命名－联系人”窗口

（4）选择“详细信息”选项卡，在对话框中输入联系人的细节资料，如联系人生日及配偶信息等。

（5）单击“常用”工具栏上的“保存并关闭”按扭，添加的联系人将显示在联系人项目列表中。

2. 从收到的电子邮件中创建联系人

在收到的电子邮件中，通常会带有发件人姓名和电子邮件地址等信息，用户可以利用这些信息直接创建联系人。在收到的电子邮件中创建联系人的步骤如下：

（1）打开收件箱，在邮件列表中双击要创建联系人的邮件把它打开。

（2）在打开的邮件编辑窗口中，在发件人地址段上单击鼠标右键，在弹出的快捷菜单中选择“添加到 Outlook 联系人”命令。

（3）Outlook 2003 将打开“联系人”编辑窗口，并且把发件人姓名和电子邮件地址自动添加到该联系人信息中。

（4）在“联系人”对话框中进行其他信息的输入，最后单击工具栏上的“保存并关闭”按钮。

10.3.2 应用联系人

联系人项目中包含了联系人的电话和电子邮件地址等许多信息，用户可以直接利用联系人发送电子邮件，也可以在输入新邮件的收件人地址时选择联系人。

1. 向联系人发送邮件

如果用户在联系人项目中输入了联系人的电子邮件地址，可以直接从联系人列表中向该联系人发送电子邮件，具体步骤如下：

（1）在 Outlook 2003 左侧的导航栏中单击“联系人”按钮，切换到“联系人”项目，在联系人列表中选中要发送邮件的联系人。

（2）单击“动作”|“致联系人的新邮件”命令，或直接单击“常用”工具栏上的“致联系人的新邮件”按钮。

（3）在打开的新邮件编辑窗口中， Outlook 2003 将自动把该联系人的电子邮件地址填入“收件人”文本框中。

（4）输入邮件的主题和内容，编辑完成后，单击工具栏上的“发送”按钮将其发送出去。

2. 选择联系人

用户在邮件编辑窗口输入收件人和抄送人地址时，可以利用选择联系人的方法输入收件人和抄送人的地址，具体步骤如下：

（1）在邮件编辑窗口中单击“收件人”按钮，打开“选择姓名”对话框。

（2）在“显示名称来源”下拉列表中选择“联系人”。

（3）在“联系人”列表中选中收件人，单击“收件人”按钮，选中的收件人显示在“收件人”文本框中；如果有多个收件人，可以在“联系人”列表中再选择一个收件人，然后再次单击“收件人”按钮。

（4）在“联系人”列表中选中抄送人，单击“抄送”按钮，选中的抄送人显示在“抄送”文本框中。

（5）单击“确定”按钮，返回邮件编辑窗口。在“选择姓名”对话框中选择的“收件人”显示在“收件人”文本框中，选择的“抄送人”显示在“抄送”文本框中。

10.4 使用日历

Outlook 日历的主要功能是用于完成日程安排，其中包括个人活动、会议和其他事件。用户可以预先安排并记录一段时间内的日程安排，并且可以指定 Outlook 提前发出提醒，以帮助用户高效地完成工作并处理好每天的日常事务。

10.4.1 创建约会

用户可以在日历中创建约会并在适当的时候给用户发出提醒。

1. 创建约会

创建约会的具体步骤如下：

（1）在 Outlook 2003 左侧的导航栏中单击“日历”按钮，切换到“日历”项目。

（2）单击“文件”|“新建”|“约会”命令，或直接单击“新建”按钮，打开“未命名-约会”编辑窗口，如图 10-29 所示。

（3）在“主题”文本框中输入约会的主题，在“地点”文本框中输入约会的地点，在“标签”下拉列表中选择约会的标签。

（4）在“开始时间”文本框中选择或输入约会开始时间；在“结束时间”文本框中选择或输入约会结束时间

（5）选中“提醒”复选框，在“提前”文本框中选择或输入提前提醒的时间。

（6）单击“保存并关闭”按钮。

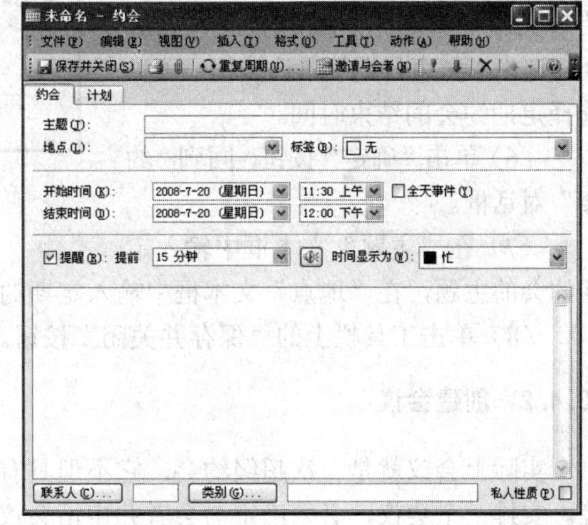

图 10-29　创建新约会

2. 自动创建约会

如果用户收到请求或确定约会时间的电子邮件，则用户可以利用 Outlook 自动创建约会，具体步骤如下：

（1）在“收件箱”中选中含有约会信息的邮件。

（2）用鼠标将该邮件直接拖至 Outlook 导航栏的“日历”图标上，此时打开“约会”编辑窗口。

（3）在对话框中邮件显示在附注框中，邮件主题也显示在约会主题字段中，如果主题不恰当，用户可以更改主题。在对话框中添加约会的地点、日期和时间，设置好提醒等设置，完成约会的创建。

（4）单击“保存并关闭”按钮。

3. 创建定期约会

定期约会是指带有周期性的约会。创建定期约会与创建一般约会略有不同，在定期约会中，除了设置和一般约会一样的主题、地点、时间和提醒外，还要设定约会的循环周期。使用该功能，Outlook 2003 可以根据设置的开始时间、重复周期和结束时间自动间隔重复不断，从而省去用户进行多次设置的麻烦。

创建定期约会的具体步骤如下：

（1）在 Outlook 2003 左侧的导航栏中单击“日历”按钮，切换到“日历”项目。

（2）单击“动作”|“新定期约会”命令，打开“约会”编辑窗口，同时打开“约会周期”对话框，如图 10-30 所示。

（3）在“约会时间”区域设置约会的开始时间和结束时间。

（4）在“定期模式”区域选择定期的模式。

（5）在“重复范围”区域的“开始”文本框中选择定期约会的开始时间，选中“结束日期”单选按钮，可以选择定期约会的结束时间。

（6）单击“确定”按钮，回到“约会”对话框。

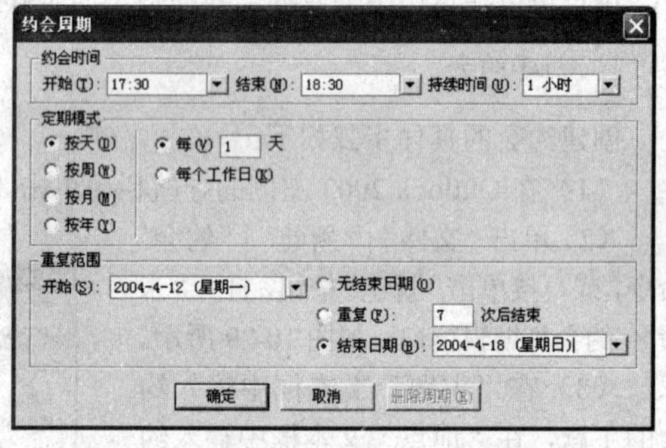

图 10-30 “约会周期”对话框

（7）在“主题”文本框中输入定期约会的主题，在“地点”文本框中输入定期约会的地点。

（8）单击工具栏上的“保存并关闭”按钮。

10.4.2 创建会议

实际上会议就是一次超级约会，它不但具有约会所具有的特点，还涉及其他人和资源等。安排一个会议，必须确定与会者并申请会议地点等资源。会议组织者在安排会议时，要给每个受邀请的与会者发送一个包含预约资源的会议请求，并跟踪与会者的响应。

例如要创建一个一般会议请求，具体操作步骤如下：

（1）切换到日历视图，单击“动作”|“安排会议”命令，打开“安排会议”编辑窗口，如图 10-31 所示。

（2）在“全部与会者”列表中单击“单击此处添加姓名”文本框，然后直接输入与会者的电子邮件地址。

（3）单击与会者前面的图标，打开一个下拉菜单，在菜单中选定必选的与会者与可选的与会者，如图 10-31 所示。

（4）在“会议开始时间”下拉列表中选择会议的开始时间，在“会议结束时间”下拉列表中选择会议的结束时间。

（5）单击“安排会议”按钮，打开“未命名-会议”编辑窗口，如图 10-32 所示。

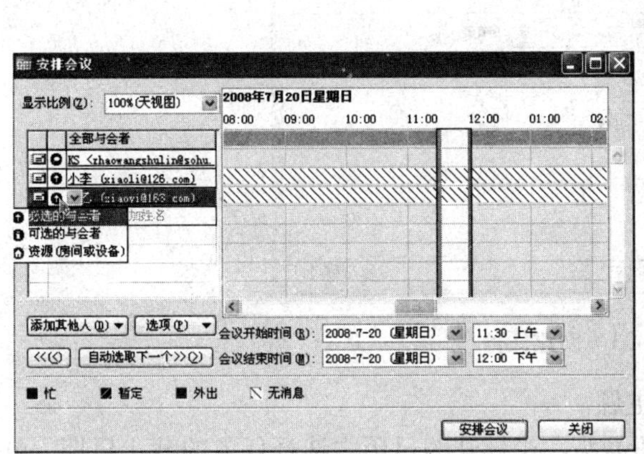

图 10-31　“安排会议”对话框

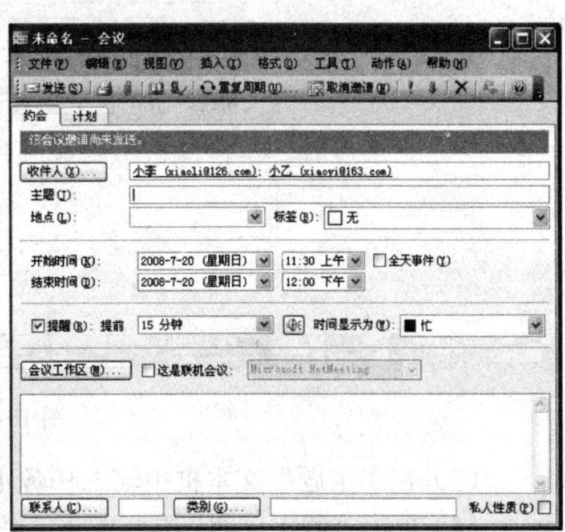

图 10-32　“会议”对话框

（6）会议必选的与会者和会议可选的与会者的电子邮件地址显示在“收件人”文本框中，在“主题”文本框中输入会议的主题，在“地点”文本框中输入召开会议的地点。

（7）单击“常用”工具栏上的“发送”按钮，发送会议邀请。

提示：

如果与会者存在于通讯簿中，在图 10-31 中，单击“添加其他人”按钮，在下拉列表中选择“添加自通讯簿”按钮，打开“选择与会者及资源”对话框。在对话框中的名称列表中选中必选与会者，单击“必选”按钮，添加到“必选”文本框中；在对话框中的名称列表中选中可选与会者，单击“可选”按钮，添加到“可选”文本框中。

10.5　创 建 任 务

创建任务是 Outlook 2003 任务功能中重要的一部分，通过创建任务，用户可以组织自己繁忙的工作生活。

10.5.1　创建新任务

创建任务的具体步骤如下：

（1）在 Outlook 2003 左侧的导航栏中单击“任务”按钮，切换到“任务”项目，如图 11-40 所示。

（2）单击“文件”|“新建”|“任务”命令，或直接单击“新建”按钮，打开“任务”编辑窗口，如图 10-33 所示。

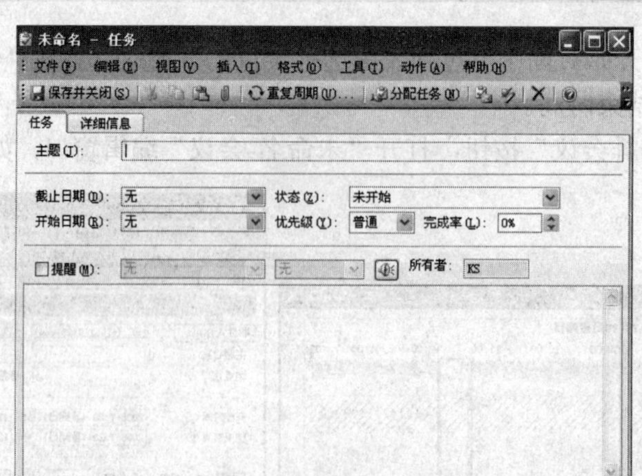

图 10-33　创建任务

（3）在“主题”文本框中输入任务主题。

（4）单击“截止日期”右侧的下三角箭头，在打开的日历中选择任务的截止日期，单击“开始日期”右侧的下三角箭头，在打开的日历中选择任务的开始日期。

（5）选中“提醒”复选框，并选择提醒日期和时间。

（6）单击“常用”工具栏上的“保存并关闭”按钮。

10.5.2　利用邮件创建任务

在 Outlook 2003 中，可以利用要求处理某些事情的电子邮件转化为任务，具体步骤如下：

（1）在“收件箱”中选中要创建任务的邮件。

（2）用鼠标将该邮件直接拖至 Outlook 导航栏的“任务”图标上，此时打开“任务”编辑窗口。

（3）在对话框中，邮件显示在附注框中，邮件主题也显示在任务主题字段中，如果主题不恰当，用户可以更改主题。在对话框中设置任务的开始和截止日期、设置好提醒等，来完成任务的创建。

（4）单击“保存并关闭”按钮。

提示：

如果要创建一个定期任务，在任务编辑窗口中单击“重复周期”按钮，打开“任务周期”对话框，用户可以设置任务的周期。如果要将任务分配给其他人，在任务编辑窗口中单击“分配任务”按钮，此时任务编辑器中显示出“收件人”一栏，在收件人地址栏中输入要接受任务人的电子邮件地址。

10.6　导入或导出信息

用户可以方便地将其他邮件程序中的邮件、账户等信息导入到 Outlook 2003 中，还可以将其他文件导入到 Outlook 2003 中，当然也可以将 Outlook 2003 中的信息导入到其他文件中。

这里就以导入和导出 PST 类型的文件为例，介绍一下 Outlook 2003 导入导出信息的方法。在 Outlook 2003 导入 PST 类型文件的具体步骤如下：

（1）单击“文件”|“导入和导出”命令，打开“导入和导出向导”对话框，如图 10-34 所示。

（2）在“请选择要执行的操作”列表中选中“从另一个程序或文件导入”选项，单击“下一步”按钮，进入“导入文件”对话框，如图 10-35 所示。

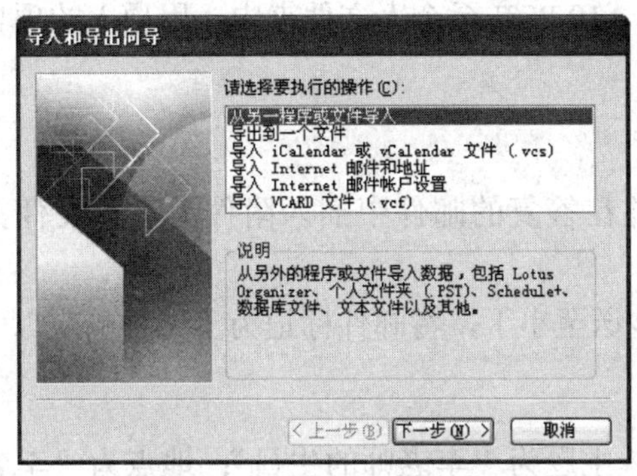

图 10-34　导入和导出向导

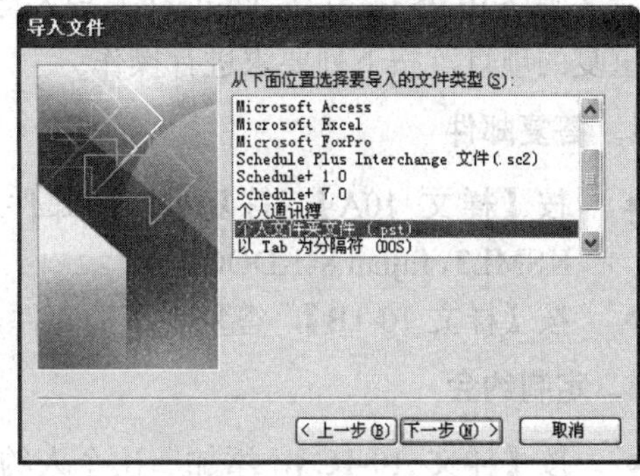

图 10-35　选择导入文件类型

（3）在“从下面位置选择要导入的文件类型”的列表中选择“个人文件夹文件（.pst）”，单击“下一步”按钮，进入“导入个人文件夹”对话框，如图 10-36 所示。

（4）在导入文件列表中输入要导入文件的位置，或者单击“浏览”按钮，在打开的“打开个人文件夹”对话框中选择要导入的文件。

（5）在“选项”区域选择重复项目的导入方法，单击“下一步”按钮，进入“导入个人文件夹”对话框，选择导入的文件夹，如图 10-37 所示。

（6）在“从下面位置选择要导入的文件夹”列表中选择要导入的文件夹，如果选中“包括子文件夹”复选框则表示文件夹中的子文件夹也被导入。

（7）单击“完成”按钮，文件被导入到 Outlook 2003 中。

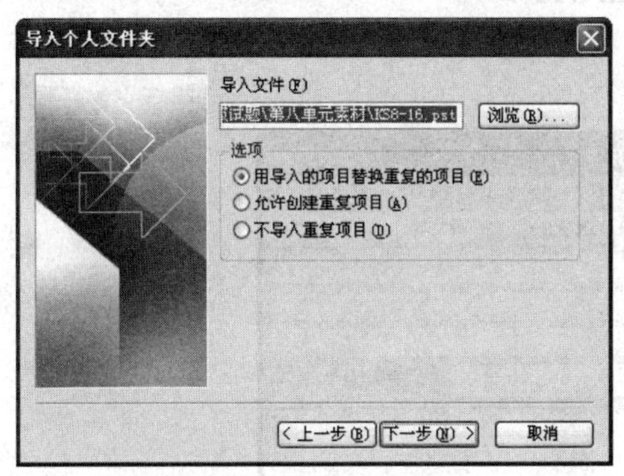

图 10-36　选择导入的文件

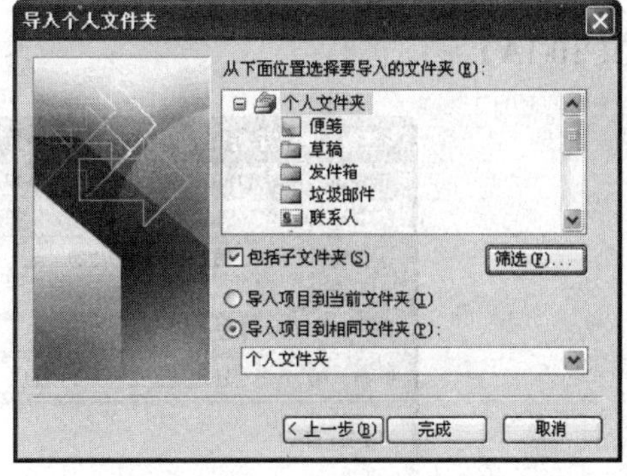

图 10-37　选择导入的文件夹

导出 PST 类型文件的方法和导入 PST 类型文件的方法相似，在导入和导出向导中选择“导出到一个文件”，然后选择创建的文件类型为“个人文件夹文件（.pst）”，根据向导一步步的提示完成导出操作。

10.7 本 章 练 习

操作题

将随书所附光盘素材文件夹 KSML2 文件夹内的 KS8-1.pst 文件复制到用户文件夹中，并重命名为 A10.PST。进入 Outlook，导入文件 A10.PST 至个人文件夹中，用导入的项目替换重复的项目，按下列要求进行操作。

1．答复邮件

- 按【样文 10A】，答复小明的邮件，并在答复的邮件中插入附件为素材文件夹 KSML3\ fujian 8-1.DOC。
- 按【样文 10-1B】，答复小王的邮件，抄送至小丁，将邮件标记为“无须响应”。

2．定制约会

- 按【样文 10-1C】，添加一次个人约会，主题为“李老师的生日”；地点为“李老师的家”；时间为“2008 年 5 月 22 日”，下午 8：00 开始，下午 10：00 结束，以年为周期；并邀请“小甲、小乙”；提前 1 天提醒。
- 按【样文 10-1D】，利用主题为“参加篮球赛”的邮件定制一次个人约会，地点为“红杏篮球俱乐部球场”；时间为“2008 年 5 月 25 日”，下午 5：00 开始，下午 7：00 结束，提前 1 天提醒。

3．通讯簿操作

按【样文 10-1E】所示，将“张三”添加到联系人列表中。

4．导出结果

导出个人文件夹（包括子文件夹）到 A10-A.PST。

【样文 10-1A】

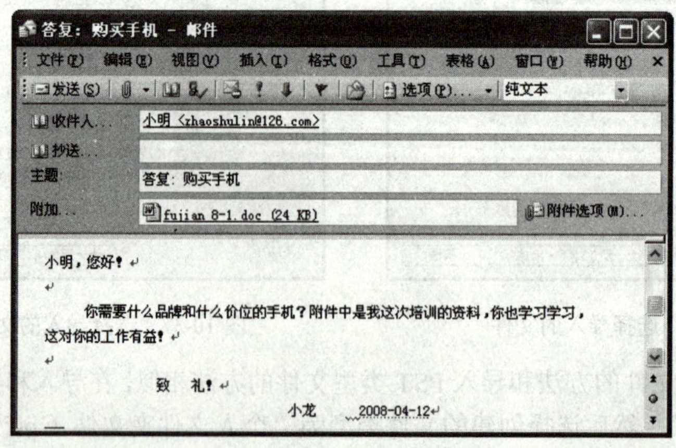

【样文 10-1B】

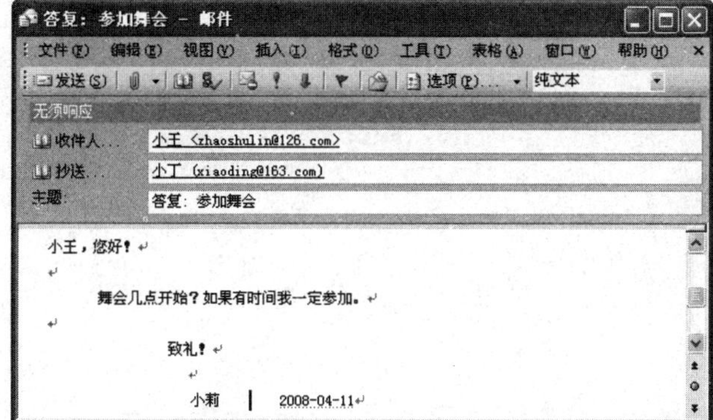

【样文 10-1C】

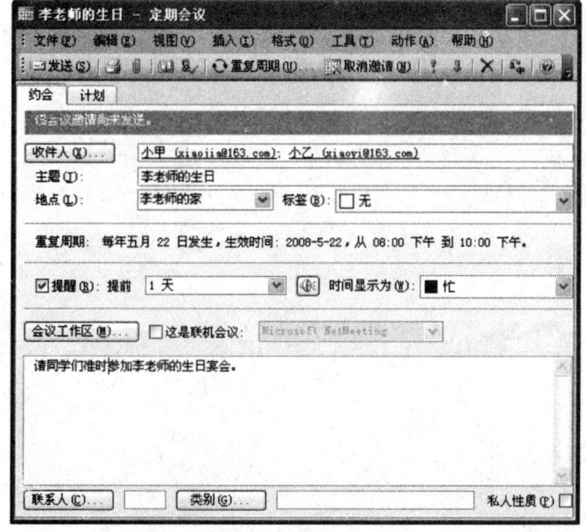

【样文 10-1D】

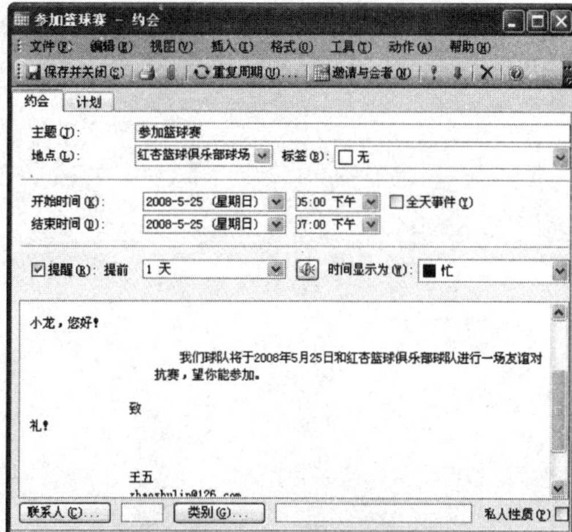

【样文 10-1E】

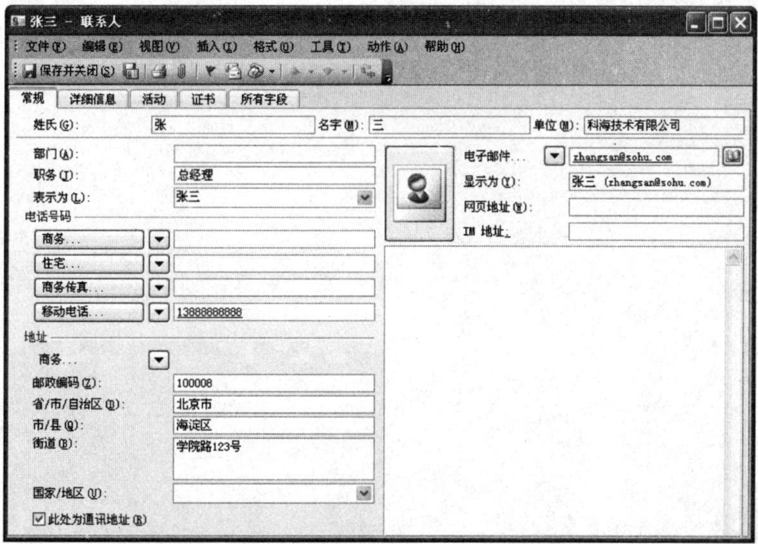